薛明德 向志海 编著

飞行器结构力学基础

清华大学出版社
北京

内容简介

本书是一本阐述飞行器结构分析基本理论与方法的教材。全书首先介绍了飞行器结构的发展过程以及设计思想的演变。随后介绍了杆件(特别是包括了闭口、开口薄壁杆件以及复合截面杆件)、板与壳等组成飞行器结构的基本薄壁元件的受力与变形特点以及相应的力学分析方法。在此基础上介绍了静定杆系与杆板组合结构分析的理论与方法,然后从能量原理入手讲述了相应的静不定结构的分析方法。最后讲述了结构稳定性的基本概念、稳定性分析的基本原理以及飞行器中典型的杆、板与壳在轴压、侧压及扭矩作用时失稳的力学行为与分析方法。各章附有例题、习题及参考文献。

本书可作为航空航天专业、力学专业大学本科教材,也可作为其他有关专业结构力学课程的参考书,还可供上述专业教师及工程技术人员参考。

图书在版编目(CIP)数据

飞行器结构力学基础/薛明德,向志海编著.—北京:清华大学出版社,2009.9(2024.9 重印)
ISBN 978-7-302-20275-2

Ⅰ.飞… Ⅱ.①薛…②向… Ⅲ.飞行器—结构力学 Ⅳ.V414

中国版本图书馆 CIP 数据核字(2009)第 085169 号

责任编辑:石 磊 李 嫚
责任校对:赵丽敏
责任印制:刘 菲

出版发行:清华大学出版社
网 址:https://www.tup.com.cn,https://www.wqxuetang.com
地 址:北京清华大学学研大厦 A 座 **邮 编**:100084
社 总 机:010-83470000 **邮 购**:010-62786544
投稿与读者服务:010-62776969,c-service@tup.tsinghua.edu.cn
质量反馈:010-62772015,zhiliang@tup.tsinghua.edu.cn
印 装 者:北京建宏印刷有限公司
经 销:全国新华书店
开 本:185mm×230mm **印 张**:19 **字 数**:409 千字
版 次:2009 年 9 月第 1 版 **印 次**:2024 年 9 月第12次印刷
定 价:54.00 元

产品编号:027286-04

前言
FOREWORD

本书是清华大学航天航空学院本科生飞行器结构力学课程的教材。本书作者通过调研国内外相关教材、专著和其他文献，并结合多年来讲授相关固体力学课程和科研工作的经验，编写了一本《飞行器结构力学讲义》。从 2007 年春季起，该讲义经过清华大学三个年级本科生试用，在此过程中不断修改、补充和完善，最终形成了本教材。

在本书编写过程中，主要遵循以下几个方面的原则：

一、面向工程、注重建模

本门课程既具有很强的工程背景，又必须阐明很多基本的力学概念。本书力图先从工程的观点介绍这门学科的发展历史、背景知识以及今后的发展方向，然后再讲解具体的力学分析方法。教材中的例题和习题都尽量结合具体的飞行器结构来选用。由于近代各种 CAE(computer aided engineering)软件已经在飞行器结构分析中被广泛采用，设计人员逐渐从繁复的计算工作中解放出来；对于结构分析工程师来说，在一定的设计条件下能够选择合理的结构形式、从实际工程问题中抽象出合理的力学模型更凸显其重要性。这就要求学生通过本门课程的学习，对工程中常见的各类不同结构(如开口与闭口薄壁杆件，板与壳)承受各种不同载荷的能力与行为融会贯通、有比较透彻的理解。这些不同构件常常同时在诸如航天器、火箭、飞机等同一个工程结构中存在，但在以往传统的力学专业教学中，这些内容往往分属不同课程，学生缺乏总体概念，很难将它们互相联系与比较，本书力求在这方面具有较鲜明的特色。

二、强调基础、注重推导

现有各种结构力学教材比较注重各种具体结构的计算方法；为了使学生能够适应近代航空航天科技发展对于结构创新的要求，本教材力求阐明基本的力学概念、假设和原理，并要求学生结合具体结构能自行推导大部分公式。通过这种训练，希望学生不但知道怎样求解具体的问题，而且还能从基本原理上领悟这样做的道理，而不是死记硬背现成的计算公式，即力求贯彻“授人以鱼，不如授之以渔”的教学原则。

三、有所取舍、重点突出

飞行器是一个很广泛的概念，它包含了飞机、火箭、导弹、飞艇、卫星、飞船等多种类别。每种飞行器的运行工况、结构形式和材料都不尽相同，相应的设计要求和结构的具体分析方法也有所区别。而在大学里学习本门课程的学生，毕业以后所投身的工程领域也是多种多样的。这些庞杂的具体结构分析内容很难在一本书中讲透彻，但对它们进行结构力学分析的基础知识是相通的。加之随着现代数字模拟技术的飞速发展，数字化设计已经成为这个行业技术发展的必然趋势，对于传统的结构力学的讲授必须突出最基本的内容、有所取舍。作为一本专业基础教材，本书只能以常规飞行器为例，对于其中普遍应用的金属杆件、板与壳元件及其组合结构进行叙述，力图阐明它们的强度、变形和稳定性方面的基本概念和分析方法，为学生毕业后适应多种工程对象结构分析的要求打下扎实的基础。

本教材针对大学工科高年级学生编写。在学习本教材之前，要求学生先修材料力学课程；本书的基础知识还涉及弹性力学的基本微分方程，由于其内容可以在很多教科书中找到，不再列入本书。此外，本书也不叙述飞机、火箭等飞行器的结构细节，这部分内容学生可以在飞行器结构设计课程中进行学习。至于复合材料结构分析、有限元方法、疲劳断裂、振动理论以及飞行器结构优化设计等知识，学生可以从相应的专业课程中学到。而诸如飞艇中的薄膜结构分析，高超音速飞行器的防热结构分析等这些特殊的问题，学生可以在工作需要时进行更加深入的学习和研究。

基于以上的考虑，全书共分五章（书中带 * 号的章节可以作为选修内容），它们之间的关系可由下图表示：

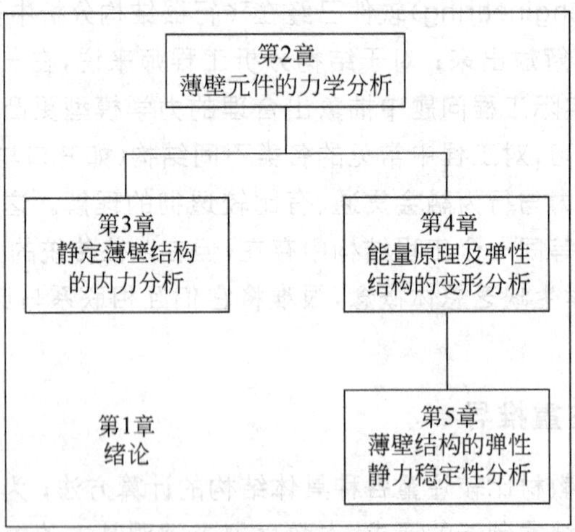

第 1 章回顾了飞行器结构分析技术发展的历史过程，介绍了飞行器的分类、典型结构、使用工况和使用的材料，并对飞行器设计的整个过程和思想做了简单的描述。通过这部分内容的学习，希望学生对这门学科的简要发展历程，它所要解决的工程问题，以及它在整个

飞行器设计过程中所处的地位建立一个整体的印象，并明确这门课程学习的目的、意义和相应的特点。另外，第 1 章中列出的参考文献也有利于今后进一步学习相关知识。

第 2 章阐述杆件、板与壳这类薄壁元件的基本特点、基本理论假设以及相应的分析方法。由于整个飞行器结构几乎都是由这些基本薄壁元件组成的，因此这部分内容是整个课程的基础。本章中关于弹性圆环的分析方法是我们根据以往的研究工作系统地总结出来的。本章还阐述了工程中复杂结构组合截面杆件的分析方法，为读者对于飞行器部件进行总体的近似分析打下初步基础。

第 3 章阐述静定薄壁结构的内力分析。这部分的内容和传统《结构力学》教材比较相似，但增加了杆板组合模型方面的内容。这些方法曾经在飞行器结构分析中发挥了巨大的作用。虽然它们现在已经逐渐被有限元等数值分析方法所取代，但是通过这章的学习，对理解结构的传力特性还是很有帮助的。

第 4 章从能量角度来进行薄壁结构的分析。这既是《弹性力学》能量原理的自然应用，又是有限元等数值分析方法的基础。通过该章的学习，希望学生能够熟悉各种薄壁结构的包括温度影响在内的能量表达公式，能应用能量法来进行静不定结构的分析，并能够理解有限元等近似计算方法的基本思想。

第 5 章讲述薄壁结构的弹性静力稳定性分析。阐明稳定性问题的基本概念，介绍结构弹性静力稳定性分析的基本方法和各种结构的典型失稳形式和特点，并对飞行器中一些简单结构的弹性静力稳定性问题给出定量计算公式。

我们的教学经验表明，在本教材的基础上配合相应的设计和制作实验会达到更好的教学效果。这部分内容可以由教师具体设计，不再纳入教材内容。

本教材的编写工作得到了清华大学航天航空学院和清华大学出版社的大力支持。清华大学航天航空学院学生航空创新实践基地和清华大学强度与振动中心实验室的各位老师为我们的实验教学环节提出了很好的建议，并提供了场地和设备方面的支持。任文敏教授给我们提供了大量的国内外资料和习题。殷雅俊教授为本教材第 3 章的编写提供了很好的素材。肖志祥副教授给我们提供了机身气动载荷分布的计算结果。在本教材即将出版之际，作者向所有对本教材做出贡献的朋友们表示衷心的感谢！

由于时间和编者的水平有限，本教材中不妥之处恐难避免，敬请读者批评指正。

编　者

2009 年 7 月于北京清华园

目录
CONTENTS

第1章 绪论

飞行器结构力学是一门有很强应用背景的课程，为了明确学习目的和重点，有必要了解飞行器发展的历程、飞行器的主要组成部分、各部分的典型结构形式、使用的材料、所受的载荷以及飞行器设计的基本过程。在进行实际结构分析时，这部分知识也有助于结构分析师从工程问题中抽象出合理的力学模型，并在此基础上进行具体的力学分析。

这些基础知识的详细内容可以在航空航天发展史、飞行器总体设计、飞行器结构设计和航空航天材料学等专门的课程中获得。本章只对这些内容进行比较概括的介绍，力求突出其中和力学分析相关的部分。

飞行器包括飞机、气球、飞艇、导弹、运载火箭、人造地球卫星、空间探测器、载人飞船、空间站、航天飞机与空天飞机等多种类别。但很多飞行器结构分析的方法和技术都源于对飞机结构的分析。因此，本章首先比较详细地介绍飞机结构的发展历程和相应结构分析方法的演变，然后简略介绍其他飞行器相对于飞机的自身结构特点。

1.1 飞行器结构力学的发展简史

飞行曾经是人类一个很古老的梦想。这个梦想里既有嫦娥飞天、天使下凡和神奇飞毯等浪漫的传说，也有风筝、竹蜻蜓和孔明灯等具体的尝试，更有万户升空这类勇敢而悲壮的故事。人类历经长期不懈的探索，终于使这个梦想从飞天的神话变成了身边的现实[1~6]。1783 年法国人蒙特哥尔菲兄弟(Mongtolfier brothers)和查尔斯(J. A. Charles)的气球使人类首次实现了长时间的飞行。1903 年美国莱特兄弟(Wright brothers)研制成功了第一架可操控的载人动力飞机。1947 年美国耶格尔(C. Yaeger)驾驶 Bell X-1 飞机首次实现了超音速飞行。1957年前苏联成功发射了世界上第一颗人造地球卫星。1961年前苏联宇航员加加林(Y. Gagarin)乘坐东方号飞船首次进入太空。1969年,美国阿波罗11号飞船第一次登月成功,阿姆斯特朗(N. Armstrong)成为第一个登上月球的宇航员。1971年前苏联首先将世界上第一个空间站——礼炮一号送上了近地轨道。1981年美国首次将可以重复使用的、往返天地间的有翼式载人航天器——哥伦比亚号航天飞机射入近地轨道。这些辉煌的成就,一方面基于空气动力学、推进技术、控制技术和材料科学的发展,另一方面也倚赖于飞行器结构设计和分析技术的进步。下面就沿着结构分析这条线索,对飞机、火箭、飞艇和航天器的发展过程做一个概括的回顾和展望。

1.1.1 飞机结构和材料的演变

在动力飞机的萌芽和早期发展阶段,空气动力学理论只能对飞机的设计工作提供初步的参考。飞机设计者主要凭经验进行探索,力图通过改善机翼布局与翼型以增加飞机的升力,降低阻力并改善飞机的操控性能。但当时的发动机只能为轻质但脆弱的竹木结构提供有限的动力;由于重量和价格原因,强度和刚度较高的金属材料只能用在极少数关键的承力部位,无法得到大量使用。用于保持机身和机翼气动外形的蒙皮则采用麻布或帆布材料,它们可以传递气动压力,承受扭转剪应力,但无法承受弯曲应力。在这样的背景下,虽然人们尝试了从单翼到多翼的各种机翼结构形式,但最终却是莱特兄弟的双翼飞机“飞行者一号”(图1.1)成功地用重于空气的飞行器实现了第一次可操控的载人有动力飞行。这是因为在当时的技术条件下,木材较低的强度和刚度限制了机翼的翼展长度,而不高的飞行速度和简单的翼型又使单翼飞机很难获得足够的升力。和单翼布局相比较,相同翼展的多翼布局却可产生更大的升力,而且各层机翼之间安装的支撑杆和拉索将各个翼面连接在一起,大大增加了机翼结构的整体刚度。在各种多翼布局中,双翼布局是一种最简单的形式[2,4,7,8]。

图1.1 莱特兄弟的双翼飞机“飞行者一号”(Wright Flyer)(美国,1903年)

虽然双翼结构获得了成功,但仍然有一些人对其合理性提出了质疑。因为和单翼结构相比,双翼布局中机翼之间的支撑结构不但制造安装复杂,而且会产生很大的气动阻力;另外，从直观上分析，既然鸟儿都是单翼的，那么单翼飞机似乎应是一种更合乎逻辑的设计。在这些热衷于单翼飞机设计的先驱中，法国人贝尔特利(R. E. Pelterie)、杜蒙(A. S. Dumont)、拉瓦瓦索欧(L. Levavasseur)和布雷里奥(L. Blériot)是其中的代表性人物。他们用张线把机翼和机身连接起来以增加机翼的刚度，同时采用了更大功率的发动机。通过这些技术手段，他们设计的单翼飞机也陆续飞上了天空。贝尔特利设计的单翼机(图 1.2)和布雷里奥设计的“布雷里奥Ⅺ”型单翼机(图 1.3)就曾进行过出色的飞行，后者还于 1909 年首次飞越了英吉利海峡，轰动了世界。单翼飞机由于飞行阻力较小，所以和双翼飞机相比有速度上的优势，曾多次刷新了飞行速度的纪录。但是脆弱的机翼仍是当时单翼机的最大弱点，在实际飞行时经常发生机翼折断事故。为解决此问题人们曾经做过多次强度和刚度试验；但当时只能进行静力试验，所加载荷和实际飞行时的气动载荷有很大出入。另外，当时的单翼飞机主要通过机身立柱和机翼之间的上下张线来增强机翼的刚度(图 1.2 和图 1.3)，于是干扰了气流，影响了飞行的稳定性，而且相应的气动力分析也相当复杂。由于这些原因，单翼飞机的结构安全问题一时没能得到很好的解决。

图 1.2　贝尔特利设计的单翼机(REP-1)(法国，1907 年)

图 1.3　布雷里奥Ⅺ型单翼机(法国，1909 年)

为安全起见，直至 20 世纪 30 年代中期，人们都偏向于使用双翼飞机，甚至多翼飞机，只不过机翼间的复杂支撑结构逐渐被相对简洁的支柱所代替(图 1.4)。但是随着战争和商业需求的不断增长，迫切要求全面提高飞机的性能。这种需求大大推动了空气动力学、航空发动机技术以及飞机材料和结构技术的发展。此时低速空气动力学在理论和试验技术上都有了长足的进步。库塔(M. W. Kutta)与儒科夫斯基(H. E. Жуковский)的机翼环流理论已经建立,雷诺(O. Reynolds)数的研究和普朗特(L. Prandtl)边界层理论的创立加深了人们对流体粘性阻力的理解,甚至空气的可压缩性也引起了人们的注意。工程师们陆续建造了各类风洞以测量模型飞机在各种来流下所受的气动载荷。这些成就使人们逐步加深了对各种形式飞机的升力和阻力特性的认识,并开始用于指导飞机的设计工作。例如通过对各种翼型进行系统、深入的研究后发明了缝翼和襟翼等增升装置,认识到流线型机身对减小阻力的作用。与此同时,航空燃料、发动机结构、材料和冷却方式都有很大的改进,涡轮增压技术和变矩螺旋桨技术也逐渐成熟,这些都使活塞式发动机的性能得到了突飞猛进的提高。空气动力学和发动机技术的进步促进了飞机的速度、载重、航程和机动性等性能的发展。这时就要求飞机做成流线型并具有光滑外表以减少气动阻力。因此要求座舱是全封闭的,发动机放在整流罩里,起落架可以藏在机身和机翼里,淘汰双翼布局而代之以很薄的单翼结构。相应地要求飞机结构要能承受更大的载荷,机翼要有足够的刚度以避免颤振问题,等等。这些结构的变化需要得到相应材料的支持。木材虽然价格便宜、加工简单,但其强度和刚度差、易潮、易燃、易腐蚀、各向异性突出,而且不同批次的木料性能可能差别很大。人们迫切需要找到可以替代木头的材料来满足飞机发展的需要。

图 1.4 福克三翼机(Fokker Dr. 1)(德国,1917 年)

虽然金属材料笨重、不易加工且价格高昂,但是人们仍然希望利用其高强度和高刚度的特点来制造飞机[9]。一些飞机开始使用金属做内部的骨架,但仍用木板或布做蒙皮,例如“一战”中著名的福克三翼机(图 1.4)。还有一些航空先驱开始大胆地尝试制造全金属的飞机。1912 年德国的瑞斯纳(H. J. Reissner)和容克斯(H. Junkers)用钢桁架做机身,波纹钢板做机翼,试飞成功了世界上第一架全金属实验飞机(图 1.5)。此后容克斯一直致力于制造全金属飞机,坚信金属是制造飞机的最好材料。1915 年他造出了世界上第一架全金属单翼机(图 1.6)。该飞机创造性地采用了厚翼型和悬臂梁式结构,因此不需要外部张线就能满足刚度要求。另外,其光滑的薄锡板蒙皮大大减少了飞行的阻力,从而创造了当时的飞行速度纪录。但笨重的机身影响了其操控性能,以至于被人们戏称为“锡驴”(Tin Donkey)。

图 1.5　第一架全金属实验飞机(Reissner Ente)(德国,1912 年)

图 1.6　世界上第一架全金属单翼机(Junkers J1)(德国,1915 年)

1903 年德国冶金工程师维尔姆(A. Wilm)发现含有少量铜的铝材经过淬火后强度和刚度可大大提高,由此开创了研制硬铝合金材料的时代。由于当时硬铝合金都在德国的 Düren 进行生产,因此又被人们称作"杜拉铝"(Duralumin)。另外在法语中"dur"也有"硬"的意思,正好表达了这种材料轻质高强的特点。经过多次改进,杜拉铝的性能不断提高,并且成本也逐渐降低,很快引起了航空界对这种材料的注意。1919 年,容克斯用杜拉铝管制造机身和机翼框架,并在外面覆盖波纹铝板作为蒙皮,成功地造出了世界上第一架全金属客机(图 1.7)。后来采用类似原理制造的美国福特公司的三引擎飞机(图 1.8)对 20 世纪 20、30 年代的民用航空产生了巨大的影响,被人们亲切地称为"锡鹅"(Tin Goose)。

容克斯设计的厚翼型悬臂梁式单翼是结构上一个比较显著的进步,该机翼由内部支撑结构代替了双翼的外部支撑结构(见图 1.7 和图 1.8),在保证强度和刚度的同时大大减小了机翼的飞行阻力。但是厚重的机翼和桁架式的机身结构极大地限制了用于装载乘客和货物的内部空间。为了减轻飞机的重量,增加飞机的运输能力,人们开展了航空轻结构的研究,其中一个最重要的思想是让蒙皮也参与结构受力,由此产生了**硬壳式结构**(Monocoque)、**半硬壳式结构**(Semi-monocoque)以及相应的**应力蒙皮**(Stressed Skin)技术[10,11]。1912 年法国人贝什罗(L. Bèchereau)设计的德佩迪桑(Deperdussin)单翼机最早

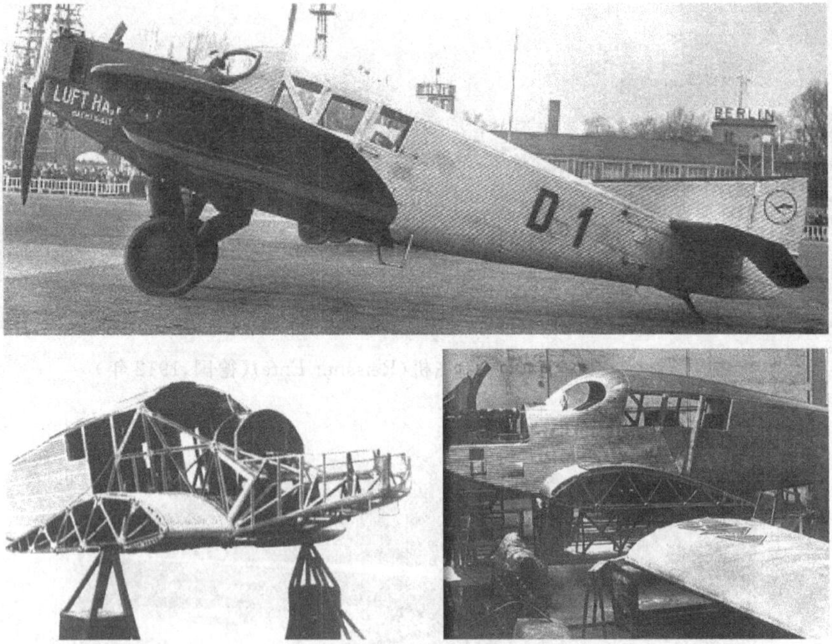

图 1.7 容克斯第一架全金属客机 Junkers F13(德国,1919 年)

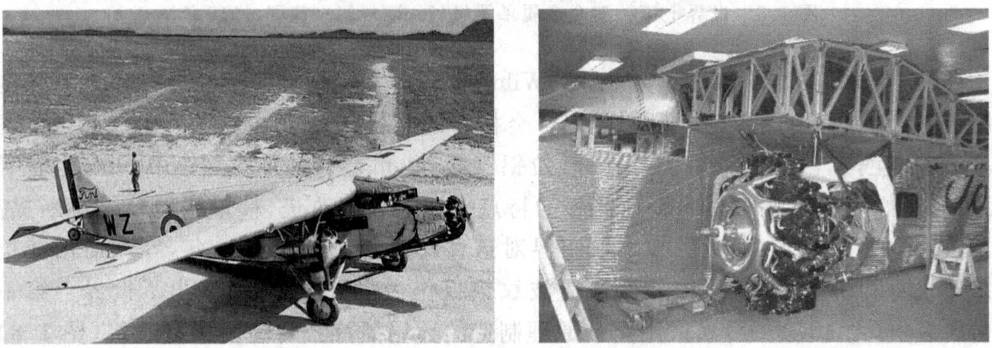

图 1.8 福特公司的三引擎飞机(美国,1926 年)

采用了硬壳式机身结构(图 1.9)。它是由三层 1.5mm 厚的郁金香木板交错地粘在一个模子上而得到的。在第一次世界大战前,德佩迪桑飞机不断地刷新飞行速度纪录,赢得了许多航空竞赛的大奖。硬壳式结构的蒙皮承受所有的应力,为了不使蒙皮失稳可增加蒙皮厚度或者加入环向的加强框。这种整体式的壳体结构使得飞机既轻又坚固,而且还可以增加飞机的内部空间,但是其制造难度较大,一旦局部发生破坏就会产生灾难性后果。为便于制造,且增加结构可靠性,可采用半硬壳式结构。这种结构最初是由德国的罗尔巴赫(A. Rohrbach)于 1924 年提出的[2]。当时容克斯设计的全铝飞机为保证蒙皮刚度而采用了波

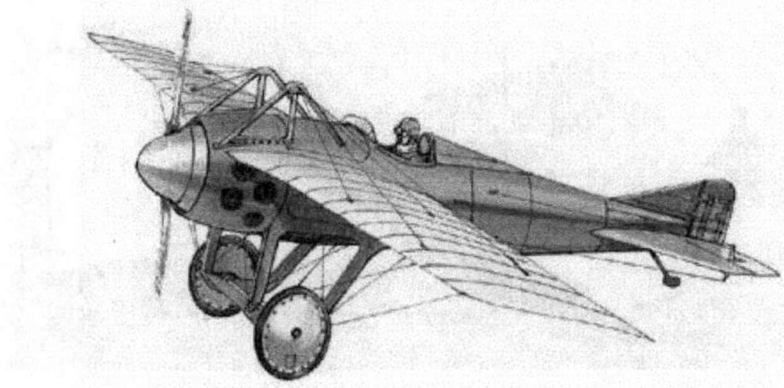

图 1.9 第一架硬壳式单翼机德佩迪桑(Deperdussin)(法国,1912 年)

纹蒙皮,这种蒙皮会产生很大阻力(虽然已将波纹方向设计成沿飞行方向),而且也不能承受较大的弯曲应力。罗尔巴赫提出在隔框和桁条组成的框架结构上蒙上一层光滑的薄铝蒙皮以形成一种整体式结构(图 1.10)。这种结构中桁条与蒙皮共同承受拉压和弯曲应力,同时蒙皮还要承受扭转剪应力。由于该结构中蒙皮和框架共同承受各种应力作用,于是被称作应力蒙皮。值得一提的是罗尔巴赫设计的机翼中采用全金属盒式梁结构,大大增强了机翼的刚度。后来他的助手瓦格纳(H. A. Wagner)研究了应力蒙皮因后屈曲产生褶皱的现象,进一步改进了应力蒙皮技术。1926 年罗尔巴赫在美国进行关于应力蒙皮概念的演讲,将此技术带到了美国。1927 年洛克希德(Lockheed)公司的设计师诺斯罗普(J. Northrop)就设计出了美国首架半硬壳式结构的飞机"织女星"(图 1.11),并刷新了一系列速度、高度和航程纪录,取得了巨大的成功。在第二次世界大战期间,道格拉斯(Douglas)公司制造的 DC3 运输机(军用型号为 C47,图 1.12)和北美航空(North American Aviation)公司制造的野马战斗机(图 1.13)是两种使用了应力蒙皮技术的杰出作品,前者几乎奠定了现代旅客机的基本结构形式,而后者则被认为是活塞式飞机的巅峰之作。

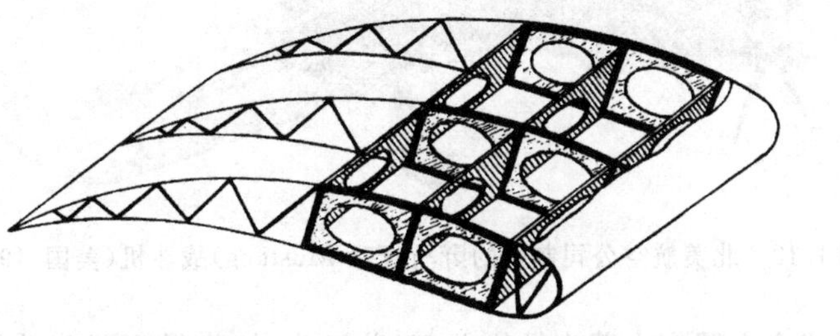

图 1.10 罗尔巴赫设计的应力蒙皮机翼结构(德国,1924 年)

需要指出的是,现代飞机由于功能和维护的需要,机身上都有很多开孔区域。这些开孔改变了完整应力蒙皮的受力状态,造成了很大的应力集中(需要进行补强),因此作用在机身上的大部分气动载荷主要由隔框和桁条承受。像这样的结构严格说来并不是真正的半硬壳式结构。

图 1.11　洛克希德公司制造的织女星(Vega)飞机(美国,1927 年)

图 1.12　道格拉斯公司制造的 DC3/C47 飞机(美国,1935 年)

图 1.13　北美航空公司制造的野马(P51 Mustang)战斗机(美国,1940 年)

虽然半硬壳式全金属应力蒙皮结构在 20 世纪 30 年代得到了蓬勃的发展,但是当时英国维克斯(Vickers)公司制造的著名的“惠灵顿”重型远程轰炸机(图 1.14)采用的却是一种“测地线结构”(geodetic structure)。这种结构的机身和机翼框架由杜拉铝制造,当发生扭转时框架内沿对角线交叉布置的两个内部支撑分别处于受拉和受压状态以抵抗扭转变形。此外,由于两个支撑中部互相固结,还能很好地抑制横向变形。这种结构虽然只使用了柔软的布蒙皮,但是却很结实,在实战中抗打击能力非常强。以现代结构力学的观点来看,这其实是一种包含很多静不定约束的网壳结构。它可以有效地利用材料，以达到轻质高强的效果。

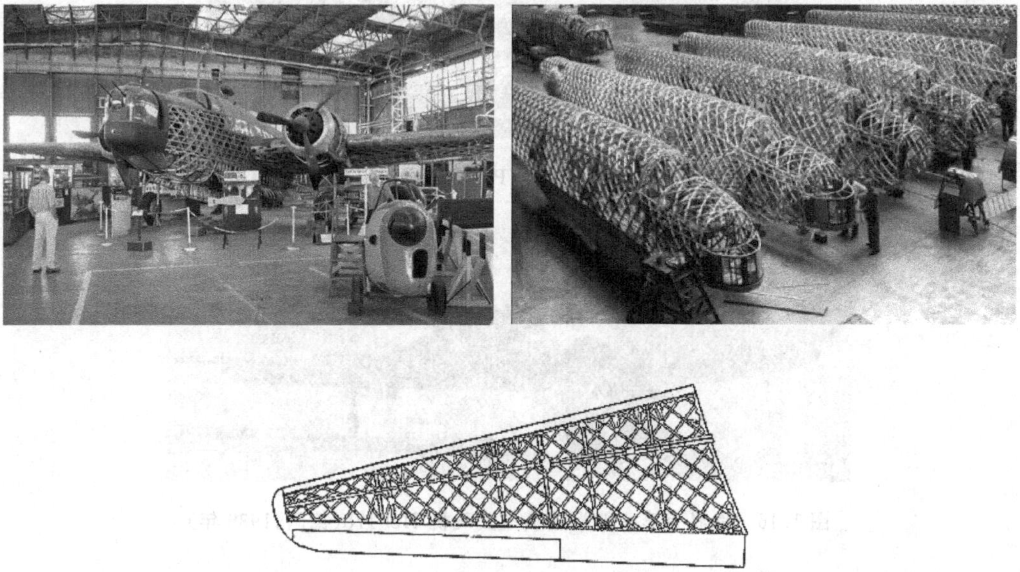

图 1.14 惠灵顿(Wellington)重型远程轰炸机(英国，1936 年)

第二次世界大战期间，几乎所有的作战飞机都是以活塞式发动机为动力，飞行速度不快。“二战”末期，性能最好的战斗机的最大平飞速度也不过为七百多千米/小时，而这个速度已经是以活塞式发动机为动力的螺旋桨飞机所能达到的极限。随之而来的是以喷气发动机技术为代表的新一轮的航空革命。涡轮喷气发动机的早期研究始于“二战”前，在已有的燃气涡轮技术和早期探索喷气推进所获经验的启发下，英国的惠特尔(F. Whittle)于 1930 年取得了世界上第一个涡轮喷气发动机专利。1941 年，在英国军方支持下格罗斯特(Gloster)公司的 E28/39“先锋”号试验机以惠特尔喷气发动机为动力进行了成功的飞行(图 1.15)。同一时期，德国的冯・欧海因(H. von Ohain)也在独立地研究喷气推进技术，并于 1934 年取得和惠特尔发动机相似的专利。冯・欧海因的喷气发动机研究得到亨克尔(Heinkel)公司的大力支持，该公司于 1939 年试制成功世界上第一架涡轮喷气式飞机亨克尔 178(图 1.16)。涡轮喷气发动机的出现促使人们大力开展高速空气动力学的研究，其研究结果直接改变了飞机的外形[10~13]。下文中我们将看到这种外形的变化间接地促进了结构分析方法的进步。

从 20 世纪 30 年代起，德国科学家就意识到：和传统的平直机翼相比，在高速飞行时后掠翼能减少气动阻力，特别是在接近声速时能延缓激波的产生。经过系统深入的研究，1944 年在德国诞生了世界上第一架为解决激波问题而设计的后掠翼喷气式飞机梅赛斯米特

图 1.15　格罗斯特公司 E28/39 先锋号(Pioneer)试验喷气式飞机(英国,1941 年)

图 1.16　世界上第一架涡轮喷气式飞机 Hel 178(德国,1939 年)

(Messerschmitt)P1101(图 1.17)。第二次世界大战结束后,美苏两国获取了德国的航空研究成果,并在此基础上互相展开了激烈竞争。这种竞争首先产生了两种优秀的后掠翼喷气式战斗机 F86“佩刀”(Sabre)和米格 15“柴捆”(Fagot,我国的代号为“歼 5”)。它们可以在约 15000m 高空以高亚音速飞行,在 20 世纪 50 年代初的朝鲜战争中扮演了重要角色(图 1.18)。此外后掠翼式飞机还在克服“音障”的过程中发挥了重要的作用。虽然首次实现超音速飞行的 Bell X-1 试验机(图 1.19)采用的是平直的梯形机翼,但它是由 B29 轰炸机带到 7800m 高空进行自由投放,并借助其推力强大的火箭发动机才成功克服了音障。真正首次依靠自身的喷气发动机实现超音速飞行的是 1953 年出现的美国的 F100“超佩刀”(Super-Sabre,见图 1.20)和前苏联的 MIG 19“农夫”(Farmer,我国的代号为“歼 6”,见图 1.21),这两种飞机都采用了后掠翼。

图 1.17　第一架后掠翼飞机梅赛斯米特 P1101(德国,1944 年)

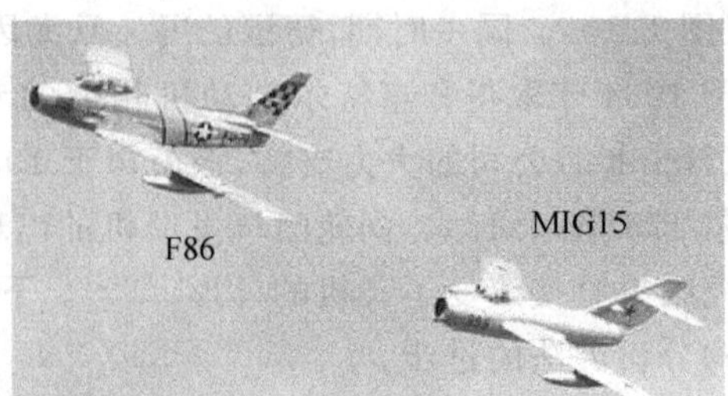

图 1.18　MIG 15(前苏联,1947 年)与 F86(美国,1947 年)后掠翼喷气式战斗机

图 1.19 Bell X-1 超音速试验机(美国,1947 年)

图 1.20 F100“超佩刀”后掠翼超音速战斗机(美国,1953 年)

图 1.21 MIG 19“农夫”后掠翼超音速战斗机(前苏联,1953 年)

发展后掠翼飞机的同时,三角翼的研究也在进行之中。人们发现三角翼不但有优秀的跨音速和超音速气动特性,而且具有良好的大迎角机动性能。此外,三角翼的展弦比低,因此刚度高,适合高速飞行的要求。“二战”期间从事多年三角翼研究的德国科学家李普希(A. Lippisch),战后到美国康维尔(Convair)公司工作,帮助该公司于 1948 年制造出世界上第一架试验用三角翼飞机 XF-92A(图 1.22),在此基础上又于 1954 年生产出世界上第一架全天候超音速截击机 F102A“三角匕首”(Delta Dagger,图 1.23)。这也是世界上首次采用面积律进行机身设计的飞机。

图 1.22 第一架试验用三角翼飞机 XF-92A(美国,1948 年)

图 1.23 第一架全天候超音速截击机 F102A(美国,1954 年)

气动布局始终是飞机设计需要考虑的极重要的因素。继后掠翼、三角翼之后,各种鸭翼、边条翼、变后掠翼飞机纷纷出现;机翼机身融合技术逐渐成为很多高性能战斗机的首选;而超临界翼型、翼梢小翼等改进措施大大提高了飞机的燃油经济性能。这些虽然都是航空工业的重要进步,但是它们对飞机结构分析方法却没有产生直接影响。而新材料、特别是先进复合材料的应用才对相应的结构分析方法的发展起到了直接的推动作用[14~17,22]。

所谓**复合材料**是指两种或两种以上具有不同化学或物理性质的材料通过复合工艺组合而成的新材料。各组分材料可以是单相材料,也可以是复合材料,它们之间有明显的界面。这种新材料既能保留原组分材料的主要特点,又可通过复合效应获得原组分材料所不具备的性能。从这个意义上讲,最初的飞机几乎全机都是由复合材料制成的:作为飞机骨架的木材本身是一种天然的复合材料,表现出明显的各向异性特征,其中的纤维素可视为增强相,木质素可视为基体;飞机外表覆盖的蒙布是将布料在涂布油中浸泡后再晾干得到的,这样可以获得很高的强度和耐久性,这里布料是增强相,涂布油是基体;以德佩迪桑单翼机为代表的硬壳式蒙皮(图 1.9)也是由三层薄郁金香木板按不同方向铺设,涂上胶水后再经过模压制成的,这里薄木板是增强相,胶水是基体。随着铝合金性能的提高以及价格的降低,人们才逐渐放弃了木材,而大量使用金属材料制造飞机,从而带来一场飞机设计的巨大变革。正如前文所述,虽然半硬壳式应力蒙皮结构是金属飞机结构的主流,但“惠灵顿”轰炸机的“测地线”结构(图 1.14)在实战中也取得了很好的效果。这种结构虽然采用了布蒙皮,但也可以算是一种早期的“格栅结构”(grid structure)；而现代意义上的复合材料格栅结构还正处于方兴未艾的发展阶段。另外，值得一提的是，就在第二次世界大战这个全金属飞机风行的年代，英国德·哈维兰(De Havilland)公司制造的“蚊”式(Mosquito)战斗机(图 1.24)却采用了全木质结构。该飞机蒙皮是一种典型的层合复合材料结构：它以柔软的轻木作为填充芯层，而上下表面采用了坚硬的桦木或松木。这种蒙皮经过模压成型后可以形成大块的整体壳状构件，从而能够拼合出非常坚固的硬壳式结构。由于重量轻，该机的飞行速度非常快；而木质结构还使其具有天然的隐身效果。这些优点使“蚊”式飞机几乎成为“二战”期间最优秀的多用途作战飞机。只是在太平洋战场上，由于湿热环境对木质结构的损害，才大大影响了它的功效。

图 1.24 全木质结构的蚊式战斗机(英国，1940 年)

在上述这些例子中，工程师们大多是出于直觉而自然地采用了一种就地取材的方式来满足飞机结构的需要，并没有刻意去设计某种“复合材料”。但是随着全金属飞机日益广泛的使用，人们也逐渐意识到金属结构虽然具有强度高、刚度大的优点，但也存在密度大、易疲劳断裂等一系列不利于提高飞机性能的弱点。于是人们开始寻找一些能代替金属的新材料。虽然用纸纤维增强的天然胶体复合材料在古埃及时代就已经出现，但首次专为航空结构而研制的复合材料却是 1937 年英国的德·布鲁杨(N. A. de Bruyne)开发的“戈登陨石”(Gordon Aerolite)材料，它由浸泡了酚醛树脂的亚麻布经过热压成型制成。为解决战争期间铝材短缺的问题，1940 年它曾被用来试制著名的“喷火”(spitfire)战斗机的机身(图 1.25)。

虽然这种重量和硬铝机身相同的塑料机身在强度测试中完全满足要求，但由于战事紧迫，没有更多时间去研究相应的制造工艺问题，使它并未得到真正的应用。随着高强度的玻璃纤维和热固聚酯基体材料制造工艺的改进，玻璃纤维增强复合材料以其价格低廉和无电磁屏蔽的特殊优点，逐渐在航空结构中得到应用。玻璃纤维增强复合材料不但用在雷达罩（如第二次世界大战中英国的“兰开斯特”(Lancaster)轰炸机，见图 1.26）、整流罩和机身尾锥等非承力构件上，而且在某些承力部件中也能看到它的身影。比如 1943 年美国福尔提(Vultee)公司就率先使用蜂窝夹芯玻璃纤维增强塑料板来制造 BT-15“勇士”(Valiant)初级教练机（图 1.27）的后机身。该飞机在第二次世界大战中曾被大量使用。

图 1.25　喷火式战斗机（英国，1938 年）

图 1.26　兰开斯特轰炸机（英国，1941 年）

图 1.27　BT-15“勇士”初级教练机（美国，1943 年）

虽然玻璃纤维增强复合材料在“二战”后得到了持续的发展和应用，但由于其弹性模量较低，仍不能完全满足航空工业发展的需要。这就促使人们努力开发结构性能不低于硬铝合金的所谓**先进复合材料**(advanced composite materials)。这些材料的增强相可以采用碳、硼、芳纶等纤维材料以及其他金属或非金属颗粒材料，而基体可以采用树脂、金属、碳和陶瓷等材料。相对于金属材料，这些复合材料具有很高的比强度和比刚度，并且耐腐蚀、疲劳寿命高、减振性能好、可设计性强、适于制造复杂形状的构件。某些功能复合材料在声、光、电磁和热学方面具有特殊性能，可以在降噪、防热、传感、控制、隐身等方面发挥巨大的作用。这些优异的特性使先进复合材料成为金属的理想替代品。但正如金属替代木材一样，先进复合材料在航空结构中的使用仍然要经历一个循序渐进的过程，同时也带动了复合材料力学分析方法的发展。

20 世纪 50 年代末期，美国空军材料实验室在施瓦茨(R. T. Schwartz)的领导下开始了硼、铍、碳纤维增强热固复合材料的研究。研究结果表明，用硼或碳纤维增强的复合材料具有“钢的强度、硬铝的硬度和铍的密度”。据此，施瓦茨将这种新材料命名为“先进复合材料”。此后，各国针对先进复合材料在航空结构上的应用开展了大量研究。自 20 世纪 70 年代开始，先进复合材料便陆续在航空结构中得到应用。时至今日，军用固定翼飞机上复合材料占全机结构重量的比例已达到 50%；大型民用客机使用的复合材料结构已达到全机重量的 25%，甚至更多；全复合材料结构的直升机和小型公务飞机已经出现；而先进无人机几乎都是全复合材料结构。总之，复合材料已成为飞机机体结构中与铝合金、钛合金和钢并驾齐驱的四大结构材料之一，而且很多飞机有全机结构复合材料化的趋势。表 1.1 给出复合材料在飞机承力结构中使用的代表性实例，图 1.28～图 1.37 为表 1.1 中飞机的对应图片。

表 1.1 先进复合材料在飞机承力结构上使用的标志性事件

机 型	首飞时间	复合材料应用特点
F14 战斗机	1970 年	率先在水平尾翼上使用硼/环氧复合材料
F16A 战斗机	1976 年	率先在垂直尾翼上使用碳/环氧复合材料
AH-1P 直升机	1976 年	率先使用全玻璃/环氧复合材料旋翼
FA/18 战斗机	1978 年	率先在机翼蒙皮上使用碳/环氧复合材料
AV-8B 攻击机	1978 年	率先使用全复合材料机翼、水平尾翼和前机身
A310-300 客机	1985 年	率先完全使用碳/环氧复合材料制造大型客机的垂直尾翼
Starship 公务机	1986 年	首架获得 FAA 适航证的全复合材料飞机
NH90 直升机	1995 年	首架使用全复合材料结构的直升机
A380 客机	2005 年	首架在承力结构上大量使用复合材料的大型客机
波音 787 客机	2009 年	整机 50%的结构使用复合材料制造的大型客机

图 1.28 格鲁门公司 F14(Tomcat)战斗机(美国，1970 年)

图 1.29　通用动力公司 F16A(Falcon)战斗机(美国,1976 年)

图 1.30　贝尔公司 AH-1P(Cobra)直升机(美国,1976 年)

图 1.31　麦道公司 FA/18(Hornet)战斗机(美国,1978 年)

图 1.32　麦道公司 AV-8B(Harrier)攻击机(美国,1978 年)

图 1.33　空中客车公司 A310-300 客机(欧盟,1985 年)

图 1.34　Starship 公务机(美国,1986 年)

图 1.35　NH90 直升机(欧盟,1995 年)

图 1.36 空中客车公司 A380 客机中的复合材料部件(欧盟,2006 年)

CFRP—碳纤维增强树脂基复合材料;GFRP—玻璃纤维增强树脂基复合材料

图 1.37 波音 787 客机(美国,延期待定)

在飞机中使用先进复合材料一般是为了改善结构性能,例如减轻重量,提高疲劳寿命,增加断裂韧性,减振降噪等。但有时也可以利用复合材料来改善飞机的气动特性,比如气动剪裁设计技术。在“二战”中,德国科学家已发现后掠翼飞机在低速和跨音速飞行时翼尖会失速。他们曾试图用前掠翼布局来解决此问题,并制造出容克斯 Ju 287 前掠翼轰炸机(图 1.38),但在飞行中发现由翼尖升力产生的巨大扭矩有时会造成机翼扭转失稳。1964 年德国汉堡飞机制造公司

图 1.38 容克斯 Ju 287 前掠翼轰炸机(德国,1944 年)

(Hamburger Flugzeugbau)生产了前掠翼公务机 HFB-320(图 1.39)。虽然其初衷只是为提高飞机的舒适性才让机翼位于乘客舱的后方,但使用中该飞机却表现出很好的操控性能。为研究前掠翼飞机在跨音速飞行时的操控特性,1984 年格鲁门(Grumman)公司研制了 X-29 试验机(图 1.40)。该机经过气动剪裁设计的复合材料机翼不但有足够的刚度以避免出现气动弹性失稳问题,而且在特定的飞行条件下机翼还能变形为有利的气动外形,使机翼的升阻比增加 15%,大大提高了飞机的机动性。基于同样的原理,1997 年苏霍伊(Sukhoi)制造局生产出了 Su 47"金雕"(Berkut)战斗机(图 1.41)。

图 1.39 汉堡飞机制造公司 HFB-320 公务机(德国,1964 年)

图 1.40 格鲁门公司 X-29 试验机(美国,1984 年)

图 1.41 苏霍伊制造局 Su 47"金雕"战斗机(俄罗斯,1997 年)

相对于金属材料,复合材料的成型工艺比较简单,因此可以用来制造要求具有复杂隐身外形的飞机。例如洛克希德(Lockheed)公司生产的世界上第一种隐形攻击机 F117A"夜鹰"(Nighthawk)(图 1.42)和诺斯洛普·格鲁门(Northrop Grumman)公司生产的著名的 B2"幽灵"(Spirit)轰炸机(图 1.43)都大量使用了复合材料。

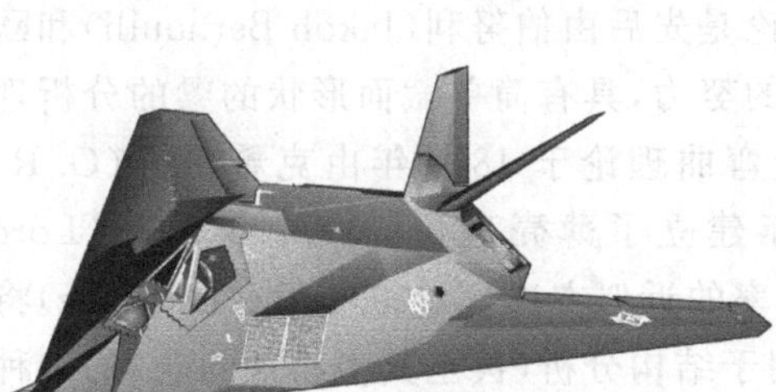

图 1.42 洛克希德公司隐形攻击机 F117A"夜鹰"(美国,1981 年)

图 1.43 诺斯洛普·格鲁门公司 B2"幽灵"轰炸机(美国,1989 年)

此外，目前正在发展的各种功能复合材料大大地推动了飞机结构的自我监测、主动控制、热防护和隐身等技术的发展[22~24]，将会对飞机结构设计产生深远的影响。

从以上的历史回顾可以看出，飞机功能的变化和性能的提高要求其结构有相应的变化，并同时依赖于航空材料的支持。下文将揭示，这种结构和材料的演变进一步推动了相应的力学分析方法的进步。

1.1.2 飞机结构的力学分析

飞机结构的力学分析主要针对结构的强度、变形、稳定性、振动和疲劳断裂问题。结构中各部分温差较大时必须考虑热应力的影响。当温度较高时还要考虑材料性质的变化等问题。

早期的飞机由木质框架结构与基本不受力的布质蒙皮(图 1.1)构成。它和土木工程中的桥梁和屋顶结构并无本质区别，用当时的力学理论已经可以对这类结构进行比较准确的分析。但是随着航空工业的发展，新的材料和结构形式逐渐被应用，相应的结构力学分析方法也不断面临新的挑战。力学理论和方法的进步可以在对单个元件的分析和对整个组合结构的分析中得到体现。

1.1.2.1 结构元件的力学分析与材料强度

随着金属材料在飞机结构上的大量使用，为最大可能地减轻结构自重(称为“消极重量”)以提高飞机的性能(航速、航程和载重等)，各种薄壁结构得到了广泛应用，于是人们就面临着相应的力学分析问题。广义的薄壁结构是指由梁、板和壳元件构成的弹性系统。这些元件的一个共同特征是至少有一个方向的几何尺寸远小于另外一个或两个方向的几何尺寸。这种几何特征决定了这些元件的变形与受力具有各自的特点，是一般三维弹性体的特例。依据这些特点，在对它们进行力学分析时可以从一般的三维弹性体求解方程中略去一些次要的几何量(位移、应变分量)与力学量(应力分量)，从而得到主要的、基本的变形与受力的规律。具体做法是在一些基本假定的基础上去推导较为简化的、可用于工程设计的公式。

梁的变形和应力分析理论至少可以追溯到达·芬奇(Leonardo da Vinci)的工作，但一般认为从 1638 年伽利略(G. Galileo)发表《关于两种新科学的叙述与数学证明》开始，它才称为一门独立的学科。细长杆件的弯曲与稳定理论是先后由伯努利(Jakob Bernoulli)和欧拉(L. Euler)于 18 世纪前期建立的。经过几百年的努力，具有简单截面形状的梁的分析理论在 19 世纪末已经非常成熟。比较正确的薄板弯曲理论于 1850 年由克希霍夫(G. R. Kirchhoff)建立，乐甫(A. E. H. Love)在 1888 年建立了薄壳理论。1877 年瑞利(Lord Rayleigh)从能量原理出发提出了求解结构固有频率的近似方法。1909 年里兹(W. Ritz)将瑞利的方法进行了更详尽的阐述，并使之成为适用于结构分析(甚至其他物理问题)的一种普遍的近似方法[25,26]。当金属飞机出现时，虽然在桥梁和船舶上已经大量应用了金属薄板、薄壳和薄壁杆件，但它们的设计方法大多建立在经验与试验的基础上，并相应地采用了相当大的安全系数。航空结构设计需要为减轻每1g的重量而奋斗，采用这种设计方法显然不合适。但当时薄壁杆件理论仍很不成熟；薄板、薄壳的分析方法，特别是稳定性理论还需要大力发展；金属的强度理论还不完善；至于金属的疲劳断裂问题，时至今日还不能认为已彻底解决。虽然飞机是在美国诞生的，但是金属飞机结构的力学分析理论却基本上是在欧洲发展起来的[27]。

普朗特在1899年的博士论文中探讨了薄板梁的侧向失稳问题，随后又于1903年提出了杆件扭转的薄膜比拟理论。1905年铁摩辛柯(S. P. Timoshenko)在普朗特的指导下研究了工字梁的侧向失稳问题。他发现圣维南(B. de Saint-Venant)扭转理论对这个问题已不再适用，于是首次提出了约束扭转刚度的概念。1905年廷普(A. Timpe)研究了圆环弯曲问题。1921年瑞士桥梁工程师马亚尔(R. Maillart)提出剪切中心的概念，成功解释了非对称截面梁在形心处受横向力时不但发生弯曲而且产生扭转变形的现象。1929年瓦格纳研究了受压开口薄壁杆件的扭转失稳问题以及受剪加筋板的后屈曲问题。而薄壁构件的剪切滞后(Shear Lag)现象和等效宽度问题也在20世纪30年代引起了人们的重视。符拉索夫(B. З. Власов)在他1940年发表的专著中从薄壳理论出发，系统地研究了薄壁杆件的分析方法，因此被认为是薄壁杆件理论的奠基人。与此同时，薄板与薄壳的分析理论(特别是稳定性理论)在瑞斯纳(H. J. Reissner)、唐内尔(L. H. Donnell)、弗留盖(W. Flügge)、铁摩辛柯、戈利坚维泽尔(A. Л. Гольденвейзер)、诺沃日洛夫(B. B. Новожилов)、冯·卡门(T. von Kármán)、钱学森、闵德林(R. D. Mindlin)和柯依特(W. T. Koiter)等学者的努力下也取得了长足的进步。

在发展薄壁元件的变形和稳定性理论的同时，人们也逐渐完善了金属的强度理论。继库仑(C. -A. de Coulomb)与特雷斯卡(H. Tresca)分别于1773年与1868年提出第三强度理论以后，胡贝尔(M. T. Huber)和米赛斯(R. von Mises)分别于1904年和1913年又独立地提出了金属的第四强度理论。该理论由汉基(H. Hencky)于1925年用能量的观点进行了解释。对金属材料，该理论和试验结果吻合得较好。这就为金属飞机的强度设计提供了理论支持。

金属材料的一大弱点是容易发生断裂和疲劳失效。在第二次世界大战中，曾发生了多起飞机因疲劳破坏而失事的事故。1952年美国的F86歼击机(图1.18)发生了机翼主要接头疲劳破坏事故。世界上第一架喷气式客机“彗星”号(Comet，图1.44)也是因为增压客舱的疲劳断裂事故而退出了历史的舞台，并彻底葬送了著名的德·哈维兰公司。其实在金属飞机蓬勃发展之前，人们早已开展了金属断裂和疲劳的研究[28]①。达·芬奇就曾注意到长度越长的铁丝其强度越弱。1913年英格利斯(C. E. Inglis)研究了含椭圆孔的平板受拉时的应力分布。在此基础上，1920年格里菲斯(A. A. Griffith)从应变能释放量和材料表面能的平衡关系出发，首次找到了脆性材料断裂应力和材料内部缺陷尺寸的关系，并用玻璃纤维强度实验进行了验证。他在实验中发现，由于内部缺陷较少，细玻璃丝的强度和模量都比大块

① 徐灏. 疲劳强度. 北京：高等教育出版社，1988.

钱令希主编. 中国大百科全书 力学卷. 北京，上海：中国大百科全书出版社，1985.

玻璃高出很多。这个研究工作直到"二战"时由于发生了飞机的有机玻璃座舱盖的断裂事故，才引起人们的注意。格里菲斯的理论虽然成功地揭示了材料强度和材料内部缺陷之间的关系，并得到了玻璃等脆性材料实验的验证，但却不能很好地解决金属材料的延性断裂问题，而且也不适于工程应用。因此直到"二战"结束，这些理论并没有在飞机设计中发挥作用。不过人们已在轮船的断裂事故中积累了一些预防断裂失效的经验，如加工圆倒角以减少应力集中，在长焊缝上增加止裂板，等等。"二战"结束后美国海军实验室在欧文(G. R. Irwin)的领导下加强了断裂力学方面的研究。1957年在威斯特伽德(H. M. Westergaard)裂纹尖端应力和位移场工作(1938年)的基础上建立了应力强度因子和断裂韧性的概念，从而奠定了线弹性断裂力学的理论基础。1960年左右，随着线弹性断裂力学理论的逐渐成熟，人们将注意力转向了弹塑性断裂力学问题。欧文对线弹性断裂力学作了塑性修正，推广应用于弹塑性裂纹体，适用于裂纹尖端小范围屈服情况。1963年英国韦尔斯(A. A. Wells)提出在大范围屈服条件下的裂纹张开位移(COD)理论，其中裂纹尖端张开位移根据英国达格代尔(D. S. Dugdale)于1960年提出的"窄带屈服区模型"计算，以该理论作为断裂准则的COD方法是一种近似的工程计算方法。而1968年美国赖斯(J. R. Rice)的J积分理论和相应的HRR(J. W. Hutchinson, J. R. Rice, G. F. Rosengren)裂纹尖端奇异场理论(1968年)，为弹塑性断裂力学奠定了理论基础。

图1.44 德·哈维兰公司的"彗星"号喷气式客机(英国，1949年)

金属疲劳是和断裂密切相关的一种失效形式。早在19世纪50～60年代，沃勒(A. Wöhler)就通过试验观察提出了疲劳极限和应力幅值等概念，并首先得到了表征材料疲劳性能的应力幅值-疲劳寿命曲线(*S-N*曲线，为了纪念沃勒的功绩也被称为沃勒曲线)。1884年，包辛格(J. Bauschinger)研究了循环加载与卸载产生的应力幅值-应变幅值的迟滞回线，发现了"循环软化"现象。关于影响疲劳强度的因素，弗贝尔(A. Föppl)研究了应力集中系数对疲劳寿命的影响；从1933年开始彼得森(R. E. Peterson)对材料尺寸和疲劳寿命的关系做了大量研究，发现试件尺寸增大后疲劳极限会大大降低。从大量的实验中，人们逐渐总结出了各种金属试件的*S-N*曲线作为疲劳设计的主要依据。虽然对疲劳问题的研究大多采用实验的手段，但是1963年帕里斯(P. C. Paris)总结出了疲劳裂纹扩展速度与裂纹尖端应力强度因子变化幅值成幂函数的经验公式，为疲劳寿命预测开辟了一个新的领域。

格里菲斯对材料尺寸和断裂强度关系的研究对后来先进复合材料的制造理论产生了深远的影响。为了提高增强纤维的强度和模量，人们就必须改进工艺以制造更细的纤维。而先进复合材料的出现又对结构力学分析理论提出了新的要求，由此诞生了一门新的力学分支学科——复合材料力学。同常规材料的力学理论相比，复合材料力学涉及的范围更广，研究的课题更多[14~21]。航空结构领域使用的复合材料主要有纤维增强复合材料层合板以及由这类层合板和各种芯层组成的夹层结构。由于层合板中纤维铺层方向的多样性，纤维和基体或者层合板和芯层的力学性质相差悬殊；复合材料在细观上表现出很强的不均匀性，在宏观上表现出很强的各向异性；这些都给相应的力学分析带来了很多问题。首先，复合材料的本构关系和强度准则与常规金属材料有很大区别。其本构模型中各个材料参数的大小往往有数量级的差别，这给相应的标定工作造成了很大困难。而复合材料的破坏模式往往表现为纤维和基体的脱离，基体的开裂和各层材料之间的剥离等，有时也会出现纤维断裂的现象；对于这些破坏模式，到目前为止仍然缺乏一个比较统一的宏观强度准则来描述。其次，由于这些复合材料层间的剪切模量很低，因此对于复合材料结构，即使是薄壁杆、板、壳，也应考虑层间的剪切变形。适用于金属材料的很多相应公式都要进行修正。当然也正是由于复合材料的多参数性，使人们可以根据需要来调整这些参数，设计出有特定性质的复合材料。例如可以调整纤维铺层的角度以及纤维和基体的比例，设计出热膨胀系数几乎为零的复合材料。再如前文提到的复合材料的气动剪裁设计等。这样一来，复合材料的材料设计和结构设计其实是同时进行的，材料和结构之间的界线已经比较模糊。相应的结构设计思想也应该发生改变。总之，虽然先进复合材料在航空结构中已经得到了非常广泛的应用，但是其力学分析理论并未完全成熟。复合材料的强度准则、结构的稳定性分析和振动分析理论以及在湿、热、电磁环境下的性能分析等都还在不断地发展和完善之中。

1.1.2.2 组合结构的力学分析

在实际设计时，不但要对单个结构元件进行力学分析，还希望能够得到由这些元件所组成的结构部件甚至整架飞机在受到外载荷作用时的响应。另外，用于单个结构元件分析所需的外力也只有通过对整体结构的分析才能准确地得到。

20世纪初，适用于桁架和布蒙皮飞机结构的杆系结构分析理论已非常成熟。但随着金属材料的广泛应用，特别是应力蒙皮结构的出现，人们必须面对各种加筋板壳结构的分析问题。为简化计算，人们常采用一种杆板近似模型，该模型只考虑了桁条中的正应力以及蒙皮中的剪应力，并认为蒙皮和桁条之间只通过均匀分布的剪应力相互作用，这样就可以借用成熟的桁架分析方法(特别是用力法来求解静不定结构)来计算复杂的加筋板壳结构。虽然用杆板模型计算的结果和真实情况有一定的误差，但是在计算机发明之前，这是一种可以用于工程设计的简单分析方法(当然需要加上安全系数并最终用试验考核)，而且能直观地揭示结构中各元件之间的传力特性。从20世纪30年代开始，以别辽耶夫(В. Н. Беляев)、符拉索夫和乌曼斯基(А. А. Уманский)为代表的前苏联学者们使用杆板模型研究出了很多薄壁结构的计算方法[29~31]。此外，1937年列维(S. Levy)在分析后掠机翼结构时采用了一种将翼梁、翼肋和蒙皮的刚度叠加起来的方法。这种方法在20世纪50年代初期也被朗格福斯(B. Langefors)等人所使用,并且采用了更一般的矩阵形式。和杆板模型类似,他们的这些方法也都只考虑了翼梁和翼肋中的正应力以及蒙皮中的剪应力[32]。其实早在1826年纳维尔(L. Navier)就产生过通过刚度叠加来计算组合结构的思想[33]。他在计算杆系结构时把梁的节点位移作为求解的基本未知量,通过建立结构的总体平衡方程组进行求解。而平衡方程组是由各部件的刚度、节点位移和载荷组集起来得到的。这其实就是现代结构力学中的位移方法。20世纪40年代亨尼霍夫(A. Hrenikoff)、麦克亨瑞(D. McHenry)和纽马克(N. M. Newmark)发展了用等效的梁格模型来替代连续体进行结构分析的方法(图1.45),并在分析平直机翼时取得了很好的效果。但随着后掠翼和三角翼飞机的出现,用这种方法得到的分析结果和实验值相差甚远。1954—1955年阿吉瑞斯(J. H. Argyris)发表了一系列文章讨论复杂机翼结构的一般分析方法。在这些文章中他系统地描述了结构力学力法和位移法的矩阵形式,并且给出了用小块平面单元组合起来以分析连续体结构的方法[34]。1956年特纳(M. J. Turner)和克拉夫(R. W. Clough)为准确计算三角机翼的动力响应,也独立地提出了类似的方法。1960年克拉夫将这种方法命名为"有限单元法"(Finite Element Method),并从能量原理出发证明了它的收敛性。其实在1943年库朗(R. Courant)已经从纯数学的角度阐述了这个思想。而将连续方程离散化以获得近似求解的方法至少可以上溯到1908年龙格(Rouge)和1910年里查德森(Richardson)在有限差分法方面的工作。1964年辛凯维奇(O. C. Zienkiewicz)进一步证明了有限单元法是求解微分方程的一种等效积分方法,它适用于求解所有可以写出变分格式的场问题。而有限单元法和有限差分法等其他离散化的近似求解方法都可以统一到加权余量法的理论框架中[35~38]。

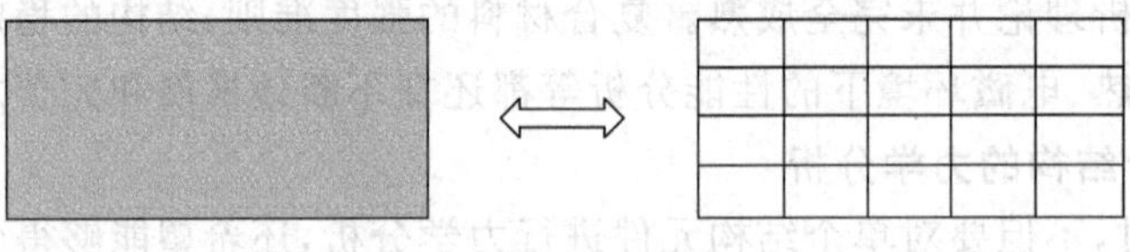

图1.45 连续体分析的梁格替代法

由于有可靠的理论基础和灵活统一的求解格式,有限单元法迅速地得到了工程界的认可。随着计算机技术的发展和普及,它很快就成为航空结构力学分析所不可或缺的工具。表1.2列出了美国波音公司在设计大型商用客机时应用有限元分析技术的发展历程。

表1.2 波音公司大型商用客机设计中有限元分析的应用情况[39]

时 间	机 型	有限元分析的应用情况
20世纪50年代	707	—
20世纪60年代	727、737、747	出图后的验算工作
20世纪70年代早期	747SP	部分构件的设计
20世纪70年代晚期	757、767	大部分主要结构的设计
20世纪90年代	777、737X	所有主要结构的设计

需要强调的是，有限单元法只是一个求解数学方程的工具，它不能代替从物理实体抽象出力学模型进而建立相应的数学模型的过程。虽然有限元分析软件已经成为飞机结构分析的主要工具，但是如果使用者缺乏必要的力学训练，没有清晰的力学概念，是很难得到正确的分析结果的。而这些最基本的力学知识就是本书所要着重讲述的内容。

1.1.3 火箭和导弹结构

关于火箭的记载早在我国的三国时期就已经出现[1]。中国古代的火箭虽然结构简单，但已经具备了箭头、箭身、箭翼和推进装置这些基本部件(图 1.46)，具有与现代火箭相同的喷气推进原理，可以看做是现代火箭和导弹结构的最精简的概括。

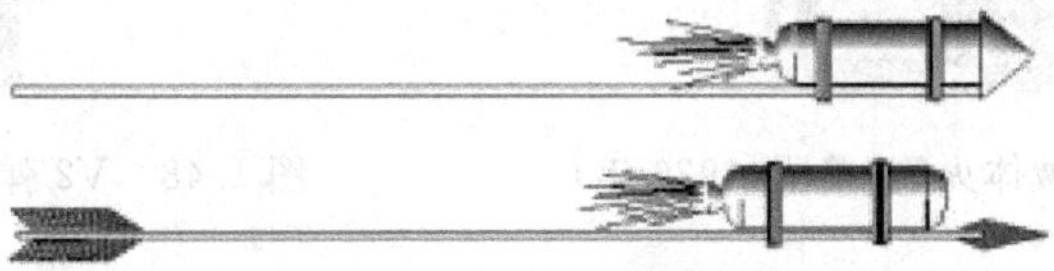

图 1.46 中国古代的火箭

俄罗斯科学家齐奥尔科夫斯基(K. Э. Циолковский)被公认为火箭和航天器理论的奠基人，他从 1896 年起系统地研究喷气飞行器的原理，绘制了宇宙飞船示意图，并于 1903 年发表了论文《利用喷气装置探索宇宙空间》。他的一系列著作论证了有关宇宙航行的若干理论和工程实现问题。这些理论以及他推导出的计算火箭在发动机工作期间获得速度增量的齐奥尔科夫斯基公式，奠定了宇宙航行学的重要理论基础。经过诸多航天先驱的努力，1926 年世界上第一枚使用液氧-煤油的液体燃料火箭终于由美国的戈达德(R. H. Goddard)发射成功(图 1.47)，由此开创了人类航天的新纪元。

由于军事的需要，德国的火箭研究曾取得重大的进展。德国火箭工程的创始人是数学力学教授奥伯特(H. J. Oberth)。早在 1923 年，他就在著作《飞向星际空间的火箭》中阐述了火箭在宇宙空间推进的基本原理，并对液体燃料火箭、人造地球卫星、宇宙飞船和空间站进行了研究和探讨。冯·布劳恩(W. von Braun)曾是奥伯特的助手，他于 1937 年起在德国佩纳明德火箭研究中心主持研究。到 1942 年，该研究中心所研制的 A-2 液体火箭的射高已达到 85km、射程达到 190km、速度达到 5 倍声速以上。第二次世界大战时期，希特勒下令将 A-4 火箭(射程达 300km)装上弹头攻击英国，这就是历史上首次在战争中给人民带来巨大灾难的 V2 弹道导弹(图 1.48)。到 1944 年时，德国在火箭和导弹技术方面所达到的水平，在许多年都领先于其他国家。第二次世界大战结束时，前苏联得到了纳粹德国的火箭研制设备和资料；而美国则得到了以冯·布劳恩为首的一批德国火箭专家。从此，美、苏两个超级大国在火箭和导弹领域内展开了长期的军备竞赛。

图 1.47　戈达德的液体火箭(美国,1926 年)

图 1.48　V2 弹道导弹(德国,1942 年)

和早期相比,现代火箭和导弹的性能已经有了巨大的提高,但是其基本结构形式却没有发生根本的变化(见图 1.48～图 1.51)。火箭结构从外部看一般包括箭身、尾翼、燃气舵和空气舵；在液体火箭内部除了火箭发动机外还有氧化剂储箱和燃烧剂储箱；而固体火箭发动机的推进剂是由氧化剂、燃料和其他添加剂组成的固态混合物,直接装在燃烧室里。火箭顶部用弹壳(或整流罩)包着有效载荷与控制制导系统；对于导弹,有效载荷就是弹头；而运载火箭的顶部整流罩包着的有效载荷就是航天器。

图 1.49　洛克希德公司的北极星(Polaris)A2 潜射洲际弹道导弹(美国,1960 年)

图 1.50 波音公司的 LGM-30F 民兵Ⅱ型洲际弹道导弹(美国,1964 年)

图 1.51 阿里亚纳 5 型运载火箭(欧洲航天局,1996 年)

与弹道导弹不同,巡航导弹可以像飞机一样在低空巡航飞行,这样既很难被雷达发现,又能有选择地以很高的精确度打击目标。最早的巡航导弹是“二战”中德国研制的 V1 巡航导弹(图 1.52)。图 1.53 是美国休斯(Hughes)公司生产的著名的“战斧”(tomahawk)式巡航导弹的剖面图。从结构上看它和 V1 巡航导弹没有本质的区别,实际上就是能携带弹头的无人驾驶飞机。

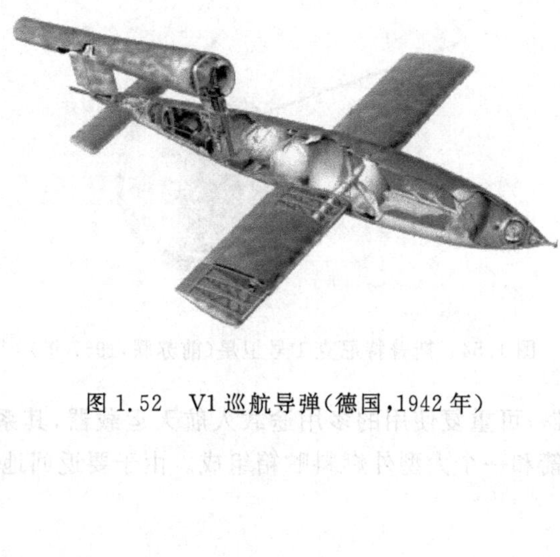

图 1.52 V1 巡航导弹(德国,1942 年)

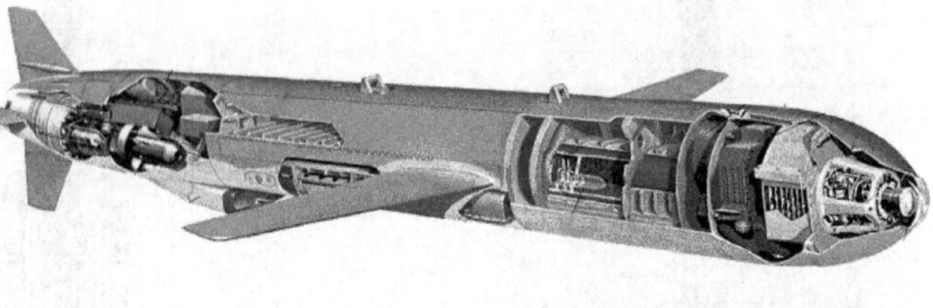

图 1.53　战斧式巡航导弹 BGM109(美国,1983 年)

可以看出火箭和导弹主要由加筋壳体结构组成,相应的力学分析方法和飞机结构没有本质区别。从所用的材料上看和飞机结构也比较相似。但由于它们的工作状态不同,所受外载也不相同。例如箭体受到很高的轴压,贮箱受到很高的内压,而且外表面气动加热问题会更加突出[24]。从 20 世纪 60 年代初开始,以“北极星 A2”和“民兵Ⅱ”型为代表的战略导弹的发动机壳已开始使用玻璃纤维复合材料来制造,以达到增强和减重的目的。而各种复合材料在现代的火箭结构中更是得到了广泛的应用[40,41]。

1.1.4 航天器结构

运载火箭技术的进步使人类进行太空探索的梦想成为可能。1957 年前苏联发射成功了世界上第一颗人造地球卫星“斯普特尼克(Спутник,俄语中的卫星)”1 号(图 1.54),标志着航天时代的真正到来。从此以后各种航天器便被陆续发射到了太空。这里的航天器是指各种在地球大气层以外工作的飞行器,包括了人造地球卫星、空间探测器、载人飞船、空间站和航天飞机等。

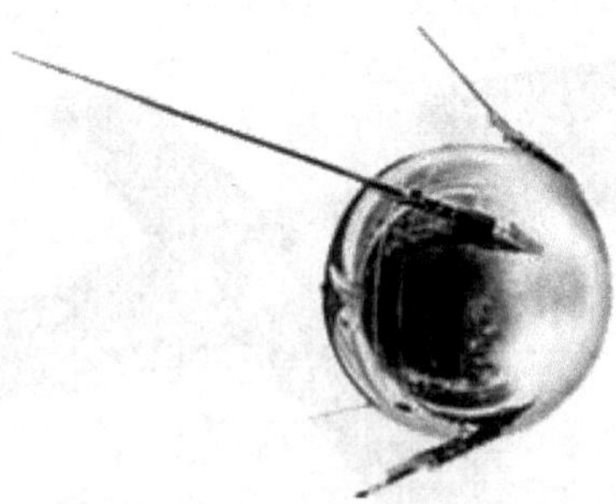

图 1.54　斯普特尼克 1 号卫星(前苏联,1957 年)

航天飞机是目前唯一可重复使用的多用途载人航天运载器,其系统主要由一架带翼轨道器、两台固体助推火箭和一个大型外燃料贮箱组成。由于要返回地球的大气层进行飞行,航天飞机的带翼轨道飞行器从外形和结构上看和普通飞机非常相似(图 1.55)。但是为了抵抗和空气高速摩擦所产生的高温,轨道飞行器的外表会有一层隔热材料进行保护(图 1.56)。因此和常规的飞机结构分析相比,其热应力的分析显得尤为重要。

图 1.55 暴风雪号(Буран)航天飞机轨道飞行器(前苏联,1988 年)

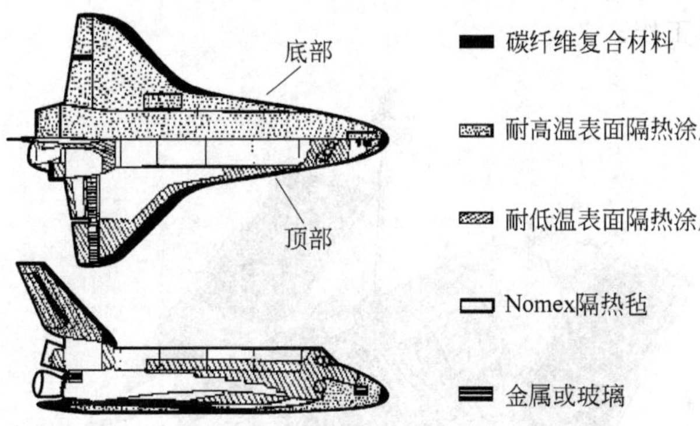

图 1.56 航天飞机轨道飞行器外表的热保护层

除航天飞机轨道飞行器外,其他的航天器都是装在运载火箭封闭的仪器舱内被带到太空的(图 1.57),因此它们所受的载荷条件也比较相似。这些飞行器在地面要受到制造、存储、试验和运输过程中所产生的载荷作用;在火箭发射时要承受巨大的振动和噪声载荷;火箭加速升空时要受到很大的轴推力;多级火箭分离以及航天器和火箭分离时要受到瞬时的冲击;在轨道上做变轨机动则要受到惯性力的作用;和其他航天器对接时要受到冲击;稳定地在轨运行时要受到

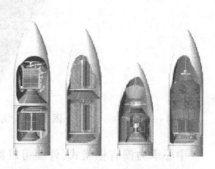

图 1.57 运载火箭仪器舱中的航天器

交变温度载荷作用、各种宇宙辐射的影响以及空间碎片的冲击等；如果航天器要返回地球，则又要受到气动载荷、气动加热以及着陆时的冲击作用。由于火箭仪器舱的内部空间有限，航天器上一些大型部件(如太阳能电池板、天线和各种桅杆等)在发射时必须折叠起来，到了太空中再重新展开。这些载荷条件和空间上的限制决定了航天器的结构形式，也影响了相应的力学分析[41]。

大多数航天器由三个层次的结构组成[40]。它们分别是主体结构(primary structures)、附属结构(secondary structures)和第三级结构(tertiary structures)。以"哈勃"(Hubble)太空望远镜(图 1.58)为例，其主体结构是中心承力筒，它既要承受航天器的主要载荷，也是整个航天器各部分结构组装的核心。太阳能帆板和天线属于附属结构，在航天器发射过程中它们不承担主要载荷，但是对振动和噪声非常敏感；由于在太空中展开的过程中受到冲击或者展开后受到的交变热载荷等原因也可能发生振动。当航天器在轨运行时，这些附属结构是否稳定往往直接影响航天器的基本功能，比如振动与过大的热变形会造成太阳电池片的损坏，从而影响航天器在太空中获得能源；天线和桅杆的热变形与振动会造成各种接收信号与影像资料失真；严重的附件振动还将带来整个航天器平台的振动。第三级结构包括各种电器元件的机盒以及仪器支架等，它们一般不承受太大的机械载荷，但其热变形会严重影响相关仪器的正常工作。

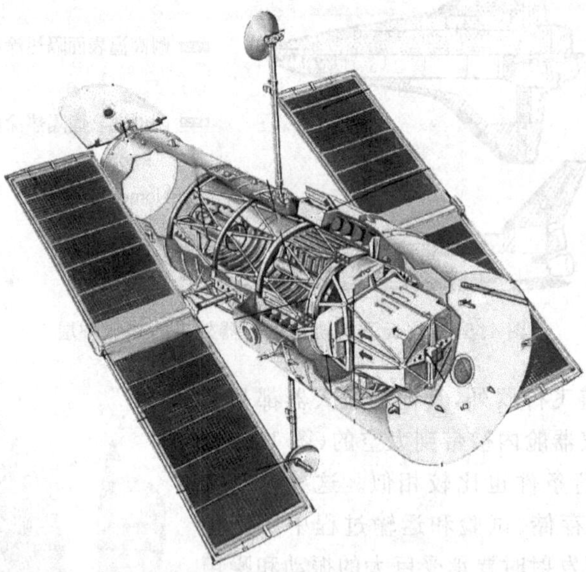

图 1.58 "哈勃"太空望远镜(美国，1990 年)

中心承力筒有框架式(外面可以覆盖面板，但载荷主要由框架承受)、光壳式和加筋壳式三种主要的结构形式，以及现代的格栅式结构(图 1.59)。其中的面板可以是单层金属，也可以是各种复合材料层合结构。当然杆系结构也可以作为航天器的主体结构，比如国际空间站的骨架(图 1.60)。

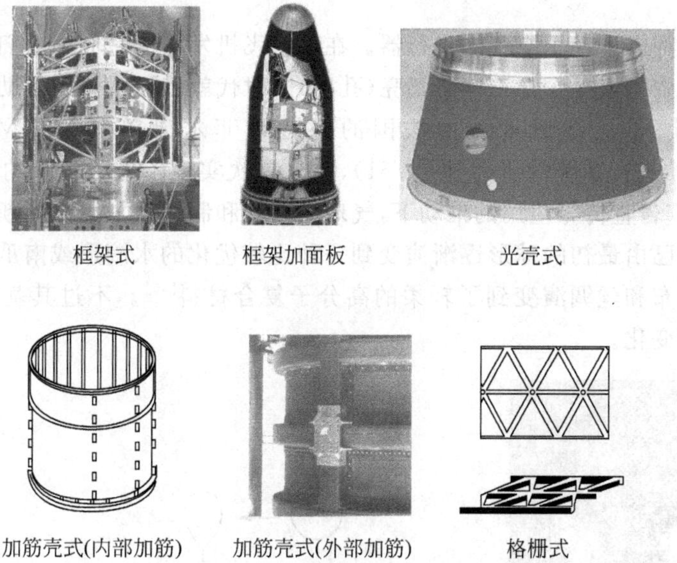

图 1.59 中心承力筒的各种形式

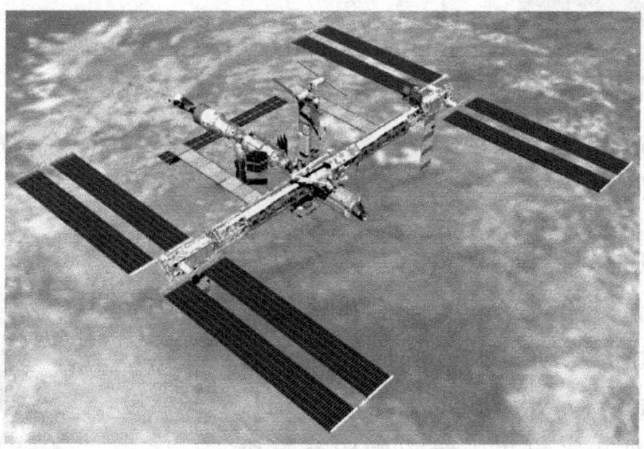

图 1.60 国际空间站

附属结构大都以杆系结构为主。由于尺寸很大,它们几乎都是可伸展结构,在航天器中有着非常广泛的用途,例如太阳能帆板、天线和各种桅杆等(如图 1.58 和图 1.60)。

归纳起来,航天器结构仍然还是由梁、板和壳体等基本薄壁元件组成。其力学分析方法和航空结构没有本质的不同。但是由于它们所受载荷的特殊性,导致了分析的侧重点和航空结构有所区别。例如更加强调航天器各部分结构动力特性的匹配,以及各种轻柔的附属结构在突加热载荷下的响应分析等[42,43]。

1.1.5 气球和飞艇结构

气球和飞艇都属于轻于空气的飞行器。在动力飞机发明前它们是人们进行自由飞行的主要工具。虽然中国人至少在三国诸葛亮(孔明)的时代就已经认识到借助于热空气升空的原理,但是直到18世纪后期才由法国的蒙特哥菲尔兄弟(J. M. Montgolfier, J. é. Montgolfier)开始进行系统的研究(图1.61),并且首次实现了人类飞天的梦想。在体育运动、科学研究和广告宣传等应用的推动下,气球的设计和制造技术也在不断进步。作为气球主体结构的气囊已由最初的球形逐渐演变到一种比较优化的水滴形或南瓜形[44](图1.62),其材料也由亚麻布和丝绸演变到了轻柔的高分子复合材料[45]。不过其基本的结构形式却没有发生太大的变化。

图1.61 蒙特哥菲尔兄弟的热气球在凡尔赛宫的表演(法国,1783年)

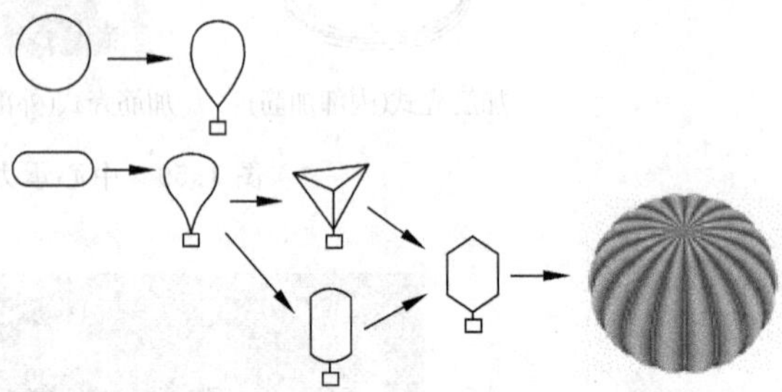

图1.62 气球形状的演变

由于没有动力,气球只能随风漂移,其飞行方向很难控制。后来人们试着给气球安上舵和推进装置来改变它的方向,但由于发动机太重的原因而没有成功。经过不断尝试,终于由法国人吉法尔(H. Giffard)在1852年制造出了世界上第一艘用蒸汽机驱动的飞艇(图1.63)。

图1.63 吉法尔的蒸汽飞艇(法国,1852年)

从结构形式上,飞艇可以分为软式、半刚性和硬式三种[46](图1.64)。最初的飞艇都是直接在气球的软气囊下加装动力和方向控制装置制成,被称作软式飞艇。这种飞艇的刚度很差,不能承受太大的载荷。后来人们在软气囊中加装一根龙骨桁架制成了半刚性的飞艇。但这种飞艇仍然不能用作大规模的载重飞行。1900年德国人齐柏林(F. Zeppelin)试飞成功了第一艘硬式飞艇。该飞艇的艇身由一个铝框架外面覆盖一层防水布做成。艇身内有16个气囊以提供升力。

这种硬式飞艇有足够的刚度和强度，可以承载很重的负荷飞行。由于齐柏林的杰出贡献，硬式飞艇又被人们称为“齐柏林式”飞艇。

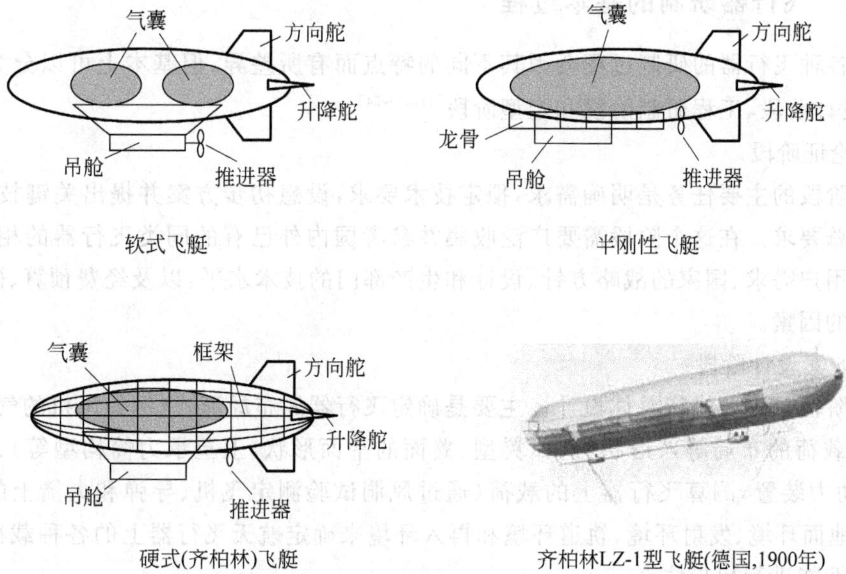

图 1.64　飞艇的结构形式

杜拉铝出现后很快便被用于齐柏林飞艇结构，大大促进了该飞艇建造水平的提高。1936 年齐柏林建造了“兴登堡”(Hindenburg)号 LZ-129 巨型飞艇(图 1.65)。该艇长 245m，最大直径 41.4m，总重量为 195.15t，气囊总体积达 20 万 m^3，达到了当时飞艇制造技术的顶峰。不幸的是 1937 年它在美国新泽西州意外起火坠毁。从此之后飞艇便逐渐淡出了空中舞台。不过近年来由于经济性等原因，飞艇又重新得到了人们的重视。

图 1.65　齐柏林建造的“兴登堡”号 LZ-129 巨型飞艇(德国，1936 年)

和一般的飞行器不同，气球和飞艇中有大量的膜索结构。对这种结构必须考虑大变形，进行几何非线性分析。相关的技术仍然在不断地发展之中。

1.2 飞行器研制的基本过程和思想

1.2.1 飞行器研制的基本过程

虽然各种飞行器的研制过程会因其不同的特点而有所差异，但基本上可以分为论证阶段、方案设计阶段、工程研制阶段和定型阶段[41,47~54]。

(1) 论证阶段

这个阶段的主要任务是明确需求，拟定技术要求，设想初步方案并提出关键技术，最后形成研制总要求。在这个阶段需要广泛收集并参考国内外已有的同类飞行器的相关技术，综合考虑用户需求、国家的战略方针、设计和生产部门的技术水平，以及经费预算、研制周期等各方面的因素。

(2) 方案设计阶段

这个阶段首先要进行总体设计。主要是确定飞行器的布局形式(例如飞机的气动布局、卫星有效载荷的布局等)、形状(例如翼型、翼面的平面形状、卫星承力筒构型等)、尺寸、重量，选择动力装置，测算飞行器上的载荷(通过风洞试验测定飞机、导弹和火箭上的气动载荷；根据地面环境、发射环境、轨道环境和再入环境来确定航天飞行器上的各种载荷)，并对飞行器的性能进行初步估算。

在总体设计的基础上进行飞行器各部件结构的初步设计(在航空器设计中也称为打样设计)，将总体方案具体化以便进行定量分析。通过各种分析和试验工作，获得关键技术难点的解决办法。最后形成结构打样图、系统原理图、安装图和设计计算文档等。

(3) 工程研制阶段

在制造飞行器之前必须在初步设计的基础上做详细设计(或称技术设计，航天器研制中又称为初样设计)。此时必须对各部件和系统进行详细的零部件设计，同时完成静动态强度、刚度、疲劳以及机构动力学等力学分析。在进一步提出制造工艺要求后，就可以提供试制所需要的整套图纸和文件。

由详细设计产生的图纸可以制造出工程样机，用于各种鉴定试验，如静力试验、振动试验、疲劳试验，等等(对航天器往往还要进行噪声试验和热真空试验)。

工程样机的试验结果被用来不断改进飞行器的设计和制造工艺(在航天器研制过程中属于正样阶段的工作)。

(4) 定型阶段

定型生产一种飞机以前，必须首先进行大量的试飞试验；根据试飞所得的技术资料来检验是否达到了初始的设计目标，并对飞机的设计和制造工艺进行必要的修改。所有试飞科目完成后才可以申请定型，并决定是否转入小批量生产。通过小批量生产的考核后，才有可能进行生产定型，正式开始大批量生产。

由于导弹是一次性使用，在定型阶段主要是进行靶场飞行试验。而航天器也只有通过多次发射和在轨运行才能验证是否达到了原先的设计指标。对于载人航天器，在正式搭载宇航员之前往往要进行多次无人飞行试验。

由于问题的复杂性，上述各阶段工作是一个反复循环、螺旋式上升的过程，直到满足设计要求或决定最终放弃该研制计划为止。其中结构的力学分析主要是在方案设计阶段和工程研制阶段进行。实际操作时，在每一个阶段都会要求参照相应的设计规范或适航标准进行。例如我国就颁发了《军用飞机强度和刚度规范》GJB 67—85、《军用飞机结构完整性大纲》GJB 775—89、《军用飞机损伤容限要求》GJB 776—89 以及《中国民用航空条例》(China Civil Aviation Regulations, CCAR)等。另外，只有获得了美国联邦航空局(Federal Aviation Administration, FAA)或欧洲联合航空局(Joint Aviation Authorities, JAA)颁发的适航证的民用飞机才可以在国际市场上出售。我国的 CCAR 也是参考了 FAA 的适航标准并结合了中国国情而制定的。

1.2.2 飞行器结构设计的思想

随着飞行器性能的不断提高，人们对材料性质认识的不断深入以及结构分析方法的不断进步，飞行器结构设计的思想也在不断地发展[47~55]。

在 20 世纪 40 年代以前，飞机的使用寿命较短，结构中的应力水平也较低，结构设计时主要考虑**静强度和刚度**。这时要求设计载荷(使用载荷乘以安全系数，一般飞机结构的安全系数取 1.5，导弹结构取 1.25)必须小于结构材料的极限承载力和失稳临界载荷。另外，随着飞机速度的提高，还要求结构有足够的刚度以避免出现静气动弹性失效和动气动弹性失效(颤振)。

从 20 世纪 50 年代开始，各种新的结构形式和高强度合金钢等新材料的使用，大大提高了飞机的静强度和刚度的设计水平，使飞机性能不断提高。但是此时结构中的应力水平也大大增加，而且高强度材料的抗疲劳性能一般较差。因此在第二次世界大战后，随着飞机使用寿命的延长，有很多满足静强度和刚度标准的飞机相继出现了严重的疲劳断裂事故。比如 1954 年“彗星”号喷气式客机(图 1.44)就接连发生了多次因增压舱疲劳而导致的坠毁事故。这些事故迫使人们加大了断裂和疲劳理论的研究。随着理论的逐渐成熟，从 20 世纪 50 年代中期开始，人们在原先的静强度和刚度要求的基础上，又在飞机设计中逐步采用了**疲劳安全寿命**的要求。

用安全寿命原则设计飞机时，认为飞机使用前结构是没有缺陷的，在飞机的整个使用寿命期间，结构不出现可见的裂纹。但是结构在加工和使用过程中很可能会产生初始缺陷和意外损伤。在飞机使用过程中，这些初始缺陷或损伤会进一步发展，从而导致“低应力脆断”。因此，按安全寿命原则设计的飞机也不能保证结构的安全。在 20 世纪 60、70 年代，人们相继发现有些飞机结构在未达到试验寿命之前就已经发生了破坏(见表 1.3)。由此美国空军于 1971 年提出了安全寿命/破损安全的结构设计思想，并于 1975 年制定了**损伤容限设**

计规范[55]。损伤容限设计承认结构在使用前就存在初始缺陷，但要求在检修前的使用期内把这些缺陷的增长控制在安全的范围之内。

表 1.3　按安全寿命原则设计的飞机发生的结构疲劳断裂事故

时间	机型	疲劳破坏情况	试验寿命/h	使用破坏寿命/h
1969 年	F-111	机翼枢轴接头板断裂	＞40000	约 100
1970 年	F-5A	机翼中部切面断裂	约 16000	约 1000
1973 年	F-4	机翼机身连接接头下耳片断裂	＞11800	1200

如上所述，在实际设计过程中当飞机结构出现可见裂纹之前的寿命设计采用的是安全寿命设计方法；从可见裂纹扩展到临界裂纹或结构完全断裂的寿命由损伤容限设计完成。安全寿命设计和损伤容限设计的结合使用基本解决了飞机结构的安全性问题。但是要确定“可见裂纹”的具体尺寸是比较困难的(一般在 1mm 以上)，而且这两种设计方法只关注影响飞机安全的关键部件中的一条或几条最大的裂纹，无法对整机的损伤情况进行评估，也没有考虑到维修的方便性与经济性。20 世纪 80 年代末美国在飞机结构设计中又逐渐提出了**耐久性**设计方法，也称为**经济寿命**设计。耐久性设计认为飞机在使用前结构中就存在很多微小的初始缺陷(主要为 1mm 以下的裂纹群)，当这些缺陷发展到可能影响结构的正常功能时，必须能够方便、经济地对结构进行修理，直到满足使用寿命要求。而所谓的经济寿命是指结构出现了严重的损伤，不修不能用，再修又不经济时所经历的寿命。目前的飞机设计中往往将损伤容限设计和耐久性设计结合起来使用。

以往的设计通常不直接考虑结构在使用过程中的各种非确定性因素，而使用安全系数来笼统地体现这些随机因素的影响。安全系数的选取具有很大的经验性，取得过小会危及结构安全，取得过大又很不经济。随着设计分析手段的提高，未来的飞机结构设计规范将会更多地引入可靠性设计的内容。

和飞机结构相比，航天器(除了航天飞机以外)往往只需要一次性发射，而且在轨运行的寿命也比较短。因此其疲劳寿命问题相对不太突出，基本上还是采用静强度和刚度设计。但是随着在轨航天器服役时间的增长，其结构的长期可靠性问题也日益受到人们的重视。

回顾本章前文所讲述的内容，我们可以清晰地看到人们对于飞行器的认识在发生怎样的变化。人们最初对飞行的尝试来自于对鸟儿飞行的直观观察和模仿，但是后来真正使人类离开大地的却是气球、飞机和火箭这些生硬的机器。当然随着空气动力学的进步、推进技术的发展、材料的更新，以及设计分析方法的变革，这些飞行器的性能已经得到了很大提高。尽管如此，它们的飞行原理和鸟儿却是截然不同的。究其原因，是我们人为地把这些本来应该自然融合在一起的技术割裂开来。在传统的设计流程中，气动力计算、结构分析、材料制造、电子与控制设备的研制等工作往往是相互独立地进行的。各个部分的设计人员大多只专注于自己的专业领域，而很少从更高的角度来考虑整体的问题。这样不但造成资源的浪费，更严重的是制约了飞行器性能的提高。不过让人欣慰的是气动剪裁设计、热-结构耦合分析、功能材料以及智能结构技术等涉及多个物理场耦合分析的领域正在日益受到人们的关注。而随着计算机仿真技术的不断进步,多学科优化也正成为行业发展的趋势。也许有一天人类制造出来的飞行器真的会像鸟儿一样飞翔,使那个古老的梦想经过一段曲折的发展而成为现实。

习题

1.1 哪些主要技术决定了飞行器的性能?在改进这些技术的过程中,结构的力学分析发挥了怎样的作用?

1.2 在不同的历史时期,是飞行器结构的发展得益于已有的力学分析方法,还是提高飞行器性能的需求推动了力学分析方法的发展?

1.3 对比飞机由竹木结构向全金属结构的转变过程,现代高性能复合材料对提高飞行器性能会产生怎样的影响?这又给力学分析方法带来了哪些挑战?

1.4 对不同种类的飞行器,其结构的力学分析方法有哪些是相同的,有哪些是不同的?是什么因素决定了这些异同之处?

1.5 回顾飞行器结构设计思想的演变过程,未来飞行器结构设计的发展趋势是什么?

本章参考文献

[1] 姜长英. 中国航空史. 北京:清华大学出版社,2000.

[2] J D Anderson. The airplane: a history of its technology. Reston: AIAA,2002.

[3] 李成智,李小宁,田大山. 飞行之梦——航空航天发展史概论. 北京:北京航空航天大学出版社,2004.

[4] 道格拉斯·罗尔夫,亚历克西斯·达维多夫著. 孟鹊鸣译. 世界飞机大观. 北京:航空工业出版社,1992.

[5] 栾恩杰主编. 国防科技知识普及丛书——航空. 北京:宇航出版社,1999.

[6] 栾恩杰主编. 国防科技知识普及丛书——航天. 北京:宇航出版社,1999.

[7] 钟长生. 民用飞机机体结构与安全. 成都:西南交通大学出版社,2004.

[8] J Cutler. Understanding aircraft structures. Oxford, Malden, MA: Blackwell Publishing Ltd.,2005.

[9] M Langley. The history of metal aircraft construction. The Aeronautical Journal of the Royal Aeronautical Society, Vol. 75,1971, pp. 19-30.

[10] D Paul, L Kelly, V Venkayya and T Hess. Evolution of U. S. military aircraft structures technology. Journal of Aircraft, Vol. 39,2002, pp. 18-29.

[11] D Paul, D Pratt. History of flight vehicles structures 1903—1990. Journal of Aircraft, Vol. 41,2004, pp. 969-977.

[12] D John, J R Anderson. A history of aerodynamics. Cambridge: Cambridge University Press,2001.

[13] P G Hamel. Birth of sweepback: related research at luftfahrtforschungsanstalt—Germany. Journal of Aircraft, Vol. 42,2005, pp. 801-813.

[14] D H Middleton. Composite materials in aircraft structures. Singapore: Longman Scientific &

Technical,1990.

[15] C Foreman. Advanced composites. Jeppesen Sanderson, Inc. : Englewood, 2002.

[16] Alan A Baker, Stuart Dutton, Donald Kelly. Composite materials for aircraft structures. AIAA: Virginia, 2004.

[17] 杨乃宾,张怡宁. 复合材料飞机结构设计. 北京: 航空工业出版社, 2002.

[18] Holm Altenbach, Wilfried Becker edt.. Morden trends in composite laminates mechanics. Springer-Verlag: Wien, New York, 2003.

[19] Special issue of Composites Science and Technology, Vol. 58(7), 1998.

[20] Special issue of Composites Science and Technology, Vol. 62(12-13), 2002.

[21] Special issue of Composites Science and Technology, Vol. 64(3-4), 2004.

[22] J Renton. et al. Future of flight vehicle structures (2002—2003). Journal of Aircraft, 2004, 41: 986-998.

[23] A K Noor. Structures technology for future aerospace systems. Virginia: AIAA, 2000.

[24] C Clay. High speed flight vehicle structures: an overview. Journal Aircraft, 2004, 41: 978-985.

[25] A W Leissa. The historical bases of the Rayleigh and Ritz methods. Journal of Sound and Vibration, Vol. 287, 2005, pp. 961-978.

[26] S Ilanko. Comments on the historical bases of the Rayleigh and Ritz methods. Journal of Sound and Vibration, Vol. 319, 2009, pp. 731-733.

[27] S P Timoshenko. History of strength of materials. New York: Dover Publications Inc., 1983.

[28] T L Anderson. Fracture mechanics: fundamentals and applications. CRC Press: New York, 1994.

[29] B T 巴耶科夫著. 何庆芝,俞公沼译. 飞机结构力学. 第一卷. 上海: 商务印书馆, 1954.

[30] Я Д 利夫希茨著. 许玉赞,黄玉珊,顾松年译. 飞机结构力学. 北京: 高等教育出版社, 1954.

[31] A Φ 费阿发诺夫著. 王德荣译. 薄壁结构计算. 北京: 高等教育出版社, 1954.

[32] A Samuelsson, O C Zienkiewicz. History of the stiffness method. International Journal of Numerical Methods in Engineering, Vol. 67, 2007, pp. 149-157.

[33] L Navier. Resumé des lesons sur l'application de la Mécanique. Ecole de Ponts et Chaussées: Paris, 1826.

[34] T J R Hughes, J T Oden, M Papadrakakis. In memoriam to professor John H. Argyris 19 August 1913—2 April 2004. Computational Methods in Applied Mechanics and Engineering, Vol. 195, 2006, v-vii.

[35] R W Clough. Original formulation of the finite element method. Finite Elements in Analysis and Design, Vol. 7, 1990, pp. 89-101.

[36] E L Wilson. Automation of the finite element method—A personal historical view. Finite Elements in Analysis and Design, Vol. 13, 1993, pp. 91-104.

[37] O C Zienkiewicz. The birth of the finite element method and of computational mechanics. International Journal of Numerical Methods in Engineering, Vol. 60, 2004, pp. 3-10.

[38] R W Clough. Early history of the finite element method from the view point of a pioneer. International Journal of Numerical Methods in Engineering, Vol. 60, 2004, pp. 283-287.

[39] M Mohaghegh. Evolution of structures design philosophy and criteria. Journal of Aircraft, Vol. 42, 2005, pp. 814-831.

[40] H G Reimerdes, D Nölke. Lightweight Design of Spacecraft. Department of Aerospace and

Lightweight Structures, RWTH Aachen University, Germany, 2004.
[41] 陈烈民. 航天器结构与机构. 北京：中国科学技术出版社，2005.
[42] 段进. 大型柔性空间结构的热-动力学耦合有限元分析. 清华大学工学博士学位论文，2007.
[43] 李伟. 卫星刚体-结构附件耦合系统热-动力学有限元分析. 清华大学工学博士学位论文，2007.
[44] J Nishimura. Scientific ballooning in the 20th century a historical perspective. Advances in space research, Vol. 30, 2002, pp. 1071-1085.
[45] M A Said. A review on the recent progress in materials selection, development and characterization for ultra long duration balloon (ULDB) missions. Advances in space research, Vol. 30, 2002, pp. 1173-1182.
[46] G A Khoury, J D Gillett. Airship Technology. Cambridge University Press: Cambridge, 2002.
[47] J H McMasters, R M Cummings. Airplane design—past, present, and future. Journal of Aircraft, Vol. 39, 2002, pp. 10-17.
[48] L R Jenkinson, J F Marchman. Aircraft design projects for engineering students. AIAA: Reston; Elsevier Science Ltd.: Butterworth-Heinemann, 2003.
[49] 陶梅贞等. 现代飞机结构综合设计. 西安：西北工业大学出版社，2001.
[50] 王志瑾，姚卫星. 飞机结构设计. 北京：国防工业出版社，2004.
[51] 熊峻江. 飞行器结构疲劳与寿命设计. 北京：北京航空航天大学出版社，2004.
[52] 刘文珽，李玉海等. 飞机结构日历寿命体系评定技术. 北京：航空工业出版社，2004.
[53] 郦正能，张玉珠，方卫国. 飞行器结构学. 北京：北京航空航天大学出版社，2005.
[54] 郦正能等. 飞机部件与系统设计. 北京：北京航空航天大学出版社，2005.
[55] D Howe. Aircraft Loading and Structural Layout. AIAA, Reston, 2004.

第 2 章

薄壁元件的力学分析

正如 1.2 节所述，作为飞行器设计中的一个重要环节，结构的力学分析的重要任务之一是校核飞行器在各种使用条件下是否满足强度、变形和稳定性的设计要求。为此，首先必须确定飞行器结构的工作环境与所受到的各种载荷，并且了解构成结构各元件的材料在该结构工作环境下的力学性质。然后需要分析这些外载荷是如何在结构中各个部件或部件中每个元件之间相互传递作用力的，即所谓的**传力分析**。在此过程中常常必须引入一些简化假设，将实际部件或元件简化为某种理想化的结构模型，在此基础上分析每个元件中的应力场与结构的变形。与此同时，根据在该工作环境下结构的材料性质进行相应的校核。应当指出，在不同的设计阶段，对于力学分析有不同的精度要求，所建立的力学模型也往往是由粗至精，由简及繁的。

对结构进行力学分析以后，工程师可以并且应当寻求各种结构参数对于结构响应(应力场、位移场等)的影响和敏感程度，从而对设计者提出进行合理设计的建议，使其能科学地调整结构构型或者材料以达到最终的设计目标。为达到这样的目的，读者在学习本门课程时，不仅要学会分析的具体方法，还应当注重掌握各种结构受力与变形的基本概念。

实际设计过程中要准确地获得飞行器结构上的载荷信息往往是比较困难的。在初步设计阶段可根据规范采用一些简化的载荷模型。为了给读者一些直观的印象，本章首先针对一些典型飞行器结构简略地介绍其承受外载荷的基本特点，讲解这些结构的传力路径以及其中主要元件的受力特征。通过这些例子可以看出，各种飞行器结构基本上都是由杆件、板与壳等薄壁元件组成的。接着介绍这些元件承载的基本特点，以及其力学分析模型所采用的基本假定。然后在此基础上详细地讲解各种元件的力学分析方法。这些薄壁元件的力学分析是后面章节所讲述的结构分析的基础。

2.1 典型飞行器结构的受力特征[1~7]

2.1.1 作用在飞机上的外载荷

飞机在使用过程中可能受到自身重力、气动升力、气动阻力、发动机推力、着陆时的冲击力、飞鸟的撞击力、高速飞行时气动加热所引起的热应力等载荷的作用。作为设计要求，这些载荷情况在相应的设计规范中都有详细的说明。

以图 2.1 所示在平面内沿 x 方向飞行的飞机为例，它会受到机翼和尾翼上的气动力 L_W，L_T 和空气阻力 D 的作用，同时它还受到发动机推力 F、重力 mg 和惯性力 ma_x，ma_y 和 $mI_z\ddot{\theta}$ 的作用。其中 m 是飞机的质量，g 是重力加速度，a_x 和 a_y 分别为飞行方向 x 和垂直于飞行方向 y 的飞行加速度，I_z 是飞机在平面内的转动惯性矩，θ 是飞行方向和水平面的夹角。在飞行器所受载荷中，某方向 x_i 上（$i=1,2,3$；分别对应 x，y 和 z 三个方向）所有和质量无关的外力之和与该飞行器的重力之比称为该方向的**过载系数** n_i，它是飞行器设计的一个重要指标。

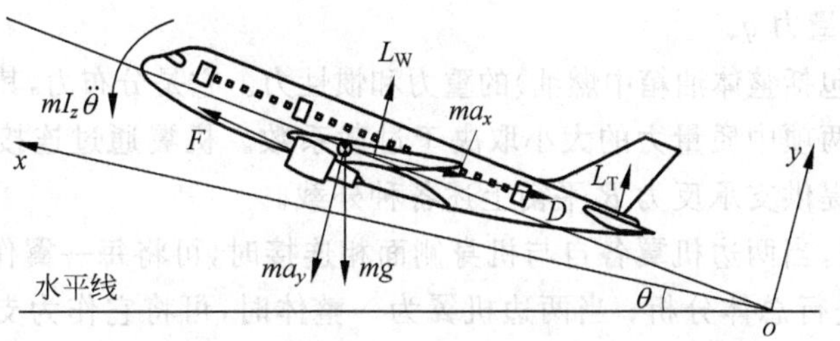

图 2.1 飞机在平面内飞行时的受力情况

总体方案设计时，可以将飞机视作刚体，其上作用的所有外力应满足力和力矩的平衡条件。由此得到飞机的弯矩图、剪力图、轴力图和扭矩图，它们是飞机各部件进行总体分析时的依据。

2.1.2 机翼结构

机翼是飞机的一个重要部件，其主要功能是产生升力，并通过在机翼上安装各种附翼（如襟翼、副翼和缝翼等）来完成各种姿态控制功能。机翼上可能安装发动机、起落架等各种部件，其内部还常常贮放燃油。机翼的结构设计要求在满足强度、刚度与寿命的前提下，尽可能减轻结构自重。因此，结构的力学分析对于机翼的合理设计是十分重要的。

图 2.2 是飞机水平飞行时机翼所受垂直外载的情况，它们包括：

(1) 升力 q_a

升力是机翼上下表面压力差所产生的表面分布力（量纲：力/长度^2）。各附翼本身也承受分布载荷，但因它们都以有限的连接点与机翼主体相连，所以这些载荷通过接头以集中力形式传给机翼主体。作用在机翼上的真实升力是比较复杂的(见图 2.3)，在初步设计时常忽略它沿机翼弦长的变化。

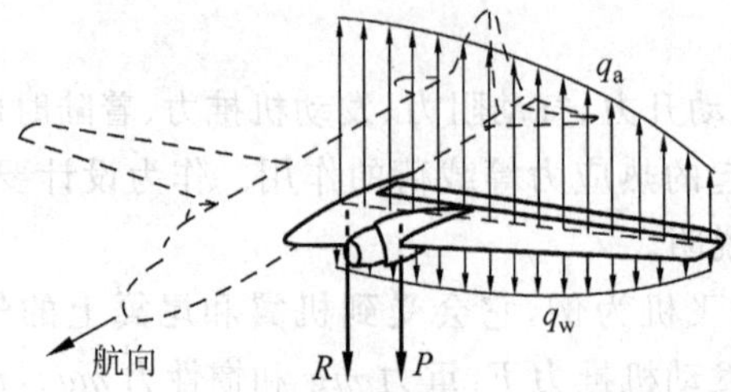

图 2.2　水平飞行时机翼所受的垂直外载荷

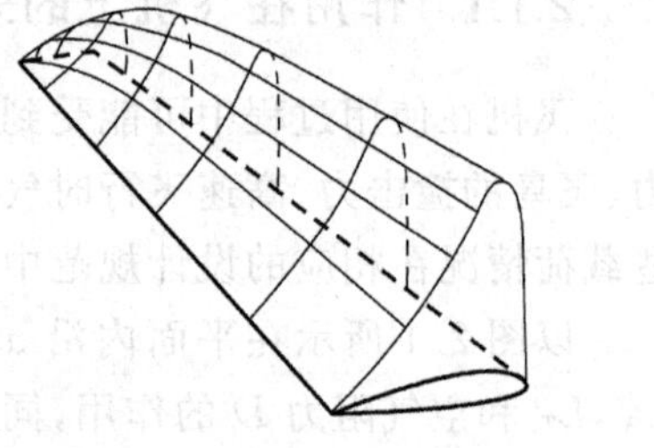

图 2.3　机翼上升力的分布

(2) 节点载荷 P

连接在机翼上的其他部件传来的力和布置在机翼内外各种装载(例如发动机、起落架和副油箱等)产生的质量力(重力与惯性力)都可以简化为节点载荷。这些载荷通常通过连接件，以集中力的方式传给机翼主体。

(3) 机翼的质量力 q_w

q_w 是指机翼(包括整体油箱中燃油)的重力和惯性力。它是分布力，其量纲为：力/长度^2。

上述(2)、(3)两项中质量力的大小取决于过载系数。机翼通过连接接头支承于机身的加强框上，由机身提供支承反力 R 平衡上述各种外载。

作为简化模型，当两边机翼各自与机身侧面相连接时，可将每一翼作为支承在机身上的悬臂变截面杆件进行总体分析；当两边机翼为一整体时，可将它作为支承于机身上的双支点外伸变截面杆件进行总体分析。总体分析的目的是初步确定主要元件的布置方式及大致尺寸。此时，根据所受的外载荷，计算机翼的每个截面上所承受的内力，包括轴力、弯矩、横剪力、扭矩等，再根据其应力分布规律计算各元件(如翼梁、蒙皮等)中的应力。2.3 节、2.4 节给出了分析的基本方法。

机翼是由许多杆件、板与壳元件，通过铆接、焊接、螺栓连接、胶结等各种方式连接在一起的复杂结构。图 2.4 画出了组成机翼的典型元件，它们是：

(1) 沿翼展方向的纵向元件：翼梁、桁条、纵墙和前、后缘

翼梁通常是机翼的主要纵向受力元件，其根部与机身固结，用于承受机翼的大部分弯矩。翼梁由上下缘、腹板以及腹板上的支柱组成。上下缘各自与蒙皮连接，主要承受弯曲正应力；腹板连接上下

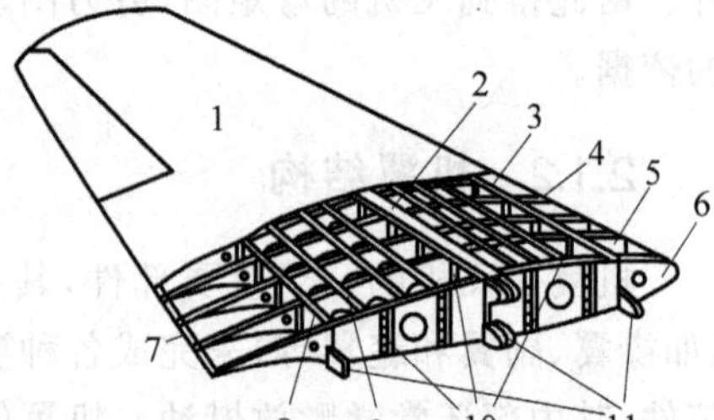

图 2.4　机翼的典型结构元件

1—蒙皮；2—翼梁；3—前纵墙；4—前缘；5—普通翼肋；6—加强翼肋；7—后缘；8—后纵墙；9—桁条；10—支柱；11—与机身的对接接头

缘，主要承受弯曲和扭转剪应力，为减轻重量，腹板上常会开一些减重孔；腹板上的支柱在增强腹板的侧向稳定性的同时也可以承受一些压应力。

桁条是机翼纵向骨架中的重要受力元件。它与翼肋一起对蒙皮起支承作用，以维持机翼的气动外形。桁条可以承受机翼总体弯曲引起的轴向正应力。

前后纵墙的根部与机身相连接，其上、下方通过很弱的缘条与蒙皮固结，可以增强蒙皮的抗屈曲能力，以维持机翼的气动外形。它和蒙皮形成闭室，在抵抗外载荷产生的扭矩时，由其腹板承受扭转剪应力。纵墙腹板上的支柱可以增强腹板的侧向稳定性。

前后缘可以维持机翼的气动外形。在机翼扭转时，由于蒙皮的牵扯，还会承受一部分剪应力和弯曲正应力。

(2) 横向元件：翼肋

翼肋包括加强翼肋与普通翼肋，是形成机翼剖面所需形状的主要构件，与前后缘、桁条、翼梁和蒙皮相连接，为减轻重量，翼肋上常会开一些减重孔。翼肋主要承受剪应力，它可以对蒙皮和长桁提供垂直方向的支承，也可以通过连接腹板对翼梁起到侧向支承作用。而翼梁和翼墙的腹板又给翼肋提供了侧向的支撑。两翼肋之间的间距可以由翼梁和蒙皮的稳定性要求来初步确定(见5.2.2节和5.3.4节)。

加强翼肋除了起普通翼肋的作用外，主要用于承受发动机、起落架等部件引起的节点载荷，或对于大开孔等结构不连续处起补强作用。加强翼肋上可能有支柱以增强其侧向稳定性。

(3) 蒙皮

蒙皮是形成流线形机翼外表面的光滑曲板，它受到桁条、翼墙和翼肋的支承。桁条与翼肋之间的每一块蒙皮承受垂直于表面的气动载荷，可视作受横向载荷作用下周边支承的曲板。蒙皮与翼梁和纵墙的腹板共同抵抗机翼的扭转变形，是承受扭转剪应力的主要元件之一。另外，在半硬壳式机翼中，蒙皮将参与承受弯曲正应力。因此，蒙皮应当有足够的刚度以保证不发生过大的变形，否则将会影响机翼的气动外形。

2.1.3　机身结构

机身是飞机完成载人、载物等装载功能的主体，它与机翼、尾翼和起落架连接，形成完整的飞机。装载与布局上的要求对于机身结构设计有很重要的影响。表现为：

(1) 作用于机身的外载荷中，装载的质量力远大于气动载荷。

(2) 机身内部结构布置以及机身与飞机其他部件的协调关系比较复杂，不同功能的飞机(如客机、货机和歼击机等)装载布置也不同，这些结构布置情况直接决定了机身所承受载荷的状况以及内力的分布。

(3) 机身的功能要求结构具有足够的开敞性，例如要有供乘客或货物出入的舱门、窗口以及一定数量的用于维修的开口等。而开口将影响机身结构的强度与刚度，必须予以仔细考虑。

(4) 为了更好地抵抗内外压力，机身的横截面形状大多为圆形或接近圆形，因此横向弯曲刚度与纵向弯曲刚度差别不大。机身的强度与刚度分析必须综合考虑完成各种飞行要求时对应的纵向、横向弯曲与扭转。

(5) 对于在高空飞行的飞机，机身上还必须设置增压舱。增压舱内外压差是这部分结构所特有的设计载荷。

在满足功能要求完成机身的初步结构布置以后，机身的结构设计也需要在满足强度、变形、稳定性与寿命等要求的前提下，尽可能地减轻结构自身的重量。因此，机身结构的力学分析同样也是非常重要的。

图 2.5 所示为某客机在垂直平面内所受载荷的简图。机身所受的主要外部载荷有：

(1) 质量力

质量力是构成机身总体载荷的重要成分，包括机身内装载与机身结构自重造成的质量力，尤以装载的质量力为主。其大小与方向取决于过载系数与飞行姿态。除结构自重外，装载质量力通过装载支撑点的连接架作用在机身上。设计时按照规范将装载的影响考虑为地板载荷这种分布式的压力。而地板载荷通过支承地板的纵梁和横梁(见图 2.7)，以集中力的形式传递到机身的隔框上。

(2) 气动载荷

机身表面在飞行中受到分布的气动载荷，其分布规律和飞行姿态以及机身外形有关。图 2.6 是一架普通客机在 1100m 高空以 0.8Ma(1Ma 即 1 倍音速，1Ma≈340m/s＝1224km/h)的速度飞行时，其机身上气动载荷分布的数值计算结果。一般情况下与质量力相比，机身受到的气动载荷是较小的，因而在初步设计时通常可不考虑。但是当飞机作侧向飞行时，机身前部受到的侧向的气动载荷比侧向的质量力大。另外，在设计增压舱时也必须考虑气动载荷的影响。

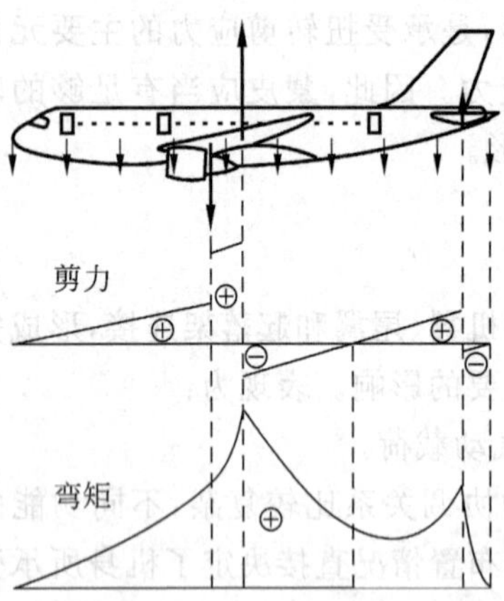

图 2.5 机身对称平面内的外载及内力

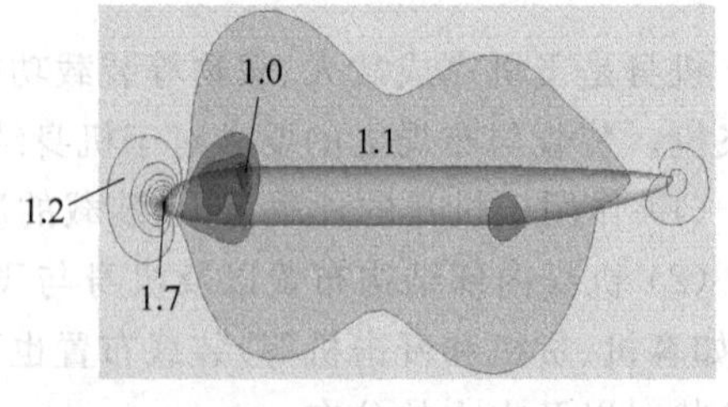

图 2.6 客机机身上的气动载荷分布
(图中数值表示该区域气压和远场气压的比值)

(3) 其他部件传递给机身的集中力

机翼、尾翼受到气动载荷等外载的作用并支承于机身上，这些外载通过与机身的连接件传递到机身。另外，飞机着陆与地面滑行时，起落架所受到的地面冲击载荷也通过起落架与机身的连接件传递给机身。

在每一种工况下，质量力、尾翼和起落架等传给机身的载荷都要与机翼作用于机身的集中力相平衡。在初步设计时，常常将机身当作支承于机翼上的变截面杆件，作出在每种工况下机身中纵向和侧向的剪力、弯矩图以及扭矩图(如图 2.5)。

和机翼相似，机身也是由许多杆件(包括直杆与圆环)、板与壳等元件连接而成的复杂薄壁结构(如图 2.7)。其中的典型元件有：

(1) 纵向元件：桁条或桁梁

桁条主要承受机身上的弯矩或轴力引起的轴向正应力。桁梁的作用和桁条相似，只是横截面积比桁条大，在机舱的地板支承处、机身上大的开口(如登机门、歼击机的座舱口)处通常都需要布置桁梁。机身上的桁梁和桁条类似于机翼的翼梁和桁条。

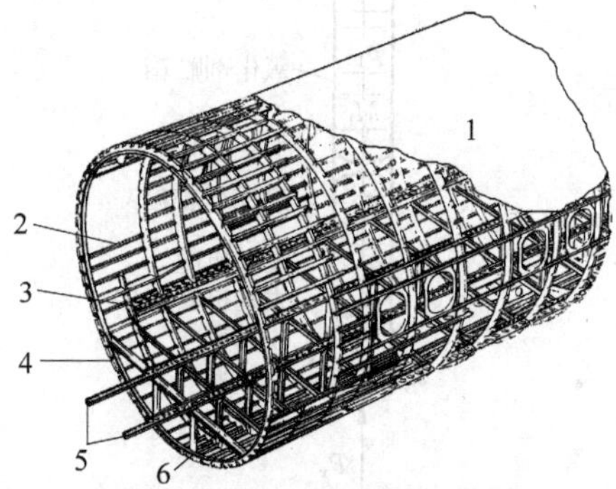

图 2.7　机身的典型结构元件

1—蒙皮；2—桁条；3—桁梁；
4—隔框；5—地板纵梁；6—地板横梁

(2) 横向元件：隔框

隔框是闭合的圆环(或近似圆形的环)，和机翼中翼肋的作用相似之处为，它也主要用于维持机身的截面形状并固定蒙皮和桁条，承受由蒙皮传来的分布压力。但其功能与翼肋并不完全相同，因为它弯曲的形状使其不仅可以用剪应力，还可以用较小的环向正应力来平衡作用在圆环径向的压力。隔框的横截面包括上、下缘条与腹板，它们可以分别承受隔框平面内的弯曲正应力和剪应力。在机身受集中力的地方一般都要布置加强隔框，它除具有普通隔框的功能外，主要功能为传递机身横截面内的集中剪力。有时普通隔框腹板上还有减重孔。

(3) 蒙皮

和机翼蒙皮类似，蒙皮可以形成机身光滑的流线外形。蒙皮受到桁条和隔框的支承，主要承受剪应力的作用。另外，在半硬壳式机身中，蒙皮将和桁条一起共同承受弯曲正应力。为了完成特定的功能需要在蒙皮上开孔时，必须对开孔附近区域进行补强。

2.1.4　火箭结构

火箭是应用喷气推进原理发射的导弹或将航天器(卫星、飞船和空间站等，统称为有效载荷)发射入太空的运输工具。其中发射航天器的运载火箭必须由两个或两个以上的单级火箭用串联或并联方式组成多级运载火箭。图 2.8 是一个典型的单级液体火箭结构。图 2.9 为长征三号运载火箭的内部构造剖面图，它是一个三级串联式火箭。

决定火箭结构设计的基本载荷是火箭发动机的推力 P_x。火箭在向上发射的初始时刻所承受的主要载荷包括：

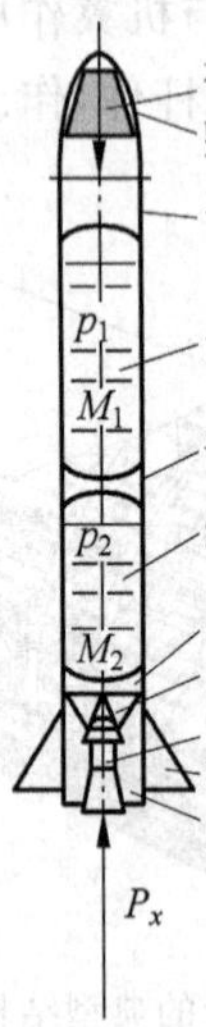

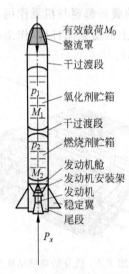

图 2.8　单级液体推进剂火箭

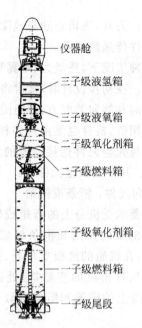

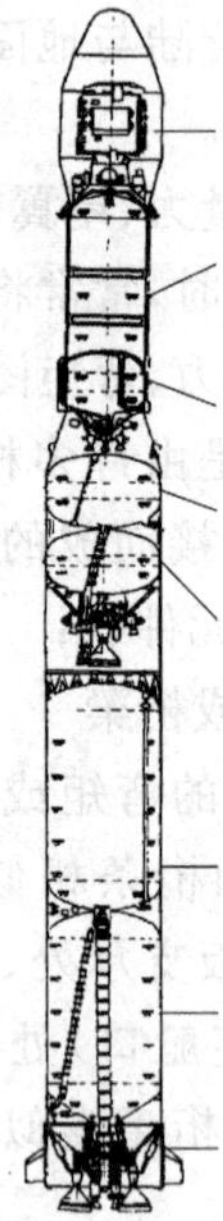

图 2.9　长征三号运载火箭

(1) 质量力

设轴向过载系数为 n_x，则质量为 M_0 的有效载荷产生的质量力为 n_xM_0g；质量为 M_1 的氧化剂产生的质量力为 n_xM_1g；质量为 M_2 的燃烧剂产生的质量力为 n_xM_2g；这些力压在贮箱底部，通过贮箱与固定在火箭外壳上的加强隔框与连接件施加于火箭外壁上。此外还有火箭自身的质量。

(2) 火箭外表面沿轴向分布的气动力 $q_x(x)$，它和上述质量力一起与发动机的推力 P_x 满足轴向平衡条件，使整个火箭的外壳承受很大的轴向压力。

(3) 氧化剂与燃烧剂的增压压力(p_1 与 p_2)。它们通过上、下封头与火箭连接的加强隔框将轴向拉力传递给火箭的壳壁。此外，它们对贮箱封头与筒体还会引起环向应力以及沿封头径向的应力。

在整个发射过程中，火箭的攻角、飞行速度等不断变化，因此需要考虑火箭的横向弯曲问题。为了提高火箭外壳抵抗轴压失稳的能力，火箭内部也布置了纵向的桁条与横向的圆环形隔框，所以火箭是一个加筋壳体，主体部分是变厚度的加筋圆柱壳，过渡部分是圆锥壳，贮箱的封头是球壳。

综上所述，火箭是一个由直杆、圆环形曲杆与壳体构成的薄壁结构。在总体分析时可以把问题分解为两部分：其一是将火箭当作受轴力与横向弯曲载荷共同作用的变截面组合杆件；其二是受到内压作用的壳体。将这两部分问题的解叠加就可以得到火箭中各部分横截面上的应力分布。

从以上三个实例可以看出，通常飞行器结构都是由杆件、板与壳体构成的薄壁结构。结构设计过程通常分两步进行：在总体方案设计阶段，常常将这些复杂的薄壁结构当成一个变截面杆件进行整体分析，以确定主要受力元件在弯曲、剪切、扭转和轴力作用下的大致布置与尺寸；在详细设计阶段，再把它作为一个薄壁结构系统对各个元件进行详细的强度、变形与稳定性分析。本章主要讲解第一步的分析方法。第二步中，对结构应力和变形的分析方法在第3章和第4章讲解；而稳定性分析是第5章的任务。

在以往材料力学课程学习的基础上，本章要回答以下两个问题：

(1) 如何解决复杂变截面杆件的受力分析？

问题(1)涉及工程梁理论的应用以及薄壁杆件的理论。

(2) 在分析中，各种不同的飞行器结构元件（如桁条、隔框、纵墙、蒙皮等）在承受不同类型的外载（如轴力、弯矩、剪力、扭矩等）时各自起怎样的作用？

问题(2)涉及对这些基本元件（杆件、板与壳）的受力与变形基本特性的认识。

和一般的三维弹性体相比，由于其几何形状的特点，杆件、板与壳的变形与受力有其自身的特点，其力学分析就必须从其变形与受力特点出发，略去一些次要的几何量和力学量，着力于寻求这类薄壁结构元件的主要和基本的变形与受力规律。即在一些基本假定的基础上，从弹性力学基本方程出发，推导出较为简化的、可用于工程设计的公式。

2.2　杆件、薄板与薄壳承载的基本特点与基本假定[8]

2.2.1　杆件、薄板与薄壳的几何特点与坐标系的建立①

杆件包括**直杆**与**曲杆**。**直杆**是沿其长度方向具有直线轴线的结构件，并且横截面的特征尺寸（例如，高度、宽度、直径等）远小于其长度。所谓轴线是指杆横截面的形心沿杆长方向移动的轨迹。如图2.10所示，今后对于直杆按照以下的坐标系进行分析：设横截面的形心为O，通过形心的轴线为x轴，在横截面内通过形心的两个互相正交的轴线分别为y轴与z轴，并且构成右手系。沿坐标轴正方向的一组正交标准化基矢量为($\boldsymbol{e}_1$, $\boldsymbol{e}_2$, $\boldsymbol{e}_3$)。

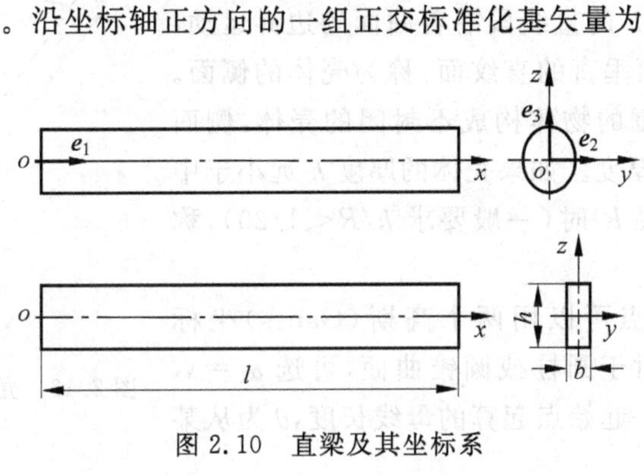

图2.10　直梁及其坐标系

① 本章中的坐标系均指结构元件的局部坐标系，用小写英文字母表示，以区别于结构分析时采用的总体坐标系。

如果杆件的轴线不是直线而是曲线，杆横截面的特征尺寸远小于轴线的弧长时称为**曲杆**。如图 2.11 所示，选择曲杆的坐标系为右手系(s,y,z)，定义通过曲杆横截面形心的轴线坐标 s 为从某一起始截面起算的弧长；y,z 坐标轴的确定同直杆。沿坐标轴正方向的一组正交标准化基矢量为$(\boldsymbol{e}_1,\boldsymbol{e}_2,\boldsymbol{e}_3)$。注意，在曲杆中基矢量的方向是随杆中心线不断变化的。

平板是由两个互相平行的平面(称为**表面**)和垂直于表面的柱面所包围的物体(如图 2.12 所示)。与两表面等距离的平面称为板的**中面**，中面的特征尺寸(如长度、宽度、直径等)为 a。当表面间的距离 h 远小于中面的特征尺寸时(一般要求 $h/a<1/5$)，称为薄板①。平板的正交坐标系(α_1,α_2,z)是这样建立的：以平板中面为 $\alpha_1 o \alpha_2$ 坐标面，以其法线方向为 z 轴的方向，构成正交右手坐标系。

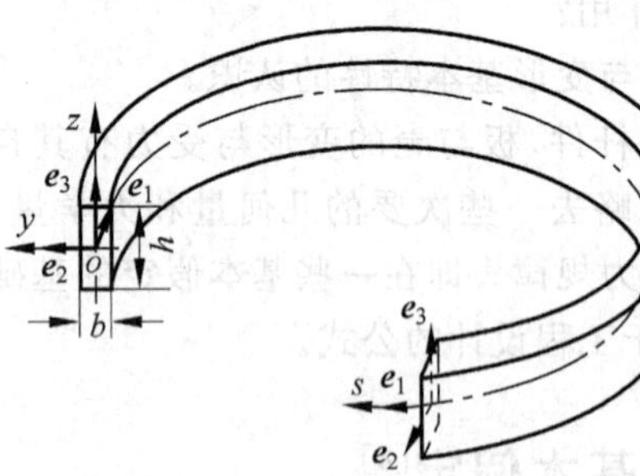

图 2.11　曲梁及其坐标系

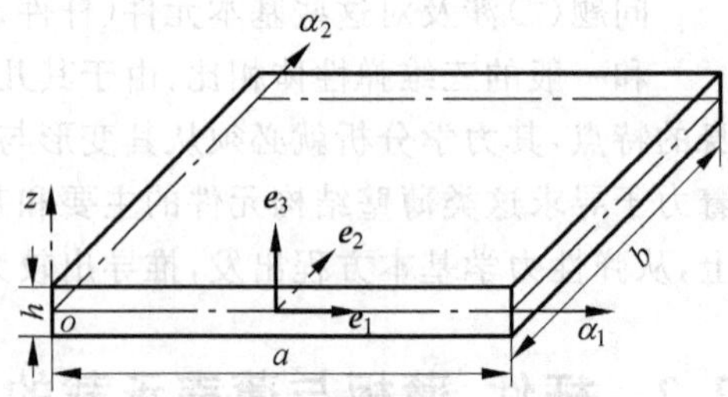

图 2.12　平板及其坐标系

与平板不同，**壳体**的**中面**是曲面(如图 2.13 所示)。当与中面垂直并且为中面所平分的直线段(其长度为 h)沿中面运动时，其两端的轨迹形成两个平行曲面，称为壳体的**表面**。如果中面是封闭曲面(例如球面、椭球面等)，则由内、外两个表面包围的物体构成封闭壳体。如果中面具有边界，该长度为 h 的直线段沿着曲面的边界运动，其轨迹形成处处与中面垂直的直纹面，称为壳体的**侧面**。由两个表面与侧面包围的物体构成不封闭的壳体，侧面为壳体的边界，h 为其厚度。如果壳体的厚度 h 远小于中面的某一特征曲率半径 R 时(一般要求 $h/R<1/20$)，称为薄壳②。

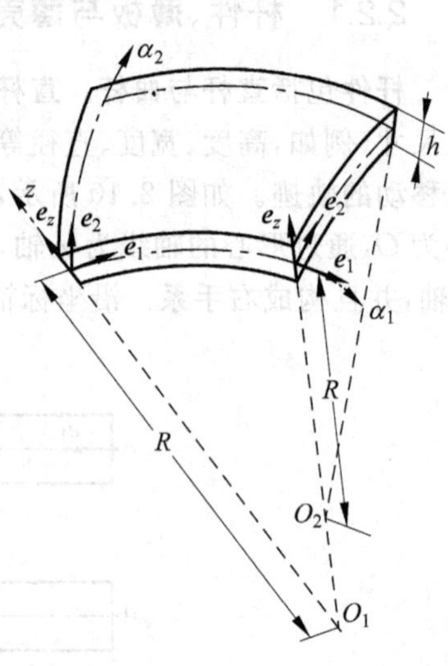

图 2.13　壳体及其坐标系、基矢量

壳体中面上任一点可以用两个高斯(Gauss)坐标(α_1,α_2)表示。例如，对于圆柱或圆锥曲面，可选 $\alpha_1=s$，$\alpha_2=\theta$。其中 s 为从某一起始点起算的母线长度，θ 为从某

① 运用薄板理论计算结果误差是$(h/a)^2$ 的数量级。

② 运用薄壳理论计算结果误差是 h/R 的数量级。

一起始面起算的旋转角。取中面的法线方向为 z 轴，(α_1,α_2,z) 构成正交右手坐标系，在壳体中面任一点 (α_1,α_2) 处，沿坐标线正方向可以建立一组三个正交标准化基矢量 $(\boldsymbol{e}_1,\boldsymbol{e}_2,\boldsymbol{e}_z)$。与平板不同的是，壳体中基矢量的方向是随着所研究点的位置不同而变化的。

综上所述，直杆与曲杆是一维结构元件，由其中心线（直线或曲线）与横截面就可以描述此元件的几何形状；而平板与薄壳是二维结构元件，由其中面（平面或曲面）与厚度描述其几何形状。

以上杆件、板与壳的定义要求其截面或厚度是处处相等的。但在 2.1 节中列举的一些飞行器的实例中，读者可以看到，实际的工程结构可能并不满足这些严格的定义。为了继续使用原来的方法对这些结构进行近似分析，我们可以允许直杆或曲杆的截面形状随轴线缓慢变化，得到**变截面杆件**；另外也可以允许板或壳的厚度随其中面坐标缓慢变化，得到**变厚度板壳**。

2.2.2　杆件、板与壳受力与变形的基本特点，广义内力素

2.2.2.1　直杆与曲杆

杆件的受力与变形基本状态包括拉（压）、弯曲与扭转。当杆件受到弯曲变形时，通常被称为**梁**。杆件中应力与变形分析可采用以下基本假定：

(1) **纵向纤维互不挤压假定**。杆件的各层材料只发生轴向的变形，而没有侧向的相互挤压作用。例如，直梁受到弯矩 M_y 作用时，由于各层材料的轴向伸缩而引起的应力分量 σ_x,τ_{xy} 和 τ_{xz} 是主要的；而由于各层材料的侧向挤压产生的应力分量 σ_y,σ_z 和 τ_{yz} 是次要的，可以略去（见图 2.14）。

(2) **平截面假定**。杆件在变形前垂直于轴线的横截面，在变形后仍然保持平面。如果受弯曲变形的梁很薄①，该平面仍然垂直于变形后的轴线。

(3) **刚周边假定**。当杆件受扭转时，变形前后其横截面周边的形状保持不变。

此外，由于杆件截面特征尺寸远小于杆长，根据圣维南原理，在杆件两端作用的自平衡力系所引起的应力，在与端部距离为杆截面特征尺寸量级的范围外即已衰减，可不予计算②。因此，对于杆件横截面上作用的正应力 σ_x（或 σ_s）与剪应力 τ_{xy}（或 τ_{sy}），τ_{xz}（或 τ_{sz}），在杆的理论中只需研究其三个合力与三个合力矩，统称**广义内力**。其表达式如下：

$$T_x=\int_A\sigma_x\mathrm{d}A \tag{2.2.1a}$$

$$Q_y=\int_A\tau_{xy}\mathrm{d}A \tag{2.2.1b}$$

$$Q_z=\int_A\tau_{xz}\mathrm{d}A \tag{2.2.1c}$$

---

① 如无特殊说明，本书中的梁都是指薄梁。这时可以忽略横向的剪切应变，又称为欧拉-伯努利(Euler-Bernoulli)梁。

② 圣维南原理不适用于开口薄壁杆件。将在 2.4.4 节中进行解释。

$$M_y = \int_A \sigma_x z \, dA \tag{2.2.2 a}$$

$$M_z = -\int_A \sigma_x y \, dA \tag{2.2.2b}$$

$$M_x = \int_A (\tau_{xz} y - \tau_{xy} z) \, dA \tag{2.2.2c}$$

其中，轴向力 T_x 引起杆的拉(压)变形，弯矩 M_y 与 M_z、横向力 Q_y 与 Q_z 引起杆的弯曲变形，扭矩 M_x 引起杆的扭转变形。

对于直杆，与式(2.2.1)、式(2.2.2)对应的广义内力的正方向如图 2.14 所示，注意直杆的初始截面(x 轴负方向)与终了截面(x 轴正方向)处同一种广义内力是互相平行或共线的，但方向相反。

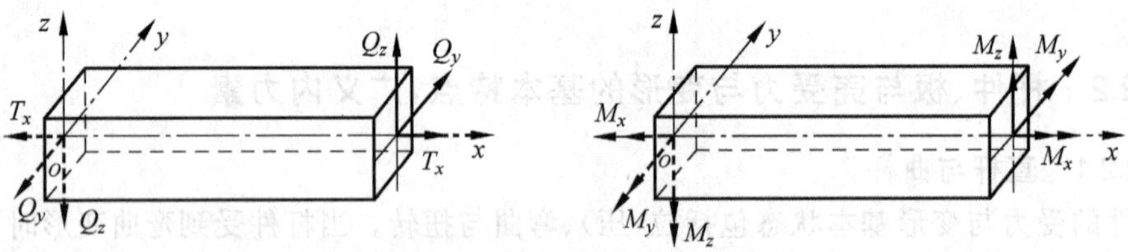

图 2.14 直梁端面的合力与合力矩

对于曲杆，与式(2.2.1)、式(2.2.2)对应的广义内力的正方向如图 2.15 所示，注意曲杆的初始截面(s 轴负方向)与终了截面(s 轴正方向)处同一种广义内力一般不互相平行，这是由曲杆中心线的弯曲特性所决定的。

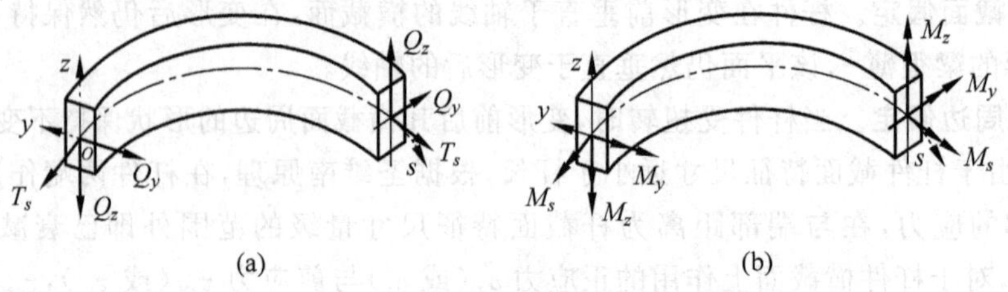

图 2.15 曲杆端面的合力与合力矩

2.2.2.2 板与壳

板和壳都是二维结构，其受力与变形基本状态包括面内(α_1，α_2)两个方向的拉伸(或压缩)与剪切，还包括两个方向的弯曲与扭转。对于薄板和薄壳，其应力与变形分析采用以下基本假定：

(1) **各层互不挤压假定**。板壳在变形时，与平行于板壳中面的应力分量 σ_1，σ_2 与 τ_{12} 相比，其法向正应力分量 σ_z 可以略去。

(2) **直法线假定**。变形前垂直于板壳中面的直线段，在变形后仍保持直线，并仍垂直于变形后的中面。

(3) **挠度 w 沿板壳厚度的变化可以略去。**

由于板壳的厚度 h 远小于其中面的特征尺寸，根据圣维南原理，在板壳侧面作用的沿其厚度自平衡的力系所引起板壳内部的应力，在与该侧面距离为 $O(h)$ 量级的范围外即已衰减，可不予计算。因此，对于板壳横截面上作用的平行于中面的正应力 σ_1，σ_2 与剪应力 τ_{12}，在板壳理论中只需研究其三个合力与三个合力矩，其表达式如下：

$$T_1 = \int_{-h/2}^{h/2} \sigma_1 \mathrm{d}z \tag{2.2.3a}$$

$$T_2 = \int_{-h/2}^{h/2} \sigma_2 \mathrm{d}z \tag{2.2.3b}$$

$$T_{12} = T_{21} = \int_{-h/2}^{h/2} \tau_{12} \mathrm{d}z \tag{2.2.3c}$$

$$M_1 = \int_{-h/2}^{h/2} \sigma_1 z \mathrm{d}z \tag{2.2.4a}$$

$$M_2 = \int_{-h/2}^{h/2} \sigma_2 z \mathrm{d}z \tag{2.2.4b}$$

$$M_{12} = M_{21} = \int_{-h/2}^{h/2} \tau_{12} z \mathrm{d}z \tag{2.2.4c}$$

此外还有横向剪应力 τ_{1z}、τ_{2z}的合力：

$$Q_1 = \int_{-h/2}^{h/2} \tau_{1z} \mathrm{d}z \tag{2.2.5a}$$

$$Q_2 = \int_{-h/2}^{h/2} \tau_{2z} \mathrm{d}z \tag{2.2.5b}$$

式(2.2.3)～式(2.2.5)中，面内拉力 T_1，T_2，切力 T_{12}，T_{21} 与横剪力 Q_1，Q_2 都是中面单位长度上作用的力(量纲为：力/长度)；而弯矩 M_1，M_2 和扭矩 M_{12}，M_{21} 都是中面单位长度上作用的力矩(量纲为：力)。它们都统称为**广义内力素**，其正方向规定如图 2.16 和图 2.17 所示。

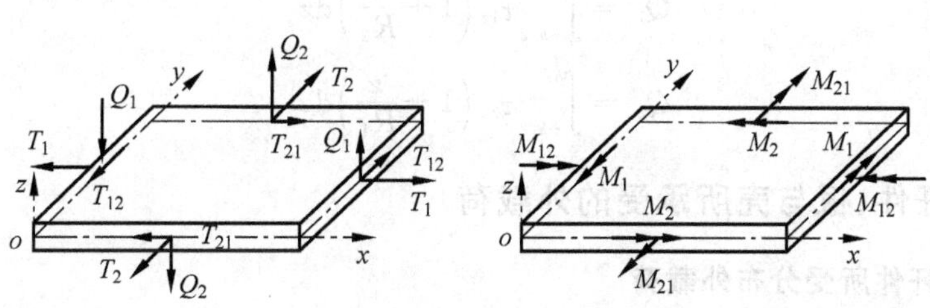

图 2.16　板中广义内力素正方向的规定

应当指出，对于平板，式(2.2.3)～式(2.2.5)是合力与合力矩的准确表达式，并严格满足 $T_{12}=T_{21}$，$M_{12}=M_{21}$；但是对于薄壳，它们只是合力与合力矩的近似表达式，并且近似地满足 $T_{12}\approx T_{21}$，$M_{12}\approx M_{21}$，其误差是薄壳理论本身的量级 $O(h/R)$。在薄壳中面的主坐标系

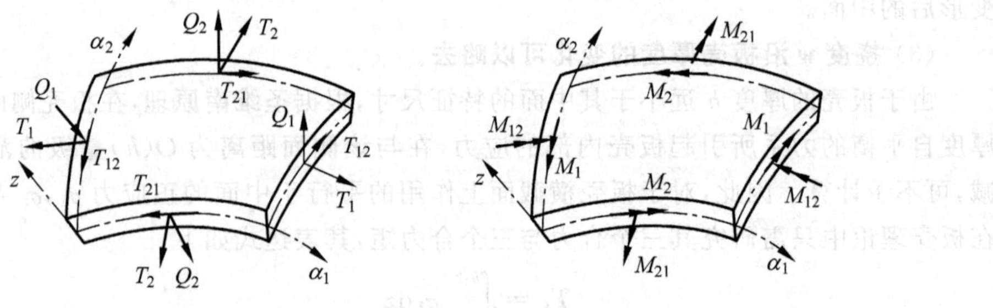

图 2.17 壳中广义内力素正方向的规定

中，广义内力素的严格计算公式为[8]：

$$T_1 = \int_{-h/2}^{h/2} \sigma_1 \left(1 + \frac{z}{R_2}\right) dz \tag{2.2.6a}$$

$$T_2 = \int_{-h/2}^{h/2} \sigma_2 \left(1 + \frac{z}{R_1}\right) dz \tag{2.2.6b}$$

$$T_{12} = \int_{-h/2}^{h/2} \tau_{12} \left(1 + \frac{z}{R_2}\right) dz \tag{2.2.6c}$$

$$T_{21} = \int_{-h/2}^{h/2} \tau_{21} \left(1 + \frac{z}{R_1}\right) dz \tag{2.2.6d}$$

$$M_1 = \int_{-h/2}^{h/2} \sigma_1 \left(1 + \frac{z}{R_2}\right) z dz \tag{2.2.7a}$$

$$M_2 = \int_{-h/2}^{h/2} \sigma_2 \left(1 + \frac{z}{R_1}\right) z dz \tag{2.2.7b}$$

$$M_{12} = \int_{-h/2}^{h/2} \tau_{12} \left(1 + \frac{z}{R_2}\right) z dz \tag{2.2.7c}$$

$$M_{21} = \int_{-h/2}^{h/2} \tau_{21} \left(1 + \frac{z}{R_1}\right) z dz \tag{2.2.7d}$$

$$Q_1 = \int_{-h/2}^{h/2} \tau_{1z} \left(1 + \frac{z}{R_2}\right) dz \tag{2.2.8a}$$

$$Q_2 = \int_{-h/2}^{h/2} \tau_{2z} \left(1 + \frac{z}{R_1}\right) dz \tag{2.2.8b}$$

2.2.3 杆件、板与壳所承受的外载荷

2.2.3.1 杆件所受分布外载荷

杆件所承受的分布外载荷包含表面力与体积力，表面力为杆件侧面与端面所受的载荷，而重力、惯性力等体积力分布于整个杆件内。

杆端部所受外载荷用 2.2.2.1 节给出的杆中内力素所满足的**边界条件**提出，每个端面包含三个力与三个力矩，其正负号规定同 2.2.2.1 节。由于杆的横截面特征尺寸远小于杆的长度，根据圣维南原理，距离杆端部一定距离的杆中的应力只与六个内力素有关，与分布力的分布规律无关。假设杆件具有两个对称面，其形心就是弯曲中心①。轴向力 F_x 引起杆拉伸或压缩，横向力 F_z 与弯矩 M_y 共同引起杆的纵向弯曲，横向力 F_y 与弯矩 M_z 引起横向弯曲，M_x 引起杆的扭转。

杆件侧面所受的表面力与杆件中所受的体积力化为沿杆件轴线作用的**分布线载荷**。设坐标为 x 处的杆横截面外边界处(外边界总长为 S_h)各点 s 上作用有分布外力矢量 $\boldsymbol{p}(x,s)=p_x(x,s)\boldsymbol{e}_x+p_y(x,s)\boldsymbol{e}_y+p_z(x,s)\boldsymbol{e}_z$，其量纲为：力/长度^2。由该矢量可以构成三个主向量 $q_x(x),q_y(x),q_z(x)$：

$$q_x(x)=\oint_{S_h}p_x\mathrm{d}s,\quad q_y(x)=\oint_{S_h}p_y\mathrm{d}s,\quad q_z(x)=\oint_{S_h}p_z\mathrm{d}s \tag{2.2.9}$$

它们是沿轴线单位长度的作用力(量纲为：力/长度)。另外，还可以构成三个主矩：

$$m_y(x)=\oint_{S_h}p_xz\mathrm{d}s,\quad m_z(x)=-\oint_{S_h}p_xy\mathrm{d}s,$$

$$m_x(x)=\oint_{S_h}(p_zy-p_yz)\mathrm{d}s \tag{2.2.10}$$

它们是沿轴线单位长度的作用力矩(量纲为：力)。

设坐标为 x 处的杆件横截面(面积为 A)邻域微段 $\mathrm{d}x$ 上作用的体积力矢量为 $\boldsymbol{f}(x,y,z)=f_x\boldsymbol{e}_x+f_y\boldsymbol{e}_y+f_z\boldsymbol{e}_z$，其量纲为：力/长度^3。由体积力引起沿杆件轴线分布的单位长度外力(量纲为：力/长度)为：

$$q_x(x)=\iint_A f_x\mathrm{d}A,\quad q_y(x)=\iint_A f_y\mathrm{d}A,\quad q_z(x)=\iint_A f_z\mathrm{d}A \tag{2.2.11}$$

作用于曲杆侧面的表面力与所受体积力也可以按照同样的方法，向垂直于曲杆中心线各横截面上的形心简化，得到单位长度中心线作用的外力矢量与力矩矢量。并可将其按照图 2.11 所示各横截面处的正交标准化基矢量 $\boldsymbol{e}_1,\boldsymbol{e}_2,\boldsymbol{e}_3$，分解为轴力与两个横向力，扭矩与两个弯矩。应当注意的是这些作用力的方向是随位置变化的。

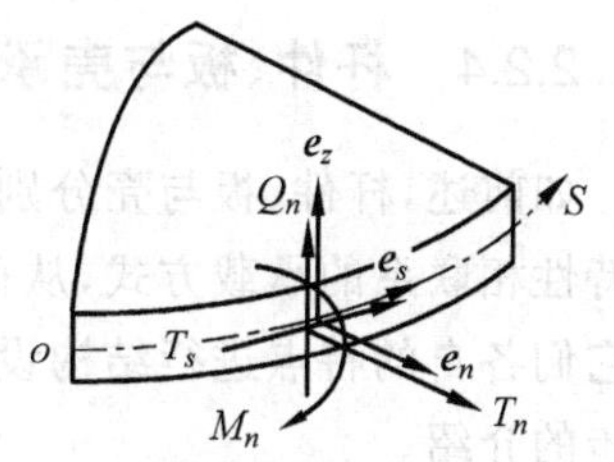

图 2.18　板壳边界线上的正交标准化基矢量与边界作用力

2.2.3.2　板壳所受分布外载荷

板壳是二维结构，其所受的外载荷应当向其中面简化，其中包括侧面作用的载荷(构成板壳所受的边界力)、表面作用的载荷与体积力(构成板壳所受面力)。

设板或壳的中面边界线为闭合曲线 S，沿该闭合曲线的坐标为从边界上某一点起算的弧长 s。如图 2.18 所示，在边界上每一点处建立正交标准化基矢量 $\boldsymbol{e}_n,\boldsymbol{e}_s$ 和 $\boldsymbol{e}_z$；其中 $\boldsymbol{e}_z$ 沿

① 当杆件的横截面不对称时，形心与弯曲中心不重合，作用于形心处的横向力 F_y 与 F_z 还会引起扭转。这将在后面章节中讨论。

着板或壳中面的法线方向；e_s 沿着边界线的切向；而 $e_n = e_s \times e_z$。显然，e_s 与 e_n 位于板或壳中面的切面内。

板壳所受的**边界力**可以分解为沿中面的面内拉力 T_n、切向力 T_s 与垂直于中面的横向剪力 Q_n（量纲为：力/长度）；此外还包括边界拉(压)力构成的弯矩 M_n（量纲为：力）①。

$$T_n = \int_{-h/2}^{h/2} \sigma_n \mathrm{d}z \tag{2.2.12a}$$

$$T_s = \int_{-h/2}^{h/2} \tau_{ns} \mathrm{d}z \tag{2.2.12b}$$

$$Q_n = \int_{-h/2}^{h/2} \tau_{nz} \mathrm{d}z \tag{2.2.12c}$$

$$M_n = \int_{-h/2}^{h/2} \sigma_n z \mathrm{d}z \tag{2.2.12d}$$

板壳的两个表面所受的面力矢量 $\boldsymbol{p}^{(o)}$，$\boldsymbol{p}^{(i)}$ 与其内部所受体力 $\boldsymbol{f}$ 可对相应的中面上各点简化，得到分布于中面上的**面载荷**（量纲为：力/长度²），在中面各点沿该点处的正交标准化矢量（见图 2.12 和图 2.13）分解，得到切面内的分布力 p_1，p_2 和法向分布力 p_z：

$$p_1 = p_1^{(o)} + p_1^{(i)} + \int_{-h/2}^{h/2} f_1 \mathrm{d}z \tag{2.2.13a}$$

$$p_2 = p_2^{(o)} + p_2^{(i)} + \int_{-h/2}^{h/2} f_2 \mathrm{d}z \tag{2.2.13b}$$

$$p_z = p_z^{(o)} + p_z^{(i)} + \int_{-h/2}^{h/2} f_z \mathrm{d}z \tag{2.2.13c}$$

2.2.4 杆件、板与壳承载方式与承载能力的比较

如前述，杆件、板与壳分别是细长的一维元件或者薄的二维元件，它们各自具有与其几何特性相联系的承载方式，从而对于不同形式的载荷具有不同的承载能力。设计者应当按照它们各自的特点进行结构设计，使各类元件充分发挥其承载能力。本节将对此进行一个初步的介绍。

2.2.4.1 杆与梁的比较

细长杆件是最常用的结构元件之一。通常人们将只承受轴向拉压载荷，而不承受横向弯曲载荷的杆件称为**杆**，承受横向弯曲载荷的杆件称为**梁**。下面比较相同尺寸的杆件承受轴向力与横向力的不同能力。

图 2.19 所示悬臂杆件在大小相同的轴向拉力（此时为杆）与横向力 P（此时为梁）作用下，最大应力与最大位移分别为：

$$\sigma_{杆} = \frac{P}{bh}, \quad u_{\max} = \frac{Pl}{Ebh} \tag{2.2.14}$$

① 边界切向力还可以构成扭矩，但对于薄板和薄壳，它不能作为独立的边界条件施加于边界上。

$$\sigma_{\max梁}=\frac{6Pl}{bh^2},\quad w_{\max}=\frac{4Pl^3}{Ebh^3} \tag{2.2.15}$$

由于 $l\gg h$，所以

$$\frac{\sigma_{\max梁}}{\sigma_{杆}}=6\frac{l}{h}\gg 1,\quad \frac{w_{\max}}{u_{\max}}=4\left(\frac{l}{h}\right)^2\gg 1$$

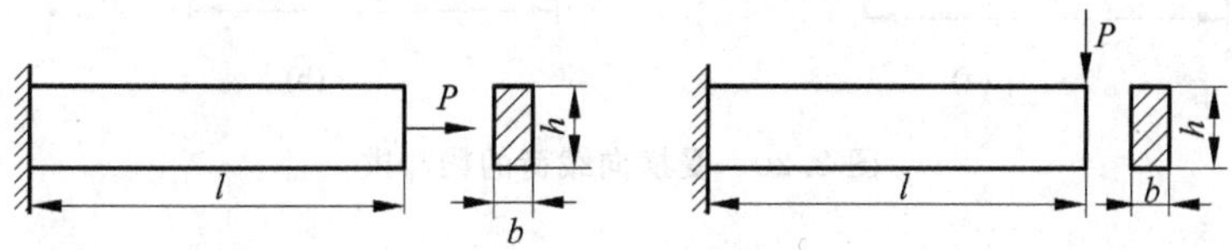

图 2.19 杆与梁

由上述比较可见，同一杆件承受轴力比承受横向力(弯曲)更为有效。这是由于杆件承受轴力时，应力沿横截面均匀分布，材料得到充分利用；而在弯曲时横截面上各点应力与该点至中性轴的距离成正比，只有与中性轴距离最远的点应力达到最大，材料没有得到充分利用。第 3 章将会讲到桁架结构和杆板组合结构，它们的特点是其杆件主要承受轴向力。因此，当卫星的附件(如太阳帆板、天线等)或轻型直升机尾部较长时，往往用桁架代替梁。而一般飞机与航天器的构架大量采用杆板组合结构。

应当注意的是，当图 2.19 所示的杆件承受压缩时，如果杆很细长，就有发生屈曲的可能。设材料的屈服极限为 σ_s，杆的塑性极限抗拉(压)能力为 $P_s=\sigma_s bh$。一端固定、一端自由的梁，其受压屈曲临界压力为：

$$P_{cr}=\frac{\pi^2 Ebh^3}{48l^2},\quad b>h \tag{2.2.16}$$

当杆件的长细比 l/h 达到以下值时，受压杆件的失效形式将由塑性流动变为屈曲：

$$\frac{l}{h}>\sqrt{\frac{\pi^2 E}{48\sigma_s}}=0.453\sqrt{\frac{E}{\sigma_s}} \tag{2.2.17}$$

对于低碳钢，其值约为 13 左右。

2.2.4.2 梁与拱的比较

在许多情况下，结构元件必须能够承受横向载荷。梁与拱都是承受横向载荷的结构元件，图 2.20 分别给出具有相同跨度与横截面的直梁与三铰拱。三铰拱的轴线 ACB 为抛物线$\left(y=4f\frac{x(l-x)}{l^2}\right)$。

两端简支的直梁在均布载荷 q 作用下弯矩分布及最大应力为：

$$M_{梁}=\frac{qx}{2}(l-x),\quad \sigma_{\max梁}=\frac{3ql^2}{4bh^2} \tag{2.2.18}$$

三铰拱在按水平长度均匀分布的载荷 q 作用下，不仅受到支座提供的垂直支反力，支座处还应受到水平推力 $H=ql^2/8f$ 的作用，其任一截面处弯矩为 $M_{拱}=M_{梁}-Hy\equiv 0$。由此

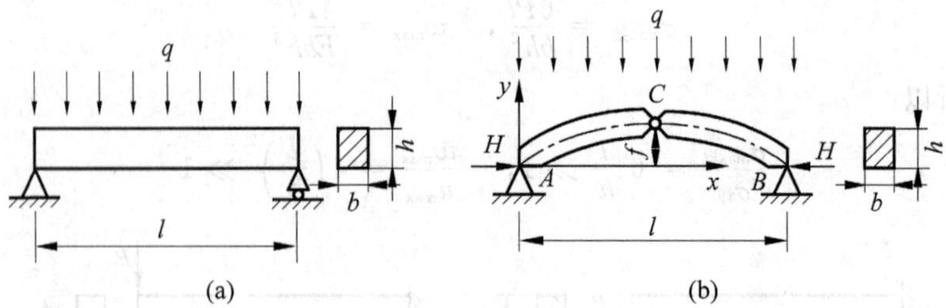

图 2.20　受横向载荷的梁与拱

可知，该三铰拱只承受压缩，不承受弯曲。其压缩轴力为 $N_{拱}=\dfrac{H}{\cos\theta}=\dfrac{ql^2}{8f\cos\theta}$，其中 θ 为拱轴线与 x 轴的夹角。压缩应力沿拱轴线非均匀分布，最大压缩应力发生在支座处，记该处拱轴线与 x 轴的夹角为 θ_0，则：

$$|\sigma_{拱}|_{\max}=\frac{ql^2}{8fbh\cos\theta_0} \tag{2.2.19}$$

例如，当 $l/f=4$，$l/h=20$，$\theta_0=45°$时，$\dfrac{|\sigma_{拱}|_{\max}}{|\sigma_{梁}|_{\max}}=\dfrac{h}{6f\cos\theta_0}=\dfrac{\sqrt{2}}{30}=4.7\%$。

上述比较说明，由于拱轴线是弯曲的，拱中沿截面均匀分布的轴力方向随轴线上不同的位置而变化，从而使仅由拱中轴向应力平衡横向外载荷成为可能；而直梁只能由弯曲应力平衡横向外载。因此，图 2.20(b)所示拱比图 2.20(a)所示直梁能更充分地利用材料。由于这个优点，拱结构在工程中得到了广泛的应用。最著名的例子是位于河北省的赵州安济桥(图 2.21)，它由李春于隋朝开皇大业年间(594—605 年)修建，其跨度达 37.02m，拱圈矢高 7.23m、全长 50.83m、宽 9m，是世界上现存最古老的大跨度拱桥。

图 2.21　赵州安济桥

在说明拱比梁结构优越的同时，必须指出以下两点：

(1) 对于一定轴线形状的拱，其中截面弯矩恒等于零的要求只在一定形式的载荷下才能达到。例如，如果拱轴线为抛物线，则只在按水平长度均匀分布的载荷作用下，拱内各横截面上弯矩才恒等于零。如果载荷为沿拱轴线均匀分布的法向载荷,则不出现弯矩的拱轴线形式为圆弧形。

(2) 拱的支座必须能够提供与拱轴线方向一致的支反力。例如图 2.20(b)所示三铰拱,支座除提供与垂直载荷相平衡的垂直反力外,还必须能提供水平推力。如果三铰拱有一个支座为辊轴支座,不能提供水平推力,则拱内弯矩图与图 2.20(a)所示直梁没有区别。

2.2.4.3　梁与板弯曲的比较

板是二维元件,所承受的载荷可归为两大类:一类是与中面平行的载荷,造成在板面内两个方向的拉、压或剪切,这类问题是平面应力问题;另一类是垂直于中面的载荷以及板边缘的弯曲与横向剪切载荷,造成板的弯曲,这类问题称为板弯曲问题。本小节仅将梁与板的弯曲问题进行比较。

图 2.22(a)所示四边简支矩形平板在均匀分布的法向载荷 p 作用下,发生两个方向的弯曲,成为类似"网兜形"的曲面。当板为正方形时,板中的最大应力与挠度为(设泊松比 $\nu=0.3$):

$$\sigma_{x,\max}^{板} = 0.287p\left(\frac{a}{h}\right)^2,\quad w_{\max}^{板} = 0.0443\frac{pa}{E}\left(\frac{a}{h}\right)^3 \tag{2.2.20}$$

如果将平板切割成许多条沿 x 方向的板条梁(图 2.22(b)),在同样的均布法向载荷 p 作用下,这些梁弯曲成为柱面,梁中最大应力与挠度为:

$$\sigma_{x,\max}^{梁} = 0.75p\left(\frac{a}{h}\right)^2,\quad w_{\max}^{梁} = 0.1562\frac{pa}{E}\left(\frac{a}{h}\right)^3 \tag{2.2.21}$$

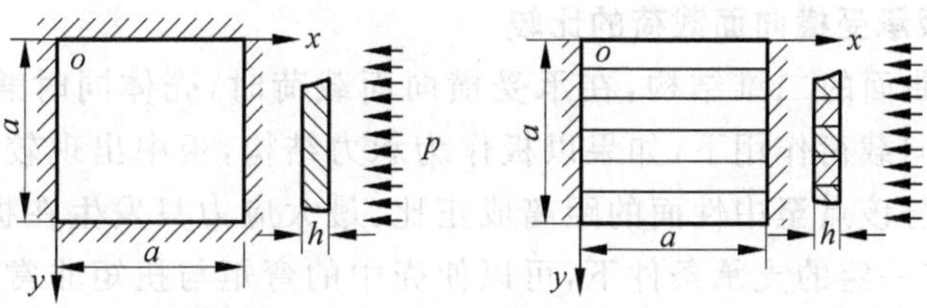

(a) 平板　(b) 板条梁系

图 2.22　承受横向载荷的板与梁

对比板条梁系与板中的弯曲应力可知,它们都与跨度与厚度之比的平方成正比,而其挠度都与跨度与厚度之比的三次方成正比。但是在同等条件下板中的最大应力只有梁中最大应力的 38.3%,最大挠度为其 28.4%。这是因为板是二维构件,依靠两个方向的弯曲共同承受横向载荷,而板条梁系只能依靠一个方向的弯曲承受横向载荷。

2.2.4.4　板承受平行于中面的载荷

飞行器中经常采用杆板组合结构,其设计使杆件与板不承受或较少承受弯曲,板以承受平行于中面的载荷为主,处于平面应力状态,其中应力沿厚度均匀分布,可以充分利用材料的强度。

当板受压缩或剪切时,必须考虑板的稳定性问题。图 2.23 给出矩形板受平面内载荷的两种情况,一种是板受两个方向的压缩应力,另一种是板受纯剪切。

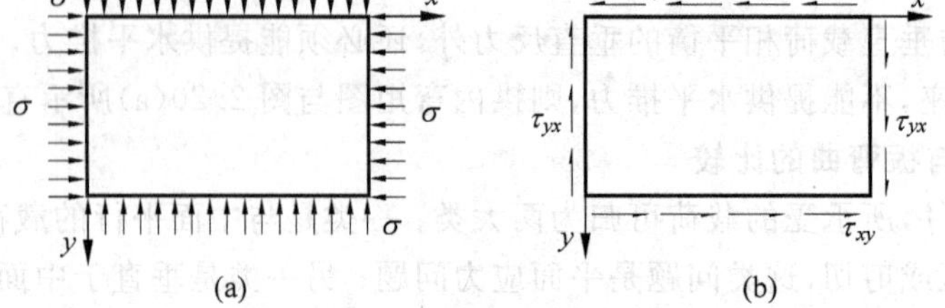

图 2.23 板承受平面内载荷

当四边简支的矩形板各边相等,边长为 a,厚度为 h,受到两个方向相等的压力时,板具有两个方向相等的临界压应力(见 5.3.1 节):

$$\sigma_{x,\mathrm{cr}}=\sigma_{y,\mathrm{cr}}=\frac{\pi^2}{6(1-\nu^2)}E\left(\frac{h}{a}\right)^2=1.81E\left(\frac{h}{a}\right)^2,\quad \text{设泊松比 } \nu=0.3 \qquad (2.2.22)$$

受到均匀剪切的四边简支正方形板的临界剪应力为(见 5.3.1 节):

$$\tau_{\mathrm{cr}}=\frac{9.34\pi^2}{12(1-\nu^2)}E\left(\frac{h}{a}\right)^2=8.44E\left(\frac{h}{a}\right)^2,\quad \text{设泊松比 } \nu=0.3 \qquad (2.2.23)$$

与压杆相似,板的临界应力与其材料的弹性模量成正比,也与 $(h/a)^2$ 成正比。另外,从上面的比较可知,板抗剪切的能力比抗面内压缩的能力强。

2.2.4.5 壳与板承受横向面载荷的比较

壳体是中面为曲面的二维结构,在承受横向面载荷时,壳体同时兼有拱与板相对于梁的优点。即在横向载荷作用下,如果以板作为承力结构,板中出现较大的弯曲应力,应力沿板的厚度分布与该点至中性面的距离成正比,最大应力只发生在板表面上。而若以壳作为承力结构,在一定的支承条件下,可以使壳中的弯矩与扭矩非常小,壳主要由沿壳厚度均匀分布的拉(压)应力或剪切应力来平衡横向外载荷,这是由壳体的弯曲特性决定的。

以飞机的增压舱和火箭的燃料箱的封头为例,如果选用图 2.24(a)所示圆平板,则板中心最大弯曲应力以及最大挠度分别为(见例 2.16):

$$\sigma_r=\sigma_\theta=0.309p\left(\frac{D}{h}\right)^2,\quad w_{\max}=0.044\frac{pD}{E}\left(\frac{D}{h}\right)^3,\quad \text{设泊松比 } \nu=0.3 \qquad (2.2.24)$$

如果封头选用图 2.24(b)所示球壳,则壳中为均匀的薄膜应力,其应力与法向位移为:

$$\sigma_\varphi=\sigma_\theta=0.25p\frac{D}{h},\quad w=0.0875\frac{pD}{E}\frac{D}{h},\quad \text{设泊松比 } \nu=0.3 \qquad (2.2.25)$$

比较二者,可知:$\dfrac{|\sigma_{\mathrm{shell}}|_{\max}}{|\sigma_{\mathrm{plate}}|_{\max}}=0.804\dfrac{h}{D}$,$\dfrac{|w_{\mathrm{shell}}|_{\max}}{|w_{\mathrm{plate}}|_{\max}}=1.98\left(\dfrac{h}{D}\right)^2$。这说明壳的弯曲特性使它在承载能力方面远优于板。

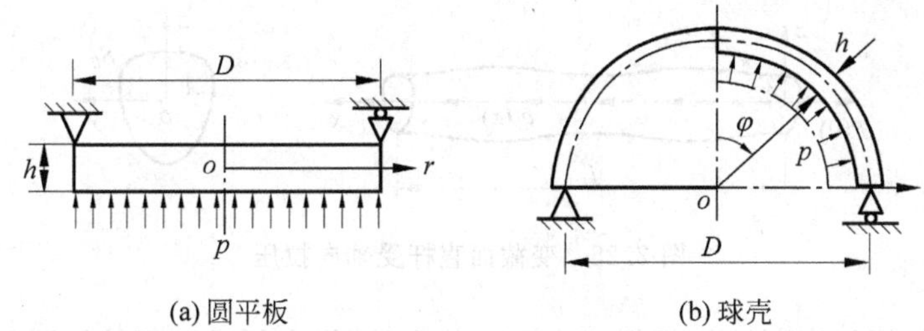

图 2.24　受均匀压力的板与壳

此外，壳相对于板的优点又远胜于拱相对于梁的优点。如前所述，对于一定形式的拱，只在一定形式的载荷作用下拱内弯矩才等于零。但对于壳，则可以在各种不同形式的分布载荷作用下做到壳内弯矩为零或者很小；或壳内弯矩虽然较大但只作用在局部区域（例如在壳的边缘附近），而在壳的大部分区域弯矩仍然很小。也就是说，壳具有对不同载荷形式的适应能力。这是由于拱的支座只是点支承，减少拱内弯矩只靠支座水平推力起作用；而壳的边缘是封闭的曲线，壳边缘的支座可提供不同分布规律的支承反力，从而减少壳内的弯矩。

2.2.4.6　壳承受面内压缩载荷发生屈曲

当薄壳承受面内压缩应力时，也有发生失稳（屈曲）的可能。但是，一般说来，壳体抵抗屈曲的能力优于平板。例如，两端简支半径为 a、厚度为 h 的中长圆柱壳受轴压屈曲时，其临界压应力为（见 5.4.1 节）：

$$\sigma_{x,\mathrm{cr}}^{(N)}=\frac{1}{\sqrt{3(1-\nu^2)}}E\,\frac{h}{a}\approx 0.605E\,\frac{h}{a},\quad \text{设泊松比}\ \nu=0.3 \tag{2.2.26}$$

它与受面内均匀压缩的板的临界屈曲压缩应力（式(2.2.22)）之比为 a/h 的量级。

2.3　任意截面形状直杆的拉伸、压缩、弯曲与扭转[9]

如 2.1 节所述，在初步设计时，常把机身、机翼和火箭箭体简化为变截面杆件进行分析。这样的力学模型又被称为**工程梁模型**。本节介绍的工程梁分析方法适用于横截面形状沿长度方向（轴向）坐标 x 连续变化的变截面直杆，并且其横截面惯性主轴方向沿轴向不变。

2.3.1　直杆受单轴拉压

如图 2.25 所示，长为 l、横截面积为 $A(x)$ 的直杆在中部只受到沿轴向的分布载荷作用，其合力 $q_x(x)$ 通过每个横截面的形心。另外，直杆两端也只受到合力通过形心的轴向力（以拉为正）作用。此时可以把它作为受单轴拉压的直杆进行分析。

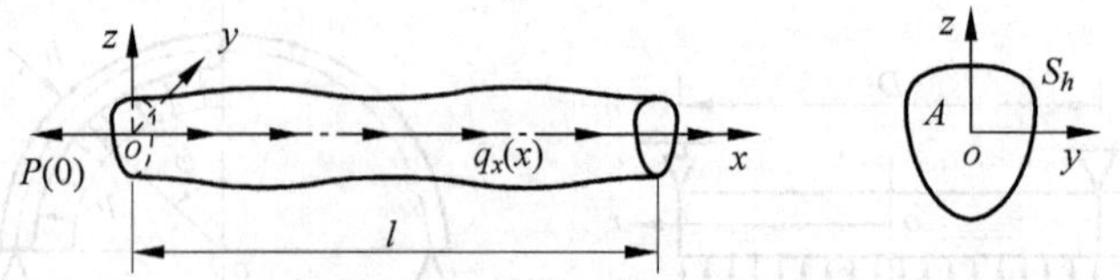

图 2.25 变截面直杆受轴向拉压

对于直杆受单轴拉压情况，根据 2.2.2.1 节中的“纵向纤维互不挤压”假定，只需考虑三维弹性力学平衡方程组中轴线方向的平衡方程：

$$\frac{\partial \sigma_x}{\partial x}+\frac{\partial \tau_{xy}}{\partial y}+\frac{\partial \tau_{xz}}{\partial z}+f_x=0 \tag{2.3.1}$$

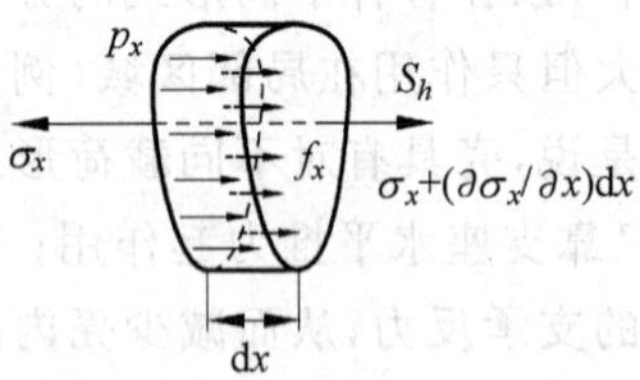

图 2.26 杆微元段

平衡方程式(2.3.1)对于图 2.26 所示长度为 dx 的杆微元段也应成立。对该式沿杆截面积分得到：

$$\int_A\left(\frac{\partial \sigma_x}{\partial x}+\frac{\partial \tau_{xy}}{\partial y}+\frac{\partial \tau_{xz}}{\partial z}+f_x\right)\mathrm{d}A=0$$

对于缓慢变化的截面，可以认为沿横截面的力的积分与对 x 的微分运算互相独立，上式可写作：

$$\frac{\mathrm{d}}{\mathrm{d}x}\int_A \sigma_x \mathrm{d}A=-\int_A\left(\frac{\partial \tau_{xy}}{\partial y}+\frac{\partial \tau_{xz}}{\partial z}\right)\mathrm{d}A-\int_A f_x \mathrm{d}A$$

利用高斯积分公式和柯西(Cauchy)斜面应力公式，上式的右端项可化为：

$$\begin{aligned}-\int_A\left(\frac{\partial \tau_{xy}}{\partial y}+\frac{\partial \tau_{xz}}{\partial z}\right)\mathrm{d}A-\int_A f_x \mathrm{d}A&=-\oint_{S_h}(\tau_{xy}\nu_y+\tau_{xz}\nu_z)\mathrm{d}s-\int_A f_x \mathrm{d}A\\&=-\oint_{S_h}p_x\mathrm{d}s-\int_A f_x\mathrm{d}A=-q_x\end{aligned}$$

q_x 是作用于单位长度杆中的轴向外力，它是由体积力与杆侧面作用的表面外力所构成的合力：

$$q_x=\oint_{S_h}p_x\mathrm{d}s+\int_A f_x\mathrm{d}A \tag{2.3.2}$$

由上式及式(2.2.1a)可得到变截面直杆轴向内力 T_x 所满足的平衡方程：

$$\frac{\mathrm{d}T_x}{\mathrm{d}x}+q_x=0 \tag{2.3.3}$$

根据 2.2.2.1 节中的“平截面”假定，可以进一步导出单轴拉压情况下变截面直杆轴向位移的表达式。此时轴向位移 u 与正应变 ε_x 只是坐标 x 的函数：

$$\varepsilon_x=\frac{\mathrm{d}u_o(x)}{\mathrm{d}x} \tag{2.3.4}$$

此处 u_o 表示截面形心的位移。根据“纵向纤维互不挤压”假定，正应变 ε_x 只与轴向正应力 σ_x 有关。另外，由胡克定律可知 σ_x 也只是 x 的函数，这样就可认为 σ_x 在横截面上均匀分布，等于轴向内力 T_x 的平均值：

$$\sigma_x = \frac{T_x(x)}{A(x)} \tag{2.3.5a}$$

$$\varepsilon_x = \frac{\sigma_x}{E} = \frac{T_x(x)}{EA(x)} \tag{2.3.5b}$$

由上面两式知 $T_x = EA\,\dfrac{\mathrm{d}u_o(x)}{\mathrm{d}x}$。将此式代入式(2.3.3)，便得到求解位移 u_o 的常微分方程：

$$\frac{\mathrm{d}}{\mathrm{d}x}\left(EA\,\frac{\mathrm{d}u_o}{\mathrm{d}x}\right) + q_x = 0 \tag{2.3.6}$$

例 2.1 假设火箭中有一横截面为矩形的基座，沿着 x 方向以过载系数 n_x 运动。如图 2.27 所示，其宽度 a 与厚度 b 沿高度呈线性变化：$a=a_0(1-k_1x/l)$，$b=b_0(1-k_2x/l)$。其中 k_1，k_2 为减缩系数，$k_1,k_2\in[0,1)$。基座的比重为 γ，其顶部 $x=l$ 处受到有效载荷传来的均匀分布的压力 p_0 作用。为求基座上下的相对位移，可设在其底部 $x=0$ 处沿轴向固定。求：

(1) 基座中各处的应力分布；

(2) 当 $k_1=k_2=k$ 时，基座顶部相对于底部的位移。

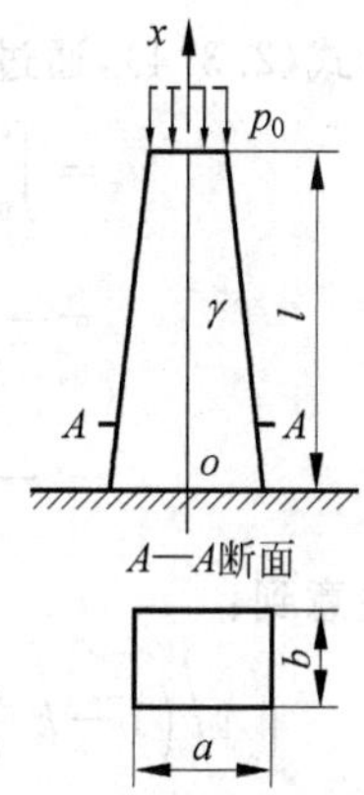

图 2.27 变截面基座

解：基座的轴向分布力为：

$$q_x = -n_x\gamma A(x) = -n_x\gamma a_0 b_0(1-k_1x/l)(1-k_2x/l)$$

边界条件为：$x=l$ 处 $\quad T_x = -p_0a_0b_0(1-k_1)(1-k_2)$

$x=0$ 处 $\quad u_x=0$

由式(2.3.3)可得轴向力：

$$T_x(x) = -\int_l^x q_x\,\mathrm{d}x + T_x\big|_{x=l} = \int_x^l q_x\,\mathrm{d}x + T_x\big|_{x=l}$$

$$= -n_x\gamma a_0b_0\left[1-\frac{1}{2}(k_1+k_2)\left(1+\frac{x}{l}\right)+\frac{k_1k_2}{3}\left(1+\frac{x}{l}+\frac{x^2}{l^2}\right)\right](l-x)$$

$$-p_0a_0b_0(1-k_1)(1-k_2)$$

由式(2.3.5a)可得轴向应力：

$$\sigma_x = -\frac{n_x\gamma\left[1-\frac{1}{2}(k_1+k_2)\left(1+\frac{x}{l}\right)+\frac{k_1k_2}{3}\left(1+\frac{x}{l}+\frac{x^2}{l^2}\right)\right](l-x)+p_0(1-k_1)(1-k_2)}{\left(1-k_1\frac{x}{l}\right)\left(1-k_2\frac{x}{l}\right)}$$

可见在 $x=0$ 处应力最大：$\max(\sigma_x) = -n_x\gamma l\left[1-\frac{1}{2}(k_1+k_2)+\frac{k_1k_2}{3}\right]-p_0(1-k_1)(1-k_2)$

由式(2.3.5b)可得轴向应变：

$$\varepsilon_x = -\frac{n_x\gamma\left[1-\frac{1}{2}(k_1+k_2)\left(1+\frac{x}{l}\right)+\frac{k_1k_2}{3}\left(1+\frac{x}{l}+\frac{x^2}{l^2}\right)\right](l-x)+p_0(1-k_1)(1-k_2)}{E\left(1-k_1\frac{x}{l}\right)\left(1-k_2\frac{x}{l}\right)}$$

当 $k_1=k_2=k$ 时：

$$\sigma_x=-\frac{n_x\gamma\left[1-k\left(1+\frac{x}{l}\right)+\frac{k^2}{3}\left(1+\frac{x}{l}+\frac{x^2}{l^2}\right)\right](l-x)+p_0(1-k)^2}{\left(1-k\frac{x}{l}\right)^2}$$

$$\varepsilon_x=-\frac{n_x\gamma\left[1-k\left(1+\frac{x}{l}\right)+\frac{k^2}{3}\left(1+\frac{x}{l}+\frac{x^2}{l^2}\right)\right](l-x)+p_0(1-k)^2}{E\left(1-k\frac{x}{l}\right)^2}$$

由式(2.3.4)，通过积分得到位移表达式：

$$\begin{aligned}u_x&=\int_0^l\varepsilon_x\mathrm{d}x+u_x|_{x=0}\\&=-\frac{n_x\gamma}{E}\int_0^l\left[(l-x)-\frac{k}{l}(l^2-x^2)+\frac{k^2}{3l^2}(l^3-x^3)\right]\bigg/\left(1-k\frac{x}{l}\right)^2\mathrm{d}x\\&\quad-\frac{p_0}{E}\int_0^l(1-k)^2\bigg/\left(1-k\frac{x}{l}\right)^2\mathrm{d}x\end{aligned}$$

注意到：

$$\int_0^l 1\bigg/\left(1-k\frac{x}{l}\right)^2\mathrm{d}x=\frac{l}{1-k},\quad\int_0^l(l-x)\bigg/\left(1-k\frac{x}{l}\right)^2\mathrm{d}x=-\frac{l^2}{k}[1+\ln(1-k)]$$

$$-\int_0^l\frac{k}{l}(l^2-x^2)\bigg/\left(1-k\frac{x}{l}\right)^2\mathrm{d}x=\frac{l^2}{k}[k+2+2\ln(1-k)]$$

$$\int_0^l\frac{k^2}{3l^2}(l^3-x^3)\bigg/\left(1-k\frac{x}{l}\right)^2\mathrm{d}x=-\frac{l^2}{k}\left[\frac{k}{2}+1+\frac{k^2}{3}+\ln(1-k)\right]$$

代入 u_x 的表达式，化简后得到：

$$u_x=-\frac{n_x\gamma l^2}{E}\left(\frac{1}{2}-\frac{k}{3}\right)-\frac{p_0 l}{E}(1-k)$$

2.3.2 直梁受横向力作用下的平面弯曲

如图 2.28 所示长为 l 的变截面直梁，在形心主坐标系(x,y,z)下，其形心主惯性矩分别为 $I_y(x)$，$I_z(x)$。设梁两端支承条件使梁沿轴向的变形不受限制，即不考虑轴向力对梁横向变形的影响(否则属于梁的纵横弯曲问题，见 5.1.2 节)，而只考虑梁的平面弯曲问题。为叙述简单起见，假设梁具有一个对称面(例如 xoz 平面)，受到沿形心主轴(例如 z 轴)的分布载荷 q_z(量纲为：力/长度)的作用，且在每个横截面处的合力 $q_z(x)$都通过其形心。另外，记梁两端受到的合力在该平面内的横向力为 P_z。如果梁不具有对称面，但横截面上的形心主轴沿轴线移动的轨迹仍构成平面(例如 xoz 平面)，此时只要梁的弯曲中心(见 2.3.4 节)的轨迹是平行于 x 轴的直线，沿 z 方向的分布载荷 q_z 作用在通过弯曲中心轴线的平面内，梁仍然产生平面弯曲，本节的分析仍然成立。而相同的分析适用于 q_y 作用下梁在 xoy 平面内

绕 z 轴的平面弯曲问题，并且可以采用叠加原理将二者的变形与应力场相互叠加(即梁的斜弯曲问题)。

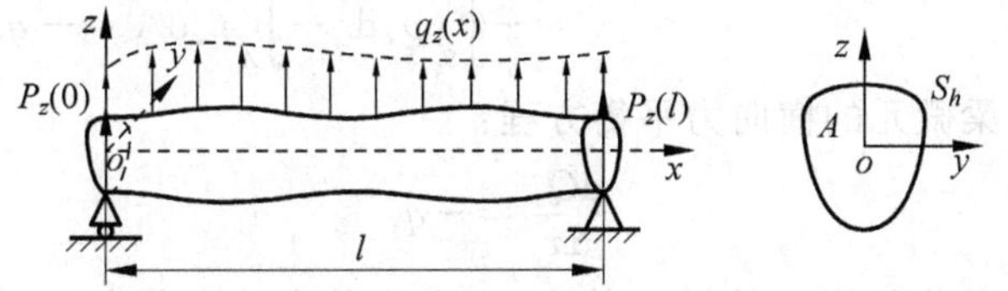

图 2.28　变截面直梁受横向弯曲

对于直梁平面弯曲情况，根据 2.2.2.1 节中的“纵向纤维互不挤压”假定，只需考虑三维弹性力学平衡方程组中的第一个和第三个方程。

首先考虑轴线方向的平衡方程(三维弹性力学的第一平衡方程)。注意到此时 $f_x=0$，对式(2.3.1)取矩即得：

$$\int_A\left(\frac{\partial\sigma_x}{\partial x}+\frac{\partial\tau_{xy}}{\partial y}+\frac{\partial\tau_{xz}}{\partial z}\right)z\,\mathrm{d}A=0$$

由上式与弯矩的定义式(2.2.2a)得到：

$$\frac{\mathrm{d}M_y}{\mathrm{d}x}=\frac{\mathrm{d}}{\mathrm{d}x}\int_A\sigma_x z\,\mathrm{d}A=\int_A\frac{\partial\sigma_x}{\partial x}z\,\mathrm{d}A=-\int_A\left(\frac{\partial\tau_{xy}}{\partial y}+\frac{\partial\tau_{xz}}{\partial z}\right)z\,\mathrm{d}A$$

对于上式的右端项进行分部积分并且应用高斯积分公式可得：

$$-\int_A\left(\frac{\partial\tau_{xy}}{\partial y}+\frac{\partial\tau_{xz}}{\partial z}\right)z\,\mathrm{d}A=-\oint_{S_h}(\tau_{xy}\nu_y+\tau_{xz}\nu_z)z\,\mathrm{d}s+\int_A\tau_{xz}\,\mathrm{d}A$$

考虑到横剪力的定义式(2.2.1c)以及柯西斜面应力公式：$\tau_{xy}\nu_y+\tau_{xz}\nu_z=p_x=0$，得到：

$$\frac{\mathrm{d}M_y}{\mathrm{d}x}=Q_z \tag{2.3.7}$$

上式为图 2.29 所示梁微元的力矩平衡方程。

再考虑沿 z 轴的横向力平衡方程(三维弹性力学的第三平衡方程)：

$$\frac{\partial\tau_{zx}}{\partial x}+\frac{\partial\tau_{zy}}{\partial y}+\frac{\partial\sigma_z}{\partial z}+f_z=0 \tag{2.3.8}$$

将上式沿横截面积分，即取图 2.29 所示梁微元段的 z 向力平衡：

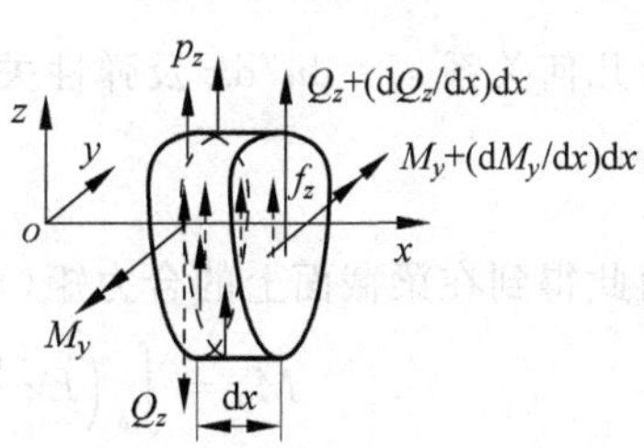

图 2.29　梁微元段

$$\int_A\left(\frac{\partial\tau_{zx}}{\partial x}+\frac{\partial\tau_{zy}}{\partial y}+\frac{\partial\sigma_z}{\partial z}+f_z\right)\mathrm{d}A=0$$

由上式与横剪力的定义式(2.2.1c)得到：

$$\frac{\mathrm{d}Q_z}{\mathrm{d}x}=\frac{\mathrm{d}}{\mathrm{d}x}\int_A\tau_{zx}\,\mathrm{d}A=-\int_A\left(\frac{\partial\tau_{zy}}{\partial y}+\frac{\partial\sigma_z}{\partial z}+f_z\right)\mathrm{d}A$$

对于上式的右端项积分，应用高斯积分公式以及柯西斜面应力公式有：

$$-\int_A\left(\frac{\partial\tau_{zy}}{\partial y}+\frac{\partial\sigma_z}{\partial z}+f_z\right)\mathrm{d}A=-\oint_{S_h}(\tau_{zy}\nu_y+\sigma_z\nu_z)\mathrm{d}s-\int_A f_z\mathrm{d}A$$

$$=-\oint_{S_h}p_z\mathrm{d}s-\int_A f_z\mathrm{d}A=-q_z$$

于是得到图 2.29 中梁微元的横向力平衡方程：

$$\frac{\mathrm{d}Q_z}{\mathrm{d}x}=-q_z \tag{2.3.9}$$

式中，q_z 是作用于梁单位长度中的横向外力，它是由体积力与梁侧面作用的表面外力所构成的合力：

$$q_z=\oint_{S_h}p_z\mathrm{d}s+\int_A f_z\mathrm{d}A \tag{2.3.10}$$

类似地，可以得到 q_y 作用下梁在 xoy 平面内绕 z 轴的弯曲内力平衡方程：

$$\frac{\mathrm{d}M_z}{\mathrm{d}x}=-Q_y \tag{2.3.11}$$

$$\frac{\mathrm{d}Q_y}{\mathrm{d}x}=-q_y \tag{2.3.12}$$

方程(2.3.7)与(2.3.9)或者方程(2.3.11)与(2.3.12)称为梁的**静力平衡微分方程**。当给定两个力边界条件时可以由此解得梁中各个截面中的内力，其求解方法与等截面梁相同。

在求梁的位移以及应力在梁截面内的分布规律时，需要利用 2.2.2.1 节中的“平截面”假定。根据此假定，在 q_z 作用下，记梁在 xoz 平面内绕 y 轴的转动角度为 $\theta_y(x)$，则梁的轴向位移为：

$$u(x,z)=\theta_y(x)z \tag{2.3.13a}$$

并且有：

$$\theta_y=-\frac{\mathrm{d}w}{\mathrm{d}x} \tag{2.3.13b}$$

由几何关系 $\varepsilon_x=\mathrm{d}u/\mathrm{d}x$ 及弹性关系 $\varepsilon_x=\sigma_x/E$，可求得应力在梁截面内的分布规律：

$$\sigma_x=Ez\frac{\mathrm{d}\theta_y}{\mathrm{d}x}=-Ez\frac{\mathrm{d}^2w}{\mathrm{d}x^2} \tag{2.3.14}$$

由此得到在梁截面上的合力矩(弯矩)为：

$$M_y=\int_A\left(Ez\frac{\mathrm{d}\theta_y}{\mathrm{d}x}\right)z\mathrm{d}A=EI_y(x)\frac{\mathrm{d}\theta_y}{\mathrm{d}x}=-EI_y(x)\frac{\mathrm{d}^2w}{\mathrm{d}x^2} \tag{2.3.15}$$

由式(2.3.14)和式(2.3.15)可得：

$$\sigma_x=z\frac{M_y(x)}{I_y(x)} \tag{2.3.16}$$

将式(2.3.15)代入式(2.3.7)和式(2.3.9)，可得到梁在 xoz 平面内的挠度 $w(x)$ 所满足的微分方程：

$$\frac{\mathrm{d}^2w}{\mathrm{d}x^2}=-\frac{M_y(x)}{EI_y(x)}\quad 或 \quad \frac{\mathrm{d}^2}{\mathrm{d}x^2}\left(EI_y\frac{\mathrm{d}^2w}{\mathrm{d}x^2}\right)=q_z \tag{2.3.17}$$

同理可得到 q_y 作用下梁在 xoy 平面内绕 z 轴的弯曲所满足的方程：

$$u(x,y)=-\theta_z(x)y \tag{2.3.18a}$$

$$\theta_z=\frac{\mathrm{d}v}{\mathrm{d}x} \tag{2.3.18b}$$

$$M_z=-\int_A\left(-Ey\frac{\mathrm{d}\theta_z}{\mathrm{d}x}\right)y\,\mathrm{d}A=EI_z(x)\frac{\mathrm{d}\theta_z}{\mathrm{d}x}=EI_z(x)\frac{\mathrm{d}^2v}{\mathrm{d}x^2} \tag{2.3.19}$$

$$\sigma_x=-y\frac{M_z(x)}{I_z(x)} \tag{2.3.20}$$

$$\frac{\mathrm{d}^2v}{\mathrm{d}x^2}=\frac{M_z(x)}{EI_z(x)}\quad\text{或}\quad\frac{\mathrm{d}^2}{\mathrm{d}x^2}\left(EI_z\frac{\mathrm{d}^2v}{\mathrm{d}x^2}\right)=q_y \tag{2.3.21}$$

例 2.2 初步分析时悬臂机翼可以简化为如图 2.30 所示的变截面悬臂矩形梁模型。设机翼的比重为 γ，长度为 l，截面宽度 a 与高度 b 沿梁长度呈线性变化：$a=a_0(1-k_1x/l)$，$b=b_0(1-k_2x/l)$，k_1,k_2 为减缩系数，$k_1,k_2\in[0,1)$。匀速向 y 方向飞行时机翼所受到的气动载荷可以简化为均布力 p_0，其作用方向与 xoy 平面成 α 角。求：

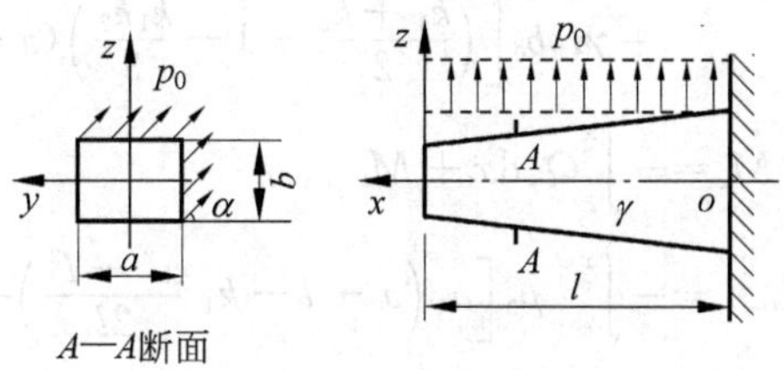

图 2.30 变截面梁

(1) 机翼中各处正应力分布；

(2) 机翼中心线的位移。

解：机翼所受到的分布线载荷为：

$$q_z=p_0(a+b)\sin\alpha-\gamma ab,\quad q_y=-p_0(a+b)\cos\alpha$$

由式(2.3.12)与式(2.3.9)得到机翼中的剪力：

$$\begin{aligned}Q_y&=-\int_l^x q_y\,\mathrm{d}x+Q_y\,|_{x=l}\\&=\int_l^x\left\{p_0\left[a_0\left(1-k_1\frac{x}{l}\right)+b_0\left(1-k_2\frac{x}{l}\right)\right]\cos\alpha\right\}\mathrm{d}x\\&=p_0\left[a_0\left(x-l-k_1\frac{x^2-l^2}{2l}\right)+b_0\left(x-l-k_2\frac{x^2-l^2}{2l}\right)\right]\cos\alpha\end{aligned}$$

$$\begin{aligned}Q_z&=-\int_l^x q_z\,\mathrm{d}x+Q_z\,|_{x=l}\\&=-\int_l^x\left\{p_0\left[a_0\left(1-k_1\frac{x}{l}\right)+b_0\left(1-k_2\frac{x}{l}\right)\right]\sin\alpha-\gamma a_0b_0\left(1-k_1\frac{x}{l}\right)\left(1-k_2\frac{x}{l}\right)\right\}\mathrm{d}x\\&=-p_0\left[a_0\left(x-l-k_1\frac{x^2-l^2}{2l}\right)+b_0\left(x-l-k_2\frac{x^2-l^2}{2l}\right)\right]\sin\alpha\\&\quad+\gamma a_0b_0\left[x-l-\frac{k_1+k_2}{2l}(x^2-l^2)+\frac{k_1k_2}{3l^2}(x^3-l^3)\right]\end{aligned}$$

由式(2.3.7)与式(2.3.11)得到机翼中的弯矩：

$$M_y=\int_l^x Q_z\mathrm{d}x+M_y\big|_{x=l}$$

$$=-\int_l^x p_0\left[a_0\left(x-l-k_1\frac{x^2-l^2}{2l}\right)+b_0\left(x-l-k_2\frac{x^2-l^2}{2l}\right)\right]\sin\alpha\mathrm{d}x$$

$$+\int_l^x \gamma a_0 b_0\left[x-l-\frac{k_1+k_2}{2l}(x^2-l^2)+\frac{k_1k_2}{3l^2}(x^3-l^3)\right]\mathrm{d}x$$

$$=-p_0\left\{a_0\left[\left(\frac{k_1}{2}-1\right)(x-l)l+\frac{x^2-l^2}{2}-k_1\frac{x^3-l^3}{6l}\right]\right.$$

$$\left.+b_0\left[\left(\frac{k_2}{2}-1\right)(x-l)l+\frac{x^2-l^2}{2}-k_2\frac{x^3-l^3}{6l}\right]\right\}\sin\alpha$$

$$+\gamma a_0b_0\left[\left(\frac{k_1+k_2}{2}-1-\frac{k_1k_2}{3}\right)(x-l)l+\frac{x^2-l^2}{2}-\frac{(k_1+k_2)(x^3-l^3)}{6l}+\frac{k_1k_2}{12l^2}(x^4-l^4)\right]$$

$$M_z=-\int_l^x Q_y\mathrm{d}x+M_z\big|_{x=l}$$

$$=-\int_l^x\left\{p_0\left[a_0\left(x-l-k_1\frac{x^2-l^2}{2l}\right)+b_0\left(x-l-k_2\frac{x^2-l^2}{2l}\right)\right]\cos\alpha\right\}\mathrm{d}x$$

$$=-p_0\left\{a_0\left[\left(\frac{k_1}{2}-1\right)(x-l)l+\frac{x^2-l^2}{2}-k_1\frac{x^3-l^3}{6l}\right]\right.$$

$$\left.+b_0\left[\left(\frac{k_2}{2}-1\right)(x-l)l+\frac{x^2-l^2}{2}-k_2\frac{x^3-l^3}{6l}\right]\right\}\cos\alpha$$

由式(2.3.16)与式(2.3.20)可得到机翼中的正应力：

$$\sigma_x=z\frac{M_y}{I_y}-y\frac{M_z}{I_z}$$

其中 I_y 与 I_z 为：

$$I_y=\frac{ab^3}{12}=\frac{1}{12}a_0b_0^3\left(1-k_1\frac{x}{l}\right)\left(1-k_2\frac{x}{l}\right)^3$$

$$I_z=\frac{a^3b}{12}=\frac{1}{12}a_0^3b_0\left(1-k_1\frac{x}{l}\right)^3\left(1-k_2\frac{x}{l}\right)$$

由式(2.3.17)与式(2.3.21)可得到机翼中心线 x 处的位移：

$$\theta_y=\int_0^x\frac{M_y}{EI_y}\mathrm{d}x+\theta_y\big|_{x=0}=\int_0^x\frac{M_y}{EI_y}\mathrm{d}x,\quad w=-\int_0^x\theta_y\mathrm{d}x+w\big|_{x=0}=-\int_0^x\theta_y\mathrm{d}x$$

$$\theta_z=\int_0^x\frac{M_z}{EI_z}\mathrm{d}x+\theta_z\big|_{x=0}=\int_0^x\frac{M_z}{EI_z}\mathrm{d}x,\quad v=\int_0^x\theta_z\mathrm{d}x+v\big|_{x=0}=\int_0^x\theta_z\mathrm{d}x$$

上面各式可用数值积分完成。

2.3.3 复合截面直杆受轴力与横向力作用下的平面拉压与弯曲

图 2.4 所示机翼和图 2.7 所示机身都属于半硬壳式结构，其蒙皮可以和桁条一起承受正应力，图 2.8、图 2.9 中的火箭外壳更是承受正应力的主要元件之一。另外，飞行器结构

中为了充分利用材料、减轻结构重量，蒙皮和桁条，甚至桁条各部分所使用的材料往往不同。本小节给出的方法，在计算正应力时考虑了蒙皮的贡献；也可以处理各元件或元件内各部分的弹性模量有较大差别的情况。

仍采用2.2.2.1节中关于杆件中应力与变形分析的两个基本假定，可以导出更复杂的复合截面直杆受到拉压与弯曲组合变形的内力素与广义变形的关系式。

在直杆发生平面拉压与弯曲变形时，由"平截面"假定，杆截面上各点的轴向正应变为：

$$\varepsilon_x=\frac{\mathrm{d}u}{\mathrm{d}x}=\frac{\mathrm{d}u_{o'}}{\mathrm{d}x}-y'\frac{\mathrm{d}\theta_z}{\mathrm{d}x}+z'\frac{\mathrm{d}\theta_y}{\mathrm{d}x} \tag{2.3.22}$$

如图2.31所示，此处 x',y',z' 为通过杆横截面上任意点 o' 的笛卡儿坐标系中的坐标，其中 x' 轴与杆件的轴线平行。式中 $u_{o'}$ 为杆横截面上坐标原点 o' 的轴向位移，θ_y,θ_z 分别为横截面绕 y',z' 轴的转角，y',z' 为转动中心至所考察点的距离，沿坐标的正方向为正。

假设杆件的横截面由 $n=1,2,\cdots,N$ 部分组成，每部分的材料是均匀的，其弹性模量为 E_n，横截面积为 A_n，该部分形心 o_n 在 (x',y',z') 坐标系中的坐标为 $\bar{y}'_n,\bar{z}'_n$。由"纵向纤维互不挤压"假定，梁截面上第 n 种材料中各点的轴向正应力为：

$$\sigma_x^{(n)}=E_n\left(\frac{\mathrm{d}u_{o'}}{\mathrm{d}x}-y'\frac{\mathrm{d}\theta_z}{\mathrm{d}x}+z'\frac{\mathrm{d}\theta_y}{\mathrm{d}x}\right) \tag{2.3.23}$$

它沿整个截面会构成合力 P 与合力矩 $M_{z'}$：

$$\begin{aligned}P=&\sum_{n=1}^{N}\int_{A_n}\sigma_x^{(n)}\mathrm{d}A_n=\left(\sum_{n=1}^{N}E_nA_n\right)\frac{\mathrm{d}u_{o'}}{\mathrm{d}x}\\&-\left(\sum_{n=1}^{N}\int_{A_n}E_ny'\mathrm{d}A\right)\frac{\mathrm{d}\theta_z}{\mathrm{d}x}+\left(\sum_{n=1}^{N}\int_{A_n}E_nz'\mathrm{d}A\right)\frac{\mathrm{d}\theta_y}{\mathrm{d}x}\end{aligned} \tag{2.3.24a}$$

$$\begin{aligned}M_{z'}=&-\sum_{n=1}^{N}\int_{A_n}\sigma_x^{(n)}y'\mathrm{d}A_n=-\left(\sum_{n=1}^{N}\int_{A_n}E_ny'\mathrm{d}A\right)\frac{\mathrm{d}u_{o'}}{\mathrm{d}x}\\&+\left(\sum_{n=1}^{N}\int_{A_n}E_n(y')^2\mathrm{d}A\right)\frac{\mathrm{d}\theta_z}{\mathrm{d}x}-\left(\sum_{n=1}^{N}\int_{A_n}E_ny'z'\mathrm{d}A\right)\frac{\mathrm{d}\theta_y}{\mathrm{d}x}\end{aligned} \tag{2.3.24b}$$

$$\begin{aligned}M_{y'}=&\sum_{n=1}^{N}\int_{A_n}\sigma_x^{(n)}z'\mathrm{d}A_n=\left(\sum_{n=1}^{N}\int_{A_n}E_nz'\mathrm{d}A\right)\frac{\mathrm{d}u_{o'}}{\mathrm{d}x}\\&-\left(\sum_{n=1}^{N}\int_{A_n}E_ny'z'\mathrm{d}A\right)\frac{\mathrm{d}\theta_z}{\mathrm{d}x}+\left(\sum_{n=1}^{N}\int_{A_n}E_n(z')^2\mathrm{d}A\right)\frac{\mathrm{d}\theta_y}{\mathrm{d}x}\end{aligned} \tag{2.3.24c}$$

由于初始坐标系 (x',y',z') 可以任意选取，式(2.3.24a)～式(2.3.24c)中，轴力 P' 不仅与杆的轴向位移 $u_{o'}$ 的导数有关，还与横截面转角 θ_y,θ_z 的导数有关；而绕 y',z' 轴的弯矩 $M_{y'},M_{z'}$ 不仅与横截面转角 θ_y,θ_z 的导数有关，还与轴向位移 $u_{o'}$ 的导数有关。

对于这种由多种材料构成的复合截面杆件，若要在表达横截面上作用的轴力、弯矩与杆件的轴向应变、曲率变形之间的关系式中将轴向变形与弯曲变形解耦，应当如何选择坐标系，如何定义杆件的拉伸与弯曲刚度呢？对于单一材料的杆件，可以选择形心坐标系，当轴力作用于形心上时杆件只有轴向变形；但是对于复合截面的杆件，轴力作用于何处才能使杆件只发生轴向变形呢？

分析式(2.3.24)，如引入以下模量加权参数并合理选择坐标系，则该式可进一步简化。如图 2.31 所示，以第一种材料为基准，定义复合截面杆的**模量加权面积** A^*：

$$A^* \equiv \int_A \frac{E}{E_1} \mathrm{d}A = \sum_{n=1}^{N} \frac{E_n}{E_1} A_n \quad (2.3.25\mathrm{a})$$

定义复合截面的**模量加权中心** o^* 在(x',y',z')坐标系中的坐标：

$$\bar{y}'^* \equiv \frac{1}{A^*} \sum_{n=1}^{N} \int_{A_n} \frac{E_n}{E_1} y' \mathrm{d}A = \frac{1}{A^*} \sum_{n=1}^{N} \frac{E_n}{E_1} \bar{y}'_n A_n \quad (2.3.25\mathrm{b})$$

$$\bar{z}'^* \equiv \frac{1}{A^*} \sum_{n=1}^{N} \int_{A_n} \frac{E_n}{E_1} z' \mathrm{d}A = \frac{1}{A^*} \sum_{n=1}^{N} \frac{E_n}{E_1} \bar{z}'_n A_n \quad (2.3.25\mathrm{c})$$

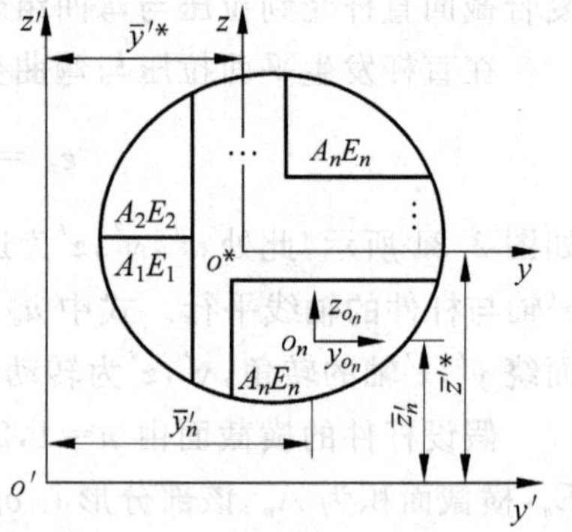

图 2.31 复合截面梁的横截面与坐标系

若梁为单一材料构成，上式化为形心坐标。

仍以第一种材料为基准，定义复合截面关于 y'，z'坐标轴的**模量加权惯性矩**：

$$I^*_{y'y'} \equiv \sum_{n=1}^{N} \int_{A_n} \frac{E_n}{E_1} (z')^2 \mathrm{d}A = \sum_{n=1}^{N} \frac{E_n}{E_1} \int_{A_n} (z')^2 \mathrm{d}A \quad (2.3.26)$$

设第 n 部分的各点在通过该部分形心 o_n 的坐标系(仍沿 y'，z'坐标轴方向)中的坐标为(y_{o_n}, z_{o_n})，则有坐标转换关系：

$$y' = y_{o_n} + \bar{y}'_n, \quad z' = z_{o_n} + \bar{z}'_n \quad (2.3.27)$$

将此坐标转换关系代入式(2.3.26)，并考虑到通过形心的坐标(y_{o_n}, z_{o_n})的特性：

$$\int_{A_n} y_{o_n} \mathrm{d}A = \int_{A_n} z_{o_n} \mathrm{d}A = 0 \quad (2.3.28)$$

得到：

$$\begin{aligned} I^*_{y'y'} &= \sum_{n=1}^{N} \frac{E_n}{E_1} \int_{A_n} (z_{o_n} + \bar{z}'_n)^2 \mathrm{d}A = \sum_{n=1}^{N} \frac{E_n}{E_1} \left[\int_{A_n} (z_{o_n})^2 \mathrm{d}A + \int_{A_n} (\bar{z}'_n)^2 \mathrm{d}A \right] \\ &= \sum_{n=1}^{N} \frac{E_n}{E_1} [I^{(n)}_{y_o y_o} + (\bar{z}'_n)^2 A_n] \end{aligned} \quad (2.3.29\mathrm{a})$$

同理，

$$I^*_{y'z'} = \sum_{n=1}^{N} \frac{E_n}{E_1} [I^{(n)}_{y_o z_o} + \bar{y}'_n \bar{z}'_n A_n] \quad (2.3.29\mathrm{b})$$

$$I^*_{z'z'} = \sum_{n=1}^{N} \frac{E_n}{E_1} [I^{(n)}_{z_o z_o} + (\bar{y}'_n)^2 A_n] \quad (2.3.29\mathrm{c})$$

如果将坐标系(x,y,z)的原点取在复合截面的模量加权中心 o^*，利用式(2.3.25a)，则得到模量加权中心坐标系中的复合截面模量加权惯性矩 I^*_{yy}，I^*_{zz}，I^*_{yz} 与初始坐标系$(x',y',$

z')中模量加权惯性矩 $I^*_{y'y'}$,$I^*_{z'z'}$,$I^*_{y'z'}$ 的转换关系：

$$I^*_{yy}=\int_A \frac{E}{E_1}z^2\mathrm{d}A=\int_A \frac{E}{E_1}(z'-\bar{z}'^*)^2\mathrm{d}A=I^*_{y'y'}-(\bar{z}'^*)^2A^* \tag{2.3.30a}$$

$$I^*_{yz}=\int_A \frac{E}{E_1}zy\,\mathrm{d}A=\int_A \frac{E}{E_1}(y'-\bar{y}'^*)(z'-\bar{z}'^*)\mathrm{d}A=I^*_{y'z'}-\bar{y}'^*\ \bar{z}'^*A^* \tag{2.3.30b}$$

$$I^*_{zz}=\int_A \frac{E}{E_1}y^2\mathrm{d}A=\int_A \frac{E}{E_1}(y'-\bar{y}'^*)^2\mathrm{d}A=I^*_{z'z'}-(\bar{y}'^*)^2A^* \tag{2.3.30c}$$

由式(2.3.25b,c)，当坐标原点取作模量加权中心 o^* 时，在(x,y,z)坐标系中有：

$$\sum_{n=1}^{N}E_n\,\bar{y}_nA_n=0,\quad \sum_{n=1}^{N}E_n\,\bar{z}_nA_n=0 \tag{2.3.31}$$

当选择原点通过模量加权中心 o^* 的(x,y,z)坐标系时，由式(2.3.27)～式(2.3.31)，复合梁中的合力、合力矩与梁的广义变形的关系式(2.3.24)成为：

$$P=E_1A^*\frac{\mathrm{d}u_o}{\mathrm{d}x} \tag{2.3.32a}$$

$$M_z=E_1I^*_{zz}\frac{\mathrm{d}\theta_z}{\mathrm{d}x}-E_1I^*_{yz}\frac{\mathrm{d}\theta_y}{\mathrm{d}x} \tag{2.3.32b}$$

$$M_y=-E_1I^*_{yz}\frac{\mathrm{d}\theta_z}{\mathrm{d}x}+E_1I^*_{yy}\frac{\mathrm{d}\theta_y}{\mathrm{d}x} \tag{2.3.32c}$$

求解上式，得到模量加权中心的轴向应变与曲率变形：

$$\frac{\mathrm{d}u_o}{\mathrm{d}x}=\frac{P}{E_1A^*} \tag{2.3.33a}$$

$$\frac{\mathrm{d}^2v}{\mathrm{d}x^2}=\frac{\mathrm{d}\theta_z}{\mathrm{d}x}=\frac{M_zI^*_{yy}+M_yI^*_{yz}}{E_1[I^*_{yy}I^*_{zz}-(I^*_{yz})^2]} \tag{2.3.33b}$$

$$\frac{\mathrm{d}^2w}{\mathrm{d}x^2}=-\frac{\mathrm{d}\theta_y}{\mathrm{d}x}=-\frac{M_zI^*_{yz}+M_yI^*_{zz}}{E_1[I^*_{yy}I^*_{zz}-(I^*_{yz})^2]} \tag{2.3.33c}$$

上式中轴力 P、弯矩 M_y 和 M_z 可利用2.3.1节和2.3.2节的方法利用模量加权中心坐标系中力的平衡方程求得。式(2.3.32)、式(2.3.33)中 u_o 为模量加权中心的轴向位移，θ_y，θ_z 分别为横截面绕通过模量加权中心的 y，z 轴的转角。将式(2.3.33)积分并代入位移边界条件，就可以得到复合截面梁模量加权中心轴线的位移。

由式(2.3.23)和式(2.3.33)可得到梁中轴向正应力表达式，下式中 E 为所计算点(y,z)处的弹性模量：

$$\sigma_x=\frac{EP}{E_1A^*}-\frac{E(M_zI^*_{yy}+M_yI^*_{yz})}{E_1[I^*_{yy}I^*_{zz}-(I^*_{yz})^2]}y+\frac{E(M_yI^*_{zz}+M_zI^*_{yz})}{E_1[I^*_{yy}I^*_{zz}-(I^*_{yz})^2]}z \tag{2.3.34}$$

当结构几何形状与材料都具有至少一个对称面时，选择坐标轴与对称面重合，例如，选择初始坐标系的 $xo'z$ 平面与对称面重合，坐标原点 o' 为 z 轴上任意点，由式(2.3.25c)计算模量加权中心 o^* 在该坐标系中的 $\bar{z}'^*$ 值，并有 $\bar{y}'^*=0$。取模量加权中心 o^* 为坐标系(x,y,z)的原点，此时 $I^*_{yz}=0$。式(2.3.33b,c)与式(2.3.34)进一步简化为：

$$\frac{d^2 v}{dx^2}=\frac{d\theta_z}{dx}=\frac{M_z}{E_1 I_{zz}^*} \tag{2.3.35a}$$

$$\frac{d^2 w}{dx^2}=-\frac{d\theta_y}{dx}=-\frac{M_y}{E_1 I_{yy}^*} \tag{2.3.35b}$$

$$\sigma_x=\frac{EP}{E_1 A^*}-\frac{EM_z}{E_1 I_{zz}^*}y+\frac{EM_y}{E_1 I_{yy}^*}z \tag{2.3.35c}$$

式(2.3.33)指出，应在模量加权中心坐标系中分析复合截面直杆。轴向载荷与**模量加权中心线**重合时只引起杆轴向变形，E_1A^* 为杆的拉伸刚度。而式(2.3.35)显示，对于结构几何形状与材料都具有至少一个对称面的复合截面杆件，模量加权中心在对称面内，作用于对称面内的横向外力与弯矩引起杆的平面弯曲，$E_1 I_{yy}^*$，$E_1 I_{zz}^*$ 分别为杆件在 z，y 两个方向的弯曲刚度。

2.3.4 梁的弯曲剪应力，非对称截面梁的弯曲，剪力中心

对于一根绕 y 轴平面弯曲的直梁，如果梁的宽度 b_y 较小，可以假设此时剪应力 τ_{zx} 沿 y 方向均匀分布。考察图 2.32 所示坐标为 z 处纵剖面所截取的部分梁微元的平衡关系，便可求得 τ_{zx} 沿 z 轴的分布规律。由三维弹性力学第一个平衡方程式(2.3.1)，考虑到梁的自由表面无剪应力使 $\tau_{xy}\approx 0$，并设体积力 $f_x=0$，可得：

$$\frac{\partial \tau_{xz}}{\partial z}=-\frac{\partial \sigma_x}{\partial x}$$

沿横截面对上式两边积分，便得到平面弯曲时梁中剪应力分布的表达式：

$$\iint\limits_{A(z)}\frac{\partial \tau_{xz}}{\partial z}dA=-\iint\limits_{A(z)}\frac{\partial \sigma_x}{\partial x}dA$$

$$\oint_{L(z)}\tau_{xz}\nu_z ds=-\frac{dM_y}{I_y dx}\iint\limits_{A(z)}z dA$$

$$-\oint_{L(z)}\tau_{xz}dy=-\frac{Q_z}{I_y}\iint\limits_{A(z)}z dA$$

$$\tau_{xz}b_y(z)=-\frac{S_y(z)Q_z}{I_y}$$

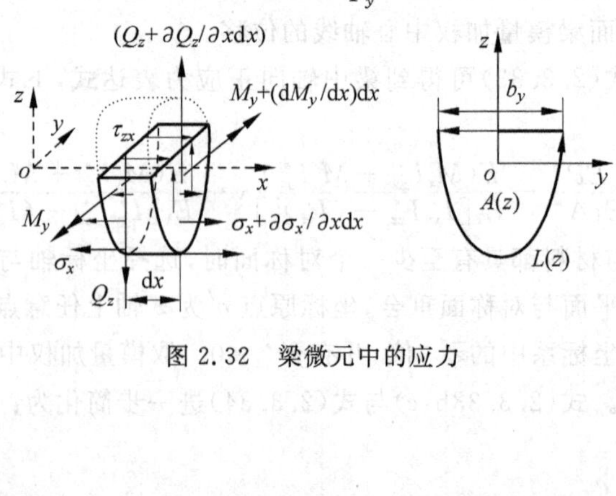

图 2.32 梁微元中的应力

$$\tau_{xz} = -\frac{Q_z}{I_y}\frac{S_y(z)}{b_y(z)} \tag{2.3.36a}$$

式中 $S_y(z)$ 为自 z 轴起始处到所求点的横截面关于弯曲中性轴的静面矩：

$$S_y(z) \equiv \iint_{A(z)} z\mathrm{d}A \tag{2.3.36b}$$

同理有：

$$\tau_{xy} = -\frac{Q_y}{I_z}\frac{S_z(y)}{b_z(y)} \tag{2.3.37a}$$

$$S_z(y) \equiv \iint_{A(y)} y\mathrm{d}A \tag{2.3.37b}$$

对于高为 h，宽度 $b_y(z)=b$ 的矩形截面梁：

$$\tau_{xz} = \frac{Q_z}{2I_y}\left(\frac{h^2}{4} - z^2\right) = \frac{3Q_z}{2bh}\left(1 - \frac{4z^2}{h^2}\right) \tag{2.3.38}$$

可见剪应力沿梁高呈抛物线分布，在中性轴处剪应力最大：$\tau_{xz}|_{\max} = \tau_{xz}|_{z=0} = \frac{3Q_z}{2bh}$。

对于 $h/b>1$ 的窄梁，上述公式有足够的精度，但当 $h/b\sim1$ 或小于 1 时，关于剪应力 τ_{zx} 沿 y 方向均匀分布的假设存在较大误差。对于 $h/b=1$ 的正方形梁，式(2.3.38)有约 10% 的误差。对于半径为 R 的圆截面梁，按式(2.3.36)计算得到 $\tau_{xz}|_{\max} = \frac{4Q_z}{3\pi R^2}$，而按照弹性力学的精确解[10]，$\tau_{xz}|_{\max} = \frac{(3+2\nu)Q_z}{2(1+\nu)\pi R^2}$，二者之间约有 4% 的误差。

上述关于剪应力分布规律的推导过程中只应用了平衡条件及梁表面自由的条件，因此剪应力计算公式(2.3.36)、式(2.3.37)可近似地应用于任意截面梁平面弯曲的情况。

我们已经知道对于具有对称截面的梁，当受到作用于对称截面内的横向力作用时，梁产生平面弯曲。下面讨论当非对称截面梁受横向力作用时产生平面弯曲的条件。

首先讨论在纯弯曲情况下梁弯曲中性轴的位置。如图 2.33 所示为非对称截面的梁，当只发生绕 y 轴的纯弯曲时，梁横截面上只有正应力 σ_x，且满足(见式(2.3.14)、式(2.3.20)和式(2.3.21))：

$$\sigma_x = \kappa E z$$

其中 κ 是梁的曲率。因为梁横截面上的合力应为零，所以：

$$\int_A z\mathrm{d}A = 0$$

如该非对称截面的梁只有绕 z 轴的纯弯曲，可以得到：

$$\int_A y\mathrm{d}A = 0$$

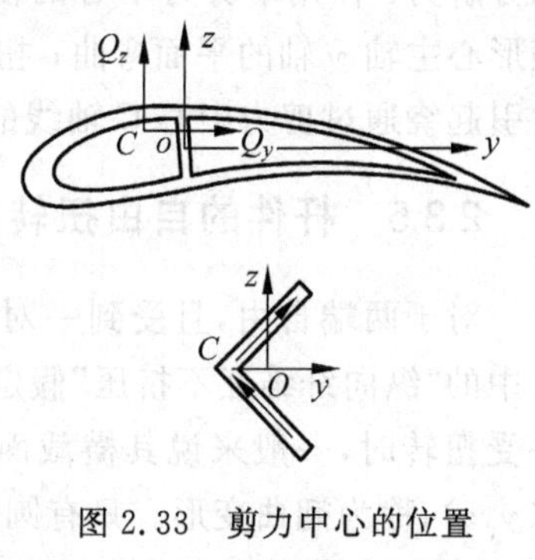

图 2.33　剪力中心的位置

因此梁弯曲的中性轴必须通过其横截面的形心 o。

进一步证明纯弯曲的中性轴必定是梁截面的惯性主轴。正应力 $\sigma_x=\kappa Ez$ 构成的力矩为：

$$M_y=\int_A\sigma_x z\,\mathrm{d}A=\int_A\kappa Ez^2\,\mathrm{d}A,\quad M_z=-\int_A\sigma_x y\,\mathrm{d}A=\int_A\kappa Eyz\,\mathrm{d}A$$

如该非对称截面的梁只有绕 y 轴的纯弯曲，则 M_z 应为零，所以 y 轴必定是惯性主轴，同理 z 轴必定是惯性主轴。

当梁发生平面弯曲时，梁中剪应力 τ_{xz} 和 τ_{xy} 应当分别按照式(2.3.36)和式(2.3.37)的规律分布，此时 τ_{xz} 的合力 Q_z 的作用线并不一定通过形心 o，可以与形心有一定距离；同样地，τ_{xy} 的合力 Q_y 的作用线也并不一定通过形心 o。如图 2.33 所示，此两条合力作用线相交于 C 点，只有当作用于梁上的横向载荷通过 C 点时，梁才能产生平面弯曲。C 点称为梁的**剪力中心**，也称为**弯曲中心**。例如，图 2.33 所示的薄壁角形截面，其中剪应力只能沿着薄壁的中心线，其合力显然只能通过角形截面的角点 C，不通过形心 o。

剪力中心的位置可以利用求剪应力的公式(2.3.36)与式(2.3.37)求得。设横截面上剪应力 τ_{xz} 的合力 Q_z 对于形心 o 的力臂为 y_C，构成力矩 $Q_z y_C$。另一方面，此力矩也可以通过横截面各处微元 $\mathrm{d}A$ 上作用的剪应力 τ_{xz} 对于形心的力矩 $y\tau_{xz}\mathrm{d}A$ 积分得到。所以有：

$$Q_z y_C=\int_A y\tau_{xz}\,\mathrm{d}A$$

因此

$$y_C=\frac{1}{Q_z}\int_A y\tau_{xz}\,\mathrm{d}A=-\frac{1}{I_y}\int_A\frac{yS_y}{b_y}\mathrm{d}A \tag{2.3.39a}$$

同理

$$z_C=\frac{1}{Q_y}\int_A z\tau_{xy}\,\mathrm{d}A=-\frac{1}{I_z}\int_A\frac{zS_z}{b_z}\mathrm{d}A \tag{2.3.39b}$$

如图 2.34 所示，当横向作用的载荷 Q_z 不通过梁的剪力中心时，梁不仅发生绕其形心主轴的弯曲，还发生绕剪力中心的扭转。此时可以将问题分解为：作用于剪力中心的横向力 Q_z，它引起绕形心主轴 y 轴的平面弯曲；扭矩 $M_x=-Q_z y_C$，它引起绕通过剪力中心 C 轴线的扭转。

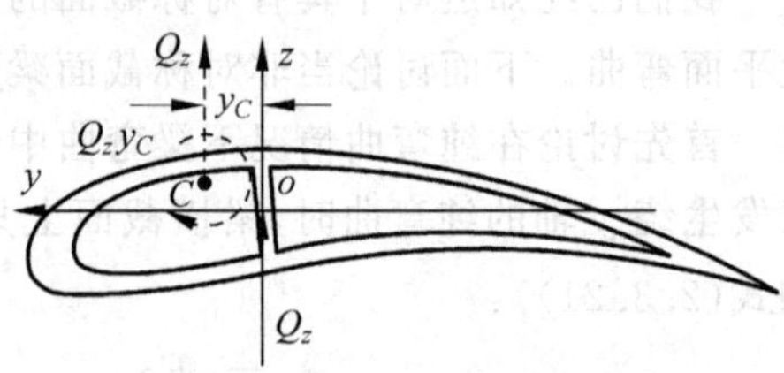

图 2.34 当横向力不通过剪力中心时梁发生弯曲与扭转

2.3.5 杆件的自由扭转问题

对于两端自由，且受到一对大小相等、方向相反的扭矩 M_x 作用的杆件，仍采用 2.2.2 节中的“纵向纤维互不挤压”假定和“刚周边”假定进行分析。与拉伸、弯曲情况不同的是，杆件受扭转时，一般来说其横截面在变形以后不再保持平面，而会发生沿轴向的非均匀位移 $u(y,z)$，称为**翘曲变形**。只有圆形截面(包括闭口圆管)或薄壁正多边形截面的杆件在扭转后，横截面仍保持平面，不发生翘曲变形。当杆件的一端固定时，对于圆截面杆，其应力-变形与自由扭转问题完全相同；但是对于具有翘曲变形的杆，由于固定端的约束会在横截面上产生一组轴向力系 $\sigma_x(y,z)$，根据平衡条件，这组轴向力系的合力与合力矩应当为零（即构成自平衡力系）。如果杆件不是薄壁杆件，杆截面的特征尺寸 a 与杆长 l 相比是一个小量（$a \ll l$），则圣维南原理可以适用，此时固定端轴向约束的影响只限于杆端附近一个小区域，在此区域外仍可按照杆件自由扭转理论进行分析。对于开口薄壁杆件，杆的壁厚 h 与其截面的特征尺寸 a 相比是一个更小的量（$h \ll a \ll l$），此时圣维南原理不再适用。对于翘曲的约束作用会大大增加开口薄壁杆件的总体扭转刚度，从而改变杆件中轴向应力的大小与分布规律，因此必须研究其约束扭转问题。但是对于闭口薄壁杆件，由薄壳理论可知杆端部作用的自平衡力系可以在沿母线长度为 $\sqrt{ah}$ 量级的范围内迅速衰减，约束扭转效应并不明显。本小节只讨论杆件的自由扭转问题。

2.3.5.1　变截面杆件中的扭矩

首先研究形心轴线与剪力中心轴线都是直线的变截面杆件在外载作用下沿轴向每个截面上扭矩的分布规律。如图 2.35 所示，杆件微元段的剪力中心 C 在形心主坐标系中的坐标为 $(y_C(x), z_C(x))$，杆件横截面积为 $A(x)$，周长为 $S_h(x)$。微元段横截面上作用的扭矩（内力）应与外力对于剪力中心轴的力矩相平衡：

$$M_x + \frac{\mathrm{d}M_x}{\mathrm{d}x}\mathrm{d}x - M_x + \int_A [f_z(y-y_c) - f_y(z-z_c)]\mathrm{d}A\mathrm{d}x$$

$$+\oint_{S_h} [p_z(y-y_c) - p_y(z-z_c)]\mathrm{d}s\mathrm{d}x = 0$$

化简上式，得到求扭矩的微分方程：

$$\frac{\mathrm{d}M_x}{\mathrm{d}x} + m_x(x) = 0 \qquad (2.3.40\text{a})$$

式中 m_x 是单位长度杆上作用的外力对于剪力中心的扭矩：

$$m_x = \int_A [f_z(y-y_c) - f_y(z-z_c)]\mathrm{d}A + \oint_{S_h} [p_z(y-y_c) - p_y(z-z_c)]\mathrm{d}s \qquad (2.3.40\text{b})$$

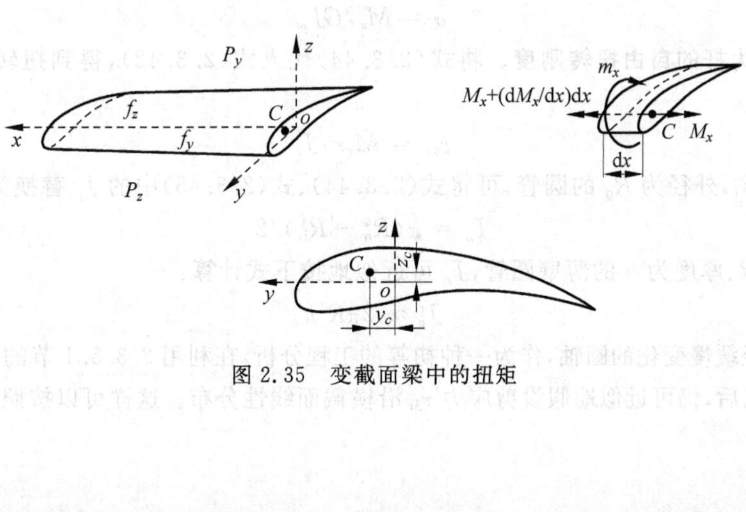

图 2.35　变截面梁中的扭矩

求得扭矩的分布规律后就可以进行杆件的自由扭转分析了。下面仅介绍圆杆和矩形杆自由扭转问题的分析方法。而一般截面杆件自由扭转的分析非常复杂，读者可以参阅弹性力学教科书[10]。

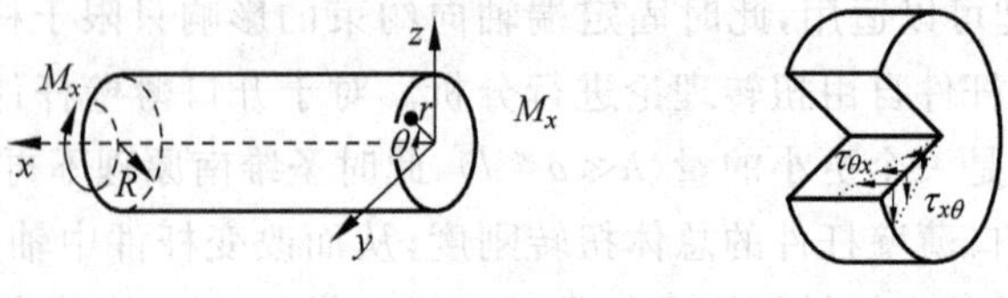

图 2.36 圆杆受扭转

2.3.5.2 圆杆中的扭转剪应力与扭转刚度

对于图 2.36 所示圆杆受扭转问题，可在圆柱坐标系中求解。此时剪力中心与形心重合，与起始面距离为 x 的横截面保持平面且整体转动 αx 角度，此处 α 为杆件的单位长度扭转角。于是，杆横截面上与圆心距离为 r 的任意点位移为：

$$v_\theta = \alpha r x, \quad u_r = u_x = 0 \tag{2.3.41}$$

由上式及圆柱坐标系中应变与位移的几何关系，可求得所有正应变分量为零，剪应变分量为：

$$\gamma_{r\theta} = \gamma_{rx} = 0, \quad \gamma_{\theta x} = \alpha r$$

于是由弹性关系可知剪应力 $\tau_{\theta x}$ 也随半径呈线性变化：

$$\tau_{\theta x} = G\alpha r, \quad \tau_{r\theta} = \tau_{rx} = 0 \tag{2.3.42}$$

$\tau_{\theta x}$ 构成扭矩：

$$M_x = \int_0^R 2\tau_{\theta x}\pi r^2\,\mathrm{d}r = G\alpha\int_0^R 2\pi r^3\,\mathrm{d}r = G\alpha\pi R^4/2 = G\alpha J_\rho \tag{2.3.43a}$$

式中，J_ρ 称为杆的**自由扭转惯性矩**，也称**极惯性矩**。对于半径为 R 的圆杆，其极惯性矩为：

$$J_\rho = \pi R^4/2 \tag{2.3.43b}$$

由式(2.3.43a)可以得到等截面圆杆的单位长度扭转角 α 与扭矩 M_x 的关系：

$$\alpha = M_x/GJ_\rho \tag{2.3.44}$$

式中，GJ_ρ 称为杆的**自由扭转刚度**。将式(2.3.44)代入式(2.3.42)，得到扭转剪应力 $\tau_{\theta x}$ 的表达式：

$$\tau_{\theta x} = M_x r/J_\rho \tag{2.3.45}$$

对于内径为 R_i、外径为 R_o 的圆管，可将式(2.3.44)、式(2.3.45)中的 J_ρ 替换为：

$$J_\rho = \pi(R_\mathrm{o}^4 - R_\mathrm{i}^4)/2 \tag{2.3.46a}$$

对于中径为 R、厚度为 h 的薄壁圆管，J_ρ 可近似地按下式计算：

$$J_\rho \approx 2\pi R^3 h \tag{2.3.46b}$$

对于半径缓慢变化的圆轴，作为一种初等的工程分析，在利用 2.3.5.1 节的方法求得各横截面的扭矩以后，仍可近似地假设剪应力 $\tau_{\theta x}$ 沿横截面线性分布。这样可以按照式(2.3.45)计

算 $\tau_{\theta x}$，式中的极惯性矩 J_ρ 仍按式(2.3.43b)计算，不过式中的杆的半径是 x 的函数 $R(x)$。计算单位长度扭角的公式(2.3.44)仍可近似地被采用，但此时极惯性矩和单位长度扭转角也都是 x 的函数 $J_\rho(x)$，$\alpha(x)$。在计算杆件的总扭角 ϕ 时需要沿轴线积分：

$$\phi = \int_0^L \alpha(x)\mathrm{d}x = \int_0^L \frac{M_x}{GJ_\rho}\mathrm{d}x \tag{2.3.47}$$

关于变截面圆轴受扭转的精确解，可参阅有关的弹性力学教科书[10]。

2.3.5.3　矩形杆中的扭转剪应力与扭转刚度

与圆截面杆不同，任意截面形状的直杆扭转时，横截面不仅有保持周边形状的转动，还有翘曲变形，即位移表达式应由式(2.3.41)改为：

$$u_y = -\alpha zx,\quad u_z = \alpha yx,\quad u_x = u_x(y,z) \tag{2.3.48}$$

自由扭转时，所有正应力分量为零，剪应力分量 $\tau_{yz}=0$，非零的剪应力分量只有 $\tau_{xy}(y,z)$与 $\tau_{xz}(y,z)$。以图 2.37 中的矩形杆为例，在自由侧面处剪应力的方向应当总是沿着横截面边界的方向，最大剪应力发生在长边上。

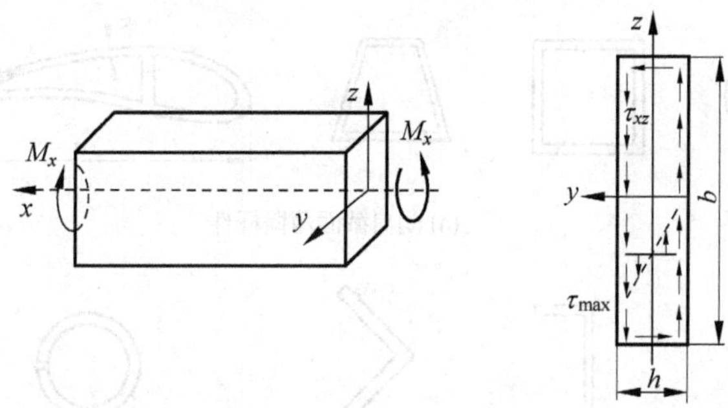

图 2.37　矩形杆受扭转

矩形杆的单位长度扭角仍可按式(2.3.44)计算。设矩形杆宽度为 h，高度为 b，且 $b>h$，由弹性理论可得到式(2.3.44)中的极惯性矩：

$$J_\rho = \xi bh^3 \tag{2.3.49}$$

矩形杆中的最大扭转剪应力为：

$$\tau_{\max} = (\tau_{xz})_{\max} = \frac{M_x}{\eta bh^2} \tag{2.3.50}$$

根据弹性理论解[10]，对于不同的 b/h 比值，ξ，η 值见表 2.1。

表 2.1　矩形截面杆受扭转的有关系数

b/h	1.0	1.2	1.5	1.75	2.0	2.5	3.0	4.0	5.0	6.0	8.0	10.0	∞
ξ	0.141	0.166	0.196	0.214	0.229	0.249	0.263	0.281	0.291	0.299	0.307	0.313	0.333
η	0.208	0.219	0.231	0.239	0.246	0.258	0.267	0.282	0.291	0.299	0.307	0.313	0.333

由弹性理论解可知，对于狭长的矩形截面杆受扭转的情况，沿宽度 h 方向剪应力 τ_{xz} 为线性分布，此时杆的自由扭转刚度非常小：

$$J_\rho = \frac{1}{3}bh^3, \quad \tau_{\max} = (\tau_{xz})_{\max} = \frac{3M_x}{bh^2} \tag{2.3.51}$$

2.4 薄壁杆件[1,11,12]

为了减轻重量，飞行器中大量使用薄壁杆件结构。如图 2.38 所示，薄壁杆件又可分为闭口和开口两种类型。初步分析时可以把整个机身和机翼看做闭口薄壁杆件。而由于装配工艺等原因，飞行器中的结构元件大都是开口薄壁杆件，比如翼梁的横截面一般呈工字形或槽形；桁条的横截面可以是 T 形、L 形、Z 形，等等。

如图 2.38 所示，本节在(x,n,s)坐标系中进行讨论。其中 s 沿薄壁杆件的中面切线方向，n 沿其法向，构成右手系。

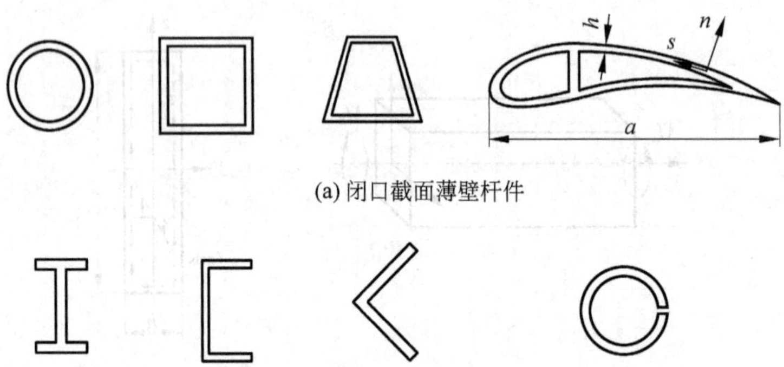

(a) 闭口截面薄壁杆件

(b) 开口截面薄壁杆件

图 2.38 薄壁梁的各种截面形式

2.4.1 薄壁杆件受力与变形的基本假定

对于薄壁杆件，在(x,n,s)坐标系中，2.2.2.1 节关于一般杆件受力与变形的基本假定表现为：①由纵向纤维互不挤压假定，只有 σ_x 与 τ_{xs} 是主要的应力分量，薄壁杆横截面上的剪应力总是沿着横截面中心线的方向；②由刚周边假定，薄壁杆在变形时，其横截面中心线无伸长与弯曲变形，$\varepsilon_s=\kappa_s=0$。横截平面的位移与变形可能有：平移、转动和出平面的翘曲变形。

薄壁杆件的进一步特征是其壁厚 h 相对于横截面特征尺寸 a 很小。由此特征，可以在 2.2.2.1 节假定的基础上增加下面的假定，从而使计算得到进一步简化：

(1) 由于壁厚很小，因此认为**轴向正应力、轴向变形、弯曲和约束扭转引起的剪应力沿壁厚均匀分布**；

(2) 根据 2.3.5.2 节薄壁圆管自由扭转剪应力分布情况和 2.3.5.3 节狭长矩形杆自由扭转剪应力分布情况，可以假设在**自由扭转时，闭口薄壁杆件的扭转剪应力沿壁厚均匀分布，开口薄壁杆件的扭转剪应力沿壁厚线性分布**；

(3) 开口薄壁杆件受扭时，其翘曲变形不需要满足周期性条件，因此可以**忽略开口薄壁杆件中曲面的剪切变形**，即 $\gamma_{xs}\approx 0$。注意到 $\tau_{xs}=G\gamma_{xs}$，而剪应力 τ_{xs} 是满足平衡条件所必须的，要忽略剪应变 γ_{xs}，只能认为 G 很大。

2.4.2 薄壁杆件的自由扭转问题

薄壁杆件受各种载荷作用时，其横截面上的应力之合力包含：通过形心的轴向拉(压)力，关于截面惯性主轴 y 的弯矩 M_y 与通过剪力中心 C 的横向力 Q_z，关于截面惯性主轴 z 的弯矩 M_z 与通过剪力中心 C 的横向力 Q_y，以及关于剪力中心 C 的扭矩 M_x。这些力分别引起杆的轴向拉(压)、两个方向的弯曲和扭转变形。对于拉压和弯曲变形，其计算方法与 2.3 节所给一般杆件的理论完全相同。所以本节只需讨论在扭矩 M_x 作用下薄壁杆件的扭转问题。首先讨论自由扭转，再讨论约束扭转。

2.4.2.1 闭口薄壁杆件的自由扭转问题

在材料力学课程或弹性力学课程中都已证明，单闭室薄壁杆件自由扭转时，横截面上的**剪流** $q_s=\tau_{xs}h$ 为常数，其方向沿横截面中心线的切线方向。如图 2.39 所示，单闭室薄壁杆件中的扭转剪应力与横截面上扭矩 M_x 的关系为：

$$M_x=\oint_{S_h}\tau_{xs}h(s)r_s(s)\mathrm{d}s=2q_s\oint_{S_h}\frac{r_s(s)}{2}\mathrm{d}s$$

$$=2q_s\iint_{A_s}\mathrm{d}A=2q_sA_s \tag{2.4.1}$$

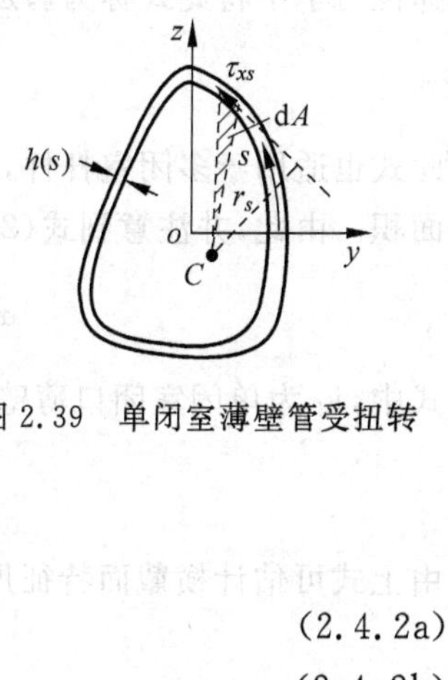

图 2.39 单闭室薄壁管受扭转

上式中 r_s 为剪力中心至横截面中心线上各点的垂直距离，S_h 为横截面中心线的全长，A_s 为中心线所包围的横截面积，$h(s)$为所研究点处薄壁梁的厚度。由上式知：

$$q_s=M_x/2A_s \tag{2.4.2a}$$

$$\tau_{sx}=M_x/2A_sh(s) \tag{2.4.2b}$$

由上两式可见：在相同扭矩的作用下，横截面积 A_s 越大，剪流越小；另外，由于剪流是常数，所以壁薄的地方，剪应力大。由式(2.4.2b)还可以估计横截面特征尺寸为 a，壁厚为 h 的闭口薄壁杆件中剪应力的数量级：

$$\tau_{sx}^{\text{(closed)}}\sim M_x/a^2h \tag{2.4.2c}$$

例如，直径为 d、壁厚为 h 的薄壁圆杆，$\tau_{sx}=M_x/(\pi d^2h/2)$；边长为 a、壁厚为 h 的薄壁方杆，$\tau_{sx}=M_x/2a^2h$。

由于采用了 2.4.1 节中“闭口薄壁杆件中扭转剪应力沿壁厚均匀分布”的基本假定，单闭室薄壁杆件剪应力分析完全不需涉及变形分析(或者说是静定的，具体定义见第 3 章)，且与截面的具体形状无关。

以下分析单闭室薄壁杆件的单位长度扭转角 α 与作用扭矩 M_x 的关系。由 2.2.2.1 节中的“刚周边”假定，有：

$$u_s = r_s \alpha x \tag{2.4.3a}$$

得到：

$$\begin{aligned} \frac{\tau_{xs}}{G} = \gamma_{xs} &= \frac{\partial u_x}{\partial s} + \frac{\partial u_s}{\partial x} = \frac{\partial u_x}{\partial s} + r_s \alpha \\ \Rightarrow \quad \frac{\partial u_x}{\partial s} &= \frac{\tau_{xs}}{G} - r_s \alpha = \frac{q_s}{Gh} - r_s \alpha \\ \Rightarrow \quad u_x &= \int_0^s \left(\frac{q_s}{Gh} - r_s \alpha \right) \mathrm{d}s \end{aligned} \tag{2.4.3b}$$

由位移单值性条件可知，当上述积分沿薄壁管中心线积分一周时，此闭路积分应为零。所以：

$$\oint_{S_h} \frac{q_s}{Gh} \mathrm{d}s = \alpha \oint_{S_h} r_s \mathrm{d}s = 2A_s \alpha$$

弹性力学中将此式称为**剪应力环量定理**：

$$\oint_S \frac{\tau_{sx}}{G} \mathrm{d}s = 2\alpha A_s \tag{2.4.4}$$

此式也适用于多闭室杆件，此时 s 为横截面上任一个闭合中心线，A_s 为该中心线所包围的面积。由此，并注意到式(2.4.2)，可得：

$$\alpha = \frac{1}{2A_s} \oint_{S_h} \frac{q_s}{Gh} \mathrm{d}s = \frac{M_x}{4GA_s^2} \oint_{S_h} \frac{\mathrm{d}s}{h} = \frac{M_x}{GI_d} \tag{2.4.5a}$$

式中，I_d 为单闭室闭口薄壁杆自由扭转的几何刚度：

$$I_d = 4A_s^2 \Big/ \oint_{S_h} \frac{\mathrm{d}s}{h} \tag{2.4.5b}$$

由上式可估计横截面特征尺寸为 a，壁厚为 h 的闭口薄壁杆件几何刚度的数量级为：

$$I_d^{\text{(closed)}} \sim a^3 h \tag{2.4.5c}$$

例如，直径为 d、壁厚为 h 的薄壁圆杆，$I_d = \pi d^3 h/4$；边长为 a、壁厚为 h 的薄壁方杆，$I_d = a^3 h$。

初步设计时，机翼的抗扭分析可以简化为图 2.40 所示多闭室薄壁杆件受扭转问题。与单闭室杆件不同，在多闭室杆件中存在 2 个或 2 个以上的曲面(或平面)的交线，或者说其横截面上存在几个管壁中心线的节点。可以证明，流入与流出一个节点的剪流互相平衡，其代数和为零(设以流入为正)。图 2.41 给出了图 2.40 中流入、流出节点 A 的剪流情况。用一个与横截面相垂直的小柱面包围此交线，并将所有交于此节点的曲面垂直切割。根据剪应力互等定理，$q_{x1} = q_{s1}$，$q_{x2} = q_{s2}$，$q_{xa} = q_{sa}$，而轴向力平衡条件决定了 $q_{x1} = q_{x2} + q_{xa}$。因此有：

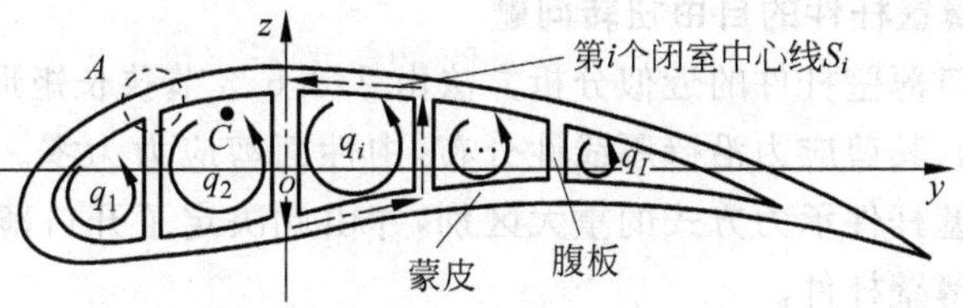

图 2.40　多闭室薄壁梁受扭转

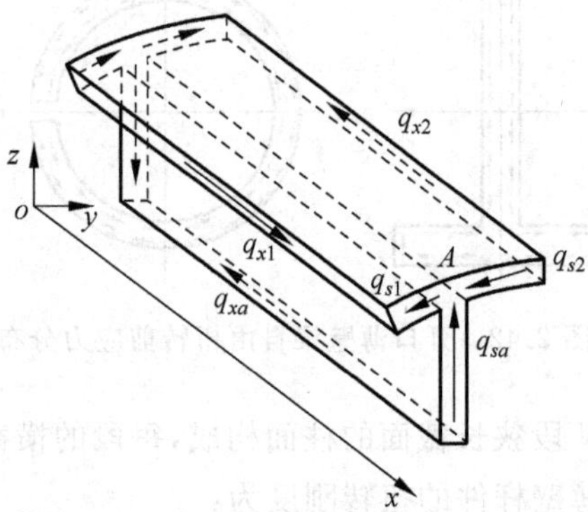

图 2.41　流入与流出节点的剪流平衡

$$q_{s1} = q_{s2} + q_{sa} \tag{2.4.6}$$

上述证明方法可适用于任意多个曲面相交的情况,并可证明单闭室薄壁杆件中剪流为常数。

由此,对于图 2.40 所示具有 I 个闭室的薄壁杆件,只需求得图 2.40 中每个闭室中的基本剪流 $q_i(i=1,2,\cdots,I)$,便可得到所有腹板中的剪流。以 q_i 为基本未知量,设每个闭室的中心线所包围的横截面积为 A_i,应用式(2.4.1)可得:

$$M_x = \sum_{i=1}^{I} M_{xi} = 2\sum_{i=1}^{I} q_i A_i \tag{2.4.7}$$

根据“平截面”假定,薄壁杆件整个横截面必须以同一扭角 αx 扭转。可见 α 是此问题的另一基本未知量。设每个闭室的周长(包含蒙皮与腹板)为 S_i,对于每个闭室应用式(2.4.4)的剪应力环量定理可得:

$$\oint_{S_i} \frac{q(s)}{Gh(s)} \mathrm{d}s = 2\alpha A_i, \quad i = 1,2,\cdots,I \tag{2.4.8}$$

在应用上式时,应当注意到对于每个闭室,整个积分路径上各部分(蒙皮、腹板)的剪流、厚度,甚至材料都可能是不同的,需采用当地的值。式(2.4.7)与式(2.4.8)提供了 $I+1$ 个方程,联立解之可得到 $I+1$ 个未知量:$q_i(i=1,2,\cdots,I)$与 α。

另外,由式(2.4.5)可知,要提高机翼的抗扭刚度,除应用更刚硬的材料(增加 G)外,还可采用增加机翼截面面积或蒙皮厚度的方法。

2.4.2.2 开口薄壁杆件的自由扭转问题

自由扭转的开口薄壁杆件的近似分析方法由 2.3.5.3 节狭长矩形杆的分析方法演变而来。如图 2.42 所示，其剪应力沿壁厚线性分布，中性面剪应力为零。这是自由扭转时开口薄壁杆件与闭口薄壁杆件承力方式的重大区别，并由此决定了开口薄壁杆件的自由扭转抗扭刚度远小于闭口薄壁杆件。

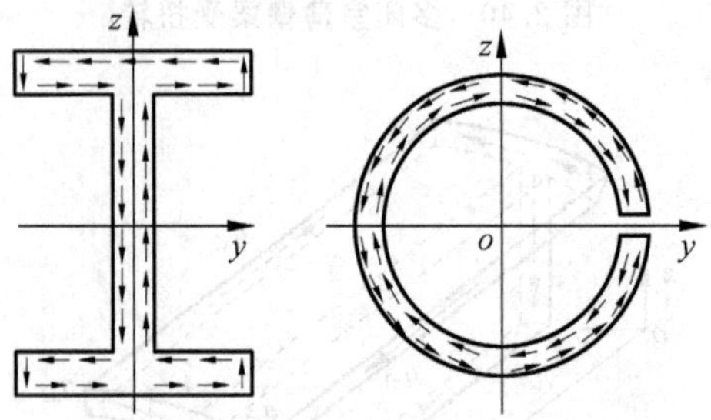

图 2.42 开口薄壁梁自由扭转剪应力分布

假设开口薄壁杆件由 N 段狭长截面的柱面构成，每段的横截面长度为 l_n，厚度为 h_n，材料剪切模量为 G_n。该开口薄壁杆件的扭转刚度为：

$$D_p = \frac{1}{3}\sum_{n=1}^{N} G_n l_n h_n^3 \tag{2.4.9a}$$

由上式可估计横截面尺寸为 a，壁厚为 h 的开口薄壁杆件几何刚度的数量级：

$$I_d^{(\text{open})} \sim ah^3 \tag{2.4.9b}$$

例如，直径为 d、壁厚为 h 的开口薄壁圆杆，$I_d=\pi dh^3/3$；边长为 a、壁厚为 h 的开口薄壁方杆，$I_d=4ah^3/3$。

自由扭转开口薄壁杆件的单位长度扭角为

$$\alpha = \frac{M_x}{D_p} \tag{2.4.10}$$

第 n 部分的最大剪应力(发生在杆表面)为

$$\tau_{xs}^{(n)} = G_n\alpha h_n = G_n \frac{M_x}{D_p} h_n \tag{2.4.11a}$$

由上式与式(2.4.9b)可估计横截面尺寸为 a，壁厚为 h 的开口薄壁杆件中剪应力的数量级：

$$\tau_{sx}^{(\text{open})} \sim M_x/ah^2 \tag{2.4.11b}$$

例如，直径为 d、壁厚为 h 的开口薄壁圆杆，$\tau_{sx}^{(\text{open})}=3M_x/\pi dh^2$；边长为 a、壁厚为 h 的开口薄壁方杆，$\tau_{sx}^{(\text{open})}=3M_x/4ah^2$。

对比式(2.4.5c)与式(2.4.9b)可知：

$$I_d^{(\text{open})}/I_d^{(\text{closed})} \sim (h/a)^2 \tag{2.4.12a}$$

对比式(2.4.2c)与式(2.4.11b)可知：

$$\tau_{sx}{}^{(\text{open})}/\tau_{sx}{}^{(\text{closed})} \sim a/h \tag{2.4.12b}$$

可见开口薄壁杆件的自由扭转刚度远小于同等尺寸的闭口薄壁杆件，而其中的应力又远高于闭口薄壁杆件。这在飞行器设计中是需要特别注意的问题。

由于使用和维护的要求，许多情况下不得不在机身或机翼上布置大开口区域。例如大型货机尾部的舱门、起落架舱以及战斗机增压座舱等(见图 1.28、图 1.29 和图 1.31)。这些大开口区域的扭转刚度比封闭区域小很多，而且由于开口边缘的形状发生了突变，在该处造成很高的应力集中。为了保证开口区域的强度、刚度以及抗疲劳能力，必须对开口区域进行补强处理。

2.4.3　薄壁梁的弯曲剪应力

2.4.3.1　开口薄壁梁中的弯曲剪应力

如图 2.43 所示任意开口薄壁梁，设横截面中心线坐标 s 起始于开口处，其正方向与梁轴线形成右手系。梁受到通过剪力中心 C 的横向力 Q_z 的作用，发生绕 y 轴的平面弯曲。

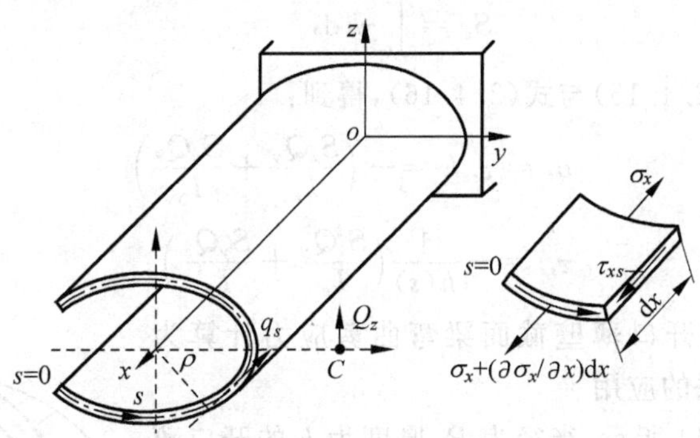

图 2.43　开口薄壁梁的弯曲剪应力

根据 2.3.2 节的分析，由弯曲引起的正应力可由式(2.3.16)计算：

$$\sigma_x = \frac{zM_y}{I_y}$$

计算坐标为(x,s)处的弯曲剪应力时，可从该横截面处自 $s=0$ 起至所求点切出一长度为 dx 的微条(如图 2.43)，并注意到 2.4.1 节的弯曲引起的剪应力沿壁厚均匀分布假定，可以写出该微条在 x 方向的平衡条件：

$$\tau_{sx} h \, dx + \int_0^s \left(\frac{\partial \sigma_x}{\partial x} dx\right) h \, ds = 0$$

$$q_s = \tau_{sx} h = -\int_0^s \frac{\partial \sigma_x}{\partial x} h \, ds \tag{2.4.13a}$$

将式(2.3.16)和式(2.3.7)依次代入上式，求得由于横剪力 Q_z 引起的开口薄壁梁中的剪流：

$$q_s = -\frac{\mathrm{d}M_y}{I_y \mathrm{d}x}\int_0^s zh\,\mathrm{d}s = -\frac{S_y \mathrm{d}M_y}{I_y \mathrm{d}x} = -\frac{S_y Q_z}{I_y} \tag{2.4.13b}$$

式中开口薄壁梁的横截面关于其中性轴的静面矩为：

$$S_y = \int_0^s zh\,\mathrm{d}s \tag{2.4.14}$$

由式(2.4.13a)和式(2.4.13b)，可得：

$$\tau_{sx} = -\frac{S_y Q_z}{h(s) I_y} \tag{2.4.15}$$

同理，将式(2.3.11)与式(2.3.20)代入式(2.4.13a)，可得到横剪力 Q_y 作用下薄壁杆绕 z 轴的平面弯曲引起的剪应力：

$$q_s = \tau_{sx} h = -\frac{S_z Q_y}{I_z} \tag{2.4.16a}$$

$$\tau_{sx} = -\frac{S_z Q_y}{h(s) I_z} \tag{2.4.16b}$$

$$S_z = \int_0^s yh\,\mathrm{d}s \tag{2.4.16c}$$

综合式(2.4.13)、式(2.4.15)与式(2.4.16)，得到：

$$q_s = \tau_{sx} h = -\left(\frac{S_z Q_y}{I_z} + \frac{S_y Q_z}{I_y}\right) \tag{2.4.17a}$$

$$\tau_{sx} = -\frac{1}{h(s)}\left(\frac{S_z Q_y}{I_z} + \frac{S_y Q_z}{I_y}\right) \tag{2.4.17b}$$

下面以几种典型开口薄壁截面梁弯曲剪应力计算为例，说明上述计算方法的应用。

例 2.3 如图 2.44 所示，半径为 R、厚度为 h 的开口薄壁圆杆受对称弯曲，其横截面上横剪力合力为 Q_z。试求其剪应力分布。

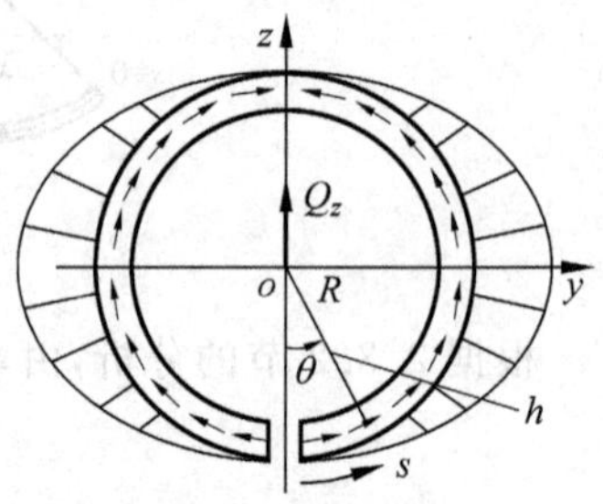

图 2.44 开口薄壁圆杆对称弯曲

解：圆杆坐标可以用 R,θ 表示为：

$$s = R\theta,\quad z = R\cos(\pi+\theta),\quad 0 < \theta < 2\pi。$$

该圆杆形心为 o，y 和 z 轴为形心惯性主轴。Q_z 作用在对称面上，自然通过剪力中心。因此，可应用式(2.4.14)和式(2.4.15)得到：

$$S_y = \int_0^s zh\,\mathrm{d}s = \int_0^\theta R^2\cos(\pi+\theta)h\,\mathrm{d}\theta = -R^2 h\sin\theta,\quad I_y = \pi R^3 h$$

$$\tau_{sx} = -\frac{S_y Q_z}{h(s) I_y} = \frac{Q_z}{\pi R h}\sin\theta,\quad (\tau_{sx})_{\max} = (\tau_{sx})_{z=0} = \frac{Q_z}{\pi R h}$$

例 2.4 如图 2.45 所示，宽度为 B、高度为 H、厚度为 h 的工字梁，其横截面上横剪力合力分别为 Q_y, Q_z。试求它在此对称弯曲变形下的剪应力分布规律。

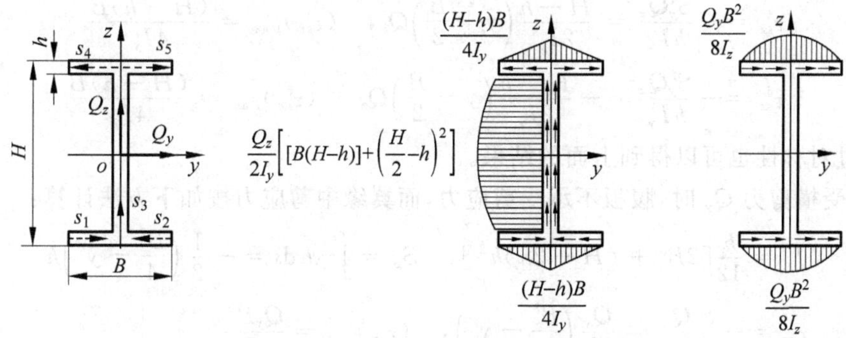

Q_z作用下τ_{sx}　　　　Q_y作用下τ_{sx}

图 2.45　工字梁对称弯曲

解：此例中横截面为多支的开口截面薄壁梁，截面形状具有两个互相垂直的对称面，对称轴就是形心主轴，形心与剪力中心重合。

当承受横剪力 Q_z 时，下翼缘中剪应力可按如下方法计算：

$$I_y = \frac{1}{12}[BH^3 - (B-h)(H-2h)^3]$$

$$= \frac{hH^2B}{2}\left(1+\frac{H}{6B}\right) - h^2HB\left(1+\frac{H}{2B}\right) + h^3\left(H+\frac{2}{3}B\right) - \frac{2}{3}h^4$$

$$S_y^1 = \int_0^{s_1} zh\,\mathrm{d}s = -\frac{(H-h)h}{2}\left(y+\frac{B}{2}\right),\quad S_y^2 = \int_0^{s_2} zh\,\mathrm{d}s = \frac{(H-h)h}{2}\left(y-\frac{B}{2}\right)$$

$$\tau_{sx}^1 = -\frac{S_y^1Q_z}{hI_y} = \frac{H-h}{2I_y}\left(y+\frac{B}{2}\right)Q_z,\quad (\tau_{sx}^1)_{\max} = \frac{(H-h)B}{4I_y}$$

$$\tau_{sx}^2 = -\frac{S_y^2Q_z}{hI_y} = -\frac{H-h}{2I_y}\left(y-\frac{B}{2}\right)Q_z,\quad (\tau_{sx}^2)_{\max} = \frac{(H-h)B}{4I_y}$$

腹板中的剪应力按如下方法计算：

$$S_y^3 = -\frac{B(H-h)h}{2} + \int_0^{s_3} zh\,\mathrm{d}s = -\frac{B(H-h)h}{2} - \frac{h}{2}\left[\left(\frac{H}{2}-h\right)^2 - z^2\right]$$

$$\tau_{sx}^3 = -\frac{S_y^3Q_z}{hI_y} = \frac{Q_z}{2I_y}\left\{B(H-h) + \left[\left(\frac{H}{2}-h\right)^2 - z^2\right]\right\}$$

$$(\tau_{sx}^3)_{\max} = \frac{Q_z}{2I_y}\left[B(H-h) + \left(\frac{H}{2}-h\right)^2\right]$$

上翼缘中剪应力按如下方法计算：

$$S_y^4 = -\frac{B(H-h)h}{4} + \int_0^{s_4} zh\,\mathrm{d}s = -\frac{(H-h)h}{2}\left(\frac{B}{2}+y\right)$$

$$S_y^5 = -\frac{B(H-h)h}{4} + \int_0^{s_5} zh\,\mathrm{d}s = \frac{(H-h)h}{2}\left(y-\frac{B}{2}\right)$$

$$\tau_{sx}^4=-\frac{S_y^4Q_z}{hI_y}=\frac{H-h}{2I_y}\left(y+\frac{B}{2}\right)Q_z,\quad (\tau_{sx}^4)_{\max}=\frac{(H-h)B}{4I_y}$$

$$\tau_{sx}^5=-\frac{S_y^2Q_z}{hI_y}=-\frac{H-h}{2I_y}\left(y-\frac{B}{2}\right)Q_z,\quad (\tau_{sx}^5)_{\max}=\frac{(H-h)B}{4I_y}$$

当然，通过对称性也可以得到上面的结果。

当承受横剪力 Q_y 时，腹板不承受剪应力，而翼缘中剪应力按如下方法计算：

$$I_z=\frac{h}{12}[2B^3+(H-2h)h^2],\quad S_z=\int_0^s yh\,\mathrm{d}s=-\frac{1}{2}\left(\frac{B^2}{4}-y^2\right)h$$

$$\tau_{sx}=-\frac{S_zQ_y}{hI_z}=\frac{Q_y}{2I_z}\left(\frac{B^2}{4}-y^2\right),\quad (\tau_{sx})_{\max}=\frac{Q_yB^2}{8I_z}$$

当工字梁既承受 Q_z，又承受 Q_y 时，横截面各处的剪应力应为这两部分剪应力的代数和。

2.4.3.2 开口薄壁梁的剪力中心(弯曲中心)

开口薄壁梁的弯曲剪流总是沿着横截面中心线的方向。由式(2.4.15)和式(2.4.16)可知，其横截面上各处的弯曲剪应力总是与外载荷 Q_y，Q_z 呈线性关系。也就是说，其分布规律与外载荷的大小无关，只取决于截面性质。而开口薄壁梁的剪力中心是横截面上剪流的合力作用点，只取决于剪流的分布规律，所以它的剪力中心也只取决于横截面性质，与外载荷无关。

对于具有对称面(反对称面)的薄壁梁，剪力中心必定在对称面(反对称面)上。对于横截面中心线交于一点的开口薄壁梁，例如图 2.33 所示角型截面梁，其剪力中心必定在横截面中心线的交点处。对于其他截面形式的开口薄壁梁，可利用式(2.4.15)和式(2.4.16)计算剪力中心的位置。

由图 2.43，将 Q_z 所引起开口薄壁梁横截面上所有各点的剪流对坐标原点(形心 o)取力矩，应当等于横剪力对于原点的力矩。设由原点 o 至薄壁梁中心线切线的距离为 ρ，Q_z 作用线的 y 方向坐标为 y_C，则：

$$Q_zy_C=\int_0^{S_h}\rho q_s\,\mathrm{d}s$$

将式(2.4.13)代入上式，可在等式左右约去 Q_z，说明剪力中心的位置确实与外载无关。另外还可以得到：

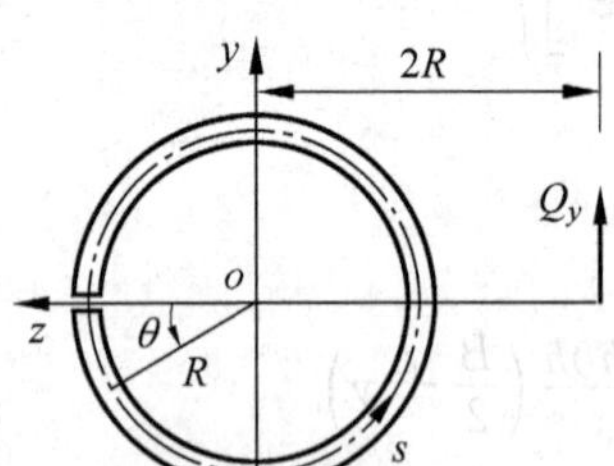

图 2.46 开口薄壁圆杆的弯曲中心

$$y_C=-\frac{1}{I_y}\int_0^{S_h}\rho S_y\,\mathrm{d}s \tag{2.4.18a}$$

同理，利用式(2.4.16)，得到：

$$z_C=\frac{1}{I_z}\int_0^{S_h}\rho S_z\,\mathrm{d}s \tag{2.4.18b}$$

例 2.5 求半径为 R、厚度为 h 的开口薄壁圆管(图 2.46)的剪力中心的位置。

解：由于 z 轴为一个对称轴，故剪力中心必定在 z

轴上，$y_C=0$。

另外可求得：

$$I_z=\pi R^3 h,\quad \rho=R,$$

$$S_z=\int_0^s yh\,\mathrm{d}s=\int_0^\theta -R^2\sin\theta h\,\mathrm{d}\theta=-R^2h(1-\cos\theta)$$

于是可得：

$$z_C=\frac{1}{I_z}\int_0^{S_h}\rho S_z\,\mathrm{d}s=\frac{-1}{\pi R^3 h}\int_0^{2\pi}R^4h(1-\cos\theta)\,\mathrm{d}\theta=-2R$$

2.4.3.3　闭口薄壁梁中的弯曲剪应力

在 2.4.3.1 节关于开口薄壁梁弯曲剪应力计算方法的推导过程中，利用了梁开口处剪应力为零的条件。闭口薄壁梁不存在开口，无法利用此条件，但可以应用开口薄壁梁弯曲剪应力的计算公式与梁微元的平衡条件得到闭口薄壁梁的弯曲剪应力计算方法。

如果闭口薄壁梁具有对称面，当横剪力作用在闭口薄壁梁对称面内时，梁发生平面弯曲，可立即知道对称面处剪流 q_s 与剪应力 τ_{xs} 为零。这时可将沿横截面中心线弧坐标 s 的起始点取在对称面上，直接应用开口薄壁梁的式(2.4.17)就可求得闭口薄壁梁中由对称面内横剪力作用引起的剪流 q_s 与剪应力 τ_{xs}。

下面给出闭口薄壁梁中弯曲剪应力的一般计算方法。如图 2.47(a)所示，设梁的某一截面上作用有只引起平面弯曲的横剪力 Q_y 和 Q_z，其作用线与截面形心的距离分别为 z_c 和 y_c。截取该横截面邻域内一段梁微元，研究其平衡条件。设 Q_y 和 Q_z 作用于梁微元的起始面(轴向坐标为 x，外法线方向沿 x 坐标轴负方向)，在梁微元的终了面(轴向坐标为 $x+\mathrm{d}x$，外法线方向沿 x 坐标轴正方向)应当作用有构成此合力的剪流 q_s，二者的共同作用使梁微元平衡：

$$M_x=Q_z y_c-Q_y z_c=\oint_{S_h} q_s\rho\,\mathrm{d}s \tag{2.4.19}$$

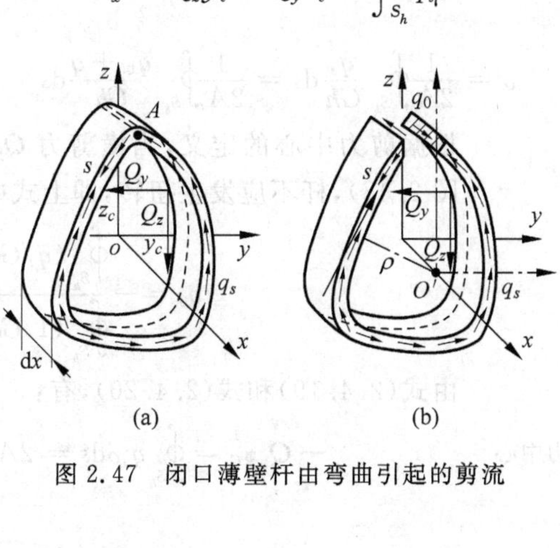

图 2.47　闭口薄壁杆由弯曲引起的剪流

式中，ρ 为$(x+\mathrm{d}x)$横截面形心 O'至横截面中心线切线的距离。如图 2.47(b)所示，在梁横截面中心线上任取一点 A 作为沿横截面中心线弧长坐标 s 的起始点，在 A 点处用一假想的纵剖面将此梁微元切开。与开口薄壁梁不同的是，此时在 s 的起始点处剪流不为零，而是闭口薄壁梁 A 点处的剪流 q_0，该剪流暂时未知。于是可将闭口薄壁梁中的剪流 q_s 分解为两部分：开口薄壁梁(纵剖面自由)中的剪流 $\tilde{q}$ 与沿横截面均匀分布的剪流 q_0，

$$q_s = \tilde{q} + q_0 \tag{2.4.20}$$

将上式代入式(2.4.19)，得到：

$$Q_z y_c - Q_y z_c = \oint_{s_h} q_0 \rho \mathrm{d}s + \oint_{s_h} \tilde{q} \rho \mathrm{d}s = 2A_s q_0 + \oint_{s_h} \tilde{q} \rho \mathrm{d}s$$

式中 A_s 为闭口薄壁梁横截面中心线所包围的面积，而$\tilde{q}$可由式(2.4.17)求得。由上式可解出 q_0：

$$q_0 = \frac{1}{2A_s}(Q_z y_c - Q_y z_c) - \frac{1}{2A_s}\oint_{s_h} \tilde{q} \rho \mathrm{d}s = \frac{M_x}{2A_s} - \frac{1}{2A_s}\oint_{s_h} \tilde{q} \rho \mathrm{d}s \tag{2.4.21}$$

将式(2.4.17a)代入上式，并代入式(2.4.20)，可求得闭口薄壁梁中的剪流，并进一步得到剪应力。

由式(2.4.20)与式(2.4.21)还可以看到，如果闭口薄壁梁的横截面上只有扭矩作用而没有横剪力，$\tilde{q}$将处处为零，只剩下 q_0。此时这二式退化为闭口薄壁梁受自由扭转时的剪流公式(2.4.2a)，即梁中只有常剪流$\dfrac{M_x}{2A_s}$作用。此剪流正比于扭矩，反比于横截面中心线所包围面积的 2 倍，与梁横截面的具体形状无关。

2.4.3.4 闭口薄壁梁的剪力中心(弯曲中心)

2.4.3.1 节中依据"刚周边"假定、"剪应力沿壁厚均匀分布"假定和多连通域的位移单值性条件推导出了闭口薄壁梁扭转的剪应力环量定理式(2.4.4)。这些条件对于同时受弯曲与扭转的闭口薄壁梁仍然成立，因此可以应用剪应力环量定理求横截面在横剪力作用下的单位长度扭角 α：

$$\alpha = \frac{1}{2A_s}\oint_{s_h} \frac{q_s}{Gh}\mathrm{d}s = \frac{1}{2A_s}\oint_{s_h} \frac{q_0 + \tilde{q}}{Gh}\mathrm{d}s \tag{2.4.22}$$

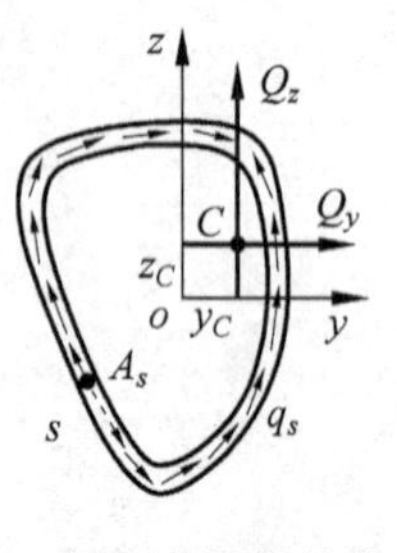

图 2.48 闭口薄壁梁的剪力中心

根据剪力中心的定义，当横剪力 Q_y 作用于剪力中心时(如图 2.48)，杆不应发生扭转，即上式中 $\alpha=0$。这样可得：

$$q_0 = -\frac{\oint_{s_h} (\tilde{q}/Gh)\mathrm{d}s}{\oint_{s_h} (1/Gh)\mathrm{d}s} \tag{2.4.23}$$

由式(2.4.19)和式(2.4.20)，有：

$$-Q_y z_C = \oint_{s_h} q_s \rho \mathrm{d}s = 2A_s q_0 + \oint_{s_h} \tilde{q} \rho \mathrm{d}s$$

将式(2.4.17a)代入式(2.4.23)与上式，并且在等式左右约去 Q_y，得到：

$$z_C = \frac{1}{I_z}\oint_{s_h} S_z\rho\,\mathrm{d}s - \frac{2A_s}{I_z}\frac{\oint_{s_h}(S_z/Gh)\,\mathrm{d}s}{\oint_{s_h}(1/Gh)\,\mathrm{d}s} \tag{2.4.24a}$$

$$y_C = -\frac{1}{I_y}\oint_{s_h} S_y\rho\,\mathrm{d}s + \frac{2A_s}{I_y}\frac{\oint_{s_h}(S_y/Gh)\,\mathrm{d}s}{\oint_{s_h}(1/Gh)\,\mathrm{d}s} \tag{2.4.24b}$$

在应用上面各式时，应当注意 yoz 坐标系是形心主坐标系，y_C 和 z_C 是剪力中心在形心主坐标系中的坐标，s 的正方向为由 y 轴正方向转至 z 轴正方向，它同时也是正面的剪流与剪应力正方向。

2.4.3.5　具有加强筋的薄壁梁中的弯曲剪应力与弯曲中心

飞行器常常采用蒙皮加桁条式的加筋壳体结构，例如机翼(图 2.4)、火箭的外壳、飞机的机身(图 2.7)等。在进行总体分析时，常常将它们整体地作为薄壁杆件来处理。早期的飞行器结构设计中，常常假设桁条只承受拉压力，蒙皮只承受剪力。但随着应力蒙皮技术的出现，蒙皮既可以承受剪力也可以承受拉压力。

2.3.3 节已经给出了复合截面直杆受平面拉压与弯曲的正应力计算方法，此方法也适用于本节所讨论的具有加强筋的薄壁梁的弯曲剪应力的计算。可由式(2.3.34)得到弯曲正应力计算公式：

$$\sigma_x = -\frac{E(M_z I_{yy}^* + M_y I_{yz}^*)}{E_1[I_{yy}^* I_{zz}^* - (I_{yz}^*)^2]}y + \frac{E(M_y I_{zz}^* + M_z I_{yz}^*)}{E_1[I_{yy}^* I_{zz}^* - (I_{yz}^*)^2]}z \tag{2.4.25}$$

式中，I_{yy}^*，I_{zz}^*，I_{yz}^* 为以模量加权中心 O^* 为原点的直角坐标系中的模量加权惯性矩和惯性积，其计算公式见式(2.3.30)，详细计算过程见 2.3.3 节。在计算 I_{yy}^*，I_{zz}^*，I_{yz}^* 时，只计算那些能够承受正应力的元件的惯性矩。由于较厚的蒙皮也能承受一些正应力，为了尽量使力学模型接近于实际情况，可以采用两种方法处理：①将蒙皮承受正应力的能力看做附加面积，折算到加强筋的横截面积中去。如图 2.49 所示，加强筋的等效面积可近似为 $A_{等效}^{筋} = A_{真实}^{筋} + (d_1 + d_2)h/2$；②把蒙皮看做承受正应力的元件。本节和 2.3.3 节所采用的是第②种处理方法。

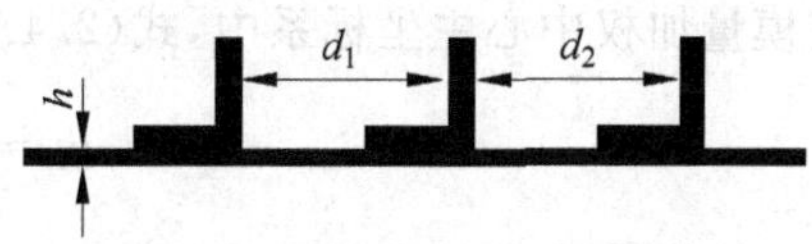

图 2.49　加强筋等效面积的计算方法

仍从式(2.4.13a)出发推导弯曲剪应力。

$$\tilde{q}_s = \tau_{sx}h = -\int_0^s \frac{\partial\sigma_x}{\partial x}h\,\mathrm{d}s$$

将式(2.4.25)代入上式，考虑到式(2.3.7)和式(2.3.11)，可得：

$$q_s = -\frac{Q_y I_{yy}^* - Q_z I_{yz}^*}{I_{yy}^* I_{zz}^* - (I_{yz}^*)^2}\sum_k \frac{E_k}{E_1}S_z^{(k)} - \frac{Q_z I_{zz}^* - Q_y I_{yz}^*}{I_{yy}^* I_{zz}^* - (I_{yz}^*)^2}\sum_k \frac{E_k}{E_1}S_y^{(k)} + q_0 \tag{2.4.26}$$

式中，q_0 为弧长坐标 s 起始点处的剪流，对于开口薄壁梁，起始点取在开口处，q_0 为零。对于具有对称面的闭口薄壁梁，在计算作用在对称面处的横剪力引起的剪流时，s 的起始点取在对称面处，q_0 也为零。一般情况的闭口薄壁梁，应按照式(2.4.21)计算 q_0。式中 E_k 为 $s=0$ 至所求剪流处的各元件的弹性模量，E_1 为基准元件的弹性模量。静面矩是指从起始点至所求点路径上所有受正应力的元件剖面对模量加权坐标 y,z 轴的静面矩，即：

$$\sum_k \frac{E_k}{E_1} S_y^{(k)} = \int_0^s \frac{E}{E_1} zh\,\mathrm{d}s + \sum_i \frac{E_i}{E_1} A_i z_i \tag{2.4.27a}$$

$$\sum_k \frac{E_k}{E_1} S_z^{(k)} = \int_0^s \frac{E}{E_1} yh\,\mathrm{d}s + \sum_i \frac{E_i}{E_1} A_i y_i \tag{2.4.27b}$$

上式中，第一个积分表示能承受正应力的连续薄壁元件，例如腹板；第二个求和号表示对路径 $0\to s$ 上经过的各个承受正应力的集中加强元件(如桁条)的静面矩之和。上式表明，每经过一个加强筋，静面矩会发生突变，从而引起蒙皮中剪流发生突变。

式(2.4.26)也可以写作：

$$q_s = -\frac{\overline{Q}_y \overline{S}_z}{I_{zz}^*} - \frac{\overline{Q}_z \overline{S}_y}{I_{yy}^*} + q_0 \tag{2.4.28a}$$

式中折算剪力为：

$$\overline{Q}_y = \frac{Q_y - Q_z I_{yz}^*/I_{yy}^*}{1-(I_{yz}^*)^2/I_{yy}^* I_{zz}^*},\quad \overline{Q}_z = \frac{Q_z - Q_y I_{yz}^*/I_{zz}^*}{1-(I_{yz}^*)^2/I_{yy}^* I_{zz}^*} \tag{2.4.28b}$$

模量加权静面矩定义为：

$$\overline{S}_y \equiv \int_0^s \frac{E}{E_1} zh\,\mathrm{d}s + \sum_i \frac{E_i}{E_1} A_i z_i,\quad \overline{S}_z \equiv \int_0^s \frac{E}{E_1} yh\,\mathrm{d}s + \sum_i \frac{E_i}{E_1} A_i y_i \tag{2.4.28c}$$

满足下面的关系的模量加权中心坐标系定义为该组合截面的**模量加权中心主坐标系**：

$$I_{yz}^* = \int_A \frac{E}{E_1} zy\,\mathrm{d}A = \int_0^{S_h} \frac{E}{E_1} zyh\,\mathrm{d}s + \sum_i \frac{E_i}{E_1} z_i y_i A_i = 0 \tag{2.4.29}$$

在模量加权中心主坐标系中，式(2.4.26)简化为

$$q_s = -\frac{Q_y \overline{S}_z}{I_{zz}^*} - \frac{Q_z \overline{S}_y}{I_{yy}^*} + q_0 \tag{2.4.30}$$

由弯曲中心的定义及式(2.4.30)可以方便地求得具有加强筋的薄壁梁的弯曲(剪力)中心的坐标。由于桁条等以承受正应力为主的加强筋，可以略去其承受的剪应力。这样，对于具有加强筋的薄壁梁，下式仍可适用：

$$Q_z y_C = \int_0^{S_h} \rho q_s\,\mathrm{d}s,\quad -Q_y z_C = \int_0^{S_h} \rho q_s\,\mathrm{d}s \tag{2.4.31}$$

对于具有加强筋的开口薄壁梁或具有对称面的闭口薄壁梁，可将弧长坐标 s 的起点取在 $q_0=0$ 处。此时，如果采用模量加权中心主坐标系，则有：

$$y_C = -\frac{1}{I_{yy}^*}\int_0^{S_h} \rho \overline{S}_y\,\mathrm{d}s \tag{2.4.32a}$$

$$z_C = \frac{1}{I_{zz}^*}\int_0^{S_h} \rho \bar{S}_z \mathrm{d}s \tag{2.4.32b}$$

例 2.6　图 2.50 所示具有加强筋的槽型薄壁梁，加强筋的弹性模量为 E_1，薄壁梁的弹性模量为 $E_2=E_1/2$。对以下两种情况分别求它的弯曲中心：

(1) 所有元件都承受正应力，加强筋不受剪应力；

(2) 正应力只由加强筋承受，剪应力只由薄壁梁承受。

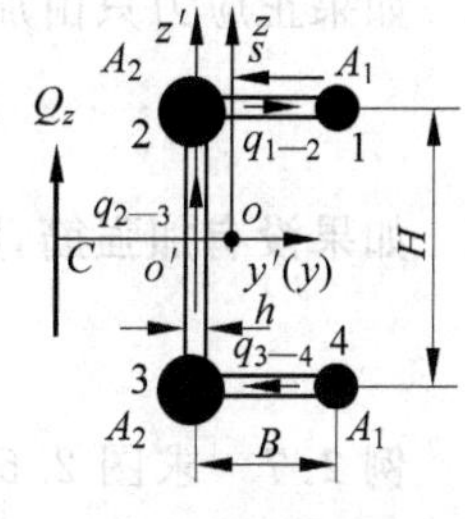

图 2.50　槽型加筋薄壁梁

解：梁截面及各部分材料性质关于 y 轴对称，所以弯曲中心必定在 y 轴上($z_C=0$)，模量加权中心主轴为 y,z 方向，只需由式(2.4.32a)求 y_C。此式显示 y_C 只与 I_{yy}^* 和 $\bar{S}_y$ 有关，由式(2.3.30a)与式(2.4.28c)可知，它们只与模量加权中心主坐标系中的坐标 z 有关，与该坐标系中的 y 坐标无关。将原始坐标轴 z' 建立在腹板中心线上，y' 轴与 y 轴重合，故截面上所有各点 $z'=z$，问题化为求 y'_C。设横截面上有只引起平面弯曲的横剪力 Q_z。

以 E_1 为参考模量，由式(2.4.26)，模量加权惯性矩为(因为 h 和 B，H 相比是小量，以下计算中都略去包含 h^2 和 h^3 的项)：

$$I_{yy}^* = I_{y'y'}^* = \frac{H^2}{2}\left(\frac{h}{12}H + \frac{Bh}{2} + A_1 + A_2\right)$$

由式(2.4.27a)，对 y 轴的模量加权静面矩为：

上下翼缘：　$\bar{S}_y = \bar{S}_{y'} = [h(B-y')/2 + A_1]H/2$

腹板：　$\bar{S}_y = \bar{S}_{y'} = (hB/2 + A_1 + A_2)H/2 + h(H^2/4 - z^2)/4$

由式(2.4.30)，上下翼缘中的剪流为：

$$q_s^{(1)} = -\frac{Q_z\bar{S}_y}{I_{yy}^*} = -Q_z\frac{h(B-y')/2 + A_1}{H(hH/12 + Bh/2 + A_1 + A_2)}$$

$$q_{1-2} = q_{3-4} = Q_z\frac{h(B-y')/2 + A_1}{H(hH/12 + Bh/2 + A_1 + A_2)}$$

腹板中的剪流为：

$$q_s^{(2)} = -\frac{Q_z\bar{S}_y}{I_{yy}^*} = -Q_z\frac{hB/2 + A_1 + A_2 + hH[1-(2z/H)^2]/8}{H(hH/12 + Bh/2 + A_1 + A_2)}$$

$$q_{2-3} = Q_z\frac{hB/2 + A_1 + A_2 + hH[1-(2z/H)^2]/8}{H(hH/12 + Bh/2 + A_1 + A_2)}$$

由横截面与材料关于 y 轴的对称性，腹板中的总剪力与 Q_z 相等，故 Q_z 与 q_{2-3} 对 y 坐标轴上的任意点的力矩之差为确定值，与该点的 y 坐标值无关；而横截面其余部分中的剪流对模量加权中心的力矩之和也与其 y 坐标无关；故不必再计算模量加权中心的具体位置。所以此算例中将横截面上所有剪流对原始坐标原点 o' 取矩，应等于通过弯曲中心的横剪力对 o' 的力矩。而腹板中的剪流 q_{2-3} 对原始坐标原点 o' 取矩为零，由式(2.4.31)可得：

$$y'_C Q_z = \int_0^B q_s^{(1)} H \mathrm{d}y = -Q_z\frac{hB^2/4 + A_1 B}{hH/12 + Bh/2 + A_1 + A_2}$$

$$y_C'=-\frac{hB^2/4+A_1B}{hH/12+Bh/2+A_1+A_2}$$

如果正应力只由加强筋承受，则：

$$y_C'=-\frac{A_1B}{A_1+A_2}$$

如果没有加强筋，则：

$$y_C'=-\frac{3B^2}{H+6B}$$

例 2.7 求图 2.51 所示具有加强筋的半圆形闭口薄壁梁的弯曲中心。其中加强筋的弹性模量为 E_1，薄壁梁的弹性模量为 $E_2=E_1/2$。

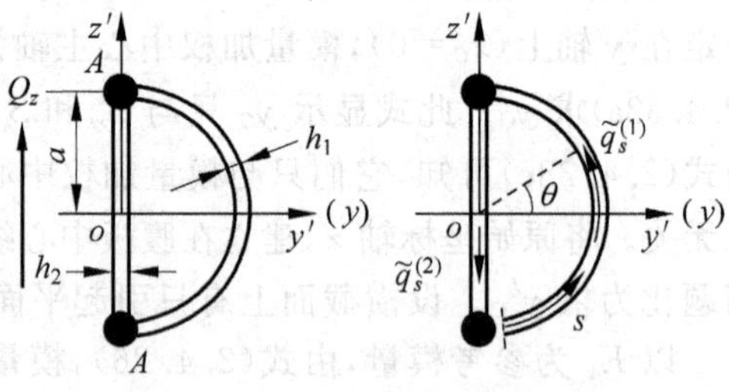

图 2.51 半圆形闭口加筋薄壁梁

解：因为截面和各部分材料性质关于 y 轴对称，所以弯曲中心必定在 y 轴上，模量加权中心主轴在 y,z 方向，只需要求 y_C。根据与例 2.6 相同的理由，且横截面中的总剪力与 Q_z 相等，Q_z 与横截面上各点对 y 坐标轴上的任意点的力矩之差为确定值，与该点的 y 坐标值无关；故不必再计算模量加权中心的具体位置。可以将原始坐标轴 z' 建立在腹板中心线上(横截面上各点 $z=z'$)，y' 与 y 重合，问题化为求 y_C'。设横截面上有只引起平面弯曲的横剪力 Q_z。下面以 E_1 为参考模量进行计算。

由式(2.3.26)，模量加权主惯性矩为：$I_{yy}^*=a^2\left(\dfrac{h_2a}{3}+\dfrac{\pi}{4}h_1a+2A\right)$

如图 2.51 所示，以一假想截面将闭口薄壁梁切开。设该处 $s=0,q_s=q_0$。由式(2.4.27a)，对 y 轴的模量加权静面矩为：

半圆形薄壁梁部分：　　　　$(\bar{S}_y)_1=-h_1ay'/2$

腹板部分：　　　　$(\bar{S}_y)_2=Aa+h_2(a^2-z^2)/4$

由式(2.4.30)，开口半圆形薄壁梁中的剪流 $\tilde{q}_s^{(1)}$ 与 $\tilde{q}_s^{(2)}$ 为：

$$\tilde{q}_s^{(1)}=-\frac{Q_z(\bar{S}_y)_1}{I_{yy}^*}=\frac{Q_z}{2I_{yy}^*}a^2h_1\cos\theta=Q_z\frac{h_1y'}{a(2h_2a/3+\pi h_1a/2+4A)}$$

$$\tilde{q}_s^{(2)}=-\frac{Q_z(\bar{S}_y)_2}{I_{yy}^*}=-\frac{Q_z}{I_{yy}^*}\left[Aa+\frac{h_2}{4}(a^2-z^2)\right]=-Q_z\frac{A/a+h_2(1-z^2/a^2)/4}{h_2a/3+\pi h_1a/4+2A}$$

由剪应力环量定理式(2.4.22)，假想切口 $s=0$ 处作用的 q_0 应使扭角 $\alpha=0$，则：

$$\left(\frac{\pi a}{h_1}+\frac{2a}{h_2}\right)q_0=-\int_{-\pi/2}^{\pi/2}\tilde{q}_s^{(1)}\frac{a}{h_1}\mathrm{d}\theta-\int_{-a}^{a}\tilde{q}_s^{(2)}\frac{1}{h_2}\mathrm{d}z=\frac{Q_z}{I_{yy}^*}\left(\frac{2Aa^2}{h_2}-\frac{2a^3}{3}\right)$$

$$\Rightarrow q_0=\frac{Q_zh_1}{(2h_1/h_2+\pi)I_{yy}^*}\left(\frac{2Aa}{h_2}-\frac{2a^2}{3}\right)$$

这样可求得剪流：

$$q_s^{(1)}=q_0+\tilde{q}_s^{(1)}=\frac{Q_z a h_1}{I_{yy}^*}\left[\left(\frac{2A}{h_2}-\frac{2a}{3}\right)\Big/(2h_1/h_2+\pi)+\frac{a}{2}\cos\theta\right]$$

$$q_s^{(2)}=q_0+\tilde{q}_s^{(2)}=\frac{Q_z a}{I_{yy}^*}\left[h_1\left(\frac{2A}{h_2}-\frac{2a}{3}\right)\Big/(2h_1/h_2+\pi)-A-\frac{ah_2}{4}\left(1-\frac{z^2}{a^2}\right)\right]$$

根据与例 2.6 类似的理由，由材料关于 y 轴的对称性可知，只需将剪流 $q_s^{(1)}$ 与 $q_s^{(2)}$ 对原始坐标原点 o' 取矩，应等于通过弯曲中心的横剪力对 o' 的力矩。注意，其中 $q_s^{(2)}$ 通过原始坐标原点，不引起力矩。这样由式(2.4.31)得到：

$$\begin{aligned}
Q_z y'_C &= \int_{-\pi/2}^{\pi/2} q_s^{(1)} a^2 \mathrm{d}\theta \\
&= \int_{-\pi/2}^{\pi/2} q_0 a^2 \mathrm{d}\theta + \int_{-\pi/2}^{\pi/2} \tilde{q}_s^{(1)} a^2 \mathrm{d}\theta \\
&= q_0 \pi a^2 + \frac{Q_z a^4 h_1}{2I_{yy}^*}\int_{-\pi/2}^{\pi/2}\cos\theta \mathrm{d}\theta \\
&= \frac{Q_z a^3 h_1}{I_{yy}^*}\left[\pi\left(\frac{2A}{h_2}-\frac{2a}{3}\right)\Big/(2h_1/h_2+\pi)+a\right]
\end{aligned}$$

$$\Rightarrow\quad y'_C=\frac{a^3h_1}{I_{yy}^*}\left[\pi\left(\frac{2A}{h_2}-\frac{2a}{3}\right)\Big/(2h_1/h_2+\pi)+a\right]=\frac{ah_1\left[\frac{2}{h_2}(\pi A+h_1 a)+\frac{\pi a}{3}\right]}{\left(\frac{h_2 a}{3}+\frac{\pi}{4}h_1 a+2A\right)\left(\frac{2h_1}{h_2}+\pi\right)}$$

对于 $A=0$ 且 $h_1=h_2=h$ 的半圆形闭口薄壁梁，上式可简化为：

$$y'_C=\frac{(2+\pi/3)a}{(1/3+\pi/4)(2+\pi)}\approx 0.5298a$$

根据同样的道理，多闭室薄壁梁的剪力中心可以按照下列方法计算：

(1) 假设多闭室薄壁梁受到只引起平面弯曲的横剪力。将闭室用假想的截面切开成为开口薄壁梁，切口数 K 等于**闭室数**。按照开口薄壁梁计算得到在横剪力作用下其中各分支的剪流 $\tilde{q}_i$。在此项计算中，假设假想开口处剪应力为零。

(2) 由于实际结构为闭口，故假想开口处应当作用有剪流 $q_0^{(k)}(k=1,2,\cdots,K)$。实际每个回路中作用的剪流为 $\tilde{q}_s^{(i)}$ 叠加上常剪流 $q_0^{(k)}$。

(3) 由横剪力作用在剪力中心时梁的扭角为零以及 K 个回路的剪应力环量定理，可得包含 K 个未知剪流 $q_0^{(k)}$ 的方程。再加上已求得的 $\tilde{q}_s^{(i)}$ 的方程，可解得 $q_0^{(k)}$（以 $\tilde{q}_s^{(i)}$ 表示）。

(4) 在多个分支的交汇点处，2.4.2 节中已经证明的“流入与流出一个节点的剪流代数和（流入为正、流出为负）为零”仍适用。

(5) 将由剪力引起的各闭室中的剪流 $q_s^{(k)}$ 对坐标原点取矩，应等于作用在弯曲中心的剪力对坐标原点的力矩。在等式两端消去剪力，可求得弯曲中心的坐标。

例 2.8 图 2.52 所示由同种材料制作的两闭室薄壁梁，各处壁厚都为 h。求它的剪力中心。

解：由于横截面关于 y 轴对称，剪力中心必定在 y 轴上，故只需求 y_C。设有横剪力 Q_z

作用在横截面上，它只引起杆的平面弯曲，不引起扭转。基于横截面关于 y 轴的对称性，由与例 2.6、例 2.7 同样的理由，可以将原始坐标系的原点取在中间腹板上而不再求形心坐标，计算只需在图 2.52 所示 (y,z) 坐标系中进行。

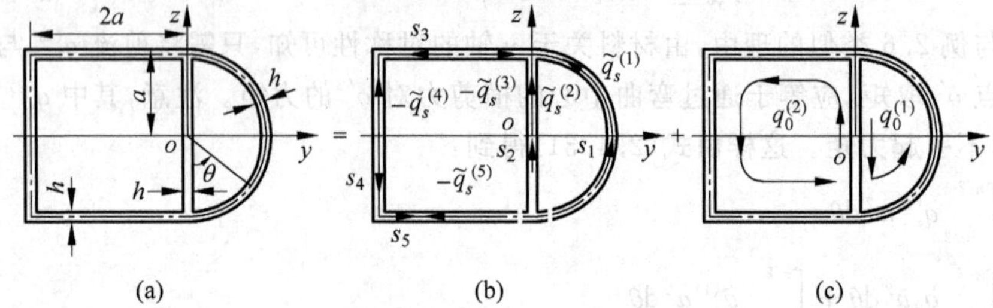

图 2.52 二闭室薄壁梁

对于此截面可算得：$I_y=\left(\frac{\pi}{2}+2\times\frac{2}{3}+2\times 2\right)a^3h=\left(\frac{\pi}{2}+\frac{16}{3}\right)a^3h$

如图 2.52(b)所示，以两个假想截面将两个闭室切开。这样可得：

$$\tilde{q}_s^{(1)}=-\frac{Q_zS_y^{(1)}}{I_y}=\frac{Q_z}{I_y}a^2h\sin\theta,\quad \tilde{q}_s^{(2)}=-\frac{Q_zS_y^{(2)}}{I_y}=\frac{Q_z}{2I_y}a^2h\left(1-\frac{z^2}{a^2}\right)$$

$$\tilde{q}_s^{(3)}=\tilde{q}_s^{(5)}=-\frac{Q_zS_y^{(3)}}{I_y}=\frac{Q_z}{I_y}ahy$$

$$\tilde{q}_s^{(4)}=-\frac{Q_zS_y^{(4)}}{I_y}=-\frac{Q_z}{I_y}\left[2a^2h+\int_0^{a-z}h(a-s_4)\mathrm{d}s_4\right]=-\frac{Q_z}{2I_y}a^2h\left(5-\frac{z^2}{a^2}\right)$$

对于图 2.52(c)所示常剪流作用下的闭口薄壁梁，$q_0^{(1)}$，$q_0^{(2)}$ 的作用应使图 2.52(a)所示薄壁梁单位长度扭角为零，即：

$$\begin{aligned}(2+\pi)aq_0^{(1)}-2aq_0^{(2)}&=-\int_0^{\pi}\tilde{q}_s^{(1)}a\,\mathrm{d}\theta+\int_{-a}^{a}\tilde{q}_s^{(2)}\mathrm{d}z\\&=-\frac{2Q_z}{I_y}a^3h+\frac{2Q_z}{3I_y}a^3h\\&=-\frac{4Q_z}{3I_y}a^3h\end{aligned}$$

$$\begin{aligned}-2aq_0^{(1)}+8aq_0^{(2)}&=-\int_a^{-a}\tilde{q}_s^{(2)}\mathrm{d}z+\int_0^{-2a}\tilde{q}_s^{(3)}\mathrm{d}y+\int_a^{-a}\tilde{q}_s^{(4)}\mathrm{d}z-\int_{-2a}^{0}\tilde{q}_s^{(5)}\mathrm{d}y\\&=-\frac{2Q_z}{3I_y}a^3h+2\frac{Q_z}{I_y}a^3h+\frac{14Q_z}{3I_y}a^3h+2\frac{Q_z}{I_y}a^3h\\&=\frac{8Q_z}{I_y}a^3h\end{aligned}$$

这样可解得：

$$q_0^{(1)}=\frac{4Q_z}{3(3+2\pi)I_y}a^2h,\quad q_0^{(2)}=\frac{Q_z}{I_y}a^2h\left[1+\frac{1}{3(3+2\pi)}\right]$$

于是得到总的剪流：

$$q_s^{(1)} = \tilde{q}_s^{(1)} + q_0^{(1)} = a^2 h \frac{Q_z}{I_y}\left[\frac{4}{3(3+2\pi)} + \sin\theta\right]$$

$$q_s^{(2)} = \tilde{q}_s^{(2)} - q_0^{(1)} + q_0^{(2)} = a^2 h \frac{Q_z}{I_y}\left[1 - \frac{1}{3+2\pi} + \frac{1}{2}\left(1 - \frac{z^2}{a^2}\right)\right]$$

$$q_s^{(3)} = q_s^{(5)} = \tilde{q}_s^{(3)} + q_0^{(2)} = a^2 h \frac{Q_z}{I_y}\left[1 + \frac{1}{3(3+2\pi)} + \frac{y}{a}\right]$$

$$q_s^{(4)} = \tilde{q}_s^{(4)} + q_0^{(2)} = a^2 h \frac{Q_z}{I_y}\left[-\frac{3}{2} + \frac{1}{3(3+2\pi)} + \frac{z^2}{2a^2}\right]$$

$q_s^{(k)}$ $(k=1,2,3,4)$对坐标原点取矩，应等于作用在弯曲中心的剪力对坐标原点的力矩：

$$Q_z y_C = \int_0^{\pi} q_s^{(1)} a^2 \mathrm{d}\theta - 2\int_0^{-2a} a q_s^{(3)} \mathrm{d}y + \int_{-a}^{a} 2a q_s^{(4)} \mathrm{d}z = \frac{4a^4 h}{3}\frac{Q_z}{I_y}\left(-\frac{5}{2} + \frac{2+\pi}{3+2\pi}\right)$$

$$\Rightarrow y_C = \frac{4a^4 h}{3I_y}\left(-\frac{5}{2} + \frac{2+\pi}{3+2\pi}\right) = \frac{-1}{3\pi/8+4}\left(-\frac{5}{2} + \frac{2+\pi}{3+2\pi}\right)a$$

对于具有加强筋的多闭室薄壁梁，只需在计算中以模量加权惯性矩、模量加权静面矩代替一般的惯性矩与静面矩即可。读者可以通过习题 2.11 自行练习。

以上三个例子都只要求计算弯曲中心，由于横截面具有一个对称轴，为简化计算，我们在计算弯曲中心时都回避了计算横截面的模量加权中心（或形心）的具体位置。但应当指出，如果还要求计算沿 x 轴的横向弯曲应力（例如机翼所受的载荷不仅有升力与重力，还有气动阻力与发动机推力），就必须计算模量加权中心（或形心）的具体位置。

2.4.4　开口薄壁杆件的约束扭转

如 2.3.5 节与 2.4.2 节所述，非圆截面的杆件受自由扭转时，横截面不保持平面，而会发生翘曲变形。当杆件根部受到约束不能发生翘曲变形时，必定存在一组沿横截面自相平衡的约束正应力系。对于一般的杆件，根据圣维南原理，此组自平衡约束力系的影响在沿轴向自根部起长度为横截面尺度范围内迅速衰减。但是对于横截面尺寸远大于其壁厚的薄壁杆件，传统意义上的圣维南原理不再成立。特别是对于自由扭转刚度很小的开口薄壁杆件，根部对于扭转翘曲位移的约束所产生的正应力将大大提高其总体扭转刚度，并改变杆件中应力的分布规律。

薄壁杆件约束扭转分析仍采用 2.2.2.1 节和 2.4.1 节的基本假定，此时假设约束扭转造成的正应力与剪应力都沿杆件横截面壁厚均匀分布。本节分析所得到的约束扭转应力叠加上 2.4.2 节分析得到的自由扭转剪应力，构成根部位移受约束的薄壁杆件在扭矩作用下杆中的总应力。以下的分析中坐标系(x,y,z)仍取薄壁杆件横截面的形心主坐标系。

2.4.4.1　翘曲位移与翘曲正应力

按照 2.2.2.1 节的"刚周边"假定，在杆件扭转时，其横截面中心线将绕某一中心（称为

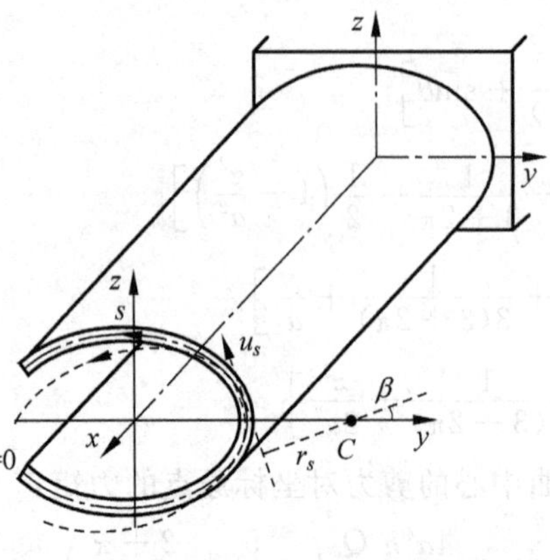

图 2.53 开口薄壁杆件的约束扭转变形

扭转中心)C 发生刚性转动,转角为 θ_x。这样杆件横截面上任一点沿横截面内中心线切向的位移分量为(如图 2.53 所示):

$$u_s = \bar{r}_s\theta_x - u_y^{(c)}\sin\beta + u_z^{(c)}\cos\beta \qquad (2.4.33)$$

式中,$|\bar{r}_s| = r_s$,r_s 为扭转中心至该点处中心线切线的距离,称为**向径**。而 $\bar{r}_s$ 的符号由弧长坐标 s 的正方向和扭转中心的位置共同决定。$u_y^{(c)}$ 和 $u_z^{(c)}$ 分别为扭转中心 C 的位移。β 为所研究点切线与 z 轴的夹角,$-\sin\beta = \dfrac{\mathrm{d}y}{\mathrm{d}s}$,$\cos\beta = \dfrac{\mathrm{d}z}{\mathrm{d}s}$。

按照 2.4.1 节忽略开口薄壁杆件中曲面剪切变形的基本假定,$\gamma_{sx} = \dfrac{\partial u_x}{\partial s} + \dfrac{\partial u_s}{\partial x} \approx 0$。再考虑到式(2.4.33),可知:

$$\frac{\partial u_x}{\partial s} = -\bar{r}_s\theta'_x - u'^{(c)}_y\frac{\mathrm{d}y}{\mathrm{d}s} - u'^{(c)}_z\frac{\mathrm{d}z}{\mathrm{d}s} \qquad (2.4.34)$$

将上式沿横截面中心线 S 积分,得到:

$$u_x(x,s) = -\theta'_x\int_S \bar{r}_s\mathrm{d}s - u'^{(c)}_y y - u'^{(c)}_z z + f(x) \qquad (2.4.35)$$

定义与翘曲位移 u_x 有关的广义位移分量:

$$\chi \equiv \theta'_x \qquad (2.4.36)$$

χ的物理意义为单位长度扭角。令:

$$\omega(s) \equiv \int_0^s \bar{r}_s\mathrm{d}s, \qquad |\omega(s)| \equiv \int_0^s r_s\mathrm{d}s \qquad (2.4.37)$$

$\omega(s)$称为**扇性面积**(或**扇性坐标**),其几何意义是以某一中心点(称为**极点**)为顶点,与自起始点到 s 点的弧线所包围的扇形面积的两倍。如图 2.54 所示,$\omega(s)$的正负符号规定为:在 y-z 坐标平面内,从起始矢径沿 s 方向绕 C 点**逆时针**旋转到终止矢径时为正,否则为负。$\omega(s)$的符号和式(2.4.33)中 $\bar{r}_s$ 的符号是一致的。由以上分析可知,这里的极点就取为扭转中心 C。扇性面积的值与所取的极点 C 有关,也与起始点(称为**零点**)有关。显然容易证明,取不同的零点,所得到的 $\omega(s)$ 值之间只差一个常数 ω_0。

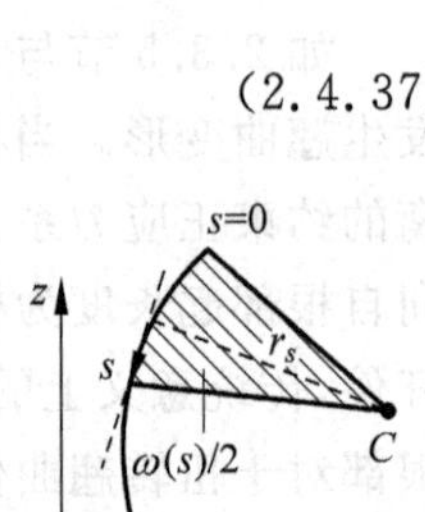

图 2.54 扇性坐标

于是式(2.4.35)可表示为:

$$u_x(s) = -\chi[\omega(s) + \omega_0] - u'^{(c)}_y y - u'^{(c)}_z z + f(x) \qquad (2.4.38)$$

式(2.4.35)中 $f(x)$ 为任意函数。根据"纵向纤维互不挤压"假定,薄壁杆件中的轴向正应力为:

$$\sigma_x = E\varepsilon_x = E\frac{\partial u_x}{\partial x} = -E\left[\chi'(\omega+\omega_0)+u''^{(c)}_y y + u''^{(c)}_z z - f'(x)\right] \tag{2.4.39}$$

在求上述轴向正应力的合力与合力矩以前，必须选择计算扇性面积采用的极点与零点。为计算方便，要求极点满足：

$$\int_0^{S_h} \omega y h\,\mathrm{d}s = 0 \tag{2.4.40a}$$

$$\int_0^{S_h} \omega z h\,\mathrm{d}s = 0 \tag{2.4.40b}$$

使扇性面积满足上式所采用的极点称为**主扇性极点**。此外要求零点满足：

$$\int_0^{S_h} \omega h\,\mathrm{d}s = 0 \tag{2.4.40c}$$

使扇性面积满足上式所采用的零点称为**主扇性零点**。满足上面三式的扇性面积称为**主扇性面积**。

由于(x,y,z)坐标系为形心主坐标系，故采用主扇性面积时有：

$$T_x = \int_0^{S_h} \sigma_x h\,\mathrm{d}s = EAf'(x) \tag{2.4.41a}$$

$$M_y = \int_0^{S_h} \sigma_x z h\,\mathrm{d}s = -u''^{(c)}_z EI_y \tag{2.4.41b}$$

$$M_z = -\int_0^{S_h} \sigma_x y h\,\mathrm{d}s = u''^{(c)}_y EI_z \tag{2.4.41c}$$

上式中A为薄壁杆件的横截面积，I_y和I_z分别为形心主惯性矩。将式(2.4.41)代入式(2.4.39)，得到正应力沿杆件横截面的分布规律：

$$\sigma_x = -E\chi'\omega + \frac{M_y}{I_y}z - \frac{M_z}{I_z}y + \frac{T_x}{A} \tag{2.4.42}$$

上式中右端第二、三和四项是我们所熟悉的根据杆件的平截面假设得到的弯曲与拉压的轴向正应力。当单位长度扭角χ不为常数时①，薄壁杆件中还存在式(2.4.42)中右端第一项，即按照薄壁杆件的主扇性面积分布规律分布的轴向正应力。

将式(2.4.42)代回式(2.4.39)并积分，可以得到杆件横截面的轴向位移：

$$u_x = -\chi\omega + \frac{z}{EI_y}\int_0^x M_y\,\mathrm{d}x - \frac{y}{EI_z}\int_0^x M_z\,\mathrm{d}x + \frac{1}{EA}\int_0^x T_x\,\mathrm{d}x + C_1 y + C_2 z + C_0 \tag{2.4.43}$$

上式中最后3项为刚体位移。

在纯扭转情况下，并且不考虑刚体位移，扭转中心的位移为零，杆件只发生由扭转产生的绕扭转中心的转动θ_x与翘曲位移$u_x^{(\omega)}$。此时横截面上的正应力就只有约束扭转引起的正应力$\sigma_x^{(\omega)}$。$\sigma_x^{(\omega)}$和$u_x^{(\omega)}$的具体表达式为：

$$\sigma_x^{(\omega)} = -E\chi'\omega \tag{2.4.44}$$

① 自由扭转时，杆件单位长度扭角为常数，记为α；约束扭转时，杆件单位长度扭角χ是x的函数。

$$u_x^{(\omega)} = -\chi\omega \tag{2.4.45}$$

可见约束扭转引起的横截面正应力按照主扇性面积的分布规律在杆的横截面上分布，正比于χ'；翘曲位移也按照主扇性面积的规律分布，正比于单位长度扭角χ。其中，主扇性面积是薄壁杆件横截面的固有几何性质，也称为翘曲函数。在薄壁杆件约束扭转分析中，可以将传统杆件的6个广义自由度(三个位移和三个转角)之外再加上一个广义自由度χ，可称为翘曲自由度；与转角θ_y、θ_z与横向位移w、v之间存在导数关系式(2.3.13b)、式(2.3.18b)类似，χ与扭转角θ_x之间存在导数关系式(2.4.36)。

2.4.4.2 主扇性面积(主扇性坐标，翘曲函数)

式(2.4.37)与式(2.4.40)分别给出了扇性面积(也称为**扇性坐标**)与主扇性面积(也称为**主扇性坐标，翘曲函数**)的定义。下面给出主扇性面积的计算方法，即如何选择满足式(2.4.40)的主扇性极点与主扇性零点。

首先讨论如何得到主扇性极点。如图2.55所示，假设(y,o,z)为形心主坐标系，选择任一点$C'(y'_C,z'_C)$为扇性面积的极点，自C'点作长度为S_h的弧线上某一点s处的向径r'_s，得到该处扇性面积的微分：

$$d\omega'(s) = \bar{r}'_s ds \tag{2.4.46}$$

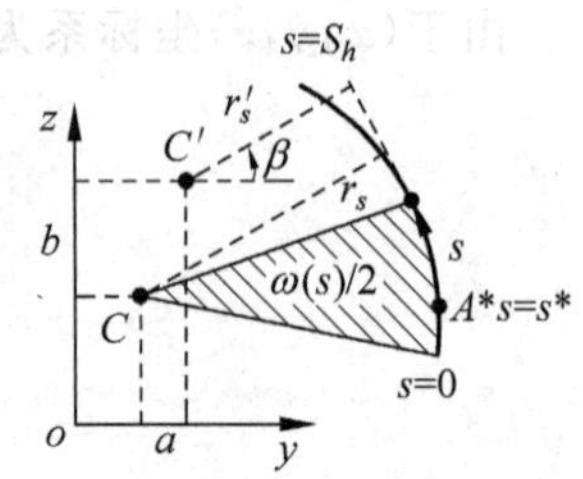

图2.55 主扇性极点的确定

假设主扇性极点为$C(y_C,z_C)$，由C点至s点的向径为r_s。令$a=y'_C-y_C$，$b=z'_C-z_C$，s点处弧线的法线与y轴的夹角为β，由图2.55所显示的几何关系可知：

$$\bar{r}'_s - \bar{r}_s = -(a\cos\beta + b\sin\beta) \tag{2.4.47}$$

这样，在主扇性坐标中：

$$d\omega(s) = \bar{r}_s ds = (\bar{r}'_s + a\cos\beta + b\sin\beta)ds = d\omega' + a dz - b dy \tag{2.4.48}$$

假设零点的坐标为(y_0,z_0)，将式(2.4.46)与式(2.4.48)积分可得：

$$\omega(s) = \omega'(s) + a(z-z_0) - b(y-y_0) \tag{2.4.49}$$

上式给出了以两个不同的点作为极点时，扇性坐标之间满足的线性转换关系。其中$\omega'(s)$可由式(2.4.46)积分得到，为已知函数，问题化为由C'与$\omega'(s)$求得a，b。对于主扇性坐标，应满足：

$$0 = \int_0^{S_h} \omega y h\,ds = \int_0^{S_h} \omega' y h\,ds + a\int_0^{S_h} z y h\,ds - a z_0\int_0^{S_h} y h\,ds - b\int_0^{S_h} y^2 h\,ds + b y_0\int_0^{S_h} y h\,ds$$

由于(y,o,z)为形心主坐标系，上式中右端第二、三和五项为零。由此得到主扇性坐标极点的位置与初始极点下扇性坐标之间的关系：

$$b = \frac{\int_0^{S_h} \omega' y h\,ds}{I_z}, \quad z_C = z'_C - b \tag{2.4.50a}$$

同理有：

$$a=-\frac{\int_0^{S_h}\omega' zh\,\mathrm{d}s}{I_y},\quad y_C=y_C'-a \tag{2.4.50b}$$

以下给出求主扇性零点的方法。如图 2.55，假设在弧线 $0\leqslant s\leqslant S_h$ 上任取一点 A^* 作为扇性坐标的零点，设该点处 $s=s^*$，此时以主扇性极点为极点的扇性坐标为：

$$\omega^*(s)=\int_{s^*}^{s}\bar{r}_s\,\mathrm{d}s$$

假设主扇性零点为 A 点，该处弧长坐标为 $0\leqslant s_a\leqslant S_h$，以 A 点为起始点的主扇性坐标为：

$$\omega(s)=\int_{s_a}^{s}\bar{r}_s\,\mathrm{d}s=\int_{s^*}^{s}\bar{r}_s\,\mathrm{d}s-\int_{s^*}^{s_a}\bar{r}_s\,\mathrm{d}s=\omega^*(s)-\omega_0 \tag{2.4.51a}$$

上式中 ω_0 为一待求的常数。由于主扇性坐标满足：

$$\int_0^{S_h}\omega h\,\mathrm{d}s=\int_0^{S_h}\omega^* h\,\mathrm{d}s-\int_0^{S_h}\omega_0 h\,\mathrm{d}s=\int_0^{S_h}\omega^* h\,\mathrm{d}s-\omega_0 A=0$$

由上式可以求得 ω_0 与以 A^* 点为起始点的扇性坐标之间的关系：

$$\omega_0=\frac{1}{A}\int_0^{S_h}\omega^* h\,\mathrm{d}s=\int_0^{S_h}\omega^* h\,\mathrm{d}s\Big/\int_0^{S_h}h\,\mathrm{d}s \tag{2.4.51b}$$

这样就可确定主扇性坐标。

前已说明主极点就是扭转中心。以下证明薄壁杆件的主扇性极点与弯曲中心重合。当横剪力作用于弯曲中心时，薄壁杆件不受扭转，只受弯曲。在形心主坐标系中，薄壁杆件中的剪应力可由式(2.4.17b)计算：

$$\tau_{sx}=-\frac{1}{h(s)}\left(\frac{S_zQ_y}{I_z}+\frac{S_yQ_z}{I_y}\right)$$

将弯曲剪应力对横截面上某一点 C' 取矩(见图 2.55)，C' 点至横截面上各点切线的垂直距离为 r_s'，则式(2.4.17)给出的横向弯曲剪应力对 C' 点所构成的扭矩为：

$$M_x=\int_0^{S_h}\bar{r}_s'\tau_{xs}h\,\mathrm{d}s=-\frac{Q_y}{I_z}\int_0^{S_h}S_z\,\bar{r}_s'\mathrm{d}s-\frac{Q_z}{I_y}\int_0^{S_h}S_y\,\bar{r}_s'\mathrm{d}s=-\frac{Q_y}{I_z}\int_0^{S_h}S_z\mathrm{d}\omega'-\frac{Q_z}{I_y}\int_0^{S_h}S_y\mathrm{d}\omega' \tag{2.4.52}$$

对上式进行分部积分，注意到根据静面矩的定义有：$\frac{\mathrm{d}S_z}{\mathrm{d}A}=y$ 和 $\frac{\mathrm{d}S_y}{\mathrm{d}A}=z$，而且在形心坐标系中 $S_z\big|_{s=S_h}=\int_0^{S_h}yh\,\mathrm{d}s=0$，$S_y\big|_{s=S_h}=\int_0^{S_h}zh\,\mathrm{d}s=0$，于是式(2.4.52)右端项中第一个积分为：

$$-\int_0^{S_h}S_z\mathrm{d}\omega'=-S_z\omega'\Big|_0^{S_h}+\int_0^{S_h}\omega'\frac{\mathrm{d}S_z}{\mathrm{d}A}\mathrm{d}A=\int_0^{S_h}\omega'\frac{\mathrm{d}S_z}{\mathrm{d}A}\mathrm{d}A=\int_0^{S_h}\omega' yh\,\mathrm{d}s$$

同理，第二个积分为：

$$-\int_0^{S_h}S_y\mathrm{d}\omega'=\int_0^{S_h}\omega' zh\,\mathrm{d}s$$

所以剪应力 τ_{xs} 对任意极点 C' 取矩所构成的扭矩为：

$$M_x=\frac{Q_y}{I_z}\int_0^{S_h}\omega' yh\,\mathrm{d}s+\frac{Q_z}{I_y}\int_0^{S_h}\omega' zh\,\mathrm{d}s$$

可见由式(2.4.17b)给出的横向弯曲剪应力 τ_{xs} 只对于满足下式的极点不构成扭矩：

$$\int_0^{S_h} \omega z h\,\mathrm{d}s = 0,\quad \int_0^{S_h} \omega y h\,\mathrm{d}s = 0$$

此式即主极点 C 所满足的式(2.4.40a,b)。换言之，杆件不发生扭转时，弯曲剪应力 τ_{xs} 的合力作用点必定通过主极点，即**薄壁杆件的主扇性极点、扭转中心与杆件的弯曲中心（剪力中心）互相重合**。对于薄壁杆件，不仅可以利用式(2.4.18)计算弯曲中心，还可以利用主扇性极点的公式(2.4.50)计算弯曲中心，二者得到相同的结果。

当以主扇性极点作为极点时，由式(2.4.51)，主扇性坐标的计算公式为：

$$\omega = \omega' - \frac{\int_0^{S_h} \omega' h\,\mathrm{d}s}{\int_0^{S_h} h\,\mathrm{d}s} = \int_0^s \bar{r}_s\,\mathrm{d}s' - \frac{\int_0^{S_h}\left(\int_0^s \bar{r}_s\,\mathrm{d}s'\right) h\,\mathrm{d}s}{\int_0^{S_h} h\,\mathrm{d}s} \tag{2.4.53}$$

与在形心坐标系中类似，在主扇性坐标系中，也可定义**主扇性静面矩** S_ω：

$$S_\omega \equiv \int_0^s \omega h\,\mathrm{d}s \tag{2.4.54}$$

S_ω 的量纲为长度^4。此外还可以定义**主扇性惯性矩** I_ω：

$$I_\omega \equiv \int_0^{S_h} \omega^2 h\,\mathrm{d}s \tag{2.4.55}$$

I_ω 恒正，其量纲为长度^6。

例 2.9 求图 2.56 所示半径为 R、厚度为 h 的开口薄壁圆管的主扇性坐标，主扇性静面矩和主扇性惯性矩。

解：由对称性可知，主极点必定在 z 轴上。假设圆心为极点，开口起始点为零点，以此来寻找主极点与主零点。

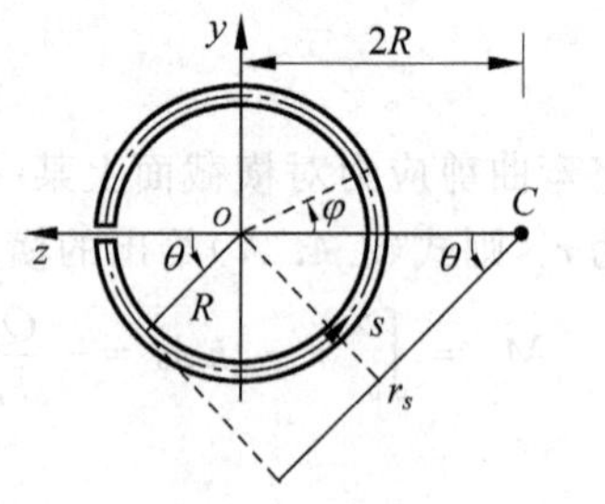

图 2.56 开口薄壁圆杆的主扇性坐标

先求主极点。此时有：

$$\bar{r}'_s = R,\quad \mathrm{d}\omega' = R^2\mathrm{d}\theta$$

$$I_y = I_z = \pi R^3 h,\quad \omega' = \int_0^\theta \mathrm{d}\omega' = R^2\theta$$

由式(2.4.50)得：

$$a = -\frac{1}{I_y}\int_0^{2\pi R} \omega' z h\,\mathrm{d}s = \frac{-1}{\pi R^3 h}\int_0^{2\pi} R^4 h\theta\cos\theta\mathrm{d}\theta = 0,\quad y_C = y'_C - a = 0$$

$$b = \frac{1}{I_z}\int_0^{2\pi R} \omega' y h\,\mathrm{d}s = \frac{-1}{\pi R^3 h}\int_0^{2\pi} R^4 h\theta\sin\theta\mathrm{d}\theta = \frac{2\pi R^4 h}{\pi R^3 h} = 2R,\quad z_C = z'_C - b = -2R$$

主扇性极点与例 2.5 中计算得到的剪力中心完全一致。

下面求主零点。以 C 点为极点，$\theta=0$ 为零点时：

$$\bar{r}_s = 2R\cos\theta + R,\quad \mathrm{d}\omega^* = R^2(2\cos\theta + 1)\mathrm{d}\theta$$

$$\omega^* = R^2\int_0^\theta (2\cos\theta + 1)\mathrm{d}\theta = R^2(2\sin\theta + \theta)$$

由式(2.4.51b)可得：

$$\omega_0 = \frac{1}{A}\int_0^{2\pi} \omega^* Rh\,d\theta = \frac{R^3 h}{2\pi Rh}\int_0^{2\pi}(2\sin\theta + \theta)\,d\theta = \pi R^2$$

再由式(2.4.51a)得到：

$$\omega = \omega^* - \omega_0 = R^2(2\sin\theta + \theta - \pi)$$

当 $\theta=\pi$ 或 $\theta\approx 1.246099\text{rad}$ 或 $\theta\approx 5.037087\text{rad}$ 时，$\omega=0$。因此可将距离主扇性极点最近的 $\theta=\pi$ 点作为主扇性坐标 ω 的零点。设 $\varphi=\theta-\pi$，$s=R\varphi$，则：

$$\omega = R^2(\varphi - 2\sin\varphi)$$

由式(2.4.54)计算主扇性静面矩：

$$S_\omega = \int_0^s \omega h\,ds = \int_{-\pi}^{\varphi} R^3 h(\varphi - 2\sin\varphi)\,d\varphi = \frac{R^3 h}{2}(4\cos\varphi + \varphi^2 + 4 - \pi^2)$$

$$(S_\omega)_{\max} \approx -1.78R^3 h, \quad 当\ \varphi \approx \pm 108.6^\circ$$

由式(2.4.55)计算主扇性惯性矩 I_ω：

$$I_\omega = \int_0^{S_h} \omega^2 h\,ds = \int_{-\pi}^{\pi} R^5 h(\varphi - 2\sin\varphi)^2\,d\varphi = \frac{2\pi R^5 h}{3}(\pi^2 - 6) \approx 8.10R^5 h$$

2.4.4.3 开口薄壁杆件的约束扭转微分方程，约束扭转的广义位移与广义力

在 2.4.4.1 节中已经根据“刚周边”假定推导出这些结论：约束扭转时，开口薄壁杆件的单位长度扭角(翘曲自由度)沿杆长方向非均匀分布，即 $\chi=\theta'_x$ 不是常数；横截面翘曲轴向位移 $u_x^{(\omega)}$ 沿杆件横截面的分布按主扇性坐标(翘曲函数)分布，正比于 $\chi=\theta'_x$：

$$u_x^{(\omega)} = -\chi\omega$$

翘曲应力 $\sigma_x^{(\omega)}$ 沿杆件横截面的分布也按主扇性坐标(翘曲函数)分布，并正比于 $\chi'=\theta''_x$：

$$\sigma_x^{(\omega)} = -E\chi'\omega = -E\theta''_x\omega$$

类似于杆件由平面弯曲引起的轴向位移与 θ_y 和 θ_z 分别成正比，其分布规律分别是坐标 z 与 y 的线性函数(见式(2.3.13a)和式(2.3.18a))，θ_y 与 θ_z 为表示弯曲的两个广义位移；我们将 $\chi=\theta'_x$ 作为表示约束扭转引起横截面翘曲的广义位移。

如图 2.57 所示，在薄壁杆件中沿坐标(s,x)切出一个微元，其轴向力平衡方程为(自由扭转引起的剪应力沿壁厚线性分布，在轴线方向相互抵消，因此不出现在平衡方程中)：

$$h\frac{\partial \sigma_x^{(\omega)}}{\partial x} + \frac{\partial(\tau_{xs}^{(\omega)} h)}{\partial s} = 0 \qquad (2.4.56)$$

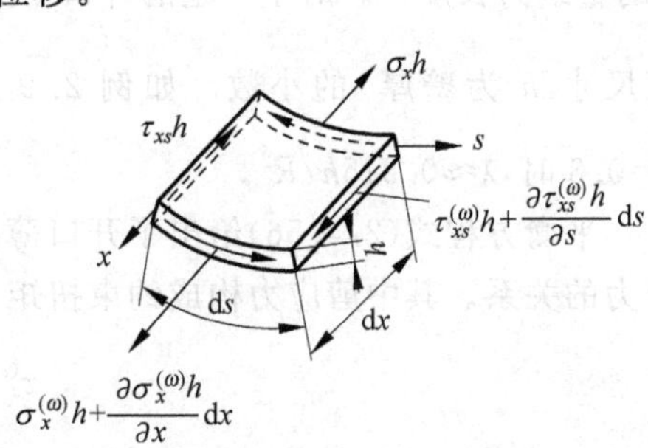

图 2.57 薄壁微元的平衡条件

由上式自开口处沿弧长坐标 s 积分，并将式(2.4.44)代入，可以得到横截面各处约束扭转剪应力与 χ 的关系：

$$q_s^{(\omega)}=h\tau_{xs}^{(\omega)}=E\chi''\int_0^s\omega h\,\mathrm{d}s=E\chi''S_\omega=E\theta'''_xS_\omega \tag{2.4.57}$$

上式中主扇性静面矩为从自由边起算，以主扇性坐标 ω 为被积函数的静面矩。

约束扭转剪应力 $\tau_{xs}^{(\omega)}$ 绕主扇性极点产生的扭矩为：

$$\begin{aligned}M_x^{(\omega)}&=\int_0^{S_h}q_s^{(\omega)}\,\bar{r}_s\,\mathrm{d}s=E\chi''\int_0^{S_h}\left(\int_0^s\omega h\,\mathrm{d}s\right)\mathrm{d}\omega\\&=E\chi''\left(\int_0^s\omega h\,\mathrm{d}s\right)\omega\Big|_0^{S_h}-E\chi''\int_0^{S_h}\omega^2h\,\mathrm{d}s=-E\chi''\int_0^{S_h}\omega^2h\,\mathrm{d}s\end{aligned}$$

上式说明约束扭转形成的扭矩与主扇性惯性矩 I_ω 成正比，与翘曲自由度的二阶导数 $\chi''=\theta'''_x$ 方向相反、数值上成正比：

$$M_x^{(\omega)}=-E\chi''I_\omega=-E\theta'''_xI_\omega \tag{2.4.58}$$

于是问题归结为如何建立杆件上作用的扭矩与扭角 θ_x（或翘曲自由度 $\chi=\theta'_x$）之间关系的微分方程。

受到约束扭转时，开口薄壁杆件横截面上所受的扭矩包含两部分：2.4.2.2 节中由式(2.4.10)给出的自由扭转（通常称为**圣维南扭转**）的扭矩（由沿壁厚线性分布的剪应力构成的力矩）$M_x^{(st)}$ 与约束扭转的扭矩 $M_x^{(\omega)}$：

$$M_x=M_x^{(st)}+M_x^{(\omega)}=D_p\theta'_x-EI_\omega\theta'''_x=D_p\chi-EI_\omega\chi'' \tag{2.4.59}$$

上式中开口薄壁杆件自由扭转刚度 D_p 由式(2.4.9a)计算，I_ω 由式(2.4.55)计算，它们都由横截面的几何形状决定。上式可进一步写为 θ_x 所满足的常微分方程：

$$\theta'''_x-\lambda^2\theta'_x=-\frac{M_x}{EI_\omega} \tag{2.4.60}$$

式(2.4.60)为求解开口薄壁杆件约束扭转角 θ_x 的定解方程。式中 λ^2 为自由扭转刚度与约束扭转刚度之比：

$$\lambda^2=\frac{D_p}{EI_\omega} \tag{2.4.61}$$

λ 的量纲为长度$^{-1}$。对于一定的开口薄壁杆件，λ 是一个确定的 $O(h/a^2)$ 量级（a 为横截面特征尺寸，h 为壁厚）的小数。如例 2.9 中的开口薄壁圆杆，$\lambda=\sqrt{\dfrac{1}{2(1+\nu)(\pi^2-6)}}\dfrac{h}{R^2}$，当 $\nu=0.3$ 时，$\lambda\approx0.315h/R^2$。

平衡方程式(2.4.56)给出了开口薄壁杆件受约束扭转时横截面上约束扭转剪应力与正应力的关系。其中剪应力构成约束扭矩 $M_x^{(\omega)}$，按照 S_ω 的规律分布：

$$\tau_{xs}^{(\omega)}=-\frac{M_x^{(\omega)}}{hI_\omega}S_\omega \tag{2.4.62}$$

而约束扭转的正应力 $\sigma_x^{(\omega)}$ 按照主扇性坐标（翘曲函数）分布，在横截面上构成自平衡力系。

如果把约束扭矩 $M_x^{(\omega)}$ 看做约束扭转剪应力 $\tau_{xs}^{(\omega)}$ 的广义力的话，那么约束扭转正应力 $\sigma_x^{(\omega)}$ 所对应的广义力又是什么呢？为回答此问题，将平衡方程式(2.4.56)沿横截面做下列与主扇性坐标有关的积分：

$$\frac{\mathrm{d}}{\mathrm{d}x}\int_0^{S_h}\sigma_x^{(\omega)}h\omega\,\mathrm{d}s+\int_0^{S_h}\frac{\partial(\tau_{xs}^{(\omega)}h)}{\partial s}\omega\,\mathrm{d}s=0 \tag{2.4.63}$$

薄壁杆件理论的奠基人符拉索夫将上式中的 $\int_0^{S_h}\sigma_x^{(\omega)}\omega h\,\mathrm{d}s$ 定义为**双力矩** B_ω。双力矩可以作为约束扭转正应力所对应的广义力，它与所对应的广义位移之间满足以下关系：

$$B_\omega=\int_0^{S_h}\sigma_x^{(\omega)}\omega h\,\mathrm{d}s=-EI_\omega\chi'=-EI_\omega\theta_x'' \tag{2.4.64}$$

B_ω的量纲为力·长度^2。薄壁杆件中约束扭转正应力正比于双力矩，反比于主扇性惯性矩，按主扇性坐标(翘曲函数)分布：

$$\sigma_x^{(\omega)}=\frac{B_\omega}{I_\omega}\omega \tag{2.4.65}$$

对式(2.4.63)中第二个积分进行分部积分：

$$\int_0^{S_h}\frac{\partial(\tau_{xs}^{(\omega)}h)}{\partial s}\omega\,\mathrm{d}s=\tau_{xs}^{(\omega)}h\omega\Big|_0^{S_h}-\int_0^{S_h}\tau_{xs}^{(\omega)}h\frac{\mathrm{d}\omega}{\mathrm{d}s}\mathrm{d}s=-\int_0^{S_h}\tau_{xs}^{(\omega)}\bar{r}_sh\,\mathrm{d}s=-M_x^{(\omega)}$$

由式(2.4.63)与式(2.4.64)，得到约束扭转的扭矩与扭角之间的关系：

$$M_x^{(\omega)}=\frac{\mathrm{d}B_\omega}{\mathrm{d}x}=-EI_\omega\chi''=-EI_\omega\theta_x''' \tag{2.4.66}$$

不妨将这些广义力与广义位移的表达式与横向弯曲问题中广义力与广义位移的表达式进行类比：

$$M_y=\int_0^{S_h}\sigma_x^{(b)}zh\,\mathrm{d}s=EI_y\theta_y'=-EI_yw'' \tag{2.4.67}$$

$$Q_z=\frac{\mathrm{d}M_y}{\mathrm{d}x}=EI_y\theta_y''=-EI_yw''' \tag{2.4.68}$$

$$\sigma_x^{(b)}=\frac{M_y}{I_y}z \tag{2.4.69}$$

应当特别注意的是，在横向弯曲的表达式中，I_y(或 I_z)是形心主惯性矩，z(或 y)是形心主坐标；而在扭转问题的表达式中，I_ω 是以剪切中心为极点的主扇性惯性矩，扭转是绕剪切中心(扭转中心)进行的。对于非对称截面，形心与剪切中心不重合。

如果沿杆件长作用有分布扭矩 $m_x(x)$，由式(2.3.40a)可知$\frac{\mathrm{d}M_x}{\mathrm{d}x}=-m_x$，此时约束扭转问题的定解方程应由式(2.4.60)求一阶导数得到：

$$\theta_x^{\mathrm{IV}}-\lambda^2\theta_x''=\frac{m_x}{EI_\omega} \tag{2.4.70}$$

将式(2.4.64)代入上式，还可以得到双力矩的定解方程：

$$B_\omega''-\lambda^2B_\omega=-m_x \tag{2.4.71}$$

2.4.4.4　具有加强筋的开口薄壁杆件的扇性静面矩与扇性惯性矩

对于图2.58所示具有加强筋的开口薄壁杆件，若蒙皮与加强筋都承受正应力，式(2.4.44)中

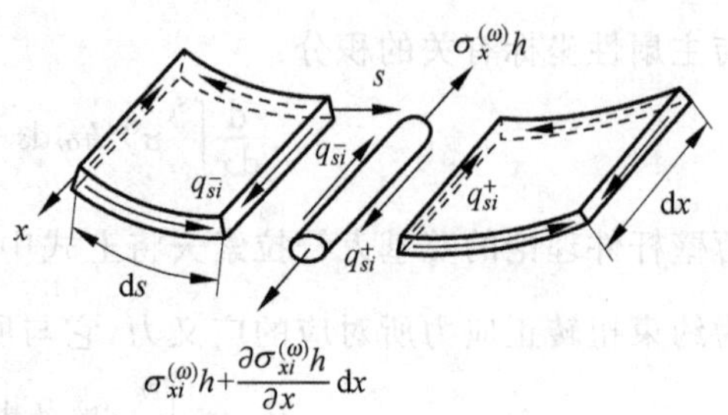

图 2.58 加强筋微元的平衡条件

约束扭转正应力不仅由蒙皮提供，还由加强筋提供。此时，反映薄壁杆件轴向位移的式(2.4.45)仍成立，而加强筋与蒙皮的变形应当协调一致。对第 i 个加强筋，由式(2.4.44)可得：

$$\sigma_{xi}^{(\omega)} = -E_i\chi'\omega_i \tag{2.4.72}$$

当弧长坐标 s 经过一个横截面积为 A_i、弹性模量为 E_i 的加强筋时，根据加强筋所受纵向力的平衡条件，蒙皮中的剪力发生突变：

$$q_{si}^+ = q_{si}^- - A_i\partial\sigma_{xi}^{(\omega)}/\partial x$$

将式(2.4.72)代入上式，得到

$$q_{si}^+ = q_{si}^- + E_iA_i\omega_i\chi'' \quad 或 \quad \Delta q_{si} = q_{si}^+ - q_{si}^- = E_iA_i\omega_i\chi'' \tag{2.4.73}$$

由上式，采用与无加强筋时薄壁杆件中任一点处约束扭转剪流式(2.4.57)同样的推导过程，可得到：

$$q_s^{(\omega)} = h\tau_{xs}^{(\omega)} = E_s\chi''\int_0^s \omega h\,\mathrm{d}s + \chi''\sum_i E_iA_i\omega_i = E_1\chi''S_\omega^* = E_1\theta_x'''S_\omega^* \tag{2.4.74}$$

式中，S_ω^* 为**模量加权主扇性静面矩**，

$$S_\omega^* = \frac{E_s}{E_1}\int_0^s \omega h\,\mathrm{d}s + \sum_i \frac{E_i}{E_1}A_i\omega_i \tag{2.4.75a}$$

其中 A_i 为加强筋面积，E_s 为蒙皮弹性模量，E_i 为加强筋弹性模量，E_1 为基准弹性模量。如蒙皮承受正应力，可以令 $E_1=E_s$。上式中第二项的求和号表示从起始点至计算点经过的所有加强筋处对应值之和，而 ω_i 表示第 i 个加强筋所在点 $s=s_i$ 处蒙皮的主扇性坐标：

$$\omega_i = \int_0^{s_i} \bar{r}_s\,\mathrm{d}s' - \omega_0 \tag{2.4.75b}$$

式(2.4.74)也可以表示为

$$q_s^{(\omega)} = \tilde{q}_s^{(\omega)} + \bar{q}_s^{(\omega)} = E_s\chi''\int_0^s \omega h\,\mathrm{d}s + \chi''\sum E_iA_i\omega_i \tag{2.4.76}$$

式中第一部分为连续函数，相当于没有加强筋时蒙皮中连续变化的剪流：

$$\tilde{q}_s^{(\omega)} = E_s\chi''\int_0^s \omega h\,\mathrm{d}s \tag{2.4.77a}$$

而第二部分表示由于加强筋正应力引起的蒙皮中的剪流：

$$\bar{q}_s^{(\omega)} = \chi''\sum_i E_iA_i\omega_i \tag{2.4.77b}$$

这部分剪流在两加强筋之间的那一段蒙皮中是常数，而在加强筋两侧发生突变，在第 i 个加强筋两侧蒙皮中剪流的突变值见式(2.4.73)。

如果蒙皮不能受拉压，则：

$$q_s^{(\omega)} = \bar{q}_s^{(\omega)} = \chi''\sum_i E_iA_i\omega_i = E_1\chi''S_\omega^*,\quad S_\omega^* = \sum_i \frac{E_i}{E_1}\omega_iA_i \tag{2.4.78}$$

仿照式(2.4.63)，对于微元体的平衡方程(2.4.56)沿带加强筋薄壁杆件的整个横截面进行加权积分：

$$\frac{\mathrm{d}}{\mathrm{d}x}\int_0^{S_h}\sigma_x^{(\omega)}h\omega\,\mathrm{d}s+\int_0^{S_h}\frac{\partial(\tau_{xs}^{(\omega)}h)}{\partial s}\omega\,\mathrm{d}s=0$$

考虑到在加强筋两侧应力的间断，将式(2.4.72)代入式(2.4.63)中，其中第一项为：

$$\frac{\mathrm{d}}{\mathrm{d}x}\int_0^{S_h}\sigma_x^{(\omega)}h\omega\,\mathrm{d}s=\frac{\mathrm{d}}{\mathrm{d}x}\left[\sum_{i=1}^{K-1}\int_{s_i^+}^{s_{i+1}^-}\sigma_x^{(\omega)}h\omega\,\mathrm{d}s+\sum_{i=1}^{K}\sigma_{xi}^{(\omega)}\omega_iA_i\right]=-\frac{\mathrm{d}}{\mathrm{d}x}\left[\chi'\left(E_s\int_0^{S_h}\omega^2h\,\mathrm{d}s+\sum_{i=1}^{K}E_iA_i\omega_i^2\right)\right]$$

其中 K 为加强筋总数。由上式以及双力矩的定义，得到有加强筋的开口薄壁杆件中双力矩的算式：

$$B_\omega^*=\int_0^{S_h}\sigma_x^{(\omega)}\omega h\,\mathrm{d}s+\sum_{i=1}^{K}\sigma_{xi}^{(\omega)}\omega_iA_i=-E_1\,\chi' I_\omega^* \tag{2.4.79}$$

上式中，具有加强筋的开口薄壁杆件**模量加权主扇性惯性矩** I_ω^* 的计算公式为：

$$I_\omega^*=\frac{E_s}{E_1}\int_0^{S_h}\omega^2h\,\mathrm{d}s+\sum_{i=1}^{K}\frac{E_i}{E_1}A_i\omega_i^2 \tag{2.4.80}$$

考虑到式(2.4.76)以及$\tilde{q}_s^{(\omega)}$ 为连续函数，$\bar{q}_s^{(\omega)}$ 在两加强筋之间的那一段蒙皮中是常数，在加强筋两侧发生突变及式(2.4.73)，式(2.4.63)的第二项可写为：

$$\begin{aligned}\int_0^{S_h}\frac{\partial(\tau_{xs}^{(\omega)}h)}{\partial s}\omega\,\mathrm{d}s&=\int_0^{S_h}\frac{\partial(\tilde{q}_s^{(\omega)})}{\partial s}\omega\,\mathrm{d}s+\sum_{i=1}^{K}\Delta\,\bar{q}_{si}^{(\omega)}\omega_i\\&=-\int_0^{S_h}\tilde{q}_s^{(\omega)}r_s\,\mathrm{d}s+\sum_{i=1}^{K}\Delta\,\bar{q}_{si}^{(\omega)}\omega_i\\&=E_s\,\chi''\int_0^{S_h}\omega^2h\,\mathrm{d}s+\chi''\sum_{i=1}^{K}E_iA_i\omega_i^2\\&=E_1\,\chi'' I_\omega^*\end{aligned}$$

定义具有加强筋的开口薄壁杆件中约束扭转扭矩：

$$M_x^{(\omega)*}\equiv\int_0^{S_h}\tilde{q}_s^{(\omega)}r_s\,\mathrm{d}s-\sum_{i=1}^{K}\Delta\,\bar{q}_{si}^{(\omega)}\omega_i \tag{2.4.81}$$

并有

$$M_x^{(\omega)*}=-E_1\,\chi'' I_\omega^*=\mathrm{d}B_\omega^*/\mathrm{d}x \tag{2.4.82}$$

加筋薄壁杆件的式(2.4.79)和式(2.4.82)具有与普通薄壁杆件的式(2.4.64)和式(2.4.66)相同的形式，只需将其中 I_ω 和 S_ω 分别换为 I_ω^* 和 S_ω^* 的表达式(2.4.80)和式(2.4.75)即可。

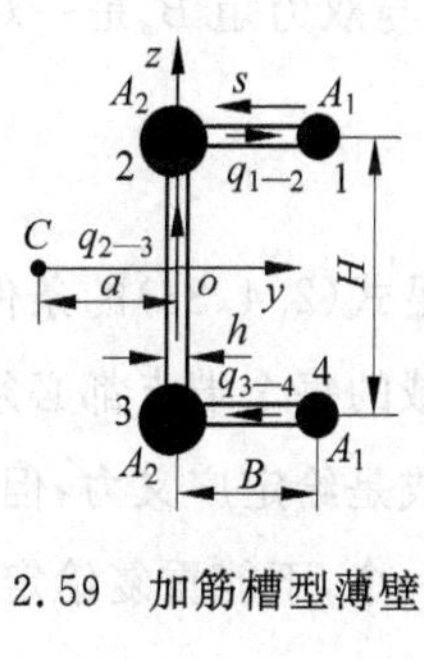

图 2.59 加筋槽型薄壁梁

例 2.10 求图 2.59 中具有加强筋的槽型截面薄壁杆件的模量加权主扇性静面矩与模量加权主扇性惯性矩。其中加强筋的弹性模量为 E_r，槽形杆件的弹性模量为 $E_s=E_r/2$。

解：例 2.6 中已经得到槽型杆件弯曲中心 C 的坐标：

$$y_C = -\frac{hB^2/4 + A_1 B}{hH/12 + Bh/2 + A_1 + A_2} = -a$$

取 C 为扇性极点，由于对称性，可判断 $y=z=0$ 为主扇性零点。这样可得到扇性坐标：

$$\forall z = \pm\frac{H}{2}, 0 \leqslant y \leqslant B:\quad \omega = \mp\frac{H}{2}(y-a),\quad \forall y = 0, -\frac{H}{2} \leqslant z \leqslant \frac{H}{2}:\quad \omega = az$$

$$1,4\text{ 点}:\quad \omega_{1,4} = \mp\frac{H}{2}(B-a);\quad 2,3\text{ 点}:\quad \omega_{2,3} = \pm\frac{Ha}{2}$$

取槽形杆件的弹性模量 $E_s = E_1$ 为基准模量，利用式(2.4.75a)可求每段的模量加权主扇性静面矩表达式：

$$1\text{—}2\text{ 段和 }3\text{—}4\text{ 段}: S_\omega^* = -\frac{Hh}{4}(B-y)(B-2a+y) - 2A_1\frac{H(B-a)}{2}$$

$$2\text{—}3\text{ 段}: S_\omega^* = \frac{ah}{2}\left(\frac{H^2}{4} - z^2\right) - \frac{HBh}{4}(B-2a) - 2A_1\frac{H(B-a)}{2} + 2A_2\frac{Ha}{2}$$

利用式(2.4.80)求主扇性惯性矩表达式：

$$I_\omega^* = 2\left\{\int_0^B [H(y-a)/2]^2 h\,\mathrm{d}y + \int_0^{H/2} a^2 z^2 h\,\mathrm{d}z\right\} + 2\times 2\{[H(B-a)/2]^2 A_1 + (Ha/2)^2 A_2\}$$

$$= \frac{hH^2B^3}{6}\left[1 - \frac{3a}{B} + \left(\frac{a}{B}\right)^2\left(3 + \frac{H}{2B}\right)\right] + H^2[(B-a)^2 A_1 + a^2 A_2]$$

2.4.4.5 开口薄壁杆件约束扭转问题的解

开口薄壁杆件定解方程(2.4.70)为四阶常微分方程，在其定义域$[0, l]$两端应分别给定两个定解边界条件。这些边界条件可分为四类：

(1) 给定广义位移 S_u—固定端： $\chi = \theta_x' = 0$， $\theta_x = 0$

(2) 给定广义力 S_F—悬空端： $B_\omega = -EI_\omega\theta_x'' = 0$， $M_x = D_p\theta_x' - EI_\omega\theta_x'''$

(3) 混合边界条件—约束轴向位移： $S_u: \chi = \theta_x' = 0$， $S_F: M_x = D_p\theta_x' - EI_\omega\theta_x'''$

(4) 混合边界条件—约束转动： $S_u: \theta_x = 0$， $S_F: B_\omega = -EI_\omega\theta_x'' = 0$

在给定边界条件时应当注意：扭转角 θ_x 与扭矩 M_x 是一对广义位移与广义力，翘曲位移χ与双力矩 B_ω是一对广义位移与广义力，在一个边界上，必须满足：

$$S_u \cup S_F = S \tag{2.4.83a}$$

$$S_u \cap S_F = \varnothing \tag{2.4.83b}$$

满足式(2.4.83)的条件时，定解方程式(2.4.70)在数学上才是**适定**的。此处式(2.4.83a)是指域的每个端点都必须给定两个边界条件，不能多也不能少。边界条件可以是给定广义位移或是给定广义力，但必须满足式(2.4.83b)，即一对广义位移与广义力中，只能给定其中的一个，不能重复给定。

例 2.11　计算一端固定、一端悬空受扭矩 M_t 的薄壁杆件中的应力与变形。

解：由定解方程式(2.4.70)：

$$\theta_x^{\mathrm{IV}} - \lambda^2 \theta_x'' = 0, \quad \lambda^2 = \frac{D_p}{EI_\omega}$$

可得通解为：

$$\theta_x = C_0 + C_1 x + C_2 \operatorname{sh}\lambda x + C_3 \operatorname{ch}\lambda x, \quad \theta_x' = C_1 + C_2 \lambda \operatorname{ch}\lambda x + C_3 \lambda \operatorname{sh}\lambda x$$

$$\theta_x'' = \lambda^2 C_2 \operatorname{sh}\lambda x + \lambda^2 C_3 \operatorname{ch}\lambda x, \quad \theta_x''' = \lambda^3 C_2 \operatorname{ch}\lambda x + \lambda^3 C_3 \operatorname{sh}\lambda x$$

上面的待定常数可以由定解条件确定：

$x=0$ 处：$\theta_x = 0 \quad \Rightarrow \quad C_0 + C_3 = 0$

$\theta_x' = 0 \quad \Rightarrow \quad C_1 + C_2 \lambda = 0$

$x=l$ 处：$M_t = D_p \theta_x' - EI_\omega \theta_x''' \quad \Rightarrow \quad C_1 = M_t / D_p, \quad C_2 = -M_t / \lambda D_p$

$\theta_x'' = 0 \quad \Rightarrow \quad C_3 = M_t \operatorname{th}\lambda l / \lambda D_p, \quad C_0 = -M_t \operatorname{th}\lambda l / \lambda D_p$

由式(2.4.64)：

$$B_\omega = -EI_\omega \theta_x'' = \frac{M_t}{\lambda}(\operatorname{sh}\lambda x - \operatorname{th}\lambda l \operatorname{ch}\lambda x) = -M_t \frac{\operatorname{sh}\lambda(l-x)}{\lambda \operatorname{ch}\lambda l} \tag{2.4.84}$$

利用式(2.4.65)可以求得杆件中约束扭转正应力的分布规律：

$$\sigma_x^{(\omega)} = \frac{B_\omega}{I_\omega}\omega = -\frac{M_t}{I_\omega} \frac{\operatorname{sh}\lambda(l-x)}{\lambda \operatorname{ch}\lambda l} \omega(s) \tag{2.4.85a}$$

固定端所受正应力最大，其值为：

$$[\sigma_x^{(\omega)}]_{\max} = -\frac{M_t}{\lambda I_\omega} \operatorname{th}\lambda l \omega(s) \tag{2.4.85b}$$

由式(2.4.66)和式(2.4.10)可分别求出约束扭转力矩和自由扭转力矩：

$$M_x^{(\omega)} = -EI_\omega \theta_x''' = M_t \frac{\operatorname{ch}\lambda(l-x)}{\operatorname{ch}\lambda l} \tag{2.4.86a}$$

$$M_x^{(st)} = D_p \theta_x' = M_t (\operatorname{th}\lambda l \operatorname{sh}\lambda x + 1 - \operatorname{ch}\lambda x) \tag{2.4.86b}$$

由式(2.4.62)可以求得杆件中由于约束扭转产生的剪应力，它沿杆件厚度均匀分布：

$$\tau_{xs}^{(\omega)} = -\frac{M_x^{(\omega)}}{hI_\omega} S_\omega = -\frac{M_t}{hI_\omega} \frac{\operatorname{ch}\lambda(l-x)}{\operatorname{ch}\lambda l} S_\omega \tag{2.4.87a}$$

由式(2.4.11a)可以求得杆件中由于自由扭转产生的剪应力，它在杆件厚度方向呈线性分布，在外边缘处等于：

$$\tau_{xs}^{(st)} = G\frac{M_x^{(st)}}{D_P} h = G\frac{M_t(\operatorname{th}\lambda l \operatorname{sh}\lambda x + 1 - \operatorname{ch}\lambda x)}{D_P} h \tag{2.4.87b}$$

可见在杆件根部，与外力相平衡的扭矩完全由约束扭转提供。此时剪应力为：

$$\tau_{xs}^{(\omega)} = -\frac{M_t}{hI_\omega} S_\omega \tag{2.4.88a}$$

如果杆件根部没有约束，在这种自由扭转情况下杆件中的扭转剪应力沿杆件长是不变的，在杆件的外边缘都等于：

$$\tau'^{(st)}_{xs} = G\frac{M_t}{D_P}h \tag{2.4.88b}$$

由于开口薄壁杆件的约束扭转刚度远大于自由扭转刚度，其根部的剪应力远小于圣维南扭转剪应力。以开口薄壁圆杆件为例，将例2.9所求得的S_ω、I_ω值代入式(2.4.88a)，完全约束的固定端处$[\tau_{xs}^{(\omega)}]_{\max}=0.220\frac{M_t}{R^2h}$；根据式(2.4.9a)与式(2.4.88b)，该开口薄壁杆件自由扭转的剪应力为$\tau'^{(st)}_{xs}=0.477\frac{M_t}{Rh^2}$。两者的比值为$[\tau_{xs}^{(\omega)}]_{\max}/\tau'^{(st)}_{xs}\approx\frac{0.46h}{R}$。

图2.60与表2.2给出开口薄壁杆件悬空端扭转角在约束扭转情况下与自由扭转情况下之比$\eta=\frac{\theta_x/l}{M_t/D_p}$随无量纲参数$\lambda l$变化的情况。可见当$\lambda l=1$时，$\eta$只有约20%；$\lambda l=2$时，固定端约束使自由端扭角减小约50%；即使当$\lambda l=10$时，固定端的约束仍能使自由端的扭角有所减小。由此可见，当杆长l一定时，λ越小，杆的抗扭能力越好。因为$\lambda^2=D_p/EI_\omega$，而对截面形状固定的杆件，D_p一般较难改变，所以可以通过增大EI_ω来减小λ。根据式(2.4.80)可知，采用加强筋就可以达到此效果。

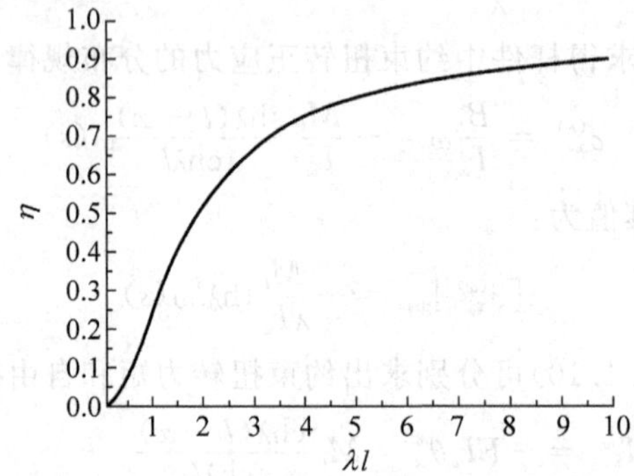

图2.60 悬臂开口薄壁梁悬空端扭角与自由扭转扭角之比值

表2.2 悬臂开口薄壁杆件悬空端扭角在约束扭转情况下与自由扭转情况下之比值

λl	0.1	0.3	0.5	0.8	1.0	1.2	1.5	2.0
η	0.00332	0.0290	0.0758	0.170	0.238	0.305	0.397	0.518
λl	2.5	3.0	3.5	4.0	5.0	6.0	8.0	10
η	0.605	0.668	0.715	0.750	0.800	0.833	0.875	0.900

图2.61与表2.3给出悬臂开口薄壁杆件中约束扭转扭矩占总扭矩的比例随杆件长的变化。图2.62与表2.4给出反映悬臂开口薄壁杆件中约束扭转双力矩与外加扭矩之比的无量纲参数随杆件长的变化。可见当$\lambda l=1$时，杆件中悬空端的扭矩中60%以上仍为约束扭转所提供；当$\lambda l=10$时，至固定端30%～40%的杆件长度处约束扭转的影响才基本消

除。这里说明对于开口薄壁杆件，传统意义上的圣维南原理并不适用。

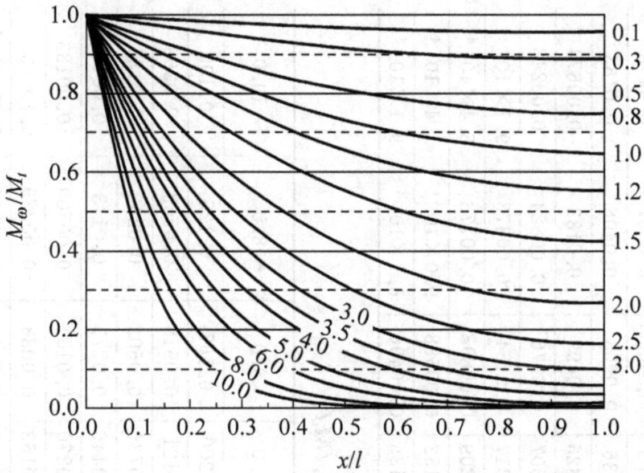

图 2.61 悬臂开口薄壁杆件约束扭转扭矩与总扭矩之比值

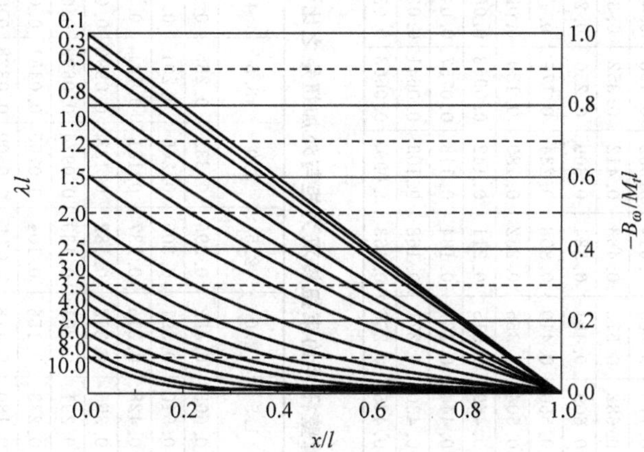

图 2.62 悬臂开口薄壁杆件约束扭转双力矩与外加扭矩之比值

在机翼或机身的大开口处设置加强翼肋与加强隔框，可以有效地增加其抗扭刚度，减少开口处的剪切应力，此时应由与隔框相连接的纵梁或者应力蒙皮抵抗翘曲正应力。这种刚度加强效果可以用上述关于开口截面杆件约束扭转的理论进行定性的解释。由表 2.3，表 2.4 知，当 $\lambda l=0.1$ 时，悬臂薄壁杆件的自由端扭角仅为自由扭转扭角的 1%以下，而 99%以上的扭矩由约束扭转提供。由式(2.4.61)知：

$$\lambda l = l\sqrt{\frac{D_p}{EI_\omega}}$$

例如对于开口薄壁圆杆，当 $l\approx 0.3R^2/h$ 时，$\lambda l\approx 0.1$。

例 2.12 求图 2.63 所示悬臂工字杆件悬空端受扭矩 M_t 时，杆件中的正应力与剪应力。

表 2.3　悬臂开口薄壁杆件约束扭转扭矩与总扭矩之比值

x/l \ λl	0.1	0.3	0.5	0.8	1.0	1.2	1.5	2.0	2.5	3.0	3.5	4.0	5.0	6.0	8.0	10.0
0.0	1.000	1.000	1.000	1.000	1.000	1.000	1.000	1.000	1.000	1.000	1.000	1.000	1.000	1.000	1.000	1.000
0.1	0.999	0.992	0.978	0.950	0.929	0.907	0.875	0.826	0.782	0.742	0.705	0.671	0.607	0.549	0.449	0.368
0.2	0.998	0.984	0.959	0.906	0.867	0.827	0.770	0.685	0.614	0.552	0.498	0.450	0.368	0.301	0.202	0.135
0.3	0.997	0.978	0.942	0.868	0.813	0.759	0.682	0.572	0.483	0.412	0.352	0.302	0.223	0.165	0.0907	0.0498
0.4	0.997	0.972	0.927	0.836	0.768	0.702	0.609	0.481	0.384	0.309	0.250	0.203	0.136	0.0908	0.0408	0.0183
0.5	0.996	0.967	0.917	0.808	0.731	0.655	0.550	0.410	0.308	0.234	0.179	0.138	0.0826	0.0499	0.0183	0.00674
0.6	0.996	0.964	0.905	0.786	0.701	0.617	0.504	0.355	0.252	0.180	0.130	0.0944	0.0507	0.0276	0.00824	0.00248
0.7	0.995	0.961	0.897	0.769	0.677	0.588	0.469	0.315	0.211	0.142	0.0968	0.0663	0.0317	0.0154	0.00373	9.1×10^{-4}
0.8	0.995	0.958	0.891	0.757	0.661	0.568	0.444	0.287	0.184	0.118	0.0757	0.0490	0.0209	0.00898	0.00173	3.4×10^{-4}
0.9	0.995	0.957	0.888	0.750	0.651	0.556	0.430	0.271	0.168	0.103	0.0641	0.0396	0.0152	0.00588	9.0×10^{-4}	1.4×10^{-4}
1.0	0.995	0.957	0.887	0.748	0.648	0.552	0.425	0.266	0.163	0.0993	0.0603	0.0366	0.0135	0.00496	6.7×10^{-4}	9.1×10^{-5}

表 2.4　悬臂开口薄壁杆件约束扭转双力矩与外加扭矩之比值($-B_\omega/M_t l$)

x/l \ λl	0.1	0.3	0.5	0.8	1.0	1.2	1.5	2.0	2.5	3.0	3.5	4.0	5.0	6.0	8.0	10.0
0.0	0.997	0.971	0.924	0.830	0.762	0.695	0.603	0.482	0.395	0.332	0.285	0.250	0.200	0.167	0.125	0.100
0.1	0.897	0.871	0.825	0.733	0.665	0.599	0.510	0.391	0.306	0.245	0.201	0.167	0.121	0.0915	0.0562	0.0368
0.2	0.797	0.773	0.729	0.640	0.576	0.513	0.428	0.316	0.237	0.181	0.141	0.112	0.0736	0.0502	0.0252	0.0135
0.3	0.697	0.675	0.634	0.551	0.492	0.434	0.355	0.253	0.182	0.133	0.0992	0.0750	0.0446	0.0275	0.0113	0.00498
0.4	0.597	0.577	0.540	0.466	0.413	0.361	0.291	0.201	0.139	0.0974	0.0693	0.0500	0.0270	0.0151	0.00509	0.00183
0.5	0.498	0.480	0.448	0.384	0.338	0.293	0.233	0.156	0.104	0.0705	0.0481	0.0332	0.0163	0.0083	0.00229	6.7×10^{-4}
0.6	0.398	0.384	0.357	0.304	0.266	0.230	0.180	0.118	0.0767	0.0500	0.0328	0.0218	0.0098	0.0045	0.00103	2.5×10^{-4}
0.7	0.299	0.287	0.267	0.226	0.197	0.169	0.132	0.0846	0.0536	0.0340	0.0216	0.0138	0.0057	0.0024	4.6×10^{-4}	0.91×10^{-4}
0.8	0.199	0.191	0.178	0.150	0.130	0.112	0.0863	0.0546	0.0340	0.0211	0.0131	0.0081	0.0032	0.00125	2.0×10^{-4}	0.33×10^{-4}
0.9	0.0995	0.0957	0.0887	0.0748	0.0649	0.0554	0.0427	0.0268	0.0165	0.0101	0.0062	0.0038	0.0014	5.3×10^{-4}	0.74×10^{-4}	0.11×10^{-4}
1.0	1.5×10^{-8}	1.4×10^{-8}	1.3×10^{-8}	1.1×10^{-8}	0.97×10^{-8}	0.82×10^{-8}	0.63×10^{-8}	0.40×10^{-8}	0.24×10^{-8}	0.15×10^{-8}	0.90×10^{-9}	0.55×10^{-9}	0.20×10^{-9}	0.74×10^{-10}	0.10×10^{-10}	0.14×10^{-11}

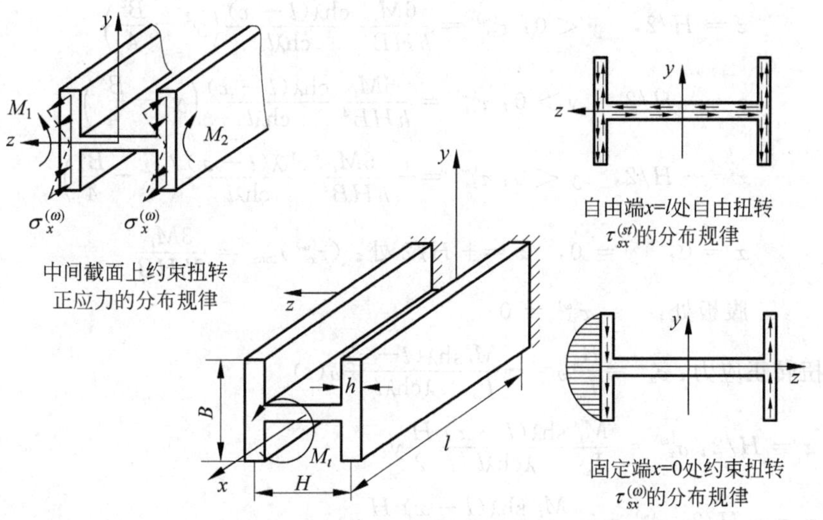

图 2.63 一端固定、一端悬空的工字杆件的约束扭转

解：工字杆件的自由扭转刚度为：$D_p=\dfrac{E}{6(1+\nu)}(2B+H)h^3$

由于横截面具有两个互相正交的对称轴，所以其形心就是主扇性极点和主扇性零点。由此可求得：

扇性坐标： $z=H/2$：$\omega=-Hy/2$， $z=-H/2$：$\omega=Hy/2$， 腹板：$\omega=0$

扇性静面矩： $z=H/2$， $y>0$：$S_\omega=\displaystyle\int_{B/2}^{y}\frac{Hh}{2}y\mathrm{d}y=\frac{Hh}{4}\left(y^2-\frac{B^2}{4}\right)$

$z=H/2$， $y<0$：$S_\omega=\displaystyle\int_{-B/2}^{y}-\frac{Hh}{2}y\mathrm{d}y=-\frac{Hh}{4}\left(y^2-\frac{B^2}{4}\right)$

$z=-H/2$， $y>0$：$S_\omega=-\displaystyle\int_{B/2}^{y}\frac{Hh}{2}y\mathrm{d}y=-\frac{Hh}{4}\left(y^2-\frac{B^2}{4}\right)$

$z=-H/2$， $y<0$：$S_\omega=\displaystyle\int_{-B/2}^{y}\frac{Hh}{2}y\mathrm{d}y=\frac{Hh}{4}\left(y^2-\frac{B^2}{4}\right)$

腹板处： $S_\omega=0$

扇性惯性矩： $I_\omega=2\displaystyle\int_{-B/2}^{B/2}\omega^2h\mathrm{d}y=2\int_{-B/2}^{B/2}\left(\frac{Hy}{2}\right)^2h\mathrm{d}y=\frac{H^2B^3}{24}h$

如果杆件根部不受到约束，杆件处于自由扭转状态，其外表面自由扭转剪应力为：$\tau_{xs}^{(st)}=G\dfrac{M_t}{D_P}h=\dfrac{3M_t}{(2B+H)h^2}$。但是，由于根部被固定，杆件处于约束扭转状态。

约束扭转剪应力：$\tau_{xs}^{(\omega)}=-\dfrac{M_x^{(\omega)}}{hI_\omega}S_\omega=-\dfrac{M_t}{hI_\omega}\dfrac{\mathrm{ch}\lambda(l-x)}{\mathrm{ch}\lambda l}S_\omega$，其中 $\lambda=\sqrt{\dfrac{D_p}{EI_\omega}}$。

$$z=H/2,\quad y>0:\ \tau_{xs}^{(\omega)}=-\frac{6M_t}{hHB^3}\frac{\mathrm{ch}\lambda(l-x)}{\mathrm{ch}\lambda l}\left(y^2-\frac{B^2}{4}\right)$$

$$z=H/2,\quad y<0:\tau_{xs}^{(\omega)}=\frac{6M_t}{hHB^3}\frac{\mathrm{ch}\lambda(l-x)}{\mathrm{ch}\lambda l}\left(y^2-\frac{B^2}{4}\right)$$

$$z=-H/2,\quad y>0:\tau_{xs}^{(\omega)}=\frac{6M_t}{hHB^3}\frac{\mathrm{ch}\lambda(l-x)}{\mathrm{ch}\lambda l}\left(y^2-\frac{B^2}{4}\right)$$

$$z=-H/2,\quad y<0:\tau_{xs}^{(\omega)}=-\frac{6M_t}{hHB^3}\frac{\mathrm{ch}\lambda(l-x)}{\mathrm{ch}\lambda l}\left(y^2-\frac{B^2}{4}\right)$$

$$x=0,\quad y=0,\quad z=\pm H/2\text{ 处}:(\tau_{xs}^{(\omega)})_{\max}=\frac{3M_t}{2hHB}$$

腹板处： $\tau_{xs}^{(\omega)}=0$

约束扭转正应力：$\sigma_x^{(\omega)}=\dfrac{B_\omega}{I_\omega}\omega=-\dfrac{M_t}{I_\omega}\dfrac{\mathrm{sh}\lambda(l-x)}{\lambda\mathrm{ch}\lambda l}\omega(s)$

$$z=H/2:\sigma_x^{(\omega)}=\frac{M_t}{I_\omega}\frac{\mathrm{sh}\lambda(l-x)}{\lambda\mathrm{ch}\lambda l}\frac{H}{2}y$$

$$z=-H/2:\sigma_x^{(\omega)}=-\frac{M_t}{I_\omega}\frac{\mathrm{sh}\lambda(l-x)}{\lambda\mathrm{ch}\lambda l}\frac{H}{2}y$$

$$x=0,\quad y=\pm B/2,\quad z=H/2\text{ 处}:(\sigma_x^{(\omega)})_{\max}=3\sqrt{\frac{1+\nu}{2+H/B}}\frac{M_t}{Bh^2}\mathrm{th}\lambda l$$

腹板处： $\sigma_x^{(\omega)}=0$

从工字杆件中任取一个截面，可以看出约束扭转正应力在两个翼缘处分别产生两个大小相等、方向相反的力矩(见图 2.63)：

$$M_1=\int_{-\frac{B}{2}}^{\frac{B}{2}}\sigma_x^{(\omega)}yh\,\mathrm{d}y=\frac{M_t}{I_\omega}\frac{\mathrm{sh}\lambda(l-x)}{\lambda\mathrm{ch}\lambda l}\frac{H}{2}h\int_{-\frac{B}{2}}^{\frac{B}{2}}y^2\,\mathrm{d}y=\frac{M_t}{I_\omega}\frac{\mathrm{sh}\lambda(l-x)}{\lambda\mathrm{ch}\lambda l}\frac{HB^3}{24}h$$

$$M_2=\int_{-\frac{B}{2}}^{\frac{B}{2}}\sigma_x^{(\omega)}yh\,\mathrm{d}y=-\frac{M_t}{I_\omega}\frac{\mathrm{sh}\lambda(l-x)}{\lambda\mathrm{ch}\lambda l}\frac{H}{2}h\int_{-\frac{B}{2}}^{\frac{B}{2}}y^2\,\mathrm{d}y=-\frac{M_t}{I_\omega}\frac{\mathrm{sh}\lambda(l-x)}{\lambda\mathrm{ch}\lambda l}\frac{HB^3}{24}h$$

这两个力矩再乘以它们之间的距离 H 就得到“力矩之矩”：$-\dfrac{M_t}{I_\omega}\dfrac{\mathrm{sh}\lambda(l-x)}{\lambda\mathrm{ch}\lambda l}\dfrac{H^2B^3}{24}h$。注意到 $I_\omega=\dfrac{H^2B^3}{24}h$，$B_\omega=-M_t\dfrac{\mathrm{sh}\lambda(l-x)}{\lambda\mathrm{ch}\lambda l}$，可见该“力矩之矩”就等于双力矩 B_ω，这就是“双力矩”这个名称的物理含义。

注意到 $\dfrac{(\tau_{xs}^{(\omega)})_{\max}}{\tau_{xs}^{(st)}}=\dfrac{(2B+H)h}{2HB}=\left(1+\dfrac{H}{2B}\right)\dfrac{h}{H}$，可见一旦翘曲受到约束，扭转剪应力会大大减小。

此外，最大约束扭转剪应力和最大约束扭转正应力都出现在工字杆件的固定端，约束扭转正应力远大于约束扭转剪应力。

2.4.5 闭口薄壁杆件的约束扭转*

2.4.2.1 节已经给出闭口薄壁杆件在自由扭转时的剪应力与单位长度扭角的计算方

法，此时杆件横截面绕其扭转中心保持轴线不变形，仅旋转一个角度 θ_x，而单位长度扭转角沿杆长为常数。由式(2.4.3b)可知，自由扭转时横截面上各点的法向位移不是常数，即横截面会发生翘曲。当横截面的翘曲位移受到约束时，就会受到附加的约束正应力，显然这部分翘曲引起的正应力沿每个横截面是一组自平衡力系。

如2.3.5节所述，对于闭口薄壁杆件，杆端部作用的自平衡力系在沿母线长度为 $\sqrt{ah}$ 量级的范围内迅速衰减，因此在离约束端较远处，用自由扭转理论就可以得到比较精确的结果。如果要比较详细地分析约束端附近的情况，就可以使用本节介绍的由前苏联学者乌曼斯基在1940年提出的关于闭口薄壁杆件约束扭转的理论。

2.4.5.1　考虑翘曲时受扭转闭口薄壁杆件的位移与应力分布规律

自由扭转情况下杆件横截面的翘曲位移为式(2.4.3b)所示。将剪流 q_s 与扭矩 M_x 的关系式(2.4.2a)代入式(2.4.3b)，就得到自由扭转时翘曲位移的表达式：

$$u_x = \frac{M_x}{2GA_s}\int_0^s \frac{\mathrm{d}s}{h} - \theta'_x\int_0^s r_s\mathrm{d}s + u_{x0} = \theta'_x\left(2A_s\int_0^s \frac{\mathrm{d}s}{h}\Big/\oint_{S_h}\frac{\mathrm{d}s}{h} - \int_0^s r_s\mathrm{d}s\right) + u_{x0}$$

定义无量纲弧长

$$\bar{s} \equiv \int_0^s \frac{\mathrm{d}s'}{h}\Big/\oint_{S_h}\frac{\mathrm{d}s}{h} \tag{2.4.89a}$$

当沿整个薄壁杆件横截面壁厚不变时：

$$\bar{s} = s/S_h \tag{2.4.89b}$$

这样，自由扭转时翘曲位移和轴向应变的表达式可表示为：

$$u_x = -\theta'_x(\omega - 2A_s\bar{s}) + u_{x0} \tag{2.4.90}$$

$$\varepsilon_x = \frac{\mathrm{d}u_x}{\mathrm{d}x} = -\theta''_x(\omega - 2A_s\bar{s}) = -\theta''_x\bar{\omega}(s) \tag{2.4.91}$$

式中 $\bar{\omega}$ 称为**广义主扇性面积**，与闭口薄壁杆件的扇性面积 ω 有关：

$$\bar{\omega}(s) \equiv \omega - 2A_s\bar{s} = \frac{1}{S_h}(\omega S_h - 2A_s s) = \int_0^s r_s\mathrm{d}s' - \frac{2A_s s}{S_h} \tag{2.4.92}$$

乌曼斯基假设，在约束扭转时轴向正应力 $\sigma_x^{(\omega)}$ 的分布函数可以用分离变量来表示：沿横截面的分布规律与自由扭转时轴向正应变的分布规律相同，而沿轴向的分布规律以函数 $\beta'(x)$表示，即：

$$\sigma_x^{(\omega)} = -E\beta'(x)\bar{\omega} \tag{2.4.93}$$

由于 $\sigma_x^{(\omega)}$ 是自平衡力系，沿横截面其合力与合力矩为零，所以广义主扇性面积满足：

$$\oint_{S_h}\bar{\omega}h\mathrm{d}s = 0 \tag{2.4.94a}$$

$$\oint_{S_h}\bar{\omega}yh\,\mathrm{d}s = 0 \tag{2.4.94b}$$

$$\oint_{S_h}\bar{\omega}zh\,\mathrm{d}s = 0 \tag{2.4.94c}$$

将式(2.4.93)代入薄壁杆件微元轴向力的平衡方程式(2.4.56)，并沿弧长积分，可得到：

$$q_s = \tau_{xs} h = E\beta'' \int_0^s \bar{\omega} h \mathrm{d}s' + (q_s)_{s=0}$$

上式中最后一项可以利用横截面的总扭矩平衡条件求得。由于：

$$M_x = \oint_{S_h} r_s q_s \mathrm{d}s = E\beta'' \oint_{S_h} r_s \left(\int_0^s \bar{\omega} h \mathrm{d}s' \right) \mathrm{d}s + (q_s)_{s=0} \oint_{S_h} r_s \mathrm{d}s$$

由上式解得

$$(q_s)_{s=0} = -\frac{E\beta''}{2A_s} \oint_{S_h} r_s \left(\int_0^s \bar{\omega} h \mathrm{d}s' \right) \mathrm{d}s + \frac{M_x}{2A_s}$$

从而得到

$$q_s = \tau_{xs} h = E\beta'' S_{\bar{\omega}}(s) + \frac{M_x}{2A_s} \tag{2.4.95}$$

上式中 $S_{\bar{\omega}}(s)$ 为**广义扇性静面矩**，并可证明 $S_{\bar{\omega}}(s)$ 与弧长坐标起始点的选择无关。

$$S_{\bar{\omega}}(s) = \int_0^s \bar{\omega} h \mathrm{d}s' - \frac{1}{2A_s} \oint_{S_h} r_s \left(\int_0^s \bar{\omega} h \mathrm{d}s' \right) \mathrm{d}s \tag{2.4.96}$$

事实上可证

$$\oint_{S_h} S_{\bar{\omega}}(s) r_s \mathrm{d}s = 0$$

可见 q_s 的表达式中第二项即为闭口薄壁杆件自由扭转的剪流，而第一项为约束扭转引起的附加剪流，这些剪流在横截面上构成自相平衡的剪流系统。

定义闭口薄壁杆件约束扭转的双力矩为：

$$B_{\bar{\omega}} \equiv \int_{S_h} \sigma_x^{(\omega)} \bar{\omega} h \mathrm{d}s = -E\beta' \int_{S_h} \bar{\omega}^2 h \mathrm{d}s = -E\beta' I_{\bar{\omega}} \tag{2.4.97}$$

式中 $I_{\bar{\omega}}$ 为**广义扇性惯性矩**：

$$I_{\bar{\omega}} = \oint_{S_h} \bar{\omega}^2 h \mathrm{d}s \tag{2.4.98}$$

$$\sigma_x^{(\bar{\omega})} = \frac{B_{\bar{\omega}}}{I_{\bar{\omega}}} \bar{\omega} \tag{2.4.99}$$

这样，式(2.4.95)可以改写为：

$$q_s = \tau_{xs} h = -\frac{B'_{\bar{\omega}} \bar{S}_{\omega}(s)}{I_{\bar{\omega}}} + \frac{M_x}{2A_s} \tag{2.4.100}$$

式(2.4.93)与式(2.4.95)给出了约束扭转时闭口薄壁杆件横截面上正应力与剪应力的分布规律。以下进一步给出位移的表达式。

由"刚周边"假定可知切向位移为：

$$u_s = r_s(s) \theta_x(x) \tag{2.4.101a}$$

注意到约束扭转时，闭口薄壁杆件的单位长度扭转角一般不是常数。而法向位移可由式(2.4.93)，并根据胡克定律与几何关系积分得到：

$$u_x = -\beta(x) \bar{\omega}(s) \tag{2.4.101b}$$

所以乌曼斯基所假设的 $\beta(x)$ 反映了闭口薄壁杆件在约束扭转时翘曲位移沿轴向的分布规律。

2.4.5.2 约束扭转时闭口薄壁杆件中双力矩所满足的微分方程

式(2.4.95)的推导过程中已经应用了薄壁杆件微元轴向力的平衡方程式(2.4.56)，并进一步得到了用双力矩 $B_{\bar{\omega}}$ 表示的正应力 $\sigma_x^{(\bar{\omega})}$ 与剪应力 τ_{xs} 的公式。但 $B_{\bar{\omega}}$ 的分布规律，或者说其中的函数 $\beta(x)$ 仍然未知，需要进一步利用几何关系与弹性关系求得。以下应用最小余能原理(请见 4.2.3.2 节)进行推导。

闭口薄壁杆件扭转时的余能为：

$$\Pi_c = \frac{1}{2}\int_0^l \oint_{S_h} \left(\frac{\sigma_x^{(\bar{\omega})^2}}{E} + \frac{q_s^2}{Gh^2}\right) h\,\mathrm{d}s\,\mathrm{d}x \tag{2.4.102}$$

进一步用广义内力素 $B_{\bar{\omega}}$ 表示为：

$$\Pi_c = \frac{1}{2}\int_0^l \oint_{S_h} \left[\frac{B_{\bar{\omega}}^2}{EI_{\bar{\omega}}^2}\bar{\omega}^2 + \frac{1}{Gh^2}\left(-\frac{B'_{\bar{\omega}}S_{\bar{\omega}}}{I_{\bar{\omega}}} + \frac{M_x}{2A_s}\right)^2\right] h\,\mathrm{d}s\,\mathrm{d}x$$

根据最小余能原理，上式的变分应为零：

$$\begin{aligned}
\delta\Pi_c &= \int_0^l \oint_{S_h} \left[\frac{B_{\bar{\omega}}}{EI_{\bar{\omega}}^2}\bar{\omega}^2 h\,\delta B_{\bar{\omega}} - \frac{S_{\bar{\omega}}}{GhI_{\bar{\omega}}}\left(-\frac{B'_{\bar{\omega}}S_{\bar{\omega}}}{I_{\bar{\omega}}} + \frac{M_x}{2A_s}\right)\delta B'_{\bar{\omega}}\right]\mathrm{d}s\,\mathrm{d}x \\
&= \int_0^l \left(\frac{B_{\bar{\omega}}}{EI_{\bar{\omega}}} - \frac{B''_{\bar{\omega}}}{GI_{\bar{\omega}}^2}\oint_{S_h}\frac{S_{\bar{\omega}}^2}{h}\mathrm{d}s + \frac{1}{2GA_sI_{\bar{\omega}}}\frac{\mathrm{d}M_x}{\mathrm{d}x}\oint_{S_h}\frac{S_{\bar{\omega}}}{h}\mathrm{d}s\right)\delta B_{\bar{\omega}}\,\mathrm{d}x \\
&\quad - \left[\left(-\frac{B'_{\bar{\omega}}}{GI_{\bar{\omega}}^2}\oint_{S_h}\frac{S_{\bar{\omega}}^2}{h}\mathrm{d}s + \frac{M_x}{2GA_sI_{\bar{\omega}}}\oint_{S_h}\frac{S_{\bar{\omega}}}{h}\mathrm{d}s\right)\delta B_{\bar{\omega}}\right]_0^l \\
&= 0
\end{aligned}$$

在 $0<x<l$ 上，由 $\delta B_{\bar{\omega}}$ 任意性可得：

$$\frac{B_{\bar{\omega}}}{EI_{\bar{\omega}}} - \frac{1}{GI_{\bar{\omega}}^2}\left(\oint_{S_h} S_{\bar{\omega}}^2\frac{\mathrm{d}s}{h}\right)B''_{\bar{\omega}} + \frac{1}{2GA_sI_{\bar{\omega}}}\left(\oint_{S_h} S^{\bar{\omega}}\frac{\mathrm{d}s}{h}\right)\frac{\mathrm{d}M_x}{\mathrm{d}x} = 0$$

利用 $m=-\mathrm{d}M_x/\mathrm{d}x$，双力矩在域内所满足的方程可以进一步化作：

$$B''_{\bar{\omega}} - k^2 B_{\bar{\omega}} = -\eta m \tag{2.4.103}$$

式中

$$k^2 = \frac{GI_{\bar{\omega}}}{E\oint_{S_h} S_{\bar{\omega}}^2\frac{\mathrm{d}s}{h}} \tag{2.4.104a}$$

$$\eta = \frac{I_{\bar{\omega}}\oint_{S_h} S_{\bar{\omega}}\frac{\mathrm{d}s}{h}}{2A_s\oint_{S_h} S_{\bar{\omega}}^2\frac{\mathrm{d}s}{h}} \tag{2.4.104b}$$

考虑边界条件：

自由端：

$$B_{\bar{\omega}} = 0 \tag{2.4.105a}$$

固定端： $\delta B_{\bar{\omega}}$ 任意 $\Rightarrow$

$$B'_{\bar{\omega}} = \frac{I_{\bar{\omega}}\oint_{S_h} S^{\bar{\omega}}\frac{\mathrm{d}s}{h}}{2A_s\oint_{S_h} S_{\bar{\omega}}^2\frac{\mathrm{d}s}{h}}M_x = \eta M_x \tag{2.4.105b}$$

对于一端($x=l$)固定,一端($x=0$)自由的悬臂闭口薄壁杆件,由式(2.4.103)和式(2.4.105)可解得:

$$B_{\bar{\omega}}=\frac{\eta \operatorname{sh} kx}{k \operatorname{ch} kl}M_x,\quad \sigma_x^{(\bar{\omega})}=B_{\bar{\omega}}\bar{\omega}/I_{\bar{\omega}},\quad \tau_{xs}=M_x/2A_sh-B'_{\bar{\omega}}S_{\bar{\omega}}/I_{\bar{\omega}}h \qquad (2.4.106)$$

例 2.13 求图 2.64 所示厚度为 h 的盒式悬臂杆件的约束扭转应力。

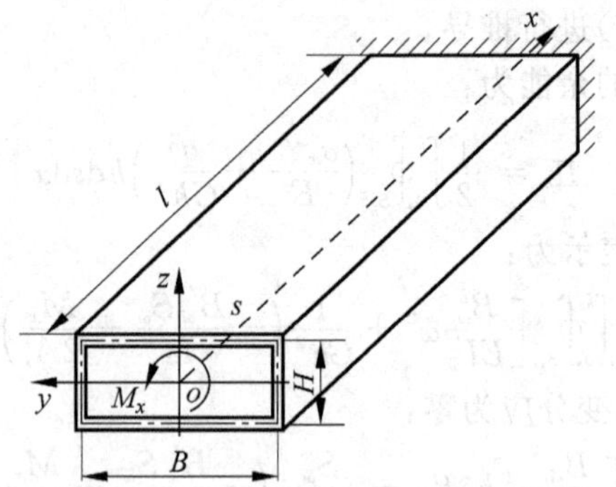

图 2.64 盒式杆件受约束扭转

解:由于对称性,杆件横截面的扭转中心与形心重合,可将形心 o 点作为主扇性极点,$y=0$,$z=H/2$ 为扇性零点。利用式(2.4.92),并注意到

$$A_s=BH,\quad S_h=2(B+H)$$

求得 $\bar{\omega}$ 沿四边为线性分布:

$$z=\pm\frac{H}{2}:\bar{\omega}=\pm\frac{H(B-H)}{2(B+H)}y,\quad y=\pm\frac{B}{2}:\bar{\omega}=\pm\frac{B(B-H)}{2(B+H)}z$$

根据式(2.4.96)、式(2.4.98)和式(2.4.104)可得:

$$S_{\bar{\omega}}(s)=\int_0^s\bar{\omega}h\mathrm{d}s'-\frac{1}{2A_s}\oint_{S_h}r_s\left(\int_0^s\bar{\omega}h\mathrm{d}s\right)\mathrm{d}s=\int_0^s\bar{\omega}h\mathrm{d}s+\frac{BHh(B-H)^2}{48(B+H)}$$

$$I_{\bar{\omega}}=\oint_{S_h}\bar{\omega}^2h\mathrm{d}s=\frac{B^2H^2(B-H)^2}{24(B+H)}h$$

$$k^2=\frac{GI_{\bar{\omega}}}{E\oint_{S_h}S_{\bar{\omega}}^2\frac{\mathrm{d}s}{h}}=\frac{80G(B+H)}{E(3B^3+5B^2H+5BH^2+3H^3)}$$

$$\eta=\frac{I_{\bar{\omega}}\oint_{S_h}S_{\bar{\omega}}\frac{\mathrm{d}s}{h}}{2A_s\oint_{S_h}S_{\bar{\omega}}^2\frac{\mathrm{d}s}{h}}=\frac{5(B^2-H^2)(B-H)}{3(3B^3+5B^2H+5BH^2+3H^3)}$$

最后由式(2.4.106)得到:

$$B_{\bar{\omega}}=-\frac{\eta \operatorname{sh} kx}{k \operatorname{ch} kl}M_x,\quad \sigma_x^{(\bar{\omega})}=B_{\bar{\omega}}\bar{\omega}/I_{\bar{\omega}},\quad \tau_{xs}=M_x/2A_sh-B'_{\bar{\omega}}S_{\bar{\omega}}/I_{\bar{\omega}}h$$

例 2.14 图 2.65 所示厚度为 h 的矩形盒式杆件,在其四角各有一个横截面积为 A 的

加强筋。假设蒙皮很薄只受剪应力，不受正应力，加强筋只受正应力。请利用最小余能原理求在扭矩 M_x 作用下加强筋中的正应力与蒙皮中的剪应力。

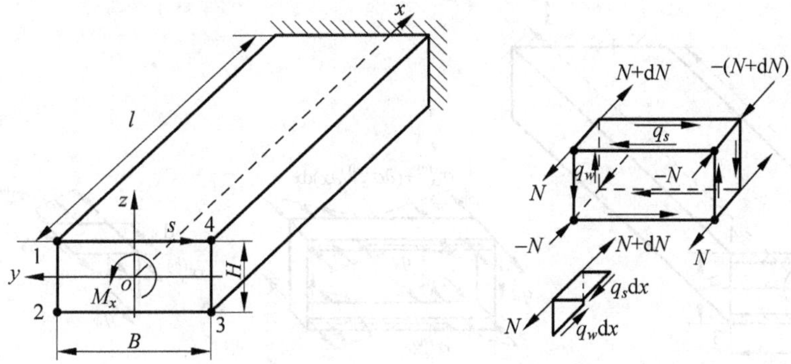

图 2.65 有加强筋的盒式杆件受约束扭转

解：利用问题关于 xoy 平面以及 xoz 平面的反对称性，可知加强筋 1、3 与 2、4 中的正应力大小相等，方向相反：

$$N_1=-N_2=N_3=-N_4=N(x),\quad q_{12}=q_{34}=q_w,\quad q_{41}=q_{23}=q_s$$

根据加强筋的平衡条件可得：$q_w-q_s=\mathrm{d}N/\mathrm{d}x=N'$

根据微段的扭矩平衡条件可得：$q_wBH+q_sBH=M_x$

由以上二式解得：$q_s=q_0-N'/2,\quad q_w=q_0+N'/2,\quad q_0=M_x/2BH$

以上各式利用了各元件以及微段的平衡条件，其基本未知函数为 N，可利用最小余能原理求得。系统余能为：

$$\Pi_c=\frac{1}{2}\int_0^l\left[\frac{4N^2}{EA}+\frac{2q_sB}{Gh}+\frac{2q_zH}{Gh}\right]\mathrm{d}x$$

$$=\int_0^l\left[\frac{2N^2}{EA}+q_0^2\frac{H+B}{Gh}+\frac{q_0(H-B)N'}{Gh}+\frac{N'^2}{4Gh(H+B)}\right]\mathrm{d}x$$

由最小余能原理得到：

$$\delta\Pi_c=\int_0^l\left[\frac{4N}{EA}-\frac{H+B}{2Gh}N''\right]\delta N\mathrm{d}x+\left[\frac{q_0(H-B)}{Gh}+\frac{H+B}{2Gh}N'\right]\delta N\bigg|_0^l=0$$

在 $0<x<l$ 上： δN 任意 $\Rightarrow$ $\dfrac{4N}{EA}-\dfrac{H+B}{2Gh}N''=0$

在 $x=l$ 处： δN 任意 $\Rightarrow$ $\dfrac{q_0(H-B)}{Gh}+\dfrac{H+B}{2Gh}N'=0$

在 $x=0$ 处： $N=0$

于是可以解得：$N(x)=\dfrac{2q_0(B-H)\mathrm{sh}kx}{k(B+H)\mathrm{ch}kl}$，其中 $k=\sqrt{\dfrac{8Gh}{EA(B+H)}}$

例 2.15 图 2.66 所示盒式杆件，当上下蒙皮具有较密集的加强桁条或者为夹层结构时，可以均质化，折算为单层的厚蒙皮。此时上下蒙皮不仅承受剪应力，还承受正应力，而认为腹板只承受剪应力。设承受正应力的折算蒙皮厚度为 h_σ，但承受剪应力的上下蒙皮厚度为 h_s，腹板厚度为 h_w。请利用最小余能原理求该盒式杆件的约束扭转问题。

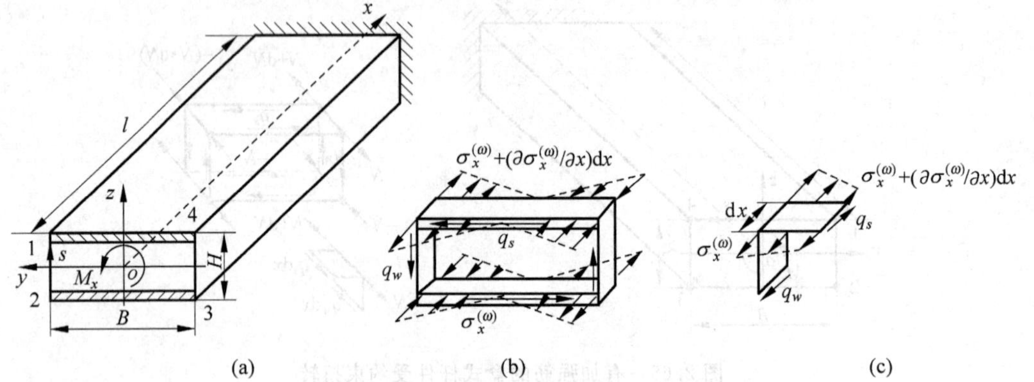

图 2.66　蒙皮受正应力的盒式杆件受约束扭转

解：同例 2.14 的分析，当此闭口薄壁杆件受到自由扭转时，其翘曲位移沿蒙皮为线性分布，所以可假设蒙皮中约束扭转时的翘曲正应力分布为：

$$(\sigma_x^{(\omega)})_{z=\pm H/2}=\pm\beta(x)(2y/B)$$

式中，$\beta(x)$为未知的翘曲正应力沿轴向的分布函数。

设上下蒙皮中的剪流为 q_s，由于蒙皮承受轴向正应力，q_s 沿蒙皮不是常数。左右腹板中有常剪流 q_w。考虑图 2.66(a)所示盒式杆件中任一横截面的扭矩平衡条件，可以得到：

$$H\int_{-B/2}^{B/2}q_s\mathrm{d}y+2q_wBH=M_x \tag{a}$$

图 2.66(b)所示，用两个距离为 dx 的假想的横截面截取盒式杆件的一个微段，再在该微段上用两个纵剖面截取如图 2.66(c)所示的微元。考虑该微元沿轴向的平衡条件：

$$q_w-q_s=\int_y^{B/2}\frac{\partial\sigma_x^{(\omega)}}{\partial x}h_\sigma\mathrm{d}y'=\beta'(x)\frac{Bh_\sigma}{4}\left(1-\frac{4y^2}{B^2}\right) \tag{b}$$

由式(a)，式(b)解得：

$$q_w=\frac{M_x}{2BH}+\frac{Bh_\sigma}{12}\beta'=q_0+\frac{Bh_\sigma}{12}\beta',\quad q_s=q_0+Bh_\sigma\beta'\left(\frac{y^2}{B^2}-\frac{1}{6}\right)$$

式中，q_0 为自由扭转的剪流：$q_0=M_x/2BH$。

下面以 $\beta(x)$为基本未知量，利用最小余能原理求解 $\beta(x)$。系统余能为：

$$\begin{aligned}\Pi_c&=2\int_0^l\int_{-B/2}^{B/2}\frac{\sigma_x^{(\omega)2}}{2E}h_\sigma\mathrm{d}y\mathrm{d}x+2\int_0^l\int_{-B/2}^{B/2}\frac{q_s^2}{2Gh_s}\mathrm{d}y\mathrm{d}x+2\int_0^l\frac{q_w^2H}{2Gh_w}\mathrm{d}x\\&=\int_0^l\left[\frac{Bh_\sigma}{3E}\beta^2+\frac{q_0^2}{G}\left(\frac{B}{h_s}+\frac{H}{h_w}\right)+\frac{q_0h_\sigma B}{6G}\left(\frac{H}{h_w}-\frac{B}{h_s}\right)\beta'+\frac{h_\sigma^2B^2}{G}\left(\frac{B}{80h_s}+\frac{H}{144h_w}\right)\beta'^2\right]\mathrm{d}x\end{aligned}$$

根据最小余能原理，有：

$$\delta\Pi_c=\int_0^l\left[\frac{2Bh_\sigma}{3E}\beta-\frac{h_\sigma^2B^2}{G}\left(\frac{B}{40h_s}+\frac{H}{72h_w}\right)\beta''\right]\delta\beta\mathrm{d}x$$
$$+\left[\frac{q_0h_\sigma B}{6G}\left(\frac{H}{h_w}-\frac{B}{h_s}\right)+\frac{h_\sigma^2B^2}{G}\left(\frac{B}{40h_s}+\frac{H}{72h_w}\right)\beta'\right]\delta\beta\Big|_0^l$$

在 $0<x<l$ 上：　$\delta\beta$ 任意 $\Rightarrow$ $\dfrac{2Bh_\sigma}{3E}\beta-\dfrac{h_\sigma^2B^2}{G}\left(\dfrac{B}{40h_s}+\dfrac{H}{72h_w}\right)\beta''=0$

在 $x=l$ 处：　$\delta\beta$ 任意 $\Rightarrow$ $\dfrac{q_0h_\sigma B}{6G}\left(\dfrac{H}{h_w}-\dfrac{B}{h_s}\right)+\dfrac{h_\sigma^2B^2}{G}\left(\dfrac{B}{40h_s}+\dfrac{H}{72h_w}\right)\beta'=0$

在 $x=0$ 处：　$\beta=0$

由此解得：$\beta(x)=\dfrac{60q_0(Bh_w-Hh_s)}{kBh_\sigma(9Bh_w+5Hh_s)}\dfrac{\mathrm{sh}kx}{\mathrm{ch}kl}$，　其中 $k^2=\dfrac{240Gh_wh_s}{EBh_\sigma(9Bh_w+5Hh_s)}$

将 $\beta(x)$ 代入约束正应力 $\sigma_x^{(\omega)}$ 与剪流 q_s,q_w 的表达式，便可得到约束扭转的应力。

2.4.6 剪切滞后

前面关于薄壁杆件的分析都用到了“平截面”假定，这相当于忽略了腹板的剪切变形对翼缘变形的影响，但是这种影响在薄壁杆件受到约束的局部区域是不可忽视的。例如图 2.67 中的盒型杆件，靠近其根部的上翼缘面上 A、B、C 三点共线，初始时刻处于同一横截面上；当杆件受到外力 P 作用发生弯曲时，由于 A、C 两点不仅受到拉应力，还受到侧面腹板作用的剪切应力牵扯，而 B 点不与腹板相联，只受拉应力；A 和 C 点的轴向位移会小于 B 点，该三点在变形后分别成为 A'、B'、C' 点，不再处于同一平面上，这种现象被称为**剪切滞后**。由于 B 点处线元的伸长应变大于 A 点和 C 点处的线元伸长应变，因此 B 点的实际拉应力值会比理论计算值大。当然，剪切滞后只是一种局部的现象，随着离约束端距离的增加，用工程杆件理论计算的结果和实际情况的误差将逐渐减小。但这也提醒我们，在用工程杆件理论分析薄壁结构时，约束端附近的应力是不准确的。例如图 2.4 所示的机翼，它和机身只通过四个接头连接，接头之间蒙皮的变形和接头处蒙皮的变形是不同的，此处的应力分布就不能用工程杆件理论进行分析。

当然，如果不用杆件模型分析，就不会出现剪切滞后现象。下面用加筋薄壁板受平面拉伸为例来说明用杆板模型分析剪切滞后问题的工程算法。杆板模型假设蒙皮只承受剪应力，加强筋承受轴向力，蒙皮和加强筋之间通过剪切传力。在有限元方法诞生之前，这是飞行器结构分析的一种常用模型，现在仍然可以用来揭示结构的传力特点(后面的章节会更详细地讨论杆板模型)。

图 2.68 所示厚度为 h 加筋板关于 x 轴对称，加强筋与板的材料相同，弹性模量均为 E。两侧加强筋的截面积为 A_1，在 $x=L$ 处受拉力 P_1 作用；中间加强筋截面积为 A_2，在 $x=L$ 处受拉力 P_2 作用。按照工程杆件理论，假设板只受剪切，加筋板受到均匀拉伸变形，加强筋端部的拉伸位移为 $(2P_1+P_2)L/(2A_1+A_2)E$。但是实际上，如果三根加强筋端部受力不相同，加筋板端部各处位移与应力并不相同。例如当 $P_1=0$ 时，在端部只有中间加强筋承

受 P_2 的轴力，而在根部三根加强筋承受相同的应力。这说明由于中间加强筋两侧的腹板发生剪切变形，将其所受拉力逐渐分担给两侧加强筋，这是一种典型的剪切滞后现象。

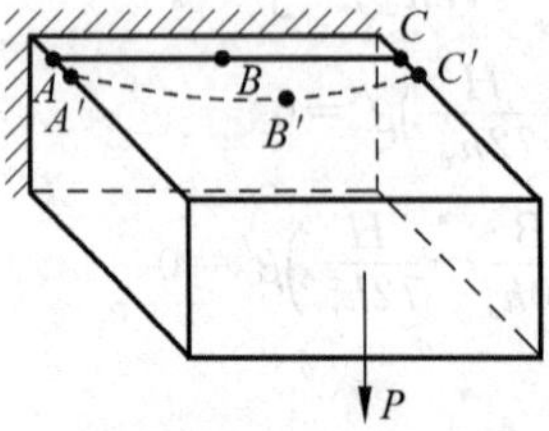

图 2.67　盒型杆件弯曲时的剪切滞后现象

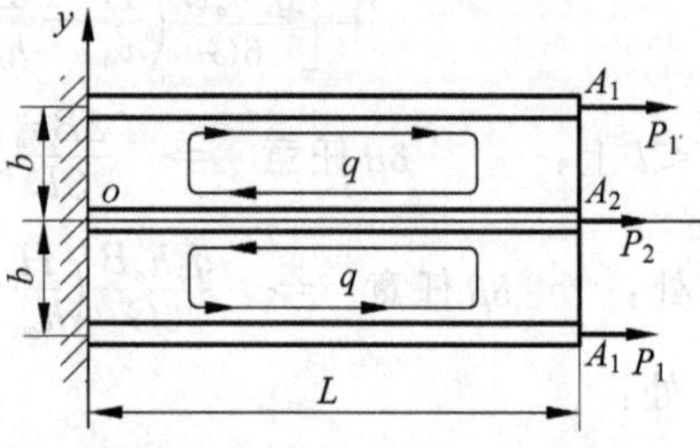

图 2.68　加筋板平面拉伸剪切滞后

以下给出考虑剪切滞后时加筋板中的应力的工程算法。设两侧加强筋的轴力为 T_1，中间加强筋的轴力为 T_2，假设板中剪流均匀分布，由于对称性，两块板中有相同的剪流 q。加强筋的轴向力平衡条件要求：

$$\frac{\mathrm{d}T_1}{\mathrm{d}x}-q=0,\quad \frac{\mathrm{d}T_2}{\mathrm{d}x}+2q=0$$

由此二式得到：

$$q=\frac{\mathrm{d}T_1}{\mathrm{d}x}=-\frac{1}{2}\frac{\mathrm{d}T_2}{\mathrm{d}x} \tag{2.4.107}$$

上式中加强筋与板的内力需要由几何关系与弹性关系进一步确定。

假设板位移 v_y 可以略去，且 u_x 沿 y 线性分布，则利用板与加强筋的位移连续条件可得板的几何关系：

$$\frac{q}{hG}=\gamma_{xy}=\frac{\partial u_x}{\partial y}=\frac{u_1-u_2}{b}\Rightarrow\frac{1}{hG}\frac{\mathrm{d}q}{\mathrm{d}x}=\frac{1}{b}\left(\frac{\mathrm{d}u_1}{\mathrm{d}x}-\frac{\mathrm{d}u_2}{\mathrm{d}x}\right)$$

其中 u_1 和 u_2 分别为加强筋的轴向位移。

由加强筋的几何关系与弹性关系得到：

$$T_1=A_1E\varepsilon_{x1}=A_1E\frac{\mathrm{d}u_1}{\mathrm{d}x},\quad T_2=A_2E\varepsilon_{x2}=A_2E\frac{\mathrm{d}u_2}{\mathrm{d}x}$$

将此二式代入板的几何关系，得到：

$$\frac{1}{hG}\frac{\mathrm{d}q}{\mathrm{d}x}=\frac{1}{Eb}\left(\frac{T_1}{A_1}-\frac{T_2}{A_2}\right)$$

对上式再求一次导数，将平衡方程(2.4.107)代入并化简，得到：

$$q''-k^2q=0 \tag{2.4.108}$$

式中 k 为**剪切滞后系数**：

$$k=\sqrt{\frac{Gh}{Eb}\left(\frac{1}{A_1}+\frac{2}{A_2}\right)}=\sqrt{\frac{h}{2(1+\nu)b}\left(\frac{1}{A_1}+\frac{2}{A_2}\right)} \tag{2.4.109}$$

它反映了板的剪切刚度相对于加强筋拉伸刚度的大小，即剪切在传力过程中所起作用的大小。

方程(2.4.108)的通解为

$$q = C_1 \mathrm{sh}kx + C_2 \mathrm{ch}kx \tag{2.4.110}$$

利用边界条件：

$$x = 0：q = 0$$

$$x = L：T_1 = P_1, T_2 = P_2$$

得到 $q=k\beta\dfrac{\mathrm{sh}kx}{\mathrm{ch}kL}$。其中 $\beta=\dfrac{Gh}{Ebk^2}\left(\dfrac{P_1}{A_1}-\dfrac{P_2}{A_2}\right)=\dfrac{h}{2(1+\nu)bk^2}\left(\dfrac{P_1}{A_1}-\dfrac{P_2}{A_2}\right)$。

根据式(2.4.107)可得：

$$T_1 = P_1 - \beta\left(1 - \frac{\mathrm{ch}kx}{\mathrm{ch}kL}\right), \quad T_2 = P_2 + 2\beta\left(1 - \frac{\mathrm{ch}kx}{\mathrm{ch}kL}\right) \tag{2.4.111}$$

2.5 弹性圆环*[15,16]

弹性圆环是在飞行器结构中常常被应用的结构元件，例如机身中的隔框(图 2.7)和火箭外壳内的加强环(图 2.69)。下面的分析说明，圆环虽然也是一种一维弹性元件，但其中心线是闭合曲线-圆，从而其承力方式与直杆不同。为使读者了解弹性圆环的受力与变形特点，本节给出弹性圆环的变形与应力分析方法。

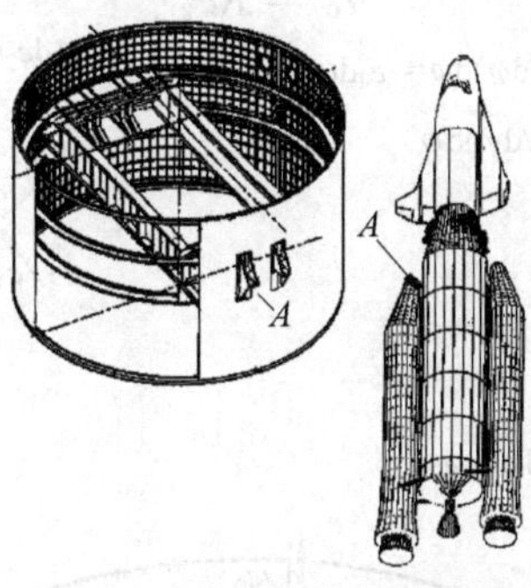

图 2.69　阿里安娜火箭内部的加强环

2.5.1　弹性圆环的基本形状、坐标系与力学分析的基本假定

弹性圆环是横截面尺寸远小于其半径的元件，其所有横截面形状完全相同，横截面形心构成一个闭合的平面圆，横截面的一个主轴位于该平面内。用圆环形心圆的半径 R 以及圆环任一横截面的形状就可完全给出圆环的几何表征量，通常飞行器中的隔框横截面可以是各种型材。图 2.70 给出最简单的矩形截面圆环。为表示截面形状与坐标系，用虚线表示圆环的轮廓，粗实线表示截出的一段圆环，粗点画线表示圆环的形心线。圆环采用(s,y,z)右

手坐标系。沿形心圆的弧长坐标为 s，对应的角坐标为 φ，$s=R\varphi$。横截面的形心主坐标为 y,z，其中 y 轴沿形心圆半径方向，向外为正。沿坐标 (s,y,z) 的正交单位基矢量为 $(\boldsymbol{e}_1,\boldsymbol{e}_2,\boldsymbol{e}_3)$。注意，除 $\boldsymbol{e}_3$ 是常矢量外 $\boldsymbol{e}_1,\boldsymbol{e}_2$ 都沿圆环中心线随点改变方向。

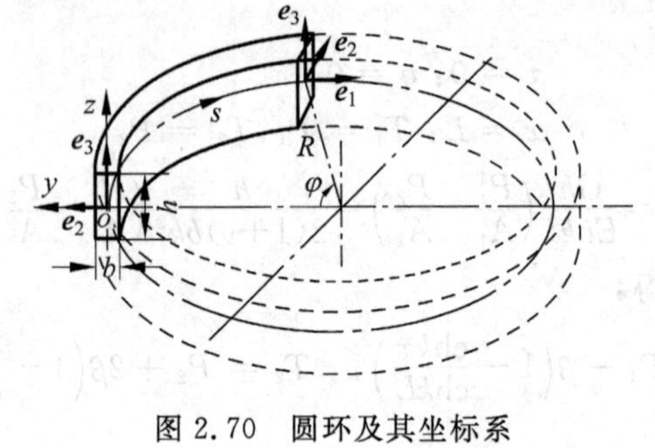

图 2.70　圆环及其坐标系

由图 2.71 知：

$$\mathrm{d}\boldsymbol{e}_1/\mathrm{d}\varphi=-\boldsymbol{e}_2 \tag{2.5.1a}$$

$$\mathrm{d}\boldsymbol{e}_2/\mathrm{d}\varphi=\boldsymbol{e}_1 \tag{2.5.1b}$$

$$\mathrm{d}\boldsymbol{e}_3/\mathrm{d}\varphi=0 \tag{2.5.1c}$$

圆环形心线上任一点的矢径为 $\boldsymbol{r}_0$：

$$\boldsymbol{r}_0=R\boldsymbol{e}_2 \tag{2.5.2a}$$

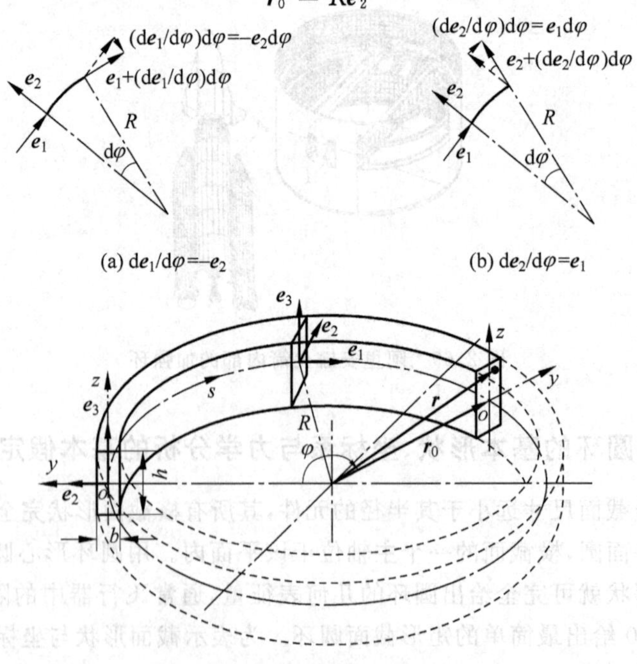

图 2.71　圆环基矢量的几何关系

圆环横截面上任一点的矢径为 $\boldsymbol{r}$：

$$\boldsymbol{r} = (R+y)\boldsymbol{e}_2 + z\boldsymbol{e}_3 \tag{2.5.2b}$$

圆环中应力与变形的基本假定见 2.2.2.1 节，即"纵向纤维互不挤压"假设与平截面假设仍成立。圆环中的内力素包含三个力：拉力 T_s，剪力 Q_y 与 Q_z；三个力矩：扭矩 M_s，弯矩 M_y 与 M_z；它们正方向的规定见图 2.15。由两个基本假定可知圆环的变形只需用四个广义位移表示，即环向位移 u_s、横向位移 u_y 与 u_z，以及绕形心轴的扭角 θ_s。其广义变形包括中心线的环向伸长应变 ε_s、曲率变形 κ_y 与 κ_z，以及扭率 ψ(此处略去了横截面的翘曲变形)。

2.5.2 弹性圆环变形的几何关系和弹性关系

圆环中心线任一点(其矢径为 $\boldsymbol{r}_0$)的位移矢量为：

$$\boldsymbol{u} = u_s\boldsymbol{e}_1 + u_y\boldsymbol{e}_2 + u_z\boldsymbol{e}_3 \tag{2.5.3}$$

圆环中心线上任一点处有环向线元 $\mathrm{d}\boldsymbol{r}_0$：

$$\mathrm{d}\boldsymbol{r}_0 = R\mathrm{d}\varphi\boldsymbol{e}_1 \tag{2.5.4}$$

其伸长变形为：

$$\varepsilon_s = \frac{u_y}{R} + \frac{\mathrm{d}u_s}{\mathrm{d}s} = \frac{u_y}{R} + \frac{\mathrm{d}u_s}{R\mathrm{d}\varphi} = \frac{1}{R}(u_y + \dot{u}_s) \tag{2.5.5}$$

式中，$(\dot{\ }) = \mathrm{d}/\mathrm{d}\varphi$ 与直杆不同，圆环中心线周向变形 ε_s 不仅与位移 u_s 的导数有关，还与圆环的径向位移有关，即圆环半径的扩张(或收缩)会引起圆环的周向应变。

圆环中心线的转角包括在圆环形心圆平面内的转动 θ_z 与出圆环形心圆平面的转动 θ_y。它们正方向的规定与直杆件相同，即按右手螺旋规则，沿基矢量正方向为正。

$$\theta_z = \frac{\mathrm{d}u_y}{\mathrm{d}s} - \frac{u_s}{R} = \frac{1}{R}\left(\frac{\mathrm{d}u_y}{\mathrm{d}\varphi} - u_s\right) = \frac{1}{R}(\dot{u}_y - u_s) \tag{2.5.6a}$$

$$\theta_y = -\frac{\mathrm{d}u_z}{\mathrm{d}s} = -\frac{1}{R}\frac{\mathrm{d}u_z}{\mathrm{d}\varphi} = -\frac{\dot{u}_z}{R} \tag{2.5.6b}$$

式(2.5.6a)说明，在圆环形心圆平面内的转动 θ_z 不仅与 u_y 的一阶导数有关，还与它的切向位移 u_s 有关。旋转矢量为：

$$\boldsymbol{\omega} = \theta_s\boldsymbol{e}_1 + \theta_y\boldsymbol{e}_2 + \theta_z\boldsymbol{e}_3 \tag{2.5.6c}$$

为求得圆环曲率变形与圆环形心圆广义位移的关系，必须研究圆环横截面上任一点(其矢径为 $\boldsymbol{r}$)的位移及该点处环向微线元 $\mathrm{d}\boldsymbol{r}$ 的环向伸长变形 $\varepsilon_s^{(y,z)}$。

$$\mathrm{d}\boldsymbol{r} = R(1 + y/R)\mathrm{d}\varphi\boldsymbol{e}_1 \tag{2.5.7}$$

矢径 $\boldsymbol{r}(y,z)$ 在圆环变形后成为：

$$\begin{aligned}\boldsymbol{r}' &= \boldsymbol{r} + \boldsymbol{u} + \boldsymbol{\omega}\times(y\boldsymbol{e}_2 + z\boldsymbol{e}_3)\\ &= (\theta_y z - \theta_z y + u_s)\boldsymbol{e}_1 + (R + y + u_y - \theta_s z)\boldsymbol{e}_2 + (z + u_z + \theta_s y)\boldsymbol{e}_3\\ &= (-\dot{u}_z z/R - \dot{u}_y y/R + u_s y/R + u_s)\boldsymbol{e}_1 + (R + y + u_y - \theta_s z)\boldsymbol{e}_2 + (z + u_z + \theta_s y)\boldsymbol{e}_3\end{aligned} \tag{2.5.8}$$

环向线元 d$\boldsymbol{r}$ 在变形后成为 $\mathrm{d}\boldsymbol{r}'=\dfrac{\mathrm{d}\boldsymbol{r}'}{\mathrm{d}\varphi}\mathrm{d}\varphi$，其中$\dfrac{\mathrm{d}\boldsymbol{r}'}{\mathrm{d}\varphi}$由式(2.5.8)求导得到：

$$\begin{aligned}\frac{\mathrm{d}\boldsymbol{r}'}{\mathrm{d}\varphi}=&[(\dot{\theta}_y z-\dot{\theta}_z y)+\dot{u}_s+(R+y+u_y-\theta_s z)]\boldsymbol{e}_1\\&+[(\dot{u}_y-\dot{\theta}_s z)-(\theta_y z-\theta_z y+u_s)]\boldsymbol{e}_2+(\dot{u}_z+\dot{\theta}_s y)\boldsymbol{e}_3\\=&R\left\{\left[1+\frac{y}{R}+\frac{\dot{u}_s+u_y}{R}-\frac{(\ddot{u}_y-\dot{u}_s)y}{R^2}-\frac{(\ddot{u}_z/R+\theta_s)z}{R}\right]\boldsymbol{e}_1\right.\\&\left.+\left[\frac{\dot{u}_y-u_s}{R}+\frac{(\dot{u}_y-u_s)y}{R^2}+\frac{(\dot{u}_z/R-\dot{\theta}_s)z}{R}\right]\boldsymbol{e}_2+\frac{\dot{u}_z+\dot{\theta}_s y}{R}\boldsymbol{e}_3\right\}\end{aligned}\tag{2.5.9}$$

在推导上式时，考虑到了式(2.5.1)和式(2.5.6)。环向线元 d$\boldsymbol{r}$ 的伸长变形 $\varepsilon_s^{(y,z)}$ 可由上式与式(2.5.7)得到：

$$\varepsilon_s^{(y,z)}=\frac{\left|\dfrac{\mathrm{d}\boldsymbol{r}'}{\mathrm{d}\varphi}\mathrm{d}\varphi\right|-|\mathrm{d}\boldsymbol{r}|}{|\mathrm{d}\boldsymbol{r}|}\tag{2.5.10a}$$

将式(2.5.9)代入上式时，注意到对于小变形情况，只保留到位移及其导数的线性部分，而式(2.5.9)中只有第 1 个方括号内的第 1、2 两项不出现位移，而求矢量模的运算需将各分量求平方和再开平方根，于是可判断 $\varepsilon_s^{(y,z)}$ 的线性部分与式(2.5.9)中 $\boldsymbol{e}_2,\boldsymbol{e}_3$ 的分量无关。得到

$$\varepsilon_s^{(y,z)}=\frac{1}{1+y/R}\left[\frac{\dot{u}_s+u_y}{R}-(\ddot{u}_y-\dot{u}_s)\frac{y}{R^2}-\left(\frac{\ddot{u}_z}{R}+\theta_s\right)\frac{z}{R}\right]+O(u^2)\tag{2.5.10b}$$

对于细圆环，$b/R\ll 1$，上式进一步简化为

$$\varepsilon_s^{(y,z)}=\frac{\dot{u}_s+u_y}{R}-(\ddot{u}_y+u_y)\frac{y}{R^2}-\left(\frac{\ddot{u}_z}{R}+\theta_s\right)\frac{z}{R}+O\left(\frac{b^2}{R^2}\right)\tag{2.5.10c}$$

上式中第一项即式(2.5.5)已给出的圆环中心线周向变形 ε_s。定义曲率变形为：

$$\kappa_z=\frac{1}{R^2}(\ddot{u}_y+u_y)\tag{2.5.11a}$$

$$\kappa_y=-\frac{1}{R}\left(\frac{\ddot{u}_z}{R}+\theta_s\right)\tag{2.5.11b}$$

圆环的扭转变形可由圆环中心线的转动矢量 ω(见式(2.5.6c))求导得到：

$$\frac{\mathrm{d}\omega}{\mathrm{d}s}=\frac{1}{R}[(\dot{\theta}_s+\theta_y)\boldsymbol{e}_1+(\dot{\theta}_y-\theta_s)\boldsymbol{e}_2+\dot{\theta}_z\boldsymbol{e}_3]\tag{2.5.12}$$

扭率变形为上式中的切向分量：

$$\psi=\frac{1}{R}(\dot{\theta}_s+\theta_y)=\frac{1}{R}\left(\dot{\theta}_s-\frac{\dot{u}_z}{R}\right)\tag{2.5.13}$$

以上曲率和扭律变形的正方向规定与其对应的内力矩正方向(见图 2.15)相同。由与直杆件相同的弹性关系，得到：

$$T_s=EA\varepsilon_s=\frac{EA}{R}(u_y+\dot{u}_s)\tag{2.5.14}$$

$$M_z = EI_z\kappa_z = \frac{EI_z}{R^2}(\ddot{u}_y + u_y) \tag{2.5.15}$$

$$M_y = EI_y\kappa_y = -\frac{EI_y}{R}\left(\frac{\ddot{u}_z}{R} + \theta_s\right) \tag{2.5.16}$$

$$M_s = GJ_\rho\psi = \frac{GJ_\rho}{R}\left(\dot{\theta}_s - \frac{\dot{u}_z}{R}\right) \tag{2.5.17}$$

由式(2.5.15)得到：

$$\frac{M_z R}{EI_z} = \frac{1}{R}(\ddot{u}_y + u_y) \tag{2.5.18a}$$

由式(2.5.16)和式(2.5.17)消去 $\dot{\theta}_s$，还可得到：

$$\frac{\dot{M}_y R}{EI_y} + \frac{M_s R}{GJ_\rho} = -\frac{1}{R}(\dddot{u}_z + \dot{u}_z) \tag{2.5.18b}$$

2.5.3 弹性圆环的平衡方程

2.5.3.1 形心圆平面内分布力 q_y 与 q_s 作用下圆环微元的平衡方程及其解

如图 2.72 所示，在形心圆平面内分布的平衡力系法向载荷 q_y 与切向载荷 q_s 作用下，圆环微元满足以下平衡条件：

$$\frac{dQ_y}{d\varphi} - T_s + q_y R = 0 \tag{2.5.19}$$

从上式与图 2.72 可见，圆环的周向拉力 T_s 可以抵抗它所承受的径向外载 q_y，这是由圆环的弯曲特性所决定的。所以，圆环形的隔框能够由其周向拉（压）正应力提供对承受法向压力的蒙皮的支承。

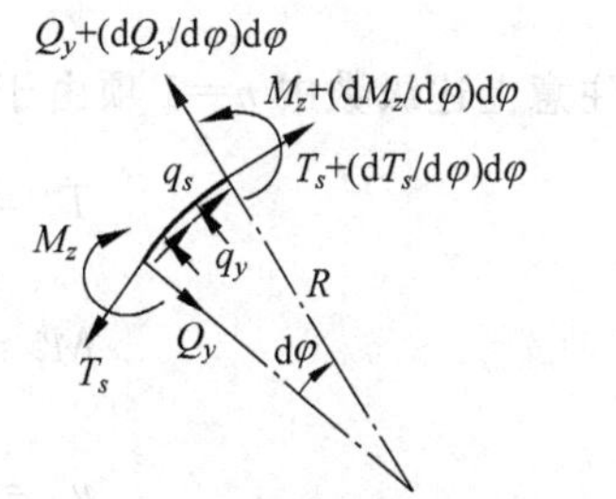

图 2.72 形心圆平面内分布力作用下圆环微元的平衡条件

$$\frac{dT_s}{d\varphi} + Q_y + q_s R = 0 \tag{2.5.20}$$

$$\frac{dM_z}{d\varphi} + Q_y R = 0 \tag{2.5.21}$$

式(2.5.21)中横剪力与弯矩的关系与直杆是相同的。将式(2.5.20)对 φ 再求一次导数，并将式(2.5.19)代入，得到：

$$\ddot{T}_s + T_s = R(q_y - \dot{q}_s) \tag{2.5.22}$$

将式(2.5.21)对 φ 再求一次导数，并将式(2.5.19)代入，得到：

$$\ddot{M}_z + T_s R = q_y R^2 \tag{2.5.23}$$

解式(2.5.22)和式(2.5.23)可依次得到环向内力 T_s 与环向弯矩 M_z。然后由式(2.5.21)可得到剪力 Q_y。将内力代入式(2.5.18a)可解得位移 u_y，再代入式(2.5.14)可解得位移 u_s。

由于圆环闭合，问题的解可展开为傅里叶级数，所作用的外载荷也展开为傅里叶级数。当只有形心圆平面内的法向载荷 q_y 作用时：

$$q_y = q_y^0 + \sum_{n=2}^{\infty} q_y^n \cos n\varphi \tag{2.5.24}$$

注意上述级数中 $n=1$ 项由于不是自平衡力系而不存在。对于每一谐数($n\neq0$)的外载 $q_y^n\cos n\varphi$：

$$T_s^n = -\frac{q_y^n R}{n^2-1}\cos n\varphi \tag{2.5.25a}$$

$$M_z^n = -\frac{q_y^n R^2}{n^2-1}\cos n\varphi \tag{2.5.25b}$$

$$u_y^n = \frac{q_y^n R^4}{(n^2-1)^2 EI_z}\cos n\varphi \tag{2.5.26a}$$

$$u_s^n = -\frac{q_y^n R^2}{n(n^2-1)E}\left[\frac{R^2}{(n^2-1)I_z}+\frac{1}{A}\right]\sin n\varphi \tag{2.5.26b}$$

当 $n=0$ 时，为圆环受轴对称内压 p 的情况：

$$T_s^0 = pR,\quad M_z^0 = 0,\quad u_y^0 = \frac{pR^2}{EA},\quad u_s^0 = 0 \tag{2.5.27}$$

此时圆环只受拉力，不受弯曲，这是圆环与直杆件的重要差别。

当只有切向载荷 q_s 作用时，仍将其展为傅里叶级数：

$$q_s = \sum_{n=2}^{\infty} q_s^n \sin n\varphi \tag{2.5.28}$$

注意上述级数中 $n=1$ 项由于不是自平衡力系而不存在。对于每一谐数的外载 $q_y^n\sin n\varphi$：

$$T_s^n = \frac{nq_s^n R}{n^2-1}\cos n\varphi \tag{2.5.29a}$$

$$M_z^n = \frac{q_s^n R^2}{n(n^2-1)}\cos n\varphi \tag{2.5.29b}$$

$$u_y^n = -\frac{q_s^n R^4}{n(n^2-1)^2 EI_z}\cos n\varphi \tag{2.5.30a}$$

$$u_s^n = \frac{q_s^n R^2}{(n^2-1)E}\left[\frac{R^2}{n^2(n^2-1)I_z}+\frac{1}{A}\right]\sin n\varphi \tag{2.5.30b}$$

2.5.3.2 形心圆平面内分布扭矩 m_s 作用下圆环微元的平衡方程及其解

由于圆环中心线的弯曲特性，在形心圆平面内分布扭矩作用下圆环中的广义内力素不仅可能包括扭矩，还包括弯矩，此时所有内力为零。图 2.73 所示圆环微元的力矩平衡方程为：

$$\dot{M}_s + M_y + m_s R = 0 \tag{2.5.31}$$

$$\dot{M}_y = M_s \tag{2.5.32}$$

式(2.5.31)中 m_s 是作用于圆环上绕其中心线的扭矩。如图 2.69 所示火箭内部架于隔框上有横梁，横梁所支承的各种装载质量力作用于横梁上方，引起横梁弯曲，其根部弯矩由隔框所提供，横梁对于隔框的反作用构成隔框所承受的扭矩 m_s。由式(2.5.31)与图 2.73 可知，作为隔框的圆环，可以用环中的弯矩 M_y(由圆环中的环向正应力构成)来承受一部分扭

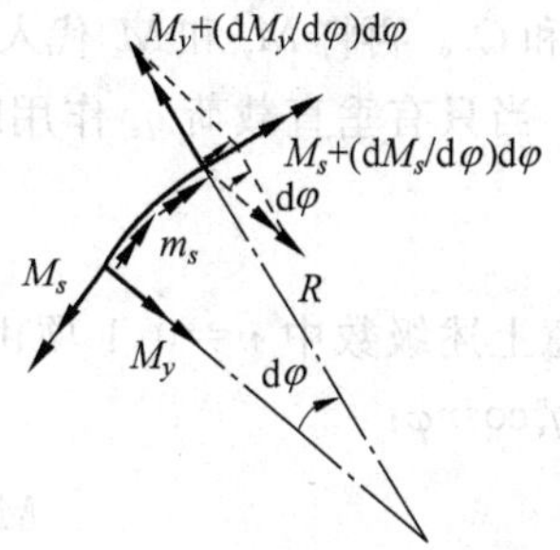

图 2.73　形心圆平面内扭矩作用下圆环微元的平衡条件

矩 m_s，这是直杆所没有的功能。

对式(2.5.32)求一次导数，代入式(2.5.31)，得到：

$$\ddot{M}_y + M_y + m_s R = 0 \tag{2.5.33}$$

求解式(2.5.33)，得到 M_y，再代入式(2.5.32)，可得到 M_s。将 M_y 和 M_s 代入式(2.5.18b)，积分得到 u_z。将 u_z 与 M_y 代入式(2.5.16)，可得到 θ_s。

将外载 m_s 展为傅里叶级数：

$$m_s = m_0 + \sum_{n=1}^{\infty} m_s^n \cos n\varphi \tag{2.5.34}$$

对于每一谐数($n>0$)的外载 $m_s^n \cos n\varphi$，圆环中的弯矩、扭矩、位移与转角分别为：

$$M_y^n = \frac{m_s^n R}{(n^2-1)} \cos n\varphi \tag{2.5.35a}$$

$$M_s^n = -\frac{n m_s^n R}{n^2-1} \sin n\varphi \tag{2.5.35b}$$

$$u_z = \frac{m_s^n R^3}{(n^2-1)^2}\left(\frac{1}{EI_y} + \frac{1}{GJ_\rho}\right)\cos n\varphi \tag{2.5.36a}$$

$$\theta_s = \frac{m_s^n R^2}{(n^2-1)^2}\left(\frac{1}{EI_y} + \frac{n^2}{GJ_\rho}\right)\cos n\varphi \tag{2.5.36b}$$

当 $n=0$ 时为轴对称情况，由沿圆环一周均匀分布的弯矩 M_y 承受外加均匀分布的扭矩 m_0。由式(2.5.32)和式(2.5.33)可得：

$$M_y = -m_0 R, \quad M_s = 0 \tag{2.5.37a}$$

由式(2.5.16)：

$$\theta_s = \frac{m_0 R^2}{EI_y} \tag{2.5.37b}$$

此时圆环中只有弯曲正应力，没有扭转剪应力，这也是圆环与直杆的重要差别。

2.5.3.3　垂直于形心圆平面的分布力 q_z 作用下圆环微元的平衡方程及其解

如图 2.74 所示，圆环微元所受力与力矩的平衡方程：

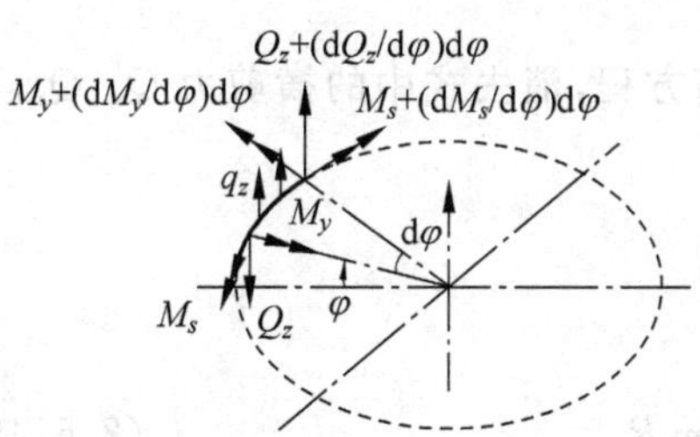

图 2.74　垂直于形心圆平面分布力作用下圆环微元的平衡条件

$$\dot{Q}_z = -q_z R \tag{2.5.38}$$

$$\dot{M}_y - M_s = Q_z R \tag{2.5.39}$$

$$\dot{M}_s = -M_y \tag{2.5.40}$$

将式(2.5.39)求一次导数，再将式(2.5.38)、式(2.5.40)代入，得到 M_y 所满足的方程：

$$\ddot{M}_y + M_y = -q_z R^2 \tag{2.5.41}$$

解之，得 M_y；利用式(2.5.40)与式(2.5.38)，可逐一解得

M_s 和 Q_z。再将 M_y 和 M_s 代入式(2.5.18b)，积分可得 u_z。将 M_y 和 u_z 代入式(2.5.16)，得到 θ_s。

当只有垂直载荷 q_z 作用时

$$q_z = \sum_{n=2}^{\infty} q_z^n \cos n\varphi \tag{2.5.42}$$

注意上述级数中 $n=0,1$ 项由于不是自平衡力系而不存在。对于每一谐数($n\neq 0,1$)的外载 $q_z^n \cos n\varphi$：

$$M_y^n = \frac{q_z^n R^2}{n^2-1}\cos n\varphi \tag{2.5.43a}$$

$$M_s^n = -\frac{q_z^n R^2}{n(n^2-1)}\sin n\varphi \tag{2.5.43b}$$

$$u_z = \frac{q_z^n R^4}{(n^2-1)^2}\left(\frac{1}{EI_y}+\frac{1}{n^2 GJ_\rho}\right)\cos n\varphi \tag{2.5.44a}$$

$$\theta_s = \frac{q_z^n R^3}{(n^2-1)^2}\left(\frac{1}{EI_y}+\frac{1}{GJ_\rho}\right)\cos n\varphi \tag{2.5.44b}$$

2.5.3.4 圆环微元的平衡方程汇总及其求解

由于圆环通常作为壳体的加强元件应用于飞行器结构中，所以上述各式常常与壳体分析的各种表达式联立使用，以进行加筋壳体的应力分析与稳定性分析。此时，圆环所受载荷常常是综合的，应当将所有载荷对于圆环的中心线进行简化，得到三个分布力 q_s，q_y 与 q_z(量纲：力/长度)，以及沿中心线的分布扭矩 m_s(量纲：力)。圆环在这些载荷的共同作用下既有平面内的拉伸，又有平面内和出平面的弯曲，还有绕中心线的扭转变形。圆环中四个内力素与四个广义位移的关系式见式(2.5.14)～式(2.5.17)，下面将汇总各种载荷作用下圆环微元所满足的平衡方程，而2.5.3.1节～2.5.3.3节给出的平衡方程可视作本节的特例：

$$\dot{T}_s + Q_y + q_s R = 0$$

$$\dot{Q}_y - T_s + q_y R = 0$$

$$\dot{Q}_z = -q_z R$$

$$\dot{M}_s + M_y + m_s R = 0$$

$$\dot{M}_y - M_s = Q_z R$$

$$\dot{M}_z + Q_y R = 0$$

上述六个方程依次为(s,y,z)三个方向的力与力矩平衡方程，消去式中的横剪力 Q_y，Q_z，可得到四个广义内力素所满足的平衡方程。它们是：

$$\ddot{T}_s + T_s = R(q_y - \dot{q}_s)$$

$$\ddot{M}_z + T_s R = q_y R^2$$

$$\ddot{M}_y + M_y = -q_z R^2 - m_s R \tag{2.5.45}$$

式(2.5.22)、式(2.5.23)、式(2.5.31)和式(2.5.45)构成四个广义内力素所满足的平衡方程。由式(2.5.22)可解得 T_s，代入式(2.5.23)可解得 M_z，由式(2.5.45)可解得 M_y，代入式(2.5.31)

可解得 M_s。再依次代入式(2.5.18a,b)、式(2.5.14)和式(2.5.16)可求得 u_y、u_z、u_s 和 θ_s。

2.6　弹性薄板的弯曲问题[8,13]

大部分飞行器都采用薄壁结构，它由杆件、桁条和隔框等纵横元件构成的骨架再覆以蒙皮组成。蒙皮受到气动载荷的作用，当其曲率很小时，可以近似地被看做平板。在半硬壳式结构中，应力蒙皮既能承受剪切应力，又能承受拉压与弯曲应力。此外，运输机所装载的乘客和货物的质量力由支承在纵横杆件上的地板承受，这是典型的平板弯曲问题。可见，板是构成飞行器的重要元件之一。

板可以承受面内的载荷和垂直于板面的载荷作用。当板很薄时，可以认为它只能承受面内的剪应力。在第3章介绍杆板模型时，将讨论受剪板的平衡问题。当板的面内出现压缩或剪切应力的时候，板有可能发生屈曲，这将在第5章进行介绍。本节只介绍板在垂直于板面载荷下的小挠度弯曲问题的分析方法。

2.6.1　弹性薄板的小挠度弯曲微分方程

2.2.2.2节已经给出了薄板弯曲的三个基本假定以及坐标系与位移、内力素正方向的规定。在此基础上，本节推导薄板小挠度弯曲问题的基本方程。

2.6.1.1　板弯曲变形的几何关系

由“直法线”假定，板的横向剪切变形可以被略去。再根据“挠度 w 沿板壳厚度的变化可以略去”假定，可以得到直角坐标系中板弯曲的几何关系：

$$\gamma_{xz}=\frac{\partial u}{\partial z}+\frac{\partial w}{\partial x}=0\ \Rightarrow\ u(x,y,z)=u(x,y,0)-z\frac{\partial w}{\partial x}\tag{2.6.1a}$$

$$\gamma_{yz}=\frac{\partial v}{\partial z}+\frac{\partial w}{\partial x}=0\ \Rightarrow\ v(x,y,z)=v(x,y,0)-z\frac{\partial w}{\partial y}\tag{2.6.1b}$$

进一步可知板的面内应变与板的法向位移的二阶导数呈线性关系：

$$\varepsilon_x=\frac{\partial u}{\partial x}=\varepsilon_x^{(0)}-z\frac{\partial^2 w}{\partial x^2}\tag{2.6.2a}$$

$$\varepsilon_y=\frac{\partial v}{\partial y}=\varepsilon_y^{(0)}-z\frac{\partial^2 w}{\partial y^2}\tag{2.6.2b}$$

$$\gamma_{xy}=\frac{\partial u}{\partial y}+\frac{\partial v}{\partial x}=\gamma_{xy}^{(0)}-2z\frac{\partial^2 w}{\partial x\partial y}\tag{2.6.2c}$$

上式中 $\varepsilon_x^{(0)}$、$\varepsilon_y^{(0)}$ 和 $\gamma_{xy}^{(0)}$ 为板的中面应变。当板面上只承受法向载荷且作为小变形问题分析时，可略去板的中面变形。此时

$$\varepsilon_x=-z\frac{\partial^2 w}{\partial x^2}\tag{2.6.3a}$$

$$\varepsilon_y=-z\frac{\partial^2 w}{\partial y^2}\tag{2.6.3b}$$

$$\gamma_{xy} = -2z\frac{\partial^2 w}{\partial x \partial y} \tag{2.6.3c}$$

定义板弯曲时的曲率变形 κ_x、κ_y 和扭率变形 κ_{xy}：

$$\kappa_x = \frac{\partial^2 w}{\partial x^2} \tag{2.6.4a}$$

$$\kappa_y = \frac{\partial^2 w}{\partial y^2} \tag{2.6.4b}$$

$$\kappa_{xy} = \frac{\partial^2 w}{\partial x \partial y} \tag{2.6.4c}$$

它们的几何意义是板中面由平面弯曲成曲面时的**曲率**(曲率半径之倒数)与**扭率**。于是式(2.6.3)可改写为：

$$\varepsilon_x = -z\kappa_x \tag{2.6.5a}$$

$$\varepsilon_y = -z\kappa_y \tag{2.6.5b}$$

$$\gamma_{xy} = -2z\kappa_{xy} \tag{2.6.5c}$$

2.6.1.2 板小挠度弯曲问题的弹性关系

对于各向同性线弹性材料，由广义胡克定律和“纵向纤维互不挤压”假定，以及式(2.6.3)～式(2.6.5)，可以得到：

$$\sigma_x = \frac{E}{1-\nu^2}(\varepsilon_x + \nu\varepsilon_y) = \frac{-Ez}{1-\nu^2}\left(\frac{\partial^2 w}{\partial x^2} + \nu\frac{\partial^2 w}{\partial y^2}\right) = \frac{-Ez}{1-\nu^2}(\kappa_x + \nu\kappa_y) \tag{2.6.6a}$$

$$\sigma_y = \frac{E}{1-\nu^2}(\varepsilon_y + \nu\varepsilon_x) = \frac{-Ez}{1-\nu^2}\left(\frac{\partial^2 w}{\partial y^2} + \nu\frac{\partial^2 w}{\partial x^2}\right) = \frac{-Ez}{1-\nu^2}(\kappa_y + \nu\kappa_x) \tag{2.6.6b}$$

$$\tau_{xy} = \frac{E}{2(1+\nu)}\gamma_{xy} = \frac{-Ez}{1+\nu}\frac{\partial^2 w}{\partial x \partial y} = -\frac{Ez}{1+\nu}\kappa_{xy} \tag{2.6.6c}$$

将式(2.6.6)代入板中内力素的定义式(2.2.3)和式(2.2.4)(其正方向的定义见图2.16)，得到板小挠度弯曲时的弹性关系：

$$T_x = \frac{Eh}{1-\nu^2}(\varepsilon_x^{(0)} + \nu\varepsilon_y^{(0)}) = 0 \tag{2.6.7a}$$

$$T_y = \frac{Eh}{1-\nu^2}(\varepsilon_y^{(0)} + \nu\varepsilon_x^{(0)}) = 0 \tag{2.6.7b}$$

$$T_{xy} = T_{yx} = \frac{Eh}{2(1+\nu)}\gamma_{xy}^{(0)} = 0 \tag{2.6.7c}$$

$$M_x = -D\left(\frac{\partial^2 w}{\partial x^2} + \nu\frac{\partial^2 w}{\partial y^2}\right) = -D(\kappa_x + \nu\kappa_y) \tag{2.6.8a}$$

$$M_y = -D\left(\frac{\partial^2 w}{\partial y^2} + \nu\frac{\partial^2 w}{\partial x^2}\right) = -D(\kappa_y + \nu\kappa_x) \tag{2.6.8b}$$

$$M_{xy} = -D(1-\nu)\frac{\partial^2 w}{\partial x \partial y} = -D(1-\nu)\kappa_{xy} \tag{2.6.8c}$$

其中 D 为板的弯曲刚度：

$$D=\frac{Eh^3}{12(1-\nu^2)} \tag{2.6.9}$$

2.6.1.3　板弯曲问题的微元体平衡方程

图 2.75 所示为边长为 dx,dy，厚度为 h 的板微元体，在板表面所受法向载荷 $p(x,y)$及微元体周向作用的各内力素共同作用下处于平衡状态。它所满足的平衡条件为：

z 方向的力平衡条件

$$\frac{\partial Q_x}{\partial x}+\frac{\partial Q_y}{\partial y}+p(x,y)=0 \tag{2.6.10}$$

力矩平衡条件

$$Q_x=\frac{\partial M_x}{\partial x}+\frac{\partial M_{yx}}{\partial y} \tag{2.6.11}$$

$$Q_y=\frac{\partial M_{xy}}{\partial x}+\frac{\partial M_y}{\partial y} \tag{2.6.12}$$

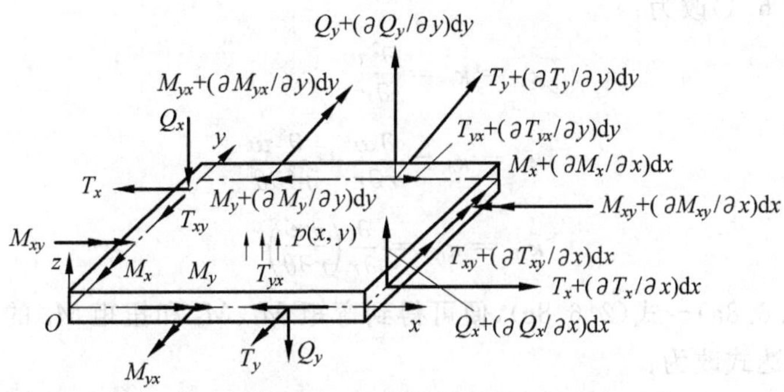

图 2.75　板中广义内力素正方向的规定

2.6.1.4　板的挠曲微分方程

将式(2.6.11)和式(2.6.12)代入式(2.6.10)，得到：

$$\frac{\partial^2 M_x}{\partial x^2}+2\frac{\partial^2 M_{yx}}{\partial x\partial y}+\frac{\partial^2 M_y}{\partial y^2}+p(x,y)=0 \tag{2.6.13}$$

将式(2.6.8)代入式(2.6.13)，得到：

$$\frac{\partial^4 w}{\partial x^4}+2\frac{\partial^4 w}{\partial x^2\partial y^2}+\frac{\partial^4 w}{\partial y^4}=\frac{p(x,y)}{D} \tag{2.6.14}$$

采用 Laplace 算子$\nabla^2=\frac{\partial^2}{\partial x^2}+\frac{\partial^2}{\partial y^2}$，上式可以表示为适用于各种坐标系的一般形式的双调和方程：

$$\nabla^2\nabla^2 w=\frac{p(x,y)}{D} \tag{2.6.15}$$

不难发现，平板弯曲时挠度满足的方程与弹性力学平面问题中应力函数满足的方程具有相同的形式。

将式(2.6.8)代入式(2.6.11)和式(2.6.12)，得到横剪力与挠度的关系式：

$$Q_x = -D\frac{\partial}{\partial x}(\nabla^2 w) \tag{2.6.16a}$$

$$Q_y = -D\frac{\partial}{\partial y}(\nabla^2 w) \tag{2.6.16b}$$

板的挠曲微分方程式(2.6.15)具有关于坐标的不变性，在其他任意坐标系中，只需将Laplace算子∇^2改为在该坐标系中的表达式便可。例如在圆柱坐标系中：

$$\nabla^2 = \frac{\partial^2}{\partial r^2} + \frac{\partial}{r\partial r} + \frac{\partial^2}{r^2\partial\theta^2} \tag{2.6.17}$$

则式(2.6.15)成为：

$$\left(\frac{\partial^2}{\partial r^2} + \frac{\partial}{r\partial r} + \frac{\partial^2}{r^2\partial\theta^2}\right)\left(\frac{\partial^2 w}{\partial r^2} + \frac{\partial w}{r\partial r} + \frac{\partial^2 w}{r^2\partial\theta^2}\right) = \frac{p(r,\theta)}{D} \tag{2.6.18}$$

曲率的表达式(2.6.4)改为：

$$\kappa_1 = \kappa_r = \frac{\partial^2 w}{\partial r^2} \tag{2.6.19a}$$

$$\kappa_2 = \kappa_\theta = \frac{\partial w}{r\partial r} + \frac{\partial^2 w}{r^2\partial\theta^2} \tag{2.6.19b}$$

$$\kappa_{12} = \kappa_{r\theta} = \frac{\partial}{\partial r}\left(\frac{\partial w}{r\partial\theta}\right) \tag{2.6.19c}$$

将上式代入式(2.6.8a)～式(2.6.8c)，便可得到弯矩M_r、M_θ和扭矩$M_{r\theta}$的表达式。而横剪力Q_r和Q_θ的表达式改为：

$$Q_r = -D\frac{\partial}{\partial r}(\nabla^2 w) \tag{2.6.20a}$$

$$Q_\theta = -D\frac{\partial}{r\partial\theta}(\nabla^2 w) \tag{2.6.20b}$$

对于轴对称载荷作用下的圆板，式(2.6.18)、式(2.6.8)和式(2.6.20)成为：

$$\frac{d^4 w}{dr^4} + \frac{2d^3 w}{r\,dr^3} - \frac{d^2 w}{r^2 dr^2} + \frac{dw}{r^3 dr} = \frac{p(r)}{D} \tag{2.6.21}$$

$$M_r = -D\left(\frac{d^2 w}{dr^2} + \nu\frac{dw}{r\,dr}\right),\quad M_\theta = -D\left(\frac{dw}{r\,dr} + \nu\frac{d^2 w}{dr^2}\right),\quad M_{r\theta} = 0 \tag{2.6.22a}$$

$$Q_r = -D\frac{d}{dr}(\nabla^2 w),\quad Q_\theta = 0 \tag{2.6.22b}$$

2.6.1.5 板中应力的表达式

在薄板小挠度弯曲问题中，σ_x、σ_y和τ_{xy}这三个面内的应力分量比横向剪应力τ_{zx}和τ_{yz}大一个数量级，比层间正应力σ_z大两个数量级[8]。因此一般只需要计算这三个主要应力分量。对比式(2.6.6)和式(2.6.8)，并注意到式(2.6.9)，可以得到用弯矩和扭矩求解应力的公式：

$$\sigma_x = \frac{12M_x}{h^3}z \tag{2.6.23a}$$

$$\sigma_y = \frac{12M_y}{h^3}z \tag{2.6.23b}$$

$$\tau_{xy} = \frac{12M_{xy}}{h^3}z \tag{2.6.23c}$$

较次要的横剪应力分量可以利用三维弹性力学中第一、第二个平衡方程由上式积分得到，其间应用了式(2.6.11)和式(2.6.12)。与梁类似，横剪应力分量沿板横截面为抛物线分布，其表达式如下：

$$\tau_{xz} = \frac{3Q_x}{2h}\left(1-\frac{4z^2}{h^2}\right) \tag{2.6.23d}$$

$$\tau_{yz} = \frac{3Q_y}{2h}\left(1-\frac{4z^2}{h^2}\right) \tag{2.6.23e}$$

2.6.2 弹性薄板小挠度弯曲的边界条件

以边长分别为 a 和 b 的矩形薄板的小挠度弯曲问题为例，给出直角坐标系下的边界条件：

(1) 给定广义位移的边界-固支边

在 $x=a$ 处：
$$w=0,\quad \frac{\partial w}{\partial x}=0 \tag{2.6.24a}$$

在 $y=b$ 处：
$$w=0,\quad \frac{\partial w}{\partial y}=0 \tag{2.6.24b}$$

(2) 给定广义力的边界

在严格提出的边值问题中，不约束广义位移的边缘处弯矩、剪力与扭矩都应等于边界上给定的弯矩、横剪力与扭矩。对于自由边，弯矩、横剪力与扭矩为零。例如在考虑剪切变形的中厚板理论(Reissner-Mindlin 板理论)中，板的力边界条件就应为下列三个条件：

在 $x=a$ 处：

$$M_x = -D\left(\frac{\partial^2 w}{\partial x^2}+\nu\frac{\partial^2 w}{\partial y^2}\right)_{x=a} = \overline{M}_x \tag{2.6.25a}$$

$$M_{xy} = -D(1-\nu)\left(\frac{\partial^2 w}{\partial x\partial y}\right)_{x=a} = \overline{M}_{xy} \tag{2.6.25b}$$

$$Q_x = -D\left(\frac{\partial^3 w}{\partial x^3}+\frac{\partial^3 w}{\partial x\partial y^2}\right)_{x=a} = \overline{Q}_x \tag{2.6.25c}$$

在 $y=b$ 处：

$$M_y = -D\left(\frac{\partial^2 w}{\partial y^2}+\nu\frac{\partial^2 w}{\partial x^2}\right)_{y=b} = \overline{M}_y \tag{2.6.26a}$$

$$M_{yx} = -D(1-\nu)\left(\frac{\partial^2 w}{\partial x\partial y}\right)_{y=b} = \overline{M}_{yx} \tag{2.6.26b}$$

$$Q_y = -D\left(\frac{\partial^3 w}{\partial y^3} + \frac{\partial^3 w}{\partial y \partial x^2}\right)_{y=b} = \bar{Q}_y \qquad (2.6.26c)$$

上式中等式右端带上划线的量表示边界上已知的给定力，等式左端不带上划线的量表示按照内力素通过挠度表达式计算得到的边界内该点的值。

但是在弹性薄板小挠度弯曲理论中，由于引入了“直法线”近似假定，按照式(2.6.25)与式(2.6.26)每边提三个边界条件太多，使方程式(2.6.15)不可解。克希霍夫指出，对于薄板问题，式(2.6.25b，c)和式(2.6.26b，c)关于扭矩与剪力的两个条件必须用一个等效剪力的边界条件来代替，即：

在 $x=a$ 处：
$$V_x = -D\left[\frac{\partial^3 w}{\partial x^3} + (2-\nu)\frac{\partial^3 w}{\partial x \partial y^2}\right]_{x=a} = \bar{Q}_x + \frac{\partial \bar{M}_{xy}}{\partial y} = \bar{V}_x \qquad (2.6.27a)$$

在 $y=b$ 处：
$$V_y = -D\left[\frac{\partial^3 w}{\partial y^3} + (2-\nu)\frac{\partial^3 w}{\partial x^2 \partial y}\right]_{y=b} = \bar{Q}_y + \frac{\partial \bar{M}_{yx}}{\partial x} = \bar{V}_y \qquad (2.6.27b)$$

矩形板的四个角点属于边界不光滑的情况，角点处可能作用有集中力 $\bar{R}$，此时应当在角点处给定以下边界条件：

$$x = a, y = 0:\ 2M_{xy} = -2D(1-\nu)\left(\frac{\partial^2 w}{\partial x \partial y}\right)_{x=a,\,y=0} = \bar{R}_A \qquad (2.6.28a)$$

$$x = a, y = b:\ 2M_{xy} = -2D(1-\nu)\left(\frac{\partial^2 w}{\partial x \partial y}\right)_{x=a,\,y=b} = \bar{R}_B \qquad (2.6.28b)$$

$$x = 0, y = b:\ 2M_{xy} = -2D(1-\nu)\left(\frac{\partial^2 w}{\partial x \partial y}\right)_{x=0,\,y=b} = \bar{R}_C \qquad (2.6.28c)$$

$$x = 0, y = 0:\ 2M_{xy} = -2D(1-\nu)\left(\frac{\partial^2 w}{\partial x \partial y}\right)_{x=0,\,y=0} = \bar{R}_O \qquad (2.6.28d)$$

上式中角点外力的正方向如图 2.76 所示。

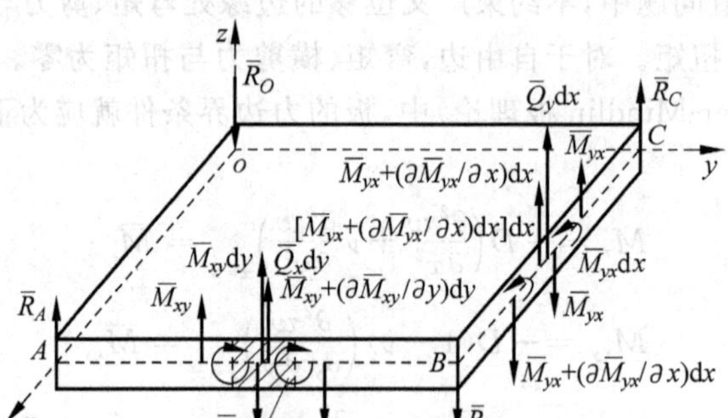

图 2.76　薄板的横剪力边界条件

边界条件式(2.6.27)与角点力条件式(2.6.28)的物理解释如图 2.76 所示。例如，在 $x=a$ 边上作用有扭矩 $\bar{M}_{xy}(y)$ 和横剪力 $\bar{Q}_x(y)$。在该边界上坐标(a,y)处横截面长度为 dy

的微面上作用有横剪力 $\bar{Q}_x(y)\mathrm{d}y$。在该点左右邻域作用的扭矩分别为 $\overline{M}_{xy}\mathrm{d}y$ 与 $\left(\overline{M}_{xy}+\frac{\partial \overline{M}_{xy}}{\partial y}\mathrm{d}y\right)\mathrm{d}y$。根据"直法线"假定，板弯曲时横截面为刚性平面，这相当于假设 $G_{xz}=\infty$，故可以分别用两对力偶代替它们的作用。每一对力偶的力分别为 $\overline{M}_{xy}$ 与 $\overline{M}_{xy}+\frac{\partial \overline{M}_{xy}}{\partial y}\mathrm{d}y$，而力臂都是 $\mathrm{d}y$，在坐标 (a,y) 处，其合力为 $\frac{\partial \overline{M}_{xy}}{\partial y}\mathrm{d}y$。依次类推，在 $x=a$ 边上扭矩 $\overline{M}_{xy}(y)$ 的作用等价于作用了分布的单位长度横剪力 $\frac{\partial \overline{M}_{xy}}{\partial y}$，并且在 $(a,0)$ 点作用有横剪力 $(\overline{M}_{xy})_{\substack{y=0\\x=a}}$，在 (a,b) 点作用有横剪力 $(\overline{M}_{xy})_{\substack{y=b\\x=a}}$。所以式(2.6.27)和式(2.6.28)右端项等价于扭矩 $\overline{M}_{xy}(y)$ 与横剪力 $\bar{Q}_x(y)$ 的共同作用。

克希霍夫关于薄板广义力边界条件的表达式(2.6.27)和式(2.6.28)可以用最小势能原理严格地导出，其证明过程可参考有关板壳理论的教科书[8]。此外，对于复合材料层合板，即使其板厚较薄，但由于其横向剪切模量相对于平面内的拉伸模量小得多，直法线假设将引起较大误差，若采用经典的薄板理论以及相应的广义力边界条件式(2.6.27)和式(2.6.28)规定的等效关系，会对计算结果带来较大的误差，此时常常需要采用考虑剪切变形的中厚板理论(Reissner-Mindlin 板理论)以及相应的边界条件式(2.6.25)和式(2.6.26)。

(3) 混合边界条件

简支边：

在 $x=a$ 处： $$w=0,\quad M_x=0 \quad\Rightarrow\quad \frac{\partial^2 w}{\partial x^2}=0 \tag{2.6.29a}$$

在 $y=b$ 处： $$w=0,\quad M_y=0 \quad\Rightarrow\quad \frac{\partial^2 w}{\partial y^2}=0 \tag{2.6.29b}$$

(4) 弹性杆件支承

如图 2.77 所示，设在 $x=a$ 处有抗弯刚度为 EI_x、抗扭刚度为 GJ_ρ 的弹性杆件，根据板与杆件之间的广义力、广义位移连续条件，可以导得：

$$D\left[\frac{\partial^3 w}{\partial x^3}+(2-\nu)\frac{\partial^3 w}{\partial x\partial y^2}\right]_{x=a}=-V_x=EI_x\left(\frac{\partial^4 w}{\partial y^4}\right)_{x=a} \tag{2.6.30a}$$

$$D\left(\frac{\partial^2 w}{\partial x^2}+\nu\frac{\partial^2 w}{\partial y^2}\right)_{x=a}=-M_x=GJ_\rho\frac{\partial}{\partial y}\left(\frac{\partial^2 w}{\partial x\partial y}\right)_{x=a}=GJ_\rho\left(\frac{\partial^3 w}{\partial x\partial y^2}\right)_{x=a} \tag{2.6.30b}$$

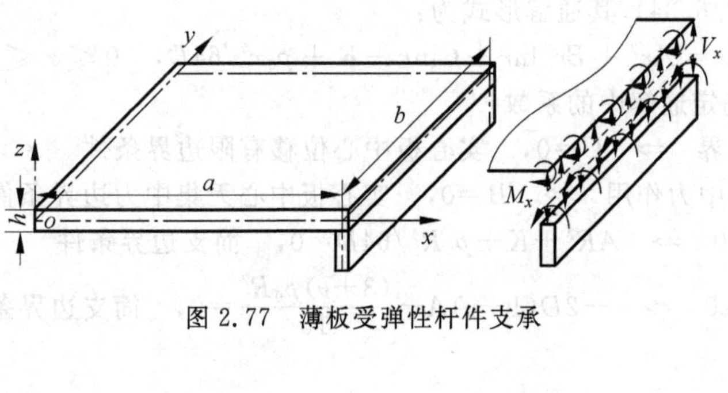

图 2.77 薄板受弹性杆件支承

2.6.3 弹性薄板小挠度弯曲微分方程的解

本节中我们由易到难，先给出轴对称圆板方程(2.6.21)的解，然后给出矩形板方程(2.6.14)的解法。

2.6.3.1 轴对称载荷作用下圆板弯曲微分方程的解

对于轴对称圆板或圆环形板，采用方程(2.6.21)便于求解：

$$\frac{d^4 w}{dr^4}+\frac{2d^3 w}{r dr^3}-\frac{d^2 w}{r^2 dr^2}+\frac{dw}{r^3 dr}=\frac{p(r)}{D}$$

上述方程的通解可以分解为一个特解 w^* 叠加对应的齐次方程的通解 $\bar{w}$：

$$w=w^*+\bar{w} \tag{2.6.31}$$

方程(2.6.21)对应的齐次方程为欧拉型方程，其通解为：

$$\bar{w}=Ar^2+Br^2\ln r+C\ln r+K \tag{2.6.32}$$

如果 $p(r)$ 的函数形式为幂函数 $p_0 r^s$，则特解为

$$w^*=\frac{p_0 r^{s+4}}{(s+4)^2(s+2)^2 D} \tag{2.6.33}$$

当板受均布面力 p_0 时 $w^*=\dfrac{p_0 r^4}{64D}$，此时：

$$w=Ar^2+Br^2\ln r+C\ln r+K+p_0 r^4/64D \tag{2.6.34}$$

$$\frac{dw}{dr}=(2A+B)r+2Br\ln r+\frac{C}{r}+\frac{p_0 r^3}{16D} \tag{2.6.35}$$

$$M_r=-D\left[2(1+\nu)A+(3+\nu)B+2(1+\nu)B\ln r-\frac{1-\nu}{r^2}C\right]-\frac{(3+\nu)p_0 r^2}{16} \tag{2.6.36}$$

$$M_\theta=-D\left[2(1+\nu)A+(1+3\nu)B+2(1+\nu)B\ln r+\frac{1-\nu}{r^2}C\right]-\frac{(1+3\nu)p_0 r^2}{16} \tag{2.6.37}$$

$$Q_r=-\frac{4BD}{r}-\frac{p_0 r}{2} \tag{2.6.38}$$

例 2.16 求均布压力作用下，半径为 R，周边简支圆板的挠度和应力。

解：根据式(2.6.34)，其通解形式为：

$$w=Ar^2+Br^2\ln r+C\ln r+K+p_0 r^4/64D,\quad 0\leqslant r\leqslant R$$

由边界条件可以确定通解中的系数：

$r=0$：　w 有界 $\Rightarrow$ $C=0$，　实心板中心位移有限边界条件　(2.6.39a)

　　　无集中力作用 $\Rightarrow$ $B=0$，　实心板中心无集中力边界条件　(2.6.39b)

$r=R$：　$w=0$ $\Rightarrow$ $AR^2+K+p_0R^4/64D=0$，　简支边界条件　(2.6.40a)

　　　$M_r=0$ $\Rightarrow$ $-2D(1+\nu)A-\dfrac{(3+\nu)p_0R^2}{16}=0$，　简支边界条件　(2.6.40b)

由上面两式解得两个非零常数 A 和 K，然后得到：

$$w=\frac{p_0R^4}{64D}\left[\frac{5+\nu}{1+\nu}-\frac{2(3+\nu)}{1+\nu}\frac{r^2}{R^2}+\frac{r^4}{R^4}\right] \tag{2.6.41a}$$

$$M_r=\frac{3+\nu}{16}p_0R^2\left[1-\left(\frac{r}{R}\right)^2\right] \tag{2.6.41b}$$

$$M_\theta=\frac{p_0R^2}{16}\left[3+\nu-(1+3\nu)\left(\frac{r}{R}\right)^2\right] \tag{2.6.41c}$$

$$Q_r=-\frac{p_0r}{2} \tag{2.6.41d}$$

由式(2.6.23)可得板中应力：

$$\sigma_r=\frac{12zM_r}{h^3}=\frac{3(3+\nu)}{4}\frac{p_0R^2z}{h^3}\left[1-\left(\frac{r}{R}\right)^2\right] \tag{2.6.42a}$$

$$\sigma_\theta=\frac{12zM_\theta}{h^3}=\frac{3p_0R^2z}{4h^3}\left[3+\nu-(1+3\nu)\left(\frac{r}{R}\right)^2\right] \tag{2.6.42b}$$

$$\tau_{rz}=-\frac{3p_0r}{4h}\left(1-\frac{4z^2}{h^2}\right) \tag{2.6.42c}$$

可见对于简支边界条件，板中心($r=0$)处的正应力最大。

例 2.17　求板中心受集中力 P 作用时，半径为 R，周边固支圆板的挠度和应力。

解：由于没有均布力作用，因此其通解中只有齐次项：

$$w=Ar^2+Br^2\ln r+C\ln r+K,\quad 0\leqslant r\leqslant R$$

由边界条件可以确定通解中的系数：

$r=0$：　w 有界　$\Rightarrow$　$C=0$，　实心板中心位移有限边界条件　(2.6.43a)

　　　集中力 P 作用　$\Rightarrow$　$B=P/8\pi D$，　实心板中心集中力边界条件　(2.6.43b)

$r=R$：　$w=0$　$\Rightarrow$　$AR^2+K+\frac{PR^2}{8\pi D}\ln R=0$，　固支边界条件　(2.6.44a)

　　　$\mathrm{d}w/\mathrm{d}r=0$　$\Rightarrow$　$\left(2A+\frac{P}{8\pi D}\right)R+\frac{P}{4\pi D}R\ln R=0$，　固支边界条件　(2.6.44b)

由上述三式解得三个非零常数 A、B 和 K，然后得到：

$$w=\frac{PR^2}{16\pi D}\left(1-\frac{r^2}{R^2}\right)+\frac{Pr^2}{8\pi D}\ln\frac{r}{R} \tag{2.6.45a}$$

$$(M_r)_{0<r\leqslant R}=-\frac{P}{4\pi}\left[1+(1+\nu)\ln\frac{r}{R}\right] \tag{2.6.45b}$$

$$(M_\theta)_{0<r\leqslant R}=-\frac{P}{4\pi}\left[\nu+(1+\nu)\ln\frac{r}{R}\right] \tag{2.6.45c}$$

$$(Q_r)_{0<r\leqslant R}=-\frac{P}{2\pi r} \tag{2.6.45d}$$

由式(2.6.23)可得板中应力：

$$\sigma_r=\frac{12zM_r}{h^3}=-\frac{3Pz}{\pi h^3}\left[1+(1+\nu)\ln\frac{r}{R}\right] \tag{2.6.46a}$$

$$\sigma_\theta = \frac{12zM_\theta}{h^3} = -\frac{3Pz}{\pi h^3}\left[\nu + (1+\nu)\ln\frac{r}{R}\right] \tag{2.6.46b}$$

$$\tau_{rz} = -\frac{3P}{4\pi rh}\left(1-\frac{4z^2}{h^2}\right) \tag{2.6.46c}$$

可见,对于固支边界条件,板边缘($r=R$)处的正应力最大。

例 2.18 求内缘半径为 R_i,周边有均布力矩 m 作用;外缘半径为 R_o,周边简支圆环形板的挠度和应力。

解:由于没有均布力作用,因此其通解中只有齐次项:

$$w = Ar^2 + Br^2\ln r + C\ln r + K,\quad R_i \leqslant r \leqslant R_o$$

由边界条件可以确定通解中的系数:

$$r=R_i:\ M_r=m \ \Rightarrow\ 2(1+\nu)A + 2(1+\nu)B\ln R_i + (3+\nu)B - \frac{(1-\nu)C}{R_i^2} = -\frac{m}{D},$$

力矩边界条件 (2.6.47a)

$$Q_r=0 \ \Rightarrow\ B=0,$$ 剪力边界条件 (2.6.47b)

$$r=R_o:\ w=0 \ \Rightarrow\ AR_o^2 + BR_o^2\ln R_o + C\ln R_o + K = 0,$$ 简支边界条件 (2.6.48a)

$$M_r=0 \ \Rightarrow\ 2(1+\nu)A + 2(1+\nu)B\ln R_o + (3+\nu)B - \frac{(1-\nu)C}{R_o^2} = 0,$$

简支边界条件 (2.6.48b)

由上述三式解得三个非零常数 A、C 和 K,然后得到:

$$w = \frac{-mR_i^2}{D(1-R_i^2/R_o^2)}\left[\frac{1-r^2/R_o^2}{2(1+\nu)} + \frac{1}{1-\nu}\ln\frac{r}{R_o}\right] \tag{2.6.49a}$$

$$M_r = \frac{m}{1-R_i^2/R_o^2}\left(\frac{R_i^2}{r^2} - \frac{R_i^2}{R_o^2}\right) \tag{2.6.49b}$$

$$M_\theta = \frac{-m}{1-R_i^2/R_o^2}\left(\frac{R_i^2}{r^2} + \frac{R_i^2}{R_o^2}\right) \tag{2.6.49c}$$

$$Q_r = 0 \tag{2.6.49d}$$

由式(2.6.23)可得板中应力:

$$\sigma_r = \frac{12zM_r}{h^3} = \frac{12z}{h^3}\frac{m}{1-R_i^2/R_o^2}\left(\frac{R_i^2}{r^2} - \frac{R_i^2}{R_o^2}\right) \tag{2.6.50a}$$

$$\sigma_\theta = \frac{12zM_\theta}{h^3} = -\frac{12z}{h^3}\frac{m}{1-R_i^2/R_o^2}\left(\frac{R_i^2}{r^2} + \frac{R_i^2}{R_o^2}\right) \tag{2.6.50b}$$

2.6.3.2 矩形板弯曲微分方程的解

图 2.78 所示对边简支的矩形板满足弯曲微分方程(2.6.14):

$$\frac{\partial^4 w}{\partial x^4} + 2\frac{\partial^4 w}{\partial x^2\partial y^2} + \frac{\partial^4 w}{\partial y^4} = \frac{p(x,y)}{D},$$

$$0 < x < a,\ -b/2 < y < b/2$$

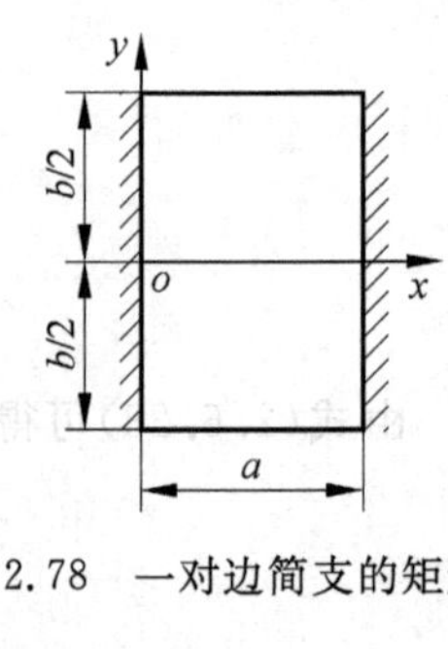

图 2.78 一对边简支的矩形板

其通解也可以分解为一个特解 w^* 叠加对应的齐次方程的通解 $\bar{w}$:

$$w = w^* + \bar{w} \tag{2.6.51}$$

其中通解 $\bar{w}$ 满足:

$$\frac{\partial^4 \bar{w}}{\partial x^4}+2\frac{\partial^4 \bar{w}}{\partial x^2 \partial y^2}+\frac{\partial^4 \bar{w}}{\partial y^4}=0 \tag{2.6.52}$$

根据载荷分布情况可以较容易地得到特解 w^*。另外,可以通过某种满足边界条件的完备函数族构成的级数来表示齐次解$\bar{w}$,再由式(2.6.52)确定其中的待定系数。这样就可以得到该问题的解。

齐次解可以假设为双三角级数形式,也假设为单三角级数形式。不过双三角级数形式解的收敛性较差,因此本节只介绍一种单三角级数的列维(Levy)解法。而5.3.1节中将会用双三角级数方法来求解板的屈曲问题。

用分离变量法求解齐次方程(2.6.52),可以假设齐次解为:$\bar{w}=\sum_{m=1}^{\infty} X_m(x)Y_m(y)$。由于 $x=0,a$ 边简支,由式(2.6.29a)所给简支边界条件:$\bar{w}=0,\partial^2 \bar{w}/\partial x^2=0$ 可知,取 $X_m(x)=\sin(m\pi x/a)$是满足上述两边边界条件的完备函数族。故可设:

$$\bar{w}=\sum_{m=1}^{\infty} Y_m(y)\sin\frac{m\pi x}{a} \tag{2.6.53}$$

代入方程(2.6.52),可知 $Y_m(y)$应满足方程:

$$Y_m^{\mathrm{IV}}(y)-\frac{2m^2\pi^2}{a^2}Y''_m(y)+\frac{m^4\pi^4}{a^4}Y_m(y)=0 \tag{2.6.54}$$

上述方程具有四个线性无关的特解:

$$Y_m(y)=\mathrm{e}^{\frac{m\pi y}{a}},\quad \frac{m\pi y}{a}\mathrm{e}^{\frac{m\pi y}{a}},\quad \mathrm{e}^{-\frac{m\pi y}{a}},\quad \frac{m\pi y}{a}\mathrm{e}^{-\frac{m\pi y}{a}}$$

或者:

$$Y_m(y)=\mathrm{ch}\frac{m\pi y}{a},\quad \mathrm{sh}\frac{m\pi y}{a},\quad \frac{m\pi y}{a}\mathrm{ch}\frac{m\pi y}{a},\quad \frac{m\pi y}{a}\mathrm{sh}\frac{m\pi y}{a}$$

这样,齐次方程的通解应为:

$$\bar{w}=\sum_{m=1}^{\infty}\left(A_m\mathrm{ch}\frac{m\pi y}{a}+B_m\frac{m\pi y}{a}\mathrm{sh}\frac{m\pi y}{a}+C_m\mathrm{sh}\frac{m\pi y}{a}+D_m\frac{m\pi y}{a}\mathrm{ch}\frac{m\pi y}{a}\right)\sin\frac{m\pi x}{a} \tag{2.6.55}$$

特解 w^* 的取法由外载荷而定。对于外加载荷只随 x 变化的情况,即 $p=p(x)$时,可以取 w^* 为柱面弯曲的挠度,即 $w^*=w^*(x)$满足两端简支梁的挠度方程与边界条件,但不要求满足 $y=\pm b/2$ 处的边界条件:

$$\frac{\mathrm{d}^4 w^*}{\mathrm{d}x^4}=\frac{p(x)}{D},\quad 0<x<a \tag{2.6.56a}$$

$$x=0,\quad a:w^*=0,\quad \mathrm{d}^2 w^*/\mathrm{d}x^2=0 \tag{2.6.56b}$$

上述常微分方程的解法已经在梁的理论中熟知。解得 $w^*(x)$后,可将其展成傅里叶级数:

$$w^*(x)=\sum_{m=1}^{\infty} a_m\sin\frac{m\pi x}{a} \tag{2.6.57a}$$

式中 a_m 可利用三角函数的正交性条件得到:

$$a_m=\frac{2}{a}\int_0^a w^*(x)\sin\frac{m\pi x}{a}\mathrm{d}x \tag{2.6.57b}$$

这样可以得到方程的通解：

$$w=\sum_{m=1}^{\infty}\left(a_m+A_m\text{ch}\frac{m\pi y}{a}+B_m\frac{m\pi y}{a}\text{sh}\frac{m\pi y}{a}+C_m\text{sh}\frac{m\pi y}{a}+D_m\frac{m\pi y}{a}\text{ch}\frac{m\pi y}{a}\right)\sin\frac{m\pi x}{a} \tag{2.6.58}$$

上式中的待定常数 A_m, B_m, C_m, D_m 由 $y=\pm b/2$ 处的边界条件决定。

用上述方法可以得到多种边界条件时矩形板的解[13]。下面只举一个例子进行说明。

例 2.19 求均布压力 p 作用下四边简支矩形板的挠度和弯曲应力。

解：平衡方程为：

$$\frac{\partial^4 w}{\partial x^4}+2\frac{\partial^4 w}{\partial x^2\partial y^2}+\frac{\partial^4 w}{\partial y^4}=\frac{p}{D},\quad 0<x<a, -b/2<y<b/2$$

边界条件为：

$$w=0,\quad \partial^2 w/\partial x^2=0,\quad x=0,a$$
$$w=0,\quad \partial^2 w/\partial y^2=0,\quad y=\pm b/2$$

特解满足：

$$\frac{\text{d}^4 w^*}{\text{d}x^4}=\frac{p}{D},\quad 0<x<a$$
$$x=0,a:\ w^*=0,\quad \text{d}^2 w^*/\text{d}x^2=0$$

可以解得特解为：$w^*(x)=\dfrac{p}{24D}(x^4-2ax^3+a^3x)=\displaystyle\sum_{m=1}^{\infty}a_m\sin\frac{m\pi x}{a}$

其中 $\quad a_m=\dfrac{2}{a}\displaystyle\int_0^a\frac{p}{24D}(x^4-2ax^3+a^3x)\sin\frac{m\pi x}{a}\text{d}x=\frac{4pa^4}{m^5\pi^5 D},\quad m=1,3,5,\cdots$

由于支座与载荷均关于 x 轴对称，所以 w 必为 y 的偶函数，故式(2.6.58)中 $C_m=D_m=0$，即：

$$w=\frac{pa^4}{D}\sum_{m=1,3,\cdots}^{\infty}\left(\frac{4}{m^5\pi^5}+A'_m\text{ch}\frac{m\pi y}{a}+B'_m\frac{m\pi y}{a}\text{sh}\frac{m\pi y}{a}\right)\sin\frac{m\pi x}{a}$$

由边界条件 $y=b/2$：$w=0, \partial^2 w/\partial y^2=0$ 可以得到以下代数方程：

$$\frac{4}{m^5\pi^5}+A'_m\text{ch}\alpha_m+B'_m\alpha_m\text{sh}\alpha_m=0$$
$$(A'_m+2B'_m)\text{ch}\alpha_m+B'_m\alpha_m\text{sh}\alpha_m=0$$

由此可以确定 A' 和 B'，并最终得到：

$$w=\frac{4pa^4}{\pi^5 D}\sum_{m=1,3,\cdots}^{\infty}\frac{1}{m^5}\left(1-\frac{\alpha_m\text{th}\alpha_m+2}{2\text{ch}\alpha_m}\text{ch}\frac{2\alpha_m y}{b}+\frac{\alpha_m}{2\text{ch}\alpha_m}\frac{2y}{b}\text{sh}\frac{2\alpha_m y}{b}\right)\sin\frac{m\pi x}{a} \tag{2.6.59a}$$

式中

$$\alpha_m=\frac{m\pi b}{2a} \tag{2.6.59b}$$

$$M_x=\frac{px(a-x)}{2}-\frac{2(1-\nu)pa^2}{\pi^3}\sum_{m=1,3,\cdots}^{\infty}\frac{1}{m^3}$$
$$\left[\frac{\alpha_m\text{th}\alpha_m+2}{\text{ch}\alpha_m}\text{ch}\frac{m\pi y}{a}+\frac{1}{\text{ch}\alpha_m}\left(\frac{2\nu}{1-\nu}\text{ch}\frac{m\pi y}{a}-\frac{m\pi y}{a}\text{sh}\frac{m\pi y}{a}\right)\right]\sin\frac{m\pi x}{a} \tag{2.6.60a}$$

$$M_y = \frac{\nu px(a-x)}{2} + \frac{2(1-\nu)pa^2}{\pi^3}\sum_{m=1,3,\cdots}^{\infty}\frac{1}{m^3}$$
$$\times\left[\frac{\alpha_m \text{th}\alpha_m + 2}{\text{ch}\alpha_m}\text{ch}\frac{m\pi y}{a} - \frac{1}{\text{ch}\alpha_m}\left(\frac{2}{1-\nu}\text{ch}\frac{m\pi y}{a} + \frac{m\pi y}{a}\text{sh}\frac{m\pi y}{a}\right)\right]\sin\frac{m\pi x}{a} \tag{2.6.60b}$$

$$M_{xy} = \frac{2(1-\nu)pa^2}{\pi^3}\sum_{m=1,3,\cdots}^{\infty}\frac{1}{m^3}\left[\frac{\alpha_m \text{th}\alpha_m + 2}{\text{ch}\alpha_m}\text{sh}\frac{m\pi y}{a} - \frac{1}{\text{ch}\alpha_m}\left(\frac{m\pi y}{a}\text{ch}\frac{m\pi y}{a} + \text{sh}\frac{m\pi y}{a}\right)\right]\cos\frac{m\pi x}{a} \tag{2.6.60c}$$

最大挠度与弯曲应力都发生在板中心处：

$$w_{\max} = \alpha\frac{pa^4}{D} = 12(1-\nu^2)\alpha\frac{pa}{E}\left(\frac{a}{h}\right)^3$$
$$\alpha = \frac{5}{384} - \frac{4}{\pi^5}\sum_{m=1,3,\cdots}^{\infty}\frac{(-1)^{\frac{m-1}{2}}}{m^5}\frac{\alpha_m \text{th}\alpha_m + 2}{2\text{ch}\alpha_m} \tag{2.6.61a}$$

此时有：

$$M_x = \beta pa^2,\quad \sigma_x = 6\beta p\frac{2z}{h}\left(\frac{a}{h}\right)^2,\quad \beta = \frac{1}{8} - \frac{2}{\pi^3}\sum_{m=1,3,\cdots}^{\infty}\frac{(-1)^{\frac{m-1}{2}}}{m^3}\frac{(1-\nu)\alpha_m \text{th}\alpha_m + 2}{\text{ch}\alpha_m} \tag{2.6.61b}$$

$$M_y = \beta_1 pa^2,\quad \sigma_y = 6\beta_1 p\frac{2z}{h}\left(\frac{a}{h}\right)^2,\quad \beta_1 = \frac{\nu}{8} + \frac{2}{\pi^3}\sum_{m=1,3,\cdots}^{\infty}\frac{(-1)^{\frac{m-1}{2}}}{m^3}\frac{(1-\nu)\alpha_m \text{th}\alpha_m - 2\nu}{\text{ch}\alpha_m} \tag{2.6.61c}$$

上式中第一项对应于柱面弯曲，即梁的解。对于正方形板，设 $\nu=0.3$，有：

$$w_{\max} = 0.004062\frac{pa^4}{D} = 0.0444\frac{pa}{E}\left(\frac{a}{h}\right)^3$$

$$M_{\max} = 0.0479pa^2,\quad \sigma_{\max} = 0.2874p\left(\frac{a}{h}\right)^2$$

由以上分析可以看出，板的挠度与其跨度与厚度之比的 3 次方 $(a/h)^3$ 成正比，而其最大弯曲应力与其跨度与厚度之比的平方 $(a/h)^2$ 成正比。

以往许多学者已经对矩形板在各种支承与载荷工况下的变形与应力进行了大量研究，并且将研究结果制成表格，供工程设计人员查阅[13,14]。表 2.5 是从参考文献[14]中摘录的结果。根据表中的 α 和 β 值就可以得到均布载荷作用下矩形板中的最大无量纲位移与应力：

$$w_{\max} = \alpha\frac{pa}{E}\left(\frac{a}{h}\right)^3 \tag{2.6.62a}$$

$$\sigma_{\max} = \beta p\left(\frac{a}{h}\right)^2 \tag{2.6.62b}$$

其中 a 为矩形板短边长度，b 为矩形板长边长度，h 为厚度，p 为均布压力。

在实际的飞行器设计中，我们所遇到的板大多为由许多杆件支承的连续板，此时表 2.5 所给出的单块矩形板的计算结果可以在初步设计时作为一种近似值来估算连续板的最大位移与板中应力。而连续板的详细计算可以参看文献[13]。

表 2.5 均布载荷作用下矩形板中用于确定最大无量纲位移与应力的 α,β 值

边界条件 \ α,β \ b/a	1.0	1.2	1.4	1.6	1.8	2.0	∞
四边简支	0.0444,0.2874	0.0616,0.3762	0.0770,0.4530	0.0906,0.5172	0.1017,0.5688	0.1110,0.6102	0.1421,0.750
四边固支	0.0138,0.3078	0.0188,0.3834	0.0226,0.4356	0.0251,0.4680	0.0267,0.4872	0.0277,0.4974	0.0184,0.500
一对长边固支,一对短边简支	0.0210,0.4182	0.0243,0.4626	0.0262,0.4860	0.0273,0.4968	0.0280,0.4971	0.0283,0.4973	0.0285,0.500
一对短边固定,一对长边简支	0.0210,0.4182	0.0349,0.5208	0.0502,0.5988	0.0658,0.6540	0.0800,0.6912	0.0922,0.7146	0.750
边界条件 \ α,β \ b/a	1.0	1.5	2.0	2.5	3.0	4.0	∞
一对短边简支,一长边固定,对边自由	0.1234,0.714	0.366,1.362	0.636,1.914		1.027,2.568		1.365,3.000
一长边夹持,其他三边简支	0.030,0.50	0.046,0.66	0.054,0.73	0.056,0.74	0.057,0.74	0.058,0.75	
一短边夹持,其他三边简支	0.030,0.50	0.071,0.67	0.101,0.73	0.122,0.74	0.132,0.75	0.139,0.75	
一短边自由,其他三边简支	0.140,0.67	0.160,0.77	0.165,0.79			0.167,0.80	
一长边自由,其他三边简支	0.140,0.67	0.106,0.45	0.080,0.36				

2.7 弹性薄壳理论[8]

如 2.2.4 节所述，薄壳是一种具有很大优越性的承载结构元件，因而广泛应用于飞行器中。例如图 2.79 所示运载火箭由多级贮箱、仪器舱、整流罩等构成，它们分别是不同形状的壳体。贮箱的箱体为圆柱壳，封头为球壳，底部为圆锥壳；仪器舱是圆锥壳。图 2.80 所示"神舟五号"飞船，其轨道舱与返回舱分别是两个圆柱壳，返回舱的端部是一个球壳。图 2.81 是一架歼 10 战斗机，它的机身、机头、密封座舱、武器舱等都是各种形状的壳体。图 2.82 中的卫星储罐和图 2.83 中的飞机增压座舱也都是壳体结构。

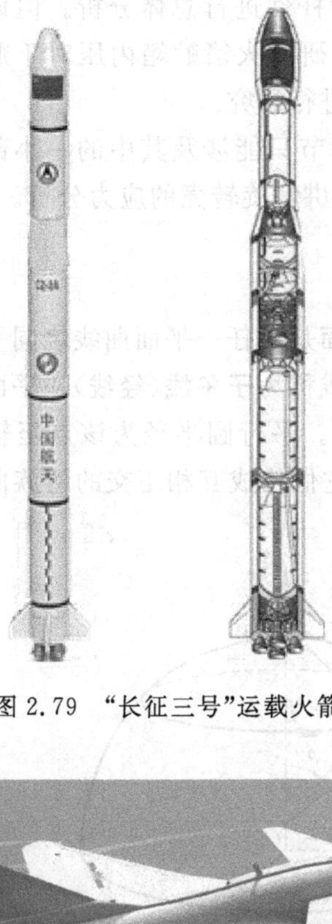

图 2.79 "长征三号"运载火箭

图 2.80 "神舟五号"飞船

图 2.81 歼 10 战斗机

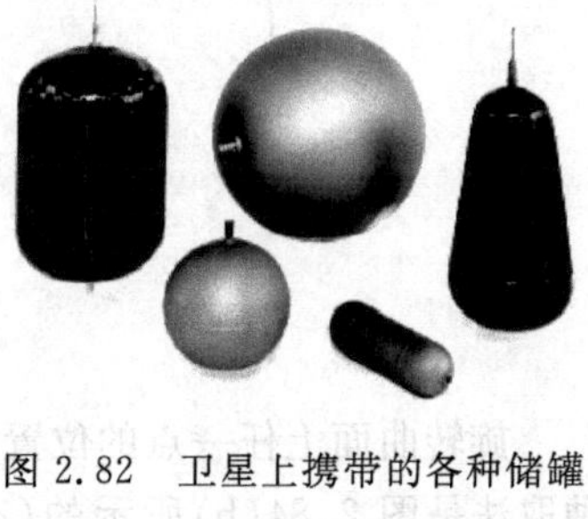

图 2.82 卫星上携带的各种储罐

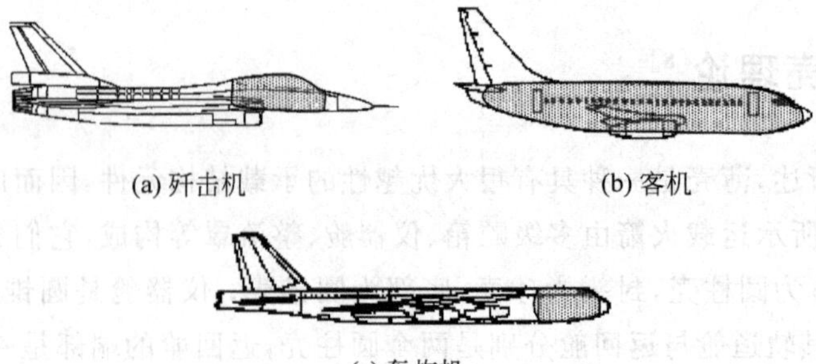

(a) 歼击机　(b) 客机　(c) 轰炸机

图 2.83　各类飞机增压座舱的位置与形状

用 2.3 节的理论可以把机翼、机身和火箭当作变截面杆件进行总体分析。但该理论不能用来计算机身增压舱在内压作用下的应力，也不能用于研究火箭贮箱内压对于贮箱及其封头应力的影响。对于这类问题就必须借助于壳体理论进行研究。

弹性薄壳理论本来是固体力学中的一门分支学科，本节只能涉及其中的一小部分。鉴于在航天航空工业中大量应用的是旋转壳，所以本节着重讲解旋转壳的应力分析。

2.7.1　旋转曲面的几何特性

如图 2.84 所示，旋转壳的中面是旋转曲面。**旋转曲面**是由任一平面曲线绕同平面内的轴线旋转一周所得的曲面。形成旋转曲面的那根平面曲线称为**子午线(经线)**。平面曲线上任一点绕轴线旋转一周所形成的轨迹称为**平行圆(纬线)**。平行圆半径为该点至轴线的距离，用 r 表示。旋转曲面上有无穷多根子午线与平行圆，它们构成互相正交的两族曲线。过曲面上任一点可以作法线 n，其方向以指向曲面外为正。

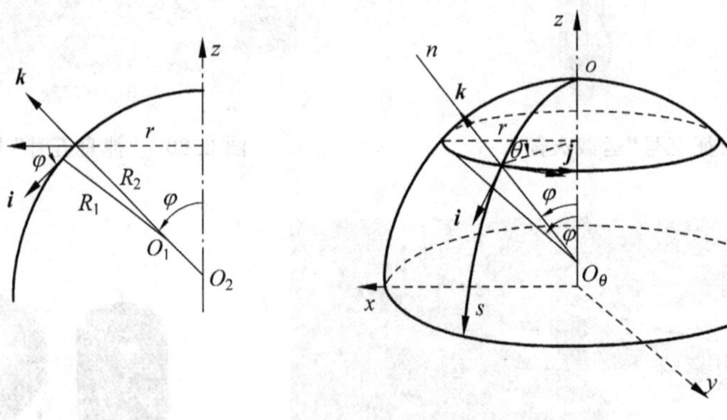

图 2.84　旋转曲面

旋转曲面上任一点的位置用曲面上的高斯坐标表示。常用的高斯坐标有两种取法。第一种取法是图 2.84(b)所示的(φ,θ)坐标。φ 角是该点处法线 n 与旋转轴线 z 轴的夹角，$0\leqslant$

$\varphi \leqslant \pi$。每根子午线上 φ 值变化而 θ 值不变。φ 为常数的法线的轨迹是以旋转轴为中心轴的一个圆锥面。过曲面上该点与旋转轴线作一平面，称为**子午面**，它是一系列经过旋转轴线的半平面。子午面与某一基准平面的夹角为 θ 角，$0 \leqslant \theta \leqslant 2\pi$。$\theta$ 为常数的子午面与旋转曲面的交线是子午线。旋转曲面上 θ 值变化而 φ 值不变的曲线是平行圆。第二种取法是以子午线的弧长坐标 s 代替 φ 作为第一个坐标，即取 (s,θ) 坐标系。当子午线是直线时，所构成的旋转曲面为圆锥面（$\varphi = \pi/2-\alpha$，α 为圆锥半顶角）或圆柱面（$\varphi=\pi/2$），此时不能取第一种坐标系，而需采用第二种坐标系。

在微分几何学中可以证明 (φ,θ) 坐标系或者 (s,θ) 坐标系是旋转曲面的主坐标系。其中旋转曲面的第一主曲率半径为子午线的曲率半径 R_1，曲率中心为 O_1。

$$R_1 = \frac{\mathrm{d}s}{\mathrm{d}\varphi} = \frac{1}{\cos\varphi}\frac{\mathrm{d}r}{\mathrm{d}\varphi} \tag{2.7.1}$$

上式中

$$\mathrm{d}s = \frac{\mathrm{d}r}{\cos\varphi} \tag{2.7.2}$$

表示子午线弧长的微分与平行圆半径微分的几何关系。旋转曲面的第二主曲率中心 O_2 是 φ 等于常数的轨迹之圆锥面的顶点，它位于法线与旋转轴线的交点。

$$R_2 = \frac{r}{\sin\varphi} \tag{2.7.3}$$

注意勿将第二主曲率半径 R_2 与平行圆半径 r 混淆。

如图 2.84 所示，沿 (φ,θ) 坐标线（或 (s,θ) 坐标线）建立正交标准化基矢量 $\boldsymbol{i}$、$\boldsymbol{j}$ 和 $\boldsymbol{k}=\boldsymbol{i}\times\boldsymbol{j}$，它们的方向是随着曲面上各点的位置不同而变化的。此外，设沿平行圆半径向外的单位矢量为 $\boldsymbol{e}$。以下给出 $\boldsymbol{i}$、$\boldsymbol{j}$ 和 $\boldsymbol{k}$ 对 φ 和 θ 的导数：

$$\frac{\partial \boldsymbol{i}}{\partial \varphi} = -\boldsymbol{k} \tag{2.7.4a}$$

$$\frac{\partial \boldsymbol{j}}{\partial \varphi} = 0 \tag{2.7.4b}$$

$$\frac{\partial \boldsymbol{k}}{\partial \varphi} = \boldsymbol{i} \tag{2.7.4c}$$

$$\frac{\partial \boldsymbol{i}}{\partial \theta} = \boldsymbol{j}\cos\varphi \tag{2.7.5a}$$

$$\frac{\partial \boldsymbol{j}}{\partial \theta} = -\boldsymbol{e} = -(\boldsymbol{i}\cos\varphi + \boldsymbol{k}\sin\varphi) \tag{2.7.5b}$$

$$\frac{\partial \boldsymbol{k}}{\partial \theta} = \boldsymbol{j}\sin\varphi \tag{2.7.5c}$$

2.7.2　旋转壳的薄膜理论

在大多数情况下，壳中的弯矩与扭矩实际上只存在于边界附近，或壳内部集中力作用处，或载荷突然变化或结构间断处的局部区域中。在壳的大部分区域弯曲和扭转应力比沿壳壁厚均匀分布的薄膜应力小得多。在飞行器结构中往往可以通过局部补强等措施来减小壳中局部的弯曲应力。所以设计时首先要考虑的是壳体中的薄膜应力状态。薄膜理论假定作用于壳体表面的分布载荷没有突变,壳体结构没有间断,且壳体边缘的支承可以满足薄膜状态的要求,此时壳体的广义内力素中和弯曲、扭转相关的量都为零:

$$M_1 = M_2 = M_{12} = Q_1 = Q_2 = 0$$

实际结构中,薄膜应力状态所要求的条件并不一定能满足,但是仍可以将薄膜应力状态作为一种基本的状态,它与分布外载荷相平衡但不一定满足边界条件。然后可以在基本的状态上再叠加另一组考虑壳体的弯曲的齐次状态(壳体表面无分布力作用的状态)。而边界条件由薄膜应力状态与齐次应力状态共同满足。

2.7.2.1 旋转壳的薄膜平衡方程

如图 2.85 所示,在旋转壳中面上任一点 $O(\varphi,\theta)$ 处以 $\theta,\theta+\mathrm{d}\theta$ 两个半平面以及 $\varphi,\varphi+\mathrm{d}\varphi$ 两个圆锥面(注意,不是平行圆平面,平行圆平面与旋转曲面不垂直)截出一个壳体微元 $OABC$。微元体的边长分别为 $R_1\mathrm{d}\varphi$ 与 $r\mathrm{d}\theta$,中面面积为 $R_1 r\mathrm{d}\varphi\mathrm{d}\theta$。在该微元体表面上作用有分布于单位面积壳面的载荷:

$$\boldsymbol{p} = p_1\boldsymbol{i} + p_2\boldsymbol{j} + p_n\boldsymbol{k} \tag{2.7.6}$$

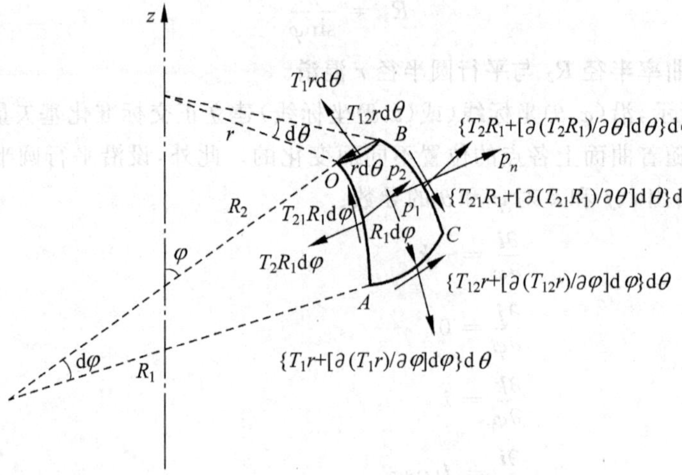

图 2.85 旋转薄壳微元体薄膜力的平衡

微元体的四个侧面上作用有内力矢量:

在 OA 侧面上: $-\boldsymbol{T}_\theta R_1\mathrm{d}\varphi=-(T_{21}\boldsymbol{i}+T_2\boldsymbol{j})R_1\mathrm{d}\varphi$

在 OB 侧面上: $-\boldsymbol{T}_\varphi r\mathrm{d}\theta=-(T_1\boldsymbol{i}+T_{12}\boldsymbol{j})r\mathrm{d}\theta$

在 BC 侧面上: $\boldsymbol{T}_\theta R_1\mathrm{d}\varphi+\dfrac{\partial(\boldsymbol{T}_\theta R_1)}{\partial\theta}\mathrm{d}\varphi\mathrm{d}\theta$

在 AC 侧面上: $\boldsymbol{T}_\varphi r\mathrm{d}\theta+\dfrac{\partial(\boldsymbol{T}_\varphi r)}{\partial\varphi}\mathrm{d}\varphi\mathrm{d}\theta$

这样可以得到平衡方程的矢量形式：

$$\frac{\partial(\boldsymbol{T}_\varphi r)}{\partial\varphi}+\frac{\partial(\boldsymbol{T}_\theta R_1)}{\partial\theta}+\boldsymbol{p}R_1 r=0 \tag{2.7.7}$$

利用式(2.7.4)和式(2.7.5)，上述矢量表达式中各项可写作：

$$\begin{aligned}\frac{\partial(\boldsymbol{T}_\varphi r)}{\partial\varphi}&=\frac{\partial}{\partial\varphi}(T_1 r\boldsymbol{i}+T_{12}r\boldsymbol{j})=\frac{\partial(T_1 r)}{\partial\varphi}\boldsymbol{i}+T_1 r\frac{\partial\boldsymbol{i}}{\partial\varphi}+\frac{\partial(T_{12}r)}{\partial\varphi}\boldsymbol{j}+T_{12}r\frac{\partial\boldsymbol{j}}{\partial\varphi}\\&=\frac{\partial(T_1 r)}{\partial\varphi}\boldsymbol{i}+\frac{\partial(T_{12}r)}{\partial\varphi}\boldsymbol{j}-T_1 r\boldsymbol{k}\end{aligned}$$

$$\begin{aligned}\frac{\partial(\boldsymbol{T}_\theta R_1)}{\partial\theta}&=\frac{\partial}{\partial\theta}(T_{21}R_1\boldsymbol{i}+T_2R_1\boldsymbol{j})=\frac{\partial(T_{21}R_1)}{\partial\theta}\boldsymbol{i}+T_{21}R_1\frac{\partial\boldsymbol{i}}{\partial\theta}+\frac{\partial(T_2R_1)}{\partial\theta}\boldsymbol{j}+T_2R_1\frac{\partial\boldsymbol{j}}{\partial\theta}\\&=\left[\frac{\partial(T_{21}R_1)}{\partial\theta}-T_2R_1\cos\varphi\right]\boldsymbol{i}+\left[\frac{\partial(T_2R_1)}{\partial\theta}+T_{21}R_1\cos\varphi\right]\boldsymbol{j}-T_2R_1\sin\varphi\boldsymbol{k}\end{aligned}$$

将上两式与式(2.7.6)代入式(2.7.7)，按照 $\boldsymbol{i}$、$\boldsymbol{j}$ 和 $\boldsymbol{k}$ 三个方向建立三个平衡方程的分量式：

$$\frac{\partial(T_1 r)}{\partial\varphi}+\frac{\partial(T_{21}R_1)}{\partial\theta}-T_2R_1\cos\varphi+p_1R_1r=0 \tag{2.7.8a}$$

$$\frac{\partial(T_{12} r)}{\partial\varphi}+\frac{\partial(T_2R_1)}{\partial\theta}+T_{21}R_1\cos\varphi+p_2R_1r=0 \tag{2.7.8b}$$

$$-T_1r-T_2R_1\sin\varphi+p_nR_1r=0$$

利用式(2.7.3)，上式可进一步表示为：

$$\frac{T_1}{R_1}+\frac{T_2}{R_2}=p_n \tag{2.7.8c}$$

由上述三个平衡方程就可以解得三个薄膜内力素 T_1、T_2 和 $T_{12}=T_{21}$。

在(s,θ)坐标系中，式(2.7.8)中的三个薄膜力平衡方程需要变换形式。例如，对于圆锥壳：

$$\frac{\partial(T_1 r)}{\partial s}+\frac{\partial T_{21}}{\partial\theta}-T_2\sin\alpha+p_1r=0 \tag{2.7.9a}$$

$$\frac{\partial(T_{12} r)}{\partial s}+\frac{\partial T_2}{\partial\theta}+T_{21}\sin\alpha+p_2r=0 \tag{2.7.9b}$$

$$\frac{T_2}{R_2}=p_n \tag{2.7.9c}$$

对于圆柱壳，可令上式中 $\alpha=0$，$r(s)=R=R_2$，得到：

$$\frac{\partial T_1}{\partial s}+\frac{\partial T_{21}}{R\partial\theta}+p_1=0 \tag{2.7.10a}$$

$$\frac{\partial T_{12}}{\partial s}+\frac{\partial T_2}{R\partial\theta}+p_2=0 \tag{2.7.10b}$$

$$\frac{T_2}{R}=p_n \tag{2.7.10c}$$

2.7.2.2 轴对称情况下旋转壳的薄膜内力

在轴对称情况下，外载荷 $p_2=0$，内力素 $T_{12}=T_{21}=0$，$T_1=T_1(\varphi)$，$T_2=T_2(\varphi)$。这样

式(2.7.8b)自动满足，而平衡方程(2.7.8a)成为：

$$\frac{\mathrm{d}(T_1 r)}{\mathrm{d}\varphi} - T_2 R_1 \cos\varphi + p_1 R_1 r = 0 \tag{2.7.11}$$

由式(2.7.8c)和式(2.7.11)消去 T_2，得到：

$$\frac{\mathrm{d}(T_1 r)}{\mathrm{d}\varphi} + T_1 R_2 \cos\varphi - p_n R_1 R_2 \cos\varphi + p_1 R_1 r = 0$$

注意到

$$p_z = p_n \cos\varphi - p_1 \sin\varphi,$$

上式化为：

$$\frac{\mathrm{d}(T_1 r \sin\varphi)}{\mathrm{d}\varphi} = p_z R_1 r \tag{2.7.12}$$

式(2.7.12)反映了如图 2.86 所示的一个轴对称环状微元的轴向力平衡条件。其中 $2\pi r T_1 \sin\varphi$ 反映了该轴对称环状微元一整圈起始边上作用的 T_1 的合力，而 $2\pi r R_1 p_z$ 项反映了作用于该环状微元上的轴向外力。

对式(2.7.12)进行积分，得到：

$$T_1 r \sin\varphi = \int_{\varphi_0}^{\varphi} p_z R_1 r \mathrm{d}\varphi + (T_1 r \sin\varphi)_{\varphi=\varphi_0} \tag{2.7.13}$$

上式反映了一段具有上边界的轴对称壳的沿轴线 z 方向的力的整体平衡条件。如果轴对称壳的顶部封闭，上式可改为：

$$2\pi T_1 r \sin\varphi = P_z \tag{2.7.14a}$$

上式中

$$P_z = 2\pi \int_0^{\varphi} p_z R_1 r \mathrm{d}\varphi \tag{2.7.14b}$$

表示在坐标为 φ 的平行圆上部壳上所作用的沿轴线 z 方向的外力的合力。

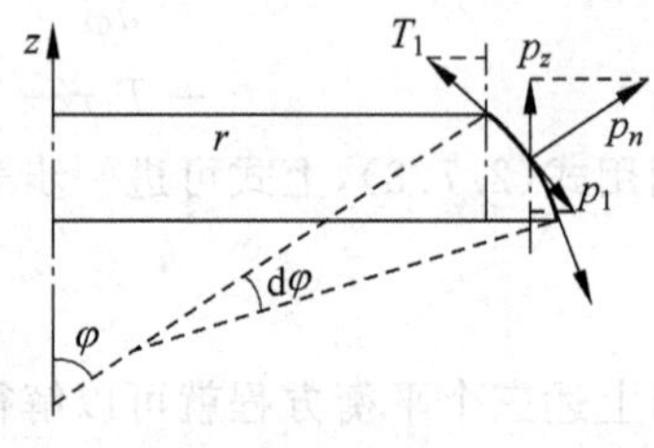

图 2.86 轴对称旋转壳所受外力与内力的轴向平衡

由式(2.7.12)、式(2.7.13)或式(2.7.14)求得轴对称薄壳中的经向内力 T_1 后，由代数式(2.7.8c)便可进一步求得 T_2。

例 2.20 图 2.87 所示半径为 a 厚度为 h 的球壳，在底边 $\varphi=\alpha$ 处受到切向简支的支座支承。球壳受到每单位体积为 γ 的向下惯性力，求球壳中的薄膜内力。

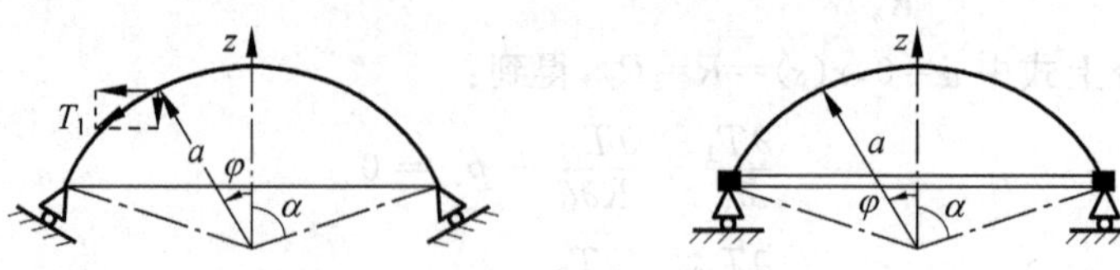

图 2.87 底边支承的球壳

解：对于半径为 a 的球壳，平行圆半径 $r=a\sin\varphi$。

首先需要计算壳体承受的外载荷。由于壳体的惯性力总是垂直向下，故只需要计算垂直方向的合力：

$$P_z = -2\pi\gamma\int_0^{\varphi} a^2 h\sin\varphi \mathrm{d}\varphi = -2\pi a^2 h\gamma(1-\cos\varphi)$$

由式(2.7.14a)与式(2.7.8c)，求得：

$$T_1 = -ah\gamma(1-\cos\varphi)/\sin^2\varphi = -\frac{ah\gamma}{1+\cos\varphi} \tag{2.7.15a}$$

由于 $p_n = -\gamma h\cos\varphi$，所以

$$T_2 = ah\gamma\left(\frac{1}{1+\cos\varphi} - \cos\varphi\right) \tag{2.7.15b}$$

如果壳的支座是如图 2.87(a)所示切向支承，其支反力沿着经向，则按照式(2.7.15)计算的内力精确地表示实际出现于球壳中的内力。但是如图 2.87(b)所示，通常支座只提供与惯性力方向相反的垂直方向的反力，而力 T_1 的水平分量则由支座处的圆环所承受，此支承圆环受均匀拉伸。因为圆环的径向位移与球壳底边处平行圆的径向位移必须协调一致，而由球壳薄膜内力式(2.7.15)对应的薄膜位移值不相等，所以球壳在支承环附近还将出现弯曲应力状态。但是今后的分析将表明，这种弯曲应力状态具有显著的局部性，在离支承环一定距离的球壳中，按薄膜状态计算得到的内力式(2.7.15)仍具有足够的精度。

例 2.21　图 2.88 所示半径为 a 的球形储罐，沿平行圆 $\varphi=\varphi_0$ 处通过一个加强环支承在许多支柱上。储罐内充满了密度为 ρ 的液体，球壳承受由于液体重力造成的内压。求球壳中由于液体内压造成的薄膜内力。

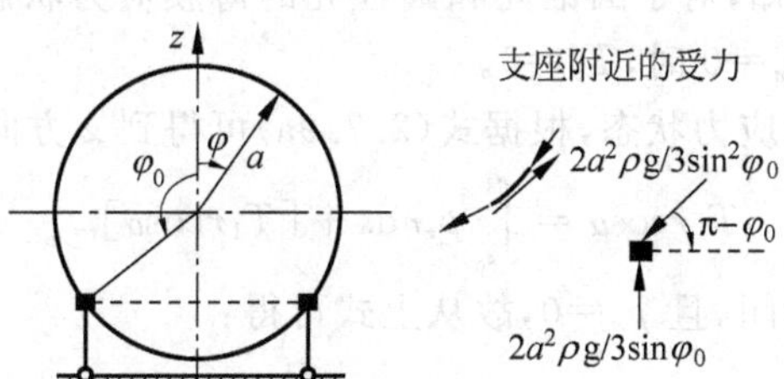

图 2.88　球形储罐

解：设液体重力加速度为 g，不计液体与罐壁的摩擦力，则球壳只承受与罐壁面垂直的内压力，内压力的大小与距离液面的深度成正比：

$$p_n = \rho g a(1-\cos\varphi)$$

当 $\varphi<\varphi_0$ 时，在平行圆 φ 处上部的壳上所作用内压构成的合力为：

$$P_z = 2\pi a^2\int_0^{\varphi}\rho g a(1-\cos\varphi)\cos\varphi\sin\varphi \mathrm{d}\varphi = \pi a^3\rho g\left[\frac{1}{3} - \left(1-\frac{2}{3}\cos\varphi\right)\cos^2\varphi\right]$$

由式(2.7.14a)与式(2.7.8c)，求得：

$$T_1 = \frac{\rho g a^2}{6\sin^2\varphi}\left[1-(3-2\cos\varphi)\cos^2\varphi\right] = \frac{\rho g a^2}{6}\left(1-\frac{2\cos^2\varphi}{1+\cos\varphi}\right) \tag{2.7.16a}$$

$$T_2 = \frac{\rho g a^2}{6}\left(5-6\cos\varphi+\frac{2\cos^2\varphi}{1+\cos\varphi}\right) \tag{2.7.16b}$$

当 $\varphi>\varphi_0$ 时，计算储罐下部壳体所受 P_z 值时，应当计入支座处的反作用力 R_z，它等于整罐液体的重量 $\frac{4}{3}\pi a^3\rho g$，单位长度支座反力为 $\frac{2a^2\rho g}{3\sin\varphi_0}$，如图 2.88 所示。

$$P_z=\frac{4}{3}\pi a^3\rho g+\pi a^3\rho g\left[\frac{1}{3}-\left(1-\frac{2}{3}\cos\varphi\right)\cos^2\varphi\right]$$

$$T_1=\frac{\rho g a^2}{6}\left(5+\frac{2\cos^2\varphi}{1-\cos\varphi}\right) \tag{2.7.17a}$$

$$T_2=\frac{\rho g a^2}{6}\left(1-6\cos\varphi-\frac{2\cos^2\varphi}{1-\cos\varphi}\right) \tag{2.7.17b}$$

比较式(2.7.16)和式(2.7.17)可知，在 $\varphi=\varphi_0$ 处径向内力 T_1 有一个突变值 $\frac{2a^2\rho g}{3\sin^2\varphi_0}$。如果将作用于支承环处每单位长度上垂直向上的支承反力分解，其一沿平行圆半径方向，另一沿球壳在该处的经向，也可以得到上述突变值。此外在 $\varphi=\varphi_0$ 处环向应力 T_2 也有一个突变值。这些都说明在支座附近薄膜理论已经不能完全反映球壳中的应力状态。支承环所受到的力如图 2.88 所示，球壳施加于支承环的反力与支座反力合成，使支承环受到一圈均匀的径向力。此径向力使支承环发生径向位移，而球壳在该处的位移必须与支承环相协调。叠加球壳中的弯曲应力状态将使该处的应力与位移连续条件得到满足。

例 2.22 求图 2.89 中所示顶部受集中力 P 的圆锥壳中的薄膜内力。

解：由式(2.7.9c)可知，对于圆锥壳和圆柱壳的薄膜应力状态，环向内力 T_2 只与外加法向面载荷 p_n 有关，当 $p_n=0$ 时，$T_2=0$。

对于圆锥壳的轴对称应力状态，根据式(2.7.9a)可得到 z 方向的平衡方程为：

$$T_1 r\cos\alpha=\int_{s_0}^{s}p_z r\,\mathrm{d}s+\left[T_1 r\cos\alpha\right]_{s=s_0} \tag{2.7.18}$$

本题中锥壳的顶部封闭，且 $p_z=0$，故从上式可得：

$$T_1 r\cos\alpha=\frac{P_z}{2\pi}$$

$$T_1=-\frac{P}{2\pi r\cos\alpha}$$

例 2.23 试求图 2.90 所示内压作用下旋转椭球壳中的薄膜内力。

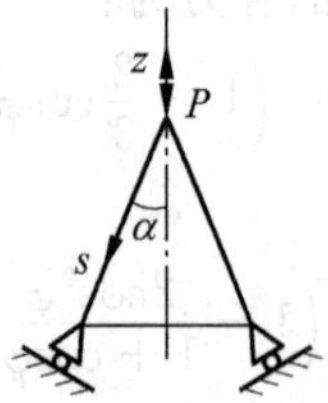

图 2.89 圆锥壳受集中力

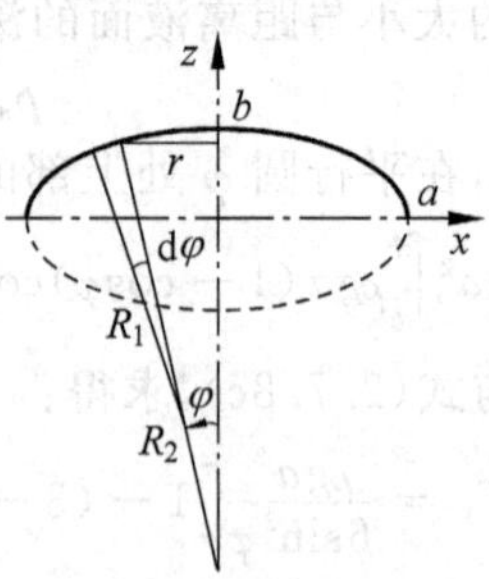

图 2.90 受内压的椭球壳

解：旋转椭球壳常常用作圆柱形储罐的封头，此时只利用旋转椭球壳的一半。当椭圆半轴长为 a 与 b 时，旋转椭球壳的主曲率半径为

$$R_1 = \frac{a^2 b^2}{(a^2\sin^2\varphi + b^2\cos^2\varphi)^{3/2}} \tag{2.7.19a}$$

$$R_2 = \frac{a^2}{(a^2\sin^2\varphi + b^2\cos^2\varphi)^{1/2}} \tag{2.7.19b}$$

对于受均匀内压 p 的情况，在坐标为 φ 的平行圆的闭合轴对称壳上半部，所受轴向力的合力为：

$$P_z = \pi r^2 p \tag{2.7.20}$$

$$T_1 = \frac{\pi r^2 p}{2\pi r\sin\varphi} = \frac{pr}{2\sin\varphi} = \frac{pR_2}{2} \tag{2.7.21a}$$

$$T_2 = pR_2 - \frac{R_2}{R_1}T_1 = pR_2\left(1 - \frac{R_2}{2R_1}\right) \tag{2.7.21b}$$

在壳的顶点：
$$T_1 = T_2 = \frac{pa^2}{2b}$$

在赤道圆处：
$$T_1 = \frac{pa}{2},\quad T_2 = pa\left(1 - \frac{a^2}{2b^2}\right)$$

2.7.2.3　轴对称情况下旋转壳的薄膜变形与位移

轴对称情况下非零的位移分量为 $u=u(\varphi)$ 和 $w=w(\varphi)$。非零的变形分量为 $\varepsilon_1=\varepsilon_1(\varphi)$ 和 $\varepsilon_2=\varepsilon_2(\varphi)$。

根据图 2.91(a)可以得到：

$$\varepsilon_1 = \frac{(u + \mathrm{d}u + w\mathrm{d}\varphi) - u}{R_1\mathrm{d}\varphi} = \frac{1}{R_1}\left(\frac{\mathrm{d}u}{\mathrm{d}\varphi} + w\right) \tag{2.7.22a}$$

对于圆柱壳和圆锥壳：
$$\varepsilon_1 = \frac{\mathrm{d}u}{\mathrm{d}s}$$

另外，

$$\varepsilon_2 = \Delta_r / r \tag{2.7.22b}$$

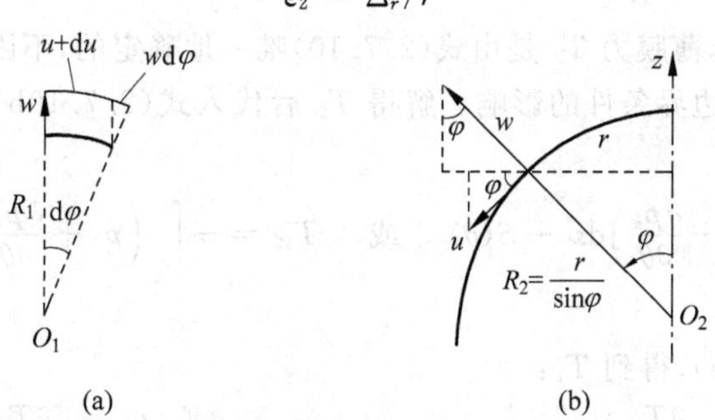

图 2.91　旋转壳变形的分解

式中，Δ_r 为沿平行圆半径方向的位移分量(向外为正)。根据图 2.91(b)可知：

$$\varepsilon_2 = (u\cos\varphi + w\sin\varphi)/r = (u\cot\varphi + w)/R_2 \tag{2.7.22c}$$

计算 u, w 的过程如下：

(1) 根据 2.2.2.2 节中的"各层互不挤压"假定，可忽略法向正应力。再根据广义胡克定律，可由 T_1、T_2 计算 ε_1 和 ε_2：

$$\varepsilon_1 = \frac{1}{Eh}(T_1 - \nu T_2) \tag{2.7.23a}$$

$$\varepsilon_2 = \frac{1}{Eh}(T_2 - \nu T_1) \tag{2.7.23b}$$

(2) 由式(2.7.22a,c)消去 w，得到：

$$\frac{\mathrm{d}u}{\mathrm{d}\varphi} - u\cot\varphi = f(\varphi) \tag{2.7.24a}$$

式中：

$$f(\varphi) = R_1\varepsilon_1 - R_2\varepsilon_2 = \frac{1}{Eh}[R_1(T_1 - \nu T_2) - R_2(T_2 - \nu T_1)] \tag{2.7.24b}$$

对式(2.7.24a)积分，得到：

$$u = C\sin\varphi + \sin\varphi\int_{\varphi_0}^{\varphi}\frac{f(t)}{\sin t}\mathrm{d}t \tag{2.7.25a}$$

$$w = -u\cot\varphi + R_2\varepsilon_2 \tag{2.7.25b}$$

2.7.2.4 圆柱壳的薄膜理论

图 2.92 所示圆柱壳是工程中最常用的壳体。本节研究在一般情况下圆柱壳的薄膜理论。在 2.7.2.2 节中已经给出圆柱壳薄膜平衡方程式(2.7.10a～c)：

$$\frac{\partial T_1}{\partial s} + \frac{\partial T_{21}}{R\partial\theta} + p_1 = 0$$

$$\frac{\partial T_{12}}{\partial s} + \frac{\partial T_2}{R\partial\theta} + p_2 = 0$$

$$\frac{T_2}{R} = p_n$$

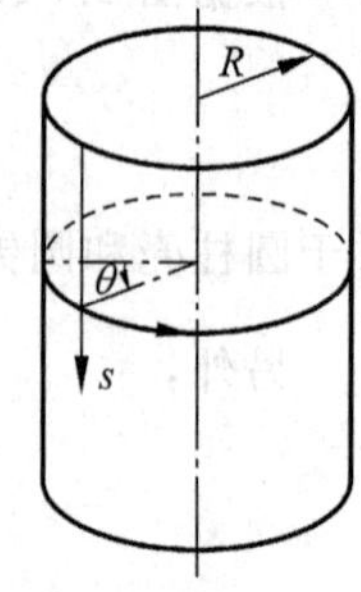

图 2.92 圆柱壳

对于一定的面载荷 p_n，薄膜力 T_2 是由式(2.7.10)唯一地确定的，不因 T_1 和 T_{12} 而变化，也不受边界条件的影响。解得 T_2 后代入式(2.7.10b)，得到 T_{12}：

$$T_{12} = -\int_{s_1}^{s}\left(p_2 + \frac{\partial p_n}{\partial\theta}\right)\mathrm{d}s' + S(\theta) \quad 或 \quad T_{12} = -\int_{s_1}^{s}\left(p_2 + \frac{\partial p_n}{\partial\theta}\right)\mathrm{d}s' + T_{12}\big|_{s=s_1} \tag{2.7.26a}$$

将 T_{12} 代入式(2.7.10a)，得到 T_1：

$$T_1 = -\int_{s_1}^{s}\left(p_1 + \frac{\partial T_{12}}{R\partial\theta}\right)\mathrm{d}s' + t(\theta) \quad 或 \quad T_1 = -\int_{s_1}^{s}\left(p_1 + \frac{\partial T_{12}}{R\partial\theta}\right)\mathrm{d}s' + T_1\big|_{s=s_1} \tag{2.7.26b}$$

方程式(2.7.10a,b)是两个一阶微分方程,而式(2.7.10c)是代数方程,所以确定 T_{12} 与 T_1 需要两个边界条件。

解得 T_2、T_{12} 与 T_1 后,可利用物理关系求得 ε_1、ε_2 与薄膜切应变 γ_{12}:

$$\varepsilon_1=\frac{1}{Eh}(T_1-\nu T_2) \tag{2.7.27a}$$

$$\varepsilon_2=\frac{1}{Eh}(T_2-\nu T_1) \tag{2.7.27b}$$

$$\gamma_{12}=\frac{2(1+\nu)}{Eh}T_{12} \tag{2.7.27c}$$

利用圆柱壳的变形几何关系:

$$\frac{\partial u}{\partial s}=\varepsilon_1 \tag{2.7.28a}$$

$$\frac{1}{R}\left(\frac{\partial v}{\partial \theta}+w\right)=\varepsilon_2 \tag{2.7.28b}$$

$$\frac{\partial v}{\partial s}+\frac{1}{R}\frac{\partial u}{\partial \theta}=\gamma_{12} \tag{2.7.28c}$$

可求得 u、v 和 w。由式(2.7.28a)可得:

$$u=\int_{s_2}^{s}\varepsilon_1\mathrm{d}s'+\xi(\theta)\quad 或 \quad u=\int_{s_2}^{s}\varepsilon_1\mathrm{d}s'+u\,|_{s=s_2} \tag{2.7.29a}$$

将 u 代入式(2.7.28c),得到:

$$v=\int_{s_2}^{s}\left(\gamma_{12}-\frac{\partial u}{R\partial\theta}\right)\mathrm{d}s'+\eta(\theta)\quad 或 \quad v=\int_{s_2}^{s}\left(\gamma_{12}-\frac{\partial u}{R\partial\theta}\right)\mathrm{d}s'+v\,|_{s=s_2} \tag{2.7.29b}$$

由式(2.7.28b)得到:

$$w=R\varepsilon_2-\frac{\partial v}{\partial\theta} \tag{2.7.29c}$$

确定 u 和 v 也需要两个边界条件。

对于闭合圆柱壳,$S(\theta)$、$t(\theta)$、$\xi(\theta)$ 和 $\eta(\theta)$ 这四个待定函数可以根据圆柱壳两端各两个边界条件确定。这些边界条件可以是广义力的边界条件,也可以是位移边界条件,或混合的边界条件(见表 2.6)。

表 2.6 闭合圆柱壳两端的薄膜理论解边界条件

	s 方向	θ 方向
广义力边界条件 S_F	T_1	T_{12}
位移边界条件 S_u	u	v

上述每个边、每个方向的广义力与位移边界条件应满足:

$$S_F\cup S_u=S,\quad S_F\cap S_u=\varnothing \tag{2.7.30}$$

上式中 $\cup$ 表示两集之和,$\cap$ 表示两集之交,$\varnothing$ 表示空集。其意义为:在每一边的每个方向都应给出相应的一个力或位移边界条件。如有遗漏，则解是不确定的。如在某一边某一方向重复给定力与相应的位移边界条件，则问题将因条件矛盾而无解。

因所提边界条件的不同，闭合圆柱壳薄膜理论解可分为：

(1) 静定问题：$S(\theta)$、$t(\theta)$以及内力素 T_1，T_{12}不需利用位移边界条件确定。例如一端固定、一端自由的圆柱壳。

(2) 静不定问题：$S(\theta)$、$t(\theta)$以及内力素 T_1，T_{12}需利用位移边界条件确定。例如两端固定的圆柱壳。

轴对称情况下圆柱壳的薄膜理论解可以看做一个特例。此时 $p_2=0$，$T_{12}=0$，$\gamma_{12}=0$，其余内力、变形和位移分量只是 s 的函数，与 θ 无关。平衡方程(2.7.10)成为：

$$\frac{\mathrm{d}T_1}{\mathrm{d}s}+p_1=0 \tag{2.7.31a}$$

$$T_2=p_nR \tag{2.7.31b}$$

此时轴向内力 T_1 完全由轴向力的平衡条件决定，与 p_n 和 T_2 无关。

$$T_1=-\int_{s_1}^{s}p_1\,\mathrm{d}s'+T_1(s_1) \tag{2.7.31c}$$

上式说明如果作用于圆柱壳表面没有轴向分布载荷，则轴对称圆柱壳中的轴向内力为常数。而环向内力 T_2 完全由法向载荷 p_n 决定。

轴对称圆柱壳中的薄膜位移为：

$$w=R\varepsilon_2=\frac{R}{Eh}(p_nR-\nu T_1) \tag{2.7.32a}$$

$$u=\int_{s_2}^{s}\varepsilon_1\,\mathrm{d}s'+u\,|_{s=s_2} \tag{2.7.32b}$$

例 2.24 图 2.93 所示受风载作用的圆柱壳，一端固定一端自由。试求其中的薄膜内力。

解：如果只计算风载 p_0 引起的法向载荷，而略去切向的摩擦力，则作用于圆柱壳表面的载荷为：

$$p_n=-p_0\cos\theta,\quad p_1=p_2=0 \tag{2.7.33}$$

此按余弦分布的载荷在迎风面为压力，背风面为吸力。

边界条件为：

$$s=0:\quad T_1=T_{12}=0 \tag{2.7.34a}$$

$$s=L:\quad u=v=0 \tag{2.7.34b}$$

此问题为静定问题，不必求解位移便可得到内力。由式(2.7.10c)得：$T_2=-p_0R\cos\theta$。

由式(2.7.10b)与边界条件 $s=0$：$T_{12}=0$ 可得：$T_{12}=-p_0s\sin\theta$。

由式(2.7.10a)与边界条件 $s=0$：$T_1=0$ 可得：$T_1=\dfrac{p_0s^2}{2R}\cos\theta$。

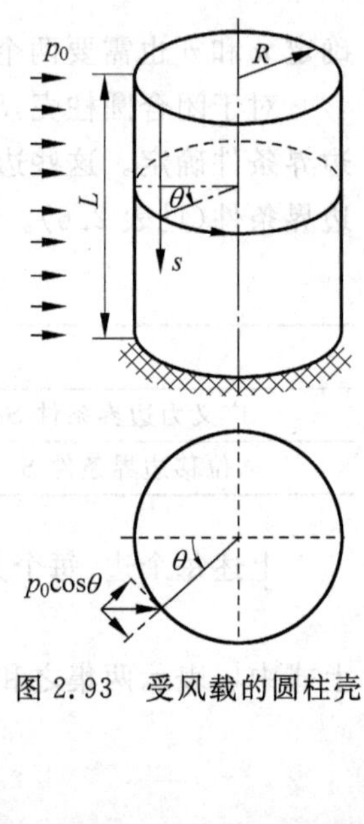

图 2.93 受风载的圆柱壳

由式(2.7.29)及位移边界条件式(2.7.34b)还可求得位移。读者可自行求出。

2.7.3　圆柱壳轴对称情况的一般(有矩)理论

在 2.7.2 节中已经提及,即使在光滑的分布载荷作用下,只有边界给定的约束条件满足一定要求,壳体中才有单纯薄膜应力状态存在。一般说来,在壳体边界附近以及壳体内部载荷有突变处,不仅存在薄膜应力,还有弯曲应力。本小节给出其中最简单的一种情况,即圆柱壳轴对称情况的一般(有矩)理论,以期使读者对于壳体中的边缘效应有一个大致的认识。至于旋转壳体的一般理论乃至任意壳体的一般理论,读者可参阅有关薄壳理论的专著[8,13]。

2.7.3.1　圆柱壳轴对称情况的基本方程与定解条件

圆柱壳轴对称情况下,壳中的非零内力素除薄膜力 $T_1(s)$和 $T_2(s)$外,还有弯曲内力素 $M_1(s)$,$M_2(s)$以及横剪力 $Q_1(s)$;非零广义变形分量除薄膜应变 $\varepsilon_1(s)$和 $\varepsilon_2(s)$外,还有曲率变形 $\kappa_1(s)$;非零位移分量仍为 $u(s)$和 $w(s)$。我们首先考察微元体的平衡方程。

图 2.94 是圆柱壳微元体在轴对称情况下的受力图。考察其平衡条件时,注意到与薄膜状态相比,沿轴向的作用力没有变化,但是法向增加了横剪力。此外还需考虑力矩平衡条件。所以有一个切向力和两个力矩平衡方程自动满足,只需提出另外三个平衡方程:

$$\frac{dT_1}{ds}+p_1=0 \tag{2.7.35a}$$

$$\frac{dQ_1}{ds}-\frac{T_2}{R}+p_n=0 \tag{2.7.35b}$$

$$\frac{dM_1}{ds}=Q_1 \tag{2.7.35c}$$

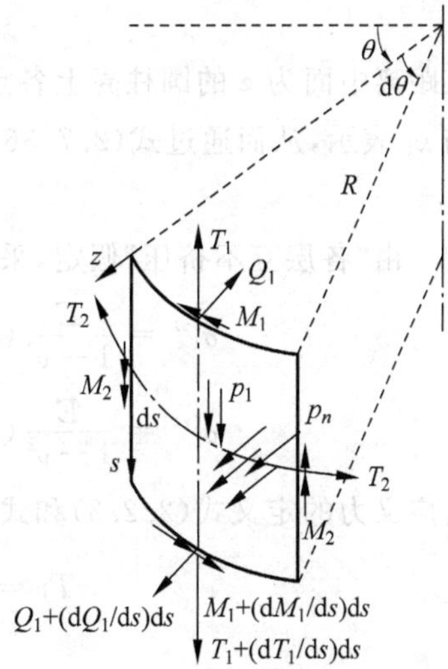

图 2.94　圆柱壳轴对称情况下的微元体平衡

其中式(2.7.35a)为经向力的平衡方程,与薄膜理论中的式(2.7.31a)完全相同,可以直接先行求解,所得到的解 T_1 就等于薄膜理论解。式(2.7.35b)为法向力的平衡方程,与薄膜理论中的式(2.7.31b)相比,增加了一个未知的横剪力的一阶导数。此外还有式(2.7.35c)为力矩的平衡方程。式(2.7.35b)和式(2.7.35c)中共有三个未知内力素,要求解需要进一步分析几何关系与弹性关系。

广义变形与中面位移 *u*、*w* 的几何关系:由薄膜状态的式(2.7.22)可知,薄壳中面应变与位移的关系为:

$$\varepsilon_1=\frac{du}{ds} \tag{2.7.36a}$$

$$\varepsilon_2=\frac{w}{R} \tag{2.7.36b}$$

根据 2.2.2.2 节中的“直法线”假定，壳的剪切变形可被略去。由“挠度 w 沿板壳厚度的变化可以略去”假定，$w(s,z)=w(s,0)$，其中 z 为沿壳厚方向的坐标，向外为正。因此在距离中面为 z 的圆柱壳上各点处的位移 $u^{(z)}$ 和 $w^{(z)}$ 为：

$$u^{(z)} = u - z\frac{\mathrm{d}w}{\mathrm{d}s} \tag{2.7.37a}$$

$$w^{(z)} = w \tag{2.7.37b}$$

在距离中面为 z 的圆柱壳上各点处的应变分量为：

$$\varepsilon_1^{(z)} = \frac{\mathrm{d}u^{(z)}}{\mathrm{d}s} = \frac{\mathrm{d}u}{\mathrm{d}s} - z\frac{\mathrm{d}^2 w}{\mathrm{d}s^2}$$

$$\varepsilon_2^{(z)} = \frac{w^{(z)}}{R+z} = \frac{w}{R}\,\frac{1}{(1+z/R)} \approx \frac{w}{R}$$

与式(2.6.4a)类似，定义曲率变形分量：

$$\kappa_1 \equiv \frac{\mathrm{d}^2 w}{\mathrm{d}s^2} \tag{2.7.38}$$

在距离中面为 z 的圆柱壳上各点处的应变分量 $\varepsilon_1^{(z)}$ 和 $\varepsilon_2^{(z)}$ 都可用中面的广义变形分量 ε_1、ε_2 与 κ_1 表示，从而通过式(2.7.36)与式(2.7.38)以中面位移 u 和 w 表示：

$$\varepsilon_1^{(z)} = \varepsilon_1 - z\kappa_1, \quad \varepsilon_2^{(z)} = \varepsilon_2 \tag{2.7.39}$$

由“各层互不挤压”假定，采用平面应力的弹性关系，得到：

$$\sigma_1^{(z)} = \frac{E}{1-\nu^2}(\varepsilon_1^{(z)} + \nu\varepsilon_2^{(z)}) = \frac{E}{1-\nu^2}(\varepsilon_1 + \nu\varepsilon_2) - \frac{E}{1-\nu^2}z\kappa_1 \tag{2.7.40a}$$

$$\sigma_2^{(z)} = \frac{E}{1-\nu^2}(\varepsilon_2^{(z)} + \nu\varepsilon_1^{(z)}) = \frac{E}{1-\nu^2}(\varepsilon_2 + \nu\varepsilon_1) - \frac{\nu E}{1-\nu^2}z\kappa_1 \tag{2.7.40b}$$

由广义力的定义式(2.2.3)和式(2.2.4)，积分上式得到：

$$T_1 = \int_{-h/2}^{h/2} \sigma_1^{(z)}\,\mathrm{d}z = \frac{Eh}{1-\nu^2}(\varepsilon_1 + \nu\varepsilon_2) \tag{2.7.41a}$$

$$T_2 = \int_{-h/2}^{h/2} \sigma_2^{(z)}\,\mathrm{d}z = \frac{Eh}{1-\nu^2}(\varepsilon_2 + \nu\varepsilon_1) \tag{2.7.41b}$$

$$M_1 = \int_{-h/2}^{h/2} \sigma_1^{(z)} z\,\mathrm{d}z = -D\kappa_1 = -D\frac{\mathrm{d}^2 w}{\mathrm{d}s^2} \tag{2.7.42a}$$

$$M_2 = \int_{-h/2}^{h/2} \sigma_2^{(z)} z\,\mathrm{d}z = -\nu D\kappa_1 = \nu M_1 \tag{2.7.42b}$$

其中

$$D = \frac{Eh^3}{12(1-\nu^2)} \tag{2.7.43}$$

是壳体的抗弯刚度。式(2.7.41)也可以写作：

$$\varepsilon_1 = \frac{1}{Eh}(T_1 - \nu T_2) \tag{2.7.44a}$$

$$\varepsilon_2 = \frac{1}{Eh}(T_2 - \nu T_1) \tag{2.7.44b}$$

由式(2.7.44b)与式(2.7.36b)可知：

$$T_2 = Eh\varepsilon_2 + \nu T_1 = Eh\frac{w}{R} + \nu T_1 \tag{2.7.45}$$

由式(2.7.35c)

$$Q_1 = \frac{\mathrm{d}M_1}{\mathrm{d}s} = -\frac{\mathrm{d}}{\mathrm{d}s}\left(D\frac{\mathrm{d}^2 w}{\mathrm{d}s^2}\right) \tag{2.7.46}$$

将式(2.7.45)和式(2.7.46)代入式(2.7.35b)，得到壳中面挠度的定解方程：

$$\frac{\mathrm{d}^2}{\mathrm{d}s^2}\left(D\frac{\mathrm{d}^2 w}{\mathrm{d}s^2}\right) + \frac{Eh}{R^2}w = p_n - \frac{\nu}{R}T_1 \tag{2.7.47}$$

对于等厚度的壳，D 为常数，定解方程变为：

$$D\frac{\mathrm{d}^4 w}{\mathrm{d}s^4} + \frac{Eh}{R^2}w = p_n - \frac{\nu}{R}T_1 \tag{2.7.48}$$

至此，轴对称圆柱壳的所有内力素与位移可以逐一解得：

(1) 由方程(2.7.35a)解得经向内力 T_1，此内力就是薄膜理论中的经向力。

(2) 将 T_1 代入式(2.7.47)或式(2.7.48)，由方程式(2.7.47)或式(2.7.48)可以解得中面挠度 w。

(3) 将 T_1 与 w 代入式(2.7.45)，求得 T_2。

(4) 将 w 代入式(2.7.42)，求得 M_1 与 M_2。

(5) 将 T_1 与 T_2 代入式(2.7.44a)，求得 ε_1 后，代入式(2.7.36a)积分得到中面经向位移 u。

在上述求解过程中，挠度方程式(2.7.47)或式(2.7.48)是四阶微分方程，需要四个边界条件定解；经向力方程(2.7.35a)是一阶微分方程，需要一个边界条件定解；经向位移方程(2.7.36a)是一阶微分方程，需要一个边界条件定解；这样共需六个边界条件。也就是说，对于求解轴对称情况下闭合圆柱壳的一般理论问题，圆柱壳两端每个边界应当提出三个边界条件，如表 2.7 所示。

表 2.7 轴对称闭合圆柱壳两端一般理论解的边界条件

	经向	法向	转动
广义力边界条件 S_F	T_1	Q_1	M_1
广义位移边界条件 S_u	u	w	$\mathrm{d}w/\mathrm{d}s$

2.7.3.2 圆柱壳轴对称情况的解

挠度方程(2.7.48)是一个非齐次的四阶线性常微分方程，它的一般解可以分解为该方程的一个特解 w^* 叠加对应的齐次微分方程的通解 $\bar{w}$：

$$w = \bar{w} + w^* \tag{2.7.49}$$

特解 w^*：如果施加于壳上的载荷不是急剧变化的，则可以将薄膜理论解近似地作为方程(2.7.48)的一个特解。事实上，当略去壳的弯曲刚度时

$$\frac{Eh}{R^2}w^{膜} = p_n - \frac{\nu}{R}T_1 \tag{2.7.50}$$

上式就是薄膜理论中的式(2.7.32a)。由于一般说来 $w^{膜}$ 是缓慢变化的，则：

$$\left| D\frac{d^4 w^{膜}}{ds^4} \right| \ll \left| \frac{Eh}{R^2} w^{膜} \right|$$

所以薄膜理论解可以作为方程(2.7.48)的一个特解 w^*。对于薄膜理论解，可以直接由以下方法求得：

(1) 由方程(2.7.35a)解得经向内力 T_1，此内力就是薄膜理论中的经向力 T_1^*。

(2) $T_2^* = p_n R$。

(3) $w^* = R\varepsilon_2^* = \dfrac{R}{Eh}(p_n R - \nu T_1)$。

齐次解$\bar{w}$满足

$$\frac{d^4 \bar{w}}{ds^4} + \frac{Eh}{DR^2}\bar{w} = 0 \tag{2.7.51a}$$

设

$$4\beta^4 = \frac{Eh}{DR^2} = \frac{12(1-\nu^2)}{(Rh)^2},\quad \beta = \frac{\sqrt[4]{3(1-\nu^2)}}{\sqrt{Rh}} \tag{2.7.52}$$

则式(2.7.51a)转化为

$$\frac{d^4 \bar{w}}{ds^4} + 4\beta^4 \bar{w} = 0 \tag{2.7.51b}$$

上述四阶齐次方程具有四个线性无关的特解，它们是：

$$e^{-\beta s}\cos\beta s,\quad e^{-\beta s}\sin\beta s,\quad e^{\beta s}\cos\beta s,\quad e^{\beta s}\sin\beta s$$

所以式(2.7.51)的通解为

$$\bar{w} = C_1 e^{-\beta s}\cos\beta s + C_2 e^{-\beta s}\sin\beta s + C_3 e^{-\beta(L-s)}\cos\beta s + C_4 e^{-\beta(L-s)}\sin\beta s \tag{2.7.53}$$

式中 L 为壳长。上式中第一、二项在远离 $s=0$ 处迅速衰减；而第三、四项在远离圆柱壳另一端 $s=L$ 处迅速衰减。这可以看做是 $s=0$ 或 $s=L$ 附近的边缘效应。当 $L \gg 2\dfrac{2\pi}{\beta} \approx 10\sqrt{Rh}$ 时，这两部分边缘效应可以认为互不耦合。此时式(2.7.53)的四个待定常数中，C_1 和 C_2 只与 $s=0$ 处的边界条件有关；而 C_3 和 C_4 只与 $s=L$ 处的边界条件有关。所以对于长圆柱壳，C_1、C_2 与 C_3、C_4 可以分别根据两端的边界条件分开求，不必互相联立。下面只研究 $s=0$ 处的边缘效应。

引入克雷洛夫函数：

$$\theta(\beta s) = e^{-\beta s}\cos\beta s,\qquad \zeta(\beta s) = e^{-\beta s}\sin\beta s$$

$$\varphi(\beta s) = e^{-\beta s}\cos\beta s + e^{-\beta s}\sin\beta s,\quad \psi(\beta s) = e^{-\beta s}\cos\beta s - e^{-\beta s}\sin\beta s \tag{2.7.54}$$

它们之间满足以下关系：

$$\frac{d\theta(\beta s)}{ds} = -\beta\varphi(\beta s),\quad \frac{d\varphi(\beta s)}{ds} = -2\beta\zeta(\beta s)$$

$$\frac{\mathrm{d}\zeta(\beta s)}{\mathrm{d}s}=\beta\psi(\beta s),\quad \frac{\mathrm{d}\psi(\beta s)}{\mathrm{d}s}=-2\beta\theta(\beta s) \tag{2.7.55}$$

四个函数均具有呈衰减波状迅速衰减的特性。例如，令“波长”为 λ：

$$\lambda=\frac{2\pi}{\beta}=\frac{2\pi}{\sqrt[4]{3(1-\nu^2)}}\sqrt{Rh} \tag{2.7.56}$$

$$\frac{\theta[\beta(s+\lambda)]}{\theta(\beta s)}=\mathrm{e}^{-2\pi}=0.187\%$$

于是齐次解的位移以及对应的内力素都可以由以下四个克雷洛夫函数表示：

$$\bar{w}=C_1\theta(\beta s)+C_2\zeta(\beta s) \tag{2.7.57a}$$

$$\frac{\mathrm{d}\,\bar{w}}{\mathrm{d}s}=-\beta C_1\varphi(\beta s)+\beta C_2\psi(\beta s) \tag{2.7.57b}$$

$$\overline{M}_1=-D\frac{\mathrm{d}^2\,\bar{w}}{\mathrm{d}s^2}=-2\beta^2 D[C_1\zeta(\beta s)-C_2\theta(\beta s)] \tag{2.7.57c}$$

$$\overline{Q}_1=-D\frac{\mathrm{d}^3\,\bar{w}}{\mathrm{d}s^3}=-2\beta^3 D[C_1\psi(\beta s)+C_2\varphi(\beta s)] \tag{2.7.57d}$$

$$\overline{T}_1=0 \tag{2.7.57e}$$

$$\overline{T}_2=\frac{Eh}{R}\bar{w}=\frac{Eh}{R}[C_1\theta(\beta s)+C_2\zeta(\beta s)] \tag{2.7.57f}$$

$$\overline{M}_2=\nu\overline{M}_1 \tag{2.7.57g}$$

$$\bar{u}_1=\frac{\nu DR}{Eh}\frac{\mathrm{d}^3\,\bar{w}}{\mathrm{d}s^3}=-\frac{\nu R}{Eh}Q_1 \tag{2.7.57h}$$

这种边缘效应应力状态与2.7.3.1节所研究的薄膜应力状态有以下重要区别：

(1) 边缘效应应力状态具有急剧衰减的特征，而薄膜应力状态则遍布于全壳，变化缓慢。

(2) 在边缘效应应力状态中弯矩 M_1 与薄膜力 T_2 所引起的应力属于同一数量级，而在薄膜应力状态中弯矩 M_1 所引起的应力远小于薄膜力 T_2 所引起的应力。

如果圆柱壳的长度不很短，则可以认为式(2.7.53)的两部分分别自壳的一端至另一端时已经衰减殆尽，因而在研究 $s=0$ 附近的边缘效应时只需取第一部分而略去第二部分；在研究 $s=L$ 附近的边缘效应时只需取第二部分而略去第一部分。

壳中的全部应力为：

$$\sigma_1=\sigma_1^*+\bar{\sigma}_1=\frac{T_1^*}{h}+\frac{12z\overline{M}_1}{h^3} \tag{2.7.58a}$$

$$\sigma_2=\sigma_2^*+\bar{\sigma}_2=\frac{T_2^*}{h}+\frac{\overline{T}_2}{h}+\frac{12z\overline{M}_2}{h^3} \tag{2.7.58b}$$

上式中带“*”的项为薄膜应力，带“—”的项为边缘应力。

2.7.3.3 边缘载荷作用下半无限长圆柱壳的边缘效应

如图 2.95 所示在 $s=0$ 边受一周均匀分布的横剪力与弯矩的半无限长圆柱壳，壳中的位移与应力状态可以作为一个半无限长圆柱壳的基本解。利用边界条件：

$s=0$ 处：

$$\overline{M}_1 = -2\beta^2 D[C_1\zeta(\beta s) - C_2\theta(\beta s)] = M_0$$

$$\overline{Q}_1 = -2\beta^3 D[C_1\psi(\beta s) + C_2\varphi(\beta s)] = Q_0$$

解得 C_1 和 C_2，代入式(2.7.57)，得到：

$$w = -\frac{1}{2\beta^3 D}[Q_0\theta(\beta s) + \beta M_0\psi(\beta s)] \tag{2.7.59a}$$

$$\frac{\mathrm{d}w}{\mathrm{d}s} = \frac{1}{2\beta^2 D}[Q_0\varphi(\beta s) + 2\beta M_0\theta(\beta s)] \tag{2.7.59b}$$

$$M_1 = \frac{1}{\beta}[Q_0\zeta(\beta s) + \beta M_0\varphi(\beta s)] \tag{2.7.60a}$$

$$Q_1 = Q_0\psi(\beta s) - 2\beta M_0\zeta(\beta s) \tag{2.7.60b}$$

$$T_2 = -2\beta R[Q_0\theta(\beta s) + \beta M_0\psi(\beta s)] \tag{2.7.60c}$$

$s=0$ 处半无限长圆柱壳的广义位移为：

$$\begin{Bmatrix} w_0 \\ \left(\dfrac{\mathrm{d}w}{\mathrm{d}s}\right)_{x=0} \end{Bmatrix} = \begin{bmatrix} \dfrac{1}{2\beta^3 D} & \dfrac{1}{2\beta^2 D} \\ \dfrac{1}{2\beta^2 D} & \dfrac{1}{\beta D} \end{bmatrix} \begin{Bmatrix} -Q_0 \\ M_0 \end{Bmatrix} \tag{2.7.61}$$

利用此基本解，代入式(2.7.57)、式(2.7.58)，可以得到圆柱壳中边缘效应的应力状态。

在飞行器结构中，常常可以遇到不同旋转壳相连接、圆板与圆柱壳相连接或者圆环与旋转壳相连接的情况。例如，图 2.79 中火箭氧化剂、燃烧剂贮箱中圆柱壳与球壳的连接，图 2.80 中“神舟五号”飞船返回舱中球壳与圆锥壳的连接，图 2.82 储罐中圆柱壳与椭球壳的连接，图 2.83 中客机增压座舱后端球壳与圆柱壳的连接，前端平面壁板与圆柱壳的连接。当不同的元件相互连接时，由于结构刚度不同，连接面处会产生附加的弯矩与横剪力，如图 2.96 所示。

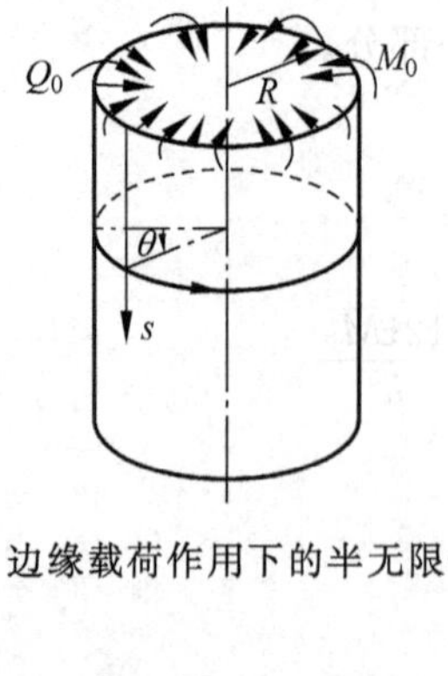

图 2.95 边缘载荷作用下的半无限长圆柱壳

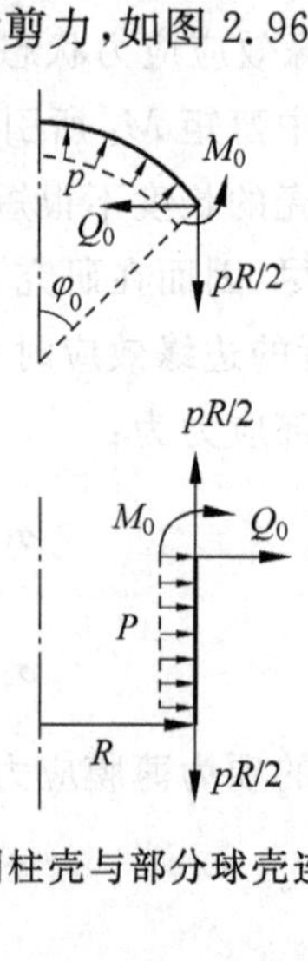

图 2.96 圆柱壳与部分球壳连接处的内力

在连接部位附近的旋转壳中，由这些横剪力与弯矩引起边缘应力。以上这些旋转壳的连接方式中，如果两个旋转壳的子午线切线连续，则边缘应力与旋转壳中的薄膜应力是同一数量级的，即式(2.7.58a,b)中第一项带“ * ”的成分与后项量级相同；但如果相连接的旋转壳的子午线切线不连续，则边缘应力比旋转壳中的薄膜应力大一个数量级：

$$\frac{\bar{\sigma}}{\sigma^*} \sim 1 \quad \forall \text{ 两个旋转壳的子午线切线连续} \tag{2.7.62a}$$

$$\frac{\bar{\sigma}}{\sigma^*} \sim \sqrt{\frac{R}{h}} \quad \forall \text{ 两个旋转壳的子午线切线不连续} \tag{2.7.62b}$$

例如，图 2.80 中“神舟五号”飞船的返回舱、图 2.82 中的储罐等都属于第一种连接方式，即两个旋转壳的子午线切线连续的情况，此时壳体中没有过大的局部应力；如图 2.97(a)所示为长短轴之比为 2∶1 的正椭球壳与圆柱壳连接时壳中的经向弯曲应力 $\sigma_s^{(b)}$ 与环向薄膜应力 $\sigma_\theta^{(m)}$ 的分布。而图 2.79 中火箭氧化剂、燃烧剂贮箱中圆柱壳与球壳的连接、图 2.83 中客机和轰炸机增压座舱后端球壳与圆柱壳的连接，歼灭机增压舱前后端平面壁板与圆柱壳的连接属于第二种连接方式，此时壳体中有很大的局部应力；如图 2.97(b)所示为部分球壳与圆柱壳连接时壳中的经向弯曲应力 $\sigma_s^{(b)}$ 与环向薄膜应力 $\sigma_\theta^{(m)}$ 的分布。

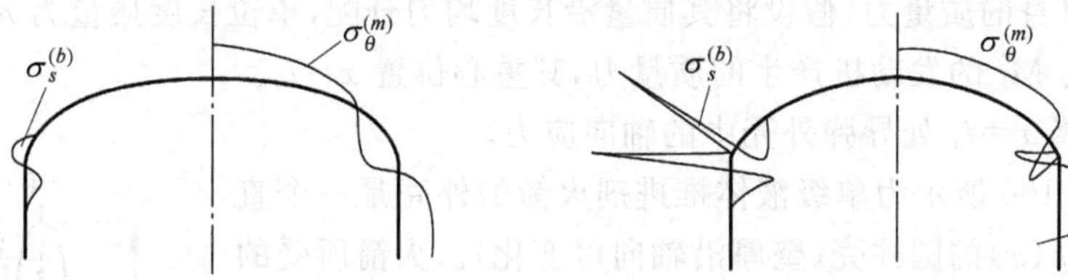

(a) 光滑连接时　　(b) 非光滑连接时

图 2.97　圆柱壳与椭球壳连接时壳中应力分布

虽然图 2.97(a)所示连接方式从结构承力的角度看优于图 2.97(b)所示的连接方式，但是从使用与结构布置的角度看，飞行器的增压舱往往不能设计成对于受内压时最有利的结构形式，此时就需要在图 2.97(b)所示的部分球壳与圆柱壳连接处布置补强圆环。

习题

2.1　设总长 25m 的飞机匀速平飞。机翼与机身在 $x_1=10.0$m 处连接，两个机翼结构与燃料油总质量为 $P_1=20.5$T。水平尾翼与机身在 $x_2=22.5$m 处连接，两个水平尾翼的总质量为 $P_2=2.3$T。机身与负载总质量为 45.0T。进行初步设计时假设这些质量沿机身长度均匀分布。如图 2.98 所示，假设两个机翼提供升力 L_w，其作用位置 $x_3=11.0$m；两个水平尾翼提供升力 L_T，其作用位置 $x_4=21.2$m。请画出沿机身长度方向的剪力与弯矩分布图。

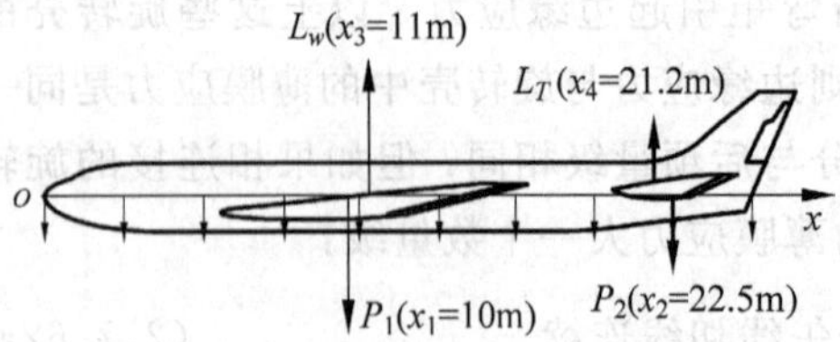

图 2.98　机身所受的垂直载荷

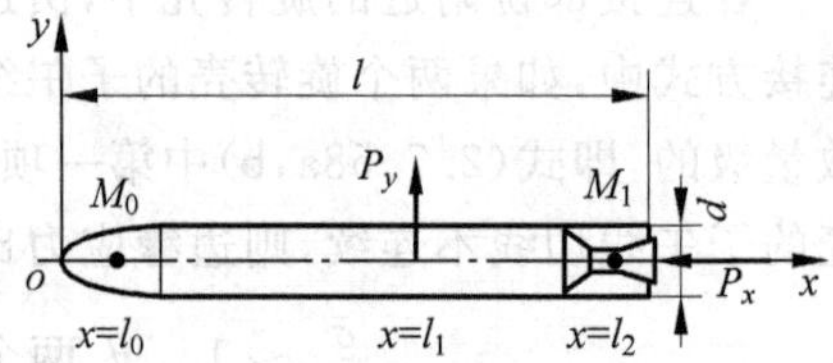

图 2.99　水平飞行的导弹

2.2　如图 2.99 所示，长度为 l，直径为 d，壁厚为 $h(x)$（壁厚可变）的导弹进行水平飞行。导弹所受的载荷是随时间变化的，但当这种变化与导弹的自由振动相比是缓慢变化时，可以作为准静态问题处理。在某一时刻，导弹的水平和竖直方向的过载系数分别为 n_x 和 n_y，它所受的载荷包括：

(1) 作用在导弹末端的发动机推力 P_x；

(2) 外表面沿水平和竖直方向分布的单位长度空气动力分别为 $q_x(x)$ 和 $q_y(x)$；

(3) $x=l_1$ 处弹翼的升力 P_y；

(4) 头部质量为 M_0 的有效载荷产生的质量力，重心位置为 $x=l_0$；

(5) 导弹自身的质量力（假设将其质量沿长度均匀分配，单位长度质量为 m）；

(6) 质量为 M_1 的发动机产生的质量力，其重心位置 $x=l_2$。

请计算弹翼 $x=l_1$ 处导弹外壳中的轴向应力。

2.3　图 2.100 所示为单级液体推进剂火箭的外壳是一个直径为 d、壁厚为 $h(x)$ 的圆柱壳（壁厚沿轴向可变化）。火箭所受的载荷是随时间变化的，但当这种变化与火箭的自由振动相比是缓慢变化时，可以作为准静态问题处理。在某一时刻，火箭的上升方向过载系数为 n_x，并受到如下轴向载荷作用：

(1) 发动机推力 P_x（通过 E-E 截面的发动机架传递至壳壁上）；

(2) 外表面沿轴向分布的单位长度空气动力 $q_x(x)$；

(3) 头部质量为 M_0 的有效载荷产生的质量力；

(4) 火箭自身的质量力（假设单位长度火箭质量为 $m(x)$）；

(5) 质量为 M_1 的氧化剂与质量为 M_2 的燃烧剂产生的质量力，此力压在贮箱底部，通过贮箱与火箭外壳的连接件施加于火箭外壁上；

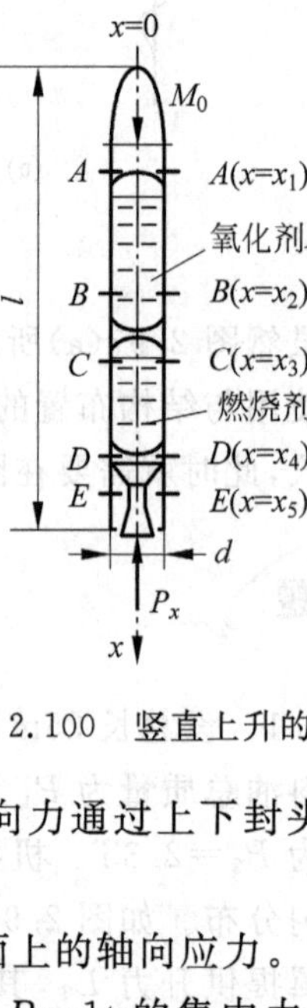

图 2.100　竖直上升的火箭

(6) 氧化剂与燃烧剂的增压压力（分别为 p_1 与 p_2）所产生的轴向力通过上下封头传递给火箭的壳壁。

求：图 2.100 中 A—A、B—B、C—C、D—D 和 E—E 五个横截面上的轴向应力。

2.4　如图 2.101(a)所示，一跨度 $l=10\text{m}$ 的简支杆件，正中受 $P=1\text{t}$ 的集中力作用。杆件采用工字钢制作，其许用应力为 120MPa。请从型钢表中选择满足强度要求的最小型号的工字钢，这时杆件中的最大应力是多少？杆件的质量是多少？在同样的载荷与跨度条件下，采用同样材料将该杆件设计成为图 2.101(b)所示的两端简支桁架。桁架由壁厚为 1mm 的空心圆管组成。请问最轻的桁架中，各段圆管的半径是多少？该桁架与上述两端简支工字杆件的质量百分比是多少？并分析造成上述差别的原因。

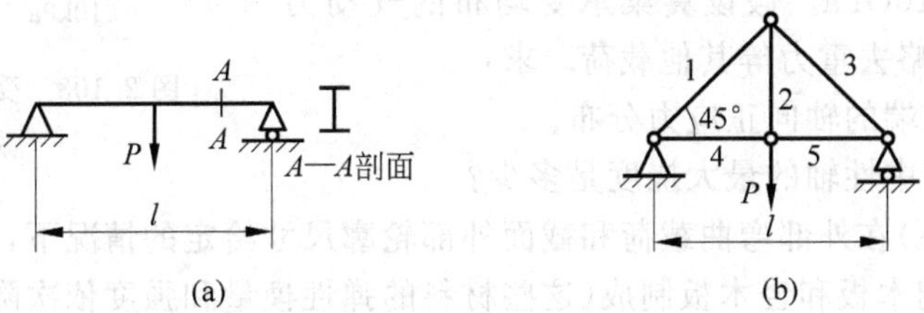

图 2.101　杆件与桁架的承弯能力比较

2.5　进行初步分析时，可以把直升机旋翼简化为一个由四部分组合的闭口等截面悬臂杆件。如图 2.102 所示，在 $x=5\text{m}, y=z=0$ 处旋翼受到轴向拉力 $4.5\times10^4\text{N}$ 的作用，在前缘处受到均匀分布阻力 9.0N/mm 的作用，在下蒙皮表面受到均匀升力 18.0kPa 的作用。试求：

(1) 旋翼各处的内力分布，包括：轴力 T_x，横剪力 Q_y，Q_z 和弯矩 M_y，M_z；

(2) 旋翼中最大正应力在何处？有多大？(可假设上下蒙皮②、③两部分为薄板，不计沿其壁厚的应力差)；

(3) 旋翼各处的扭矩分布，在计算旋翼整体作为闭口杆的剪力中心时，假设前缘①、后缘④只以横剪力参与整个横截面的扭转，略去沿前缘①、后缘④的局部扭转，前缘与后缘各自的剪力中心坐标可由弹性力学求得，前缘处为：$y=\left[1-\dfrac{8(3+4\nu)}{15\pi(1+\nu)}\right]R$，后缘的剪力中心在三角形的形心处。

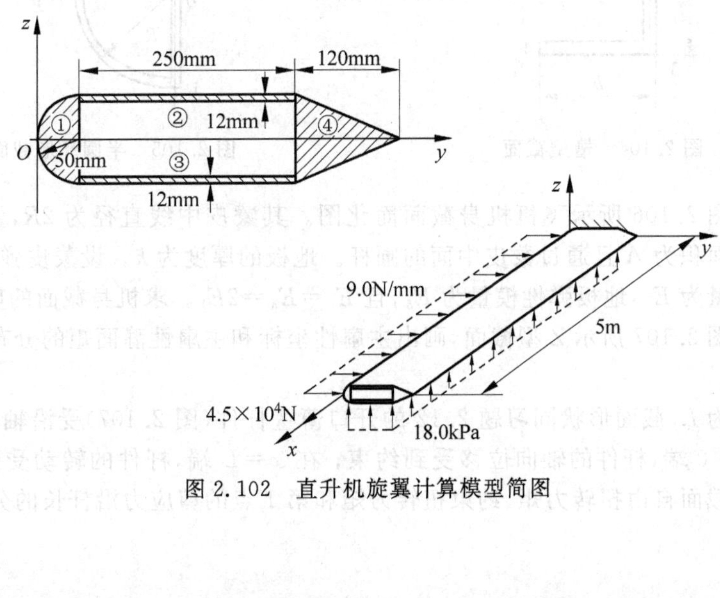

图 2.102　直升机旋翼计算模型简图

2.6 如图 2.103 所示模型飞机的翼梁受到均布载荷作用，梁端部固支。翼梁呈上下、左右对称的工字梁形式，上下缘条由等厚度的碳纤维板制作，其轴向弹性模量为 $E_1=200\text{GPa}$；腹板由等厚度的松木制作，其轴向弹性模量为 $E_2=10\text{GPa}$。假设翼梁承受均布的气动力如图 2.103 所示，略去重力等其他载荷。求：

(1) 杆件固定端的轴向正应力分布。

(2) 杆件端部中性轴的最大挠度是多少？

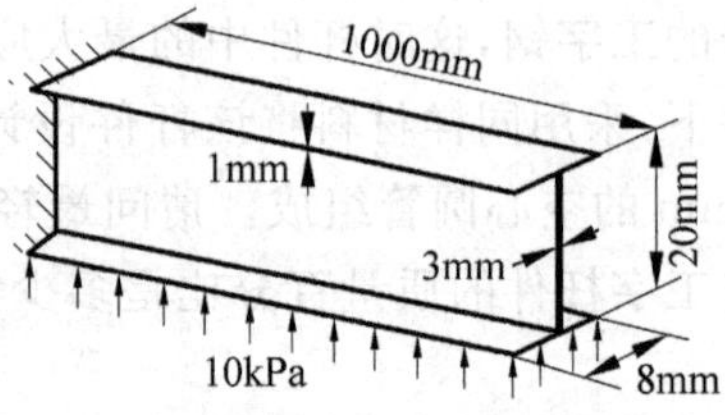

图 2.103 受均布力的组合截面工字型翼梁

2.7 （思考题）在外部弯曲载荷和截面外部轮廓尺寸给定的情况下，假设翼梁可以由碳纤维板、松木板、桐木板和轻木板制成（这些材料的弹性模量和强度依次降低，密度和价格也不同，读者可自行从有关手册中查找相应数据）。问：

(1) 在满足强度条件的同时，怎样设计翼梁才能使翼梁的刚度最大（端部的挠度最小）？

(2) 在满足强度和刚度条件的同时，怎样才能设计出最轻的翼梁？

(3) 在满足强度和刚度条件的同时，怎样才能设计出最便宜的翼梁？

2.8 （思考题）在机翼外部轮廓尺寸给定的情况下，从材料选择和机翼内的结构形式方面考虑，在尽量减轻结构重量的要求下，怎样才能提高机翼的抗弯刚度？怎样才能提高机翼的抗扭刚度？

2.9 求图 2.104 中翼板和腹板厚度均为 h 的槽形截面的剪力中心。

2.10 求图 2.105 中厚度为 h，中线半径为 R 的半圆环形截面的剪力中心。

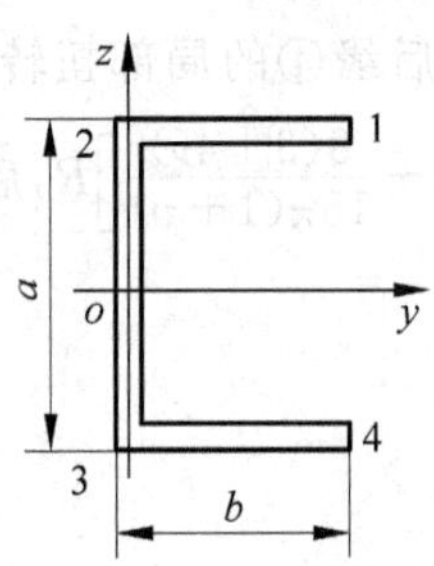

图 2.104 槽型截面

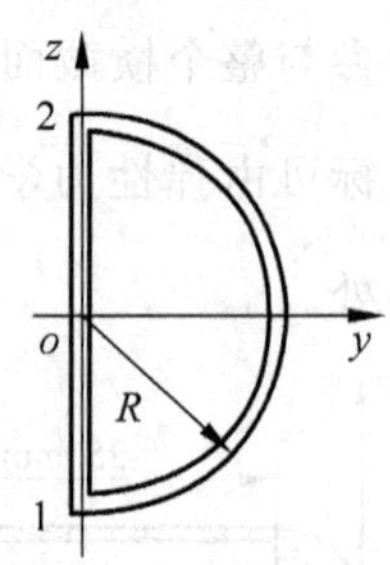

图 2.105 半圆环形截面

2.11 如图 2.106 所示飞机机身截面简化图。其蒙皮中线直径为 $2R$，蒙皮厚度为 t。加强筋简化为面积为 A 且通过蒙皮中面的圆杆。地板的厚度为 h。设蒙皮弹性模量为 E_1，加强筋弹性模量为 E_2，地板弹性模量为 E_3，且 $E_2=E_3=2E_1$。求机身截面的剪力中心。

2.12 对图 2.107 所示 Z 型截面，画出主扇性坐标和主扇性静面矩的分布图，并求主扇性惯性矩之值。

2.13 长为 L，截面形状同习题 2.12 的开口薄壁杆件（图 2.107）受沿轴向均布的扭矩 m 作用。在 $x=0$ 端，杆件的轴向位移受到约束；在 $x=L$ 端，杆件的转动受到约束。求其扭角、双力矩、截面自由扭转力矩、约束扭转力矩和第 1 点的剪应力沿杆长的分布规律。

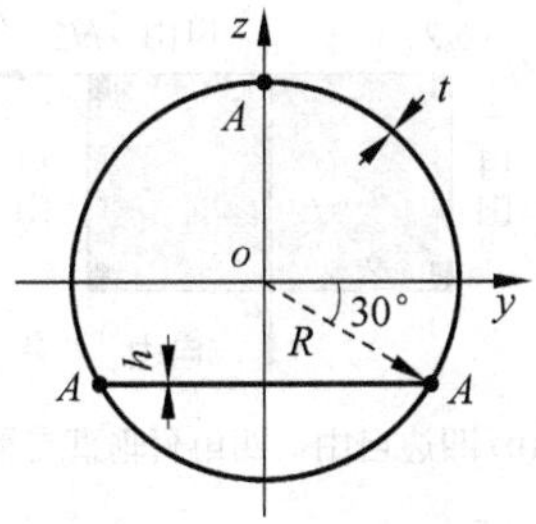

图 2.106 机身截面

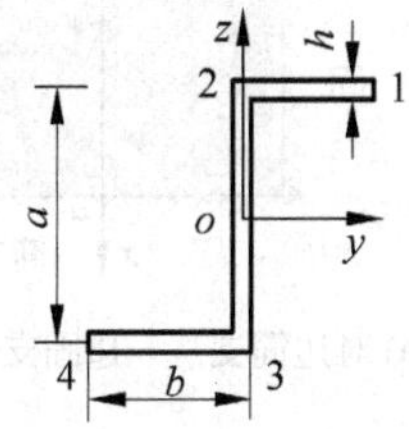

图 2.107 Z 型截面

2.14 图 2.108 所示加筋开口盒段，桁条的横截面积 $A=500\text{mm}^2$，壁板厚度为 $h=2\text{mm}$，盒段长 $L=3\text{m}$，高 $a=0.2\text{m}$，宽 $b=1\text{m}$。桁条和壁板由硬铝制成，其弹性模量 $E=70\text{GPa}$，剪切模量 $G=26.5\text{GPa}$。试求在 $M=1\times10^4\text{Nm}$ 扭矩的作用下：

(1) 盒段端部的扭转角；

(2) 盒段根部的扭转剪应力与自由扭转时的剪应力的比值。

2.15 请证明：圆形截面(包括闭口圆管)或薄壁正多边形截面的杆件在自由扭转时无翘曲。

2.16 如图 2.109 所示厚度为 h，直角边长为 a 的等腰直角三角形薄壁截面。

(1) 用求剪力中心的方法计算其剪力中心的位置；

(2) 用求广义主扇性极点的方法计算其广义主扇性极点，并和问题(1)的结果进行比较。

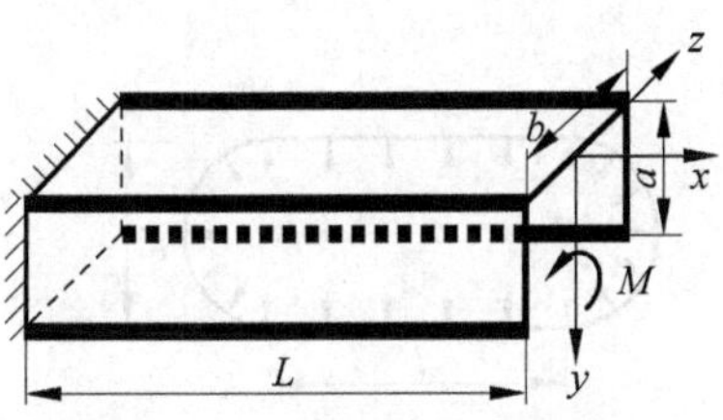

图 2.108 加筋开口盒段的约束扭转

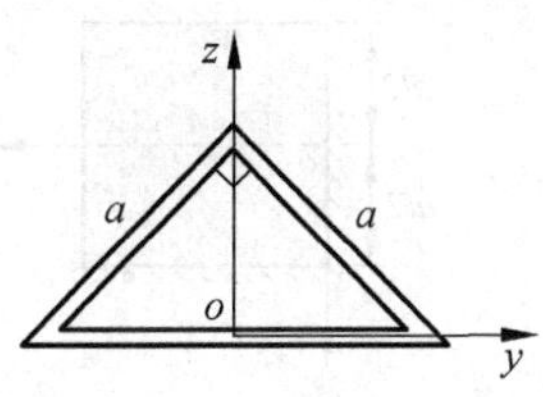

图 2.109 等腰直角截面

2.17 请给出图 2.110 中各个平板的边界条件。

2.18 如图 2.111，求半径为 R 的周边固支圆板在均布载荷下的最大正应力、最大剪应力和最大挠度，并和周边简支情况进行对比。

2.19 如图 2.112，周边固支圆板受部分均布载荷作用，求其挠度。

2.20 如图 2.113 所示，弯曲刚度为 D 的三边简支，一边自由的方板，受均布载荷 p 的作用，试用单三角级数法取一项求其最大挠度。

2.21 图 2.114 所示为液体火箭发动机的燃料剂贮箱，各处壁厚均为 h。求在内压 p 作用下筒身和封头的内力及位移。

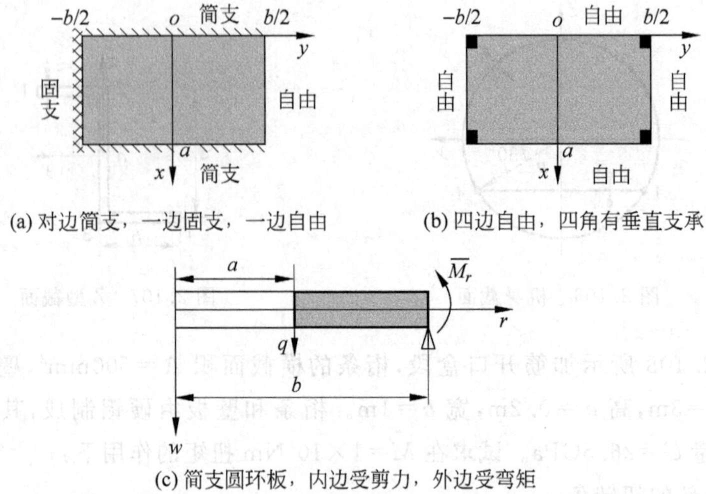

(a) 对边简支，一边固支，一边自由　　(b) 四边自由，四角有垂直支承

(c) 简支圆环板，内边受剪力，外边受弯矩

图 2.110　平板的各种边界条件

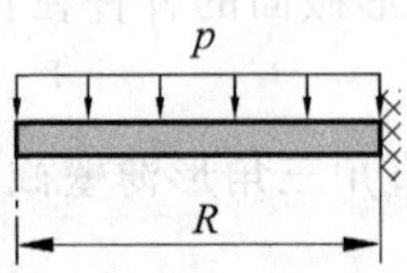

图 2.111　周边固支圆板受均布载荷作用

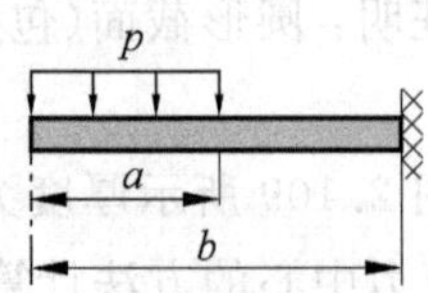

图 2.112　周边固支圆板受部分均布载荷作用

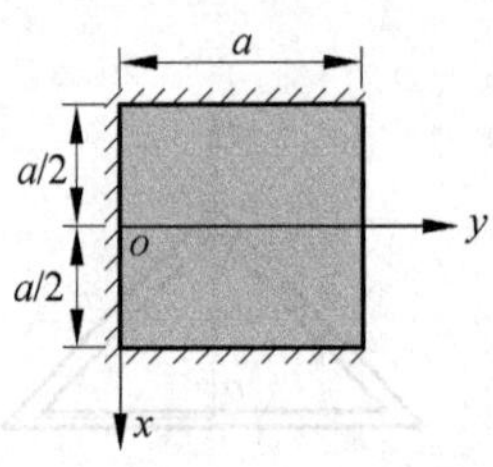

图 2.113　三边简支，一边自由的方板

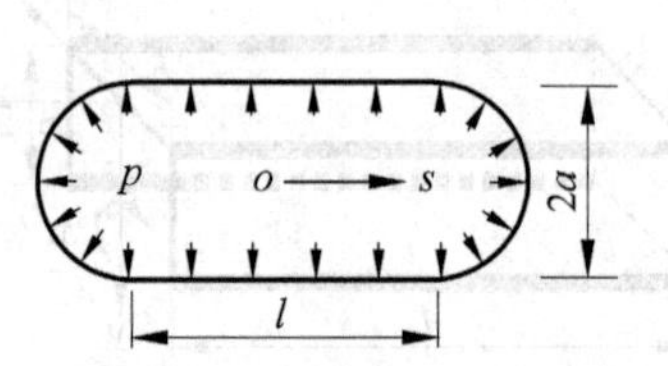

图 2.114　燃料剂贮箱

2.22　求图 2.115 所示火箭贮箱在内压力作用下各部分(包括贮箱筒体、上封头和下箱底。假设上封头与下箱底都是球壳的一部分,尺寸完全相同)的薄膜应力分布(筒体以 x 为坐标表达,封头与箱底以 θ 为坐标表达)。火箭贮箱内压力包括：

(1) 增压压力 p_0；

(2) 液柱压力 $n_x\gamma(H-x)$,其中 n_x 是轴向过载系数,γ 是液体比重。

注：在贮箱封头与筒体连接处有加强环,其作用是减少连接处的局部应力,在计算薄膜应力时可不考虑。

2.23　如图 2.116 所示,火箭贮箱底部为圆锥壳,其他条件不变,求筒体与贮箱底部各处的薄膜应力。(筒体以 x 为坐标表达,箱底以 r 为坐标表达)。

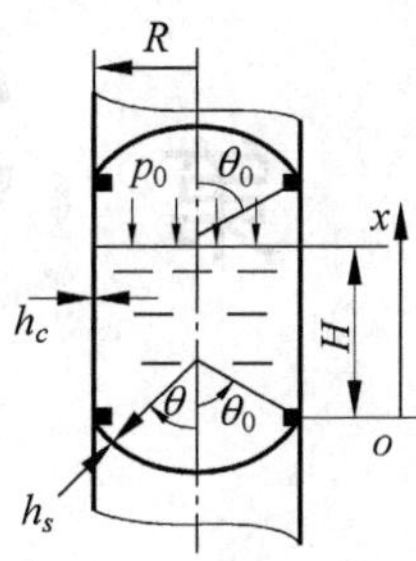

图 2.115 底部为球壳的火箭贮箱

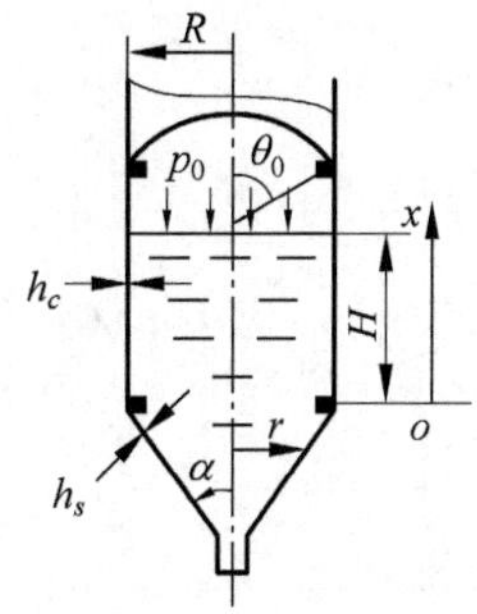

图 2.116 底部为圆锥壳的火箭贮箱

本章参考文献

[1] J David Peery, J J Azar. Aircraft Structures(2nd ed). New York: McGraw-Hill, 1982.
[2] 王本华,火箭结构力学,西北工业大学出版社:西安,1988.
[3] 陶梅贞等.现代飞机结构综合设计,西安:西北工业大学出版社,2001.
[4] D Howe. Aircraft loading and structural layout. AIAA, Reston, 2004.
[5] 郦正能,张玉珠,方卫国.飞行器结构学.北京:北京航空航天大学出版社,2005.
[6] 郦正能等.飞机部件与系统设计.北京:北京航空航天大学出版社,2005.
[7] J Cutler. Understanding aircraft Structures. Blackwell Publishing Ltd.: Oxford, Malden, MA, 2005.
[8] 黄克智等.板壳理论.北京:清华大学出版社,1987.
[9] H David Allen, Walter E Haisler. Introduction to Aerospace Structural Analysis. New York: John Wiley & Sons, 1985.
[10] 铁摩辛柯、古地尔著.徐芝纶,吴永祯译.弹性理论.北京:人民教育出版社,1964.
[11] Г Ю 詹涅里杰,Я Г 巴诺夫柯著.胡海昌,解伯民译.弹性薄壁杆件的静力学.上海:科学出版社,1956.
[12] 王生楠.飞行器结构力学.西安:西北工业大学出版社,1998.
[13] 铁摩辛柯,沃诺斯基著.板壳理论翻译组译.板壳理论.北京:科学出版社,1977.
[14] R J Roark. Formulas for Stress and Strain(4th ed). New York: McGraw-Hill, Inc., 1965.
[15] W Flügge, Stresses in Shells, Springer-Verlag, Berlin: 1960.
[16] K C Hwang, M D Xue, X F Wen, G Chen. Stresses of thick perforated plates with reinforcement of tubes and their effective elestic constants, ASME Journal of Pressure Vessel Technology, 1992, 114 (3): 271-279.

第 3 章

静定薄壁结构的内力分析

第 2 章比较详细地介绍了梁、板、壳等薄壁元件的承力特点和基本的分析方法。在此基础上，可以分析由这些基本元件所组成的飞行器结构。本着循序渐进的原则，本章只涉及最简单但又是最基本的静定薄壁结构。以此为基础，第 4 章再介绍静不定结构的分析方法。

从第 1 章中已经知道，飞机是从桁架和刚架结构逐渐演变到半硬壳式应力蒙皮结构的(飞机很少使用真正的硬壳式结构)；火箭和导弹的外壳主要采用硬壳式结构；航天器中大量使用桁架结构，而飞机中的发动机架等也采用桁架结构。因此，本章首先以桁架和刚架结构为对象，系统地介绍几何不变性和不可移动性的概念和静定系统的基本性质，同时讲解桁架和刚架结构的组成方法和计算方法。在此基础上再讲解用于分析薄壁结构的杆板模型。

3.1　几何不变性和不可移动性[1,2]

如图 3.1 所示，飞机中的机翼、机身、尾翼等部件要承受各种载荷的作用，因此它们必须具有一定的维持自身几何形状的能力。这就要求系统中的元件是“刚性”的，而且各元件间不会有相对的位移；此处“刚性”可以指元件变形是微量，而由于元件变形而引起的系统变形与元件变形是同一级微量。这种能维持几何形状的性质，称为**几何不变性**。在对机翼和尾翼这些部件进行受力分析时，可以认为它们是固定在机身这个支座上的；在分析机身时，也可以认为它是固定在机翼和尾翼这些支座上的。这时部件和支座之间没有相对运动，这种性

图 3.1　飞机的典型结构

质叫**不可移动性**。几何不变性及不可移动性是组成工程**结构**的必要条件。只有具备这些条件,结构才可以用来支承和传递外载荷。换言之,在不考虑材料应变的条件下,工程结构的形状和位置是不能改变的。

显然,一个几何可变的系统在无摩擦的情况下不能负担任何形式的外载荷。例如图 3.2(a)所示的系统在外力作用下就不能平衡,这类系统常称为**机构**。机构常被用来产生某些特定的动作,如图 3.2(b)所示的连杆机构。当然实际的机构中都是有摩擦的。当摩擦力很小时可被忽略,此时系统仍然被看做是机构,比如在收放过程中的飞机起落架;而摩擦力较大或通过液压传力时,几何可变的系统也能承受一定的外载荷,此时结构和机构之间的界线就比较模糊了。如无特殊说明,本书中都不考虑系统各元件间的摩擦力。

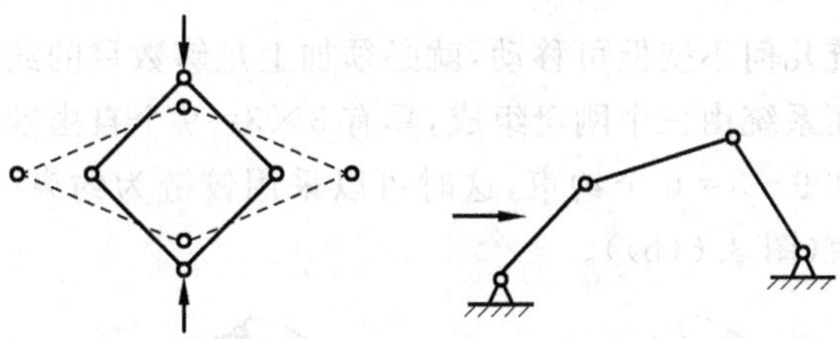

(a) (b)

图 3.2 机构

为了研究系统的几何不变性和不可移动性,可以利用运动学中的自由度及约束的概念。任何一个系统可以看做是由一些元件(甚至由一些孤立的点)用另一些元件作为约束连接而成的,比如图 3.2(a)的系统可以看做是四根杆用四个铰链连接而成,也可以看做是由四个点用四根带有铰链的杆连接而成的。

凡使得系统减少一个自由度的装置称为一个**约束**。减少多个自由度的装置可以看作是多个约束。例如,图 3.3 中的 A 点在平面内有两个平动自由度,将这点用两端具有铰链的杆连接到一固定的支座上,则此点失去一个平动自由度,因而一根两端具有铰链的杆是一个约束。倘若一根杆或者其他刚性的平面构件(简称刚盘)用铰链连接到支座上(如图 3.4 所示),它原有的三个自由度(两个平动自由度,一个转动自由度)中就有两个平动自由度受到约束,因而平面内连接两构件的铰链相当于两个约束。同理,在空间内连接两构件的球形铰链相当于三个约束。

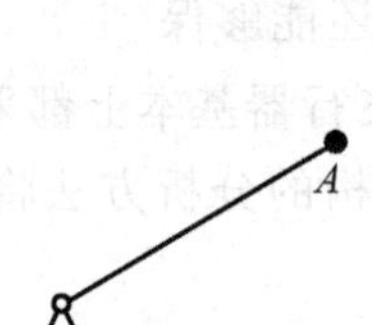

图 3.3 两端有铰链的杆

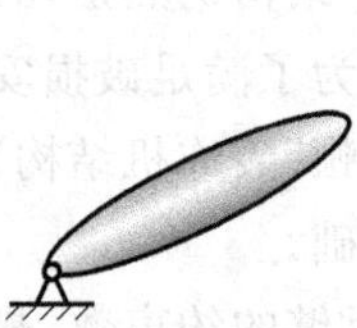

图 3.4 平面铰链

只连接两个构件的铰链称为**简单铰链**。一个同时连接 m 个($m>2$)构件的铰链称为**复杂铰链**,它相当于 $m-1$ 个简单铰链。例如图 3.5(a)中一个连接四根杆的平面铰链,可以看做将三根杆连接到第四根杆上,如图 3.5(b)所示。

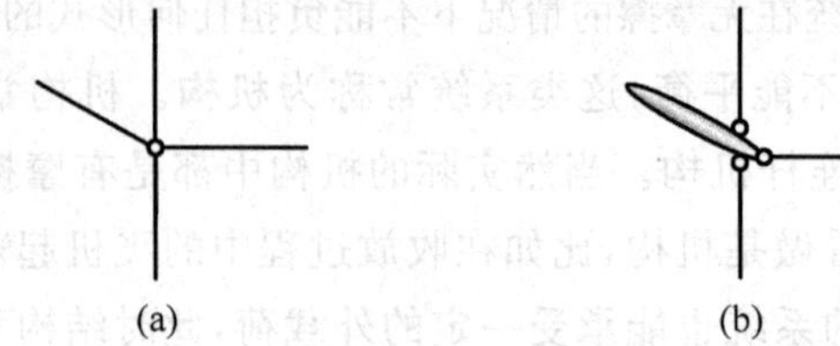

图 3.5　复杂铰链

要保证一平面系统几何不变但可移动,就必须加上足够数目的约束,使这系统只剩三个自由度。例如有一平面系统由三个刚盘组成,具有 $3\times3=9$ 个自由度,要使其成为几何不变但可移动的则最少需加 $9-3=6$ 个约束,这时可以采用铰链为约束(图 3.6(a)),或采用两端具有铰链的杆为约束(图 3.6(b))。

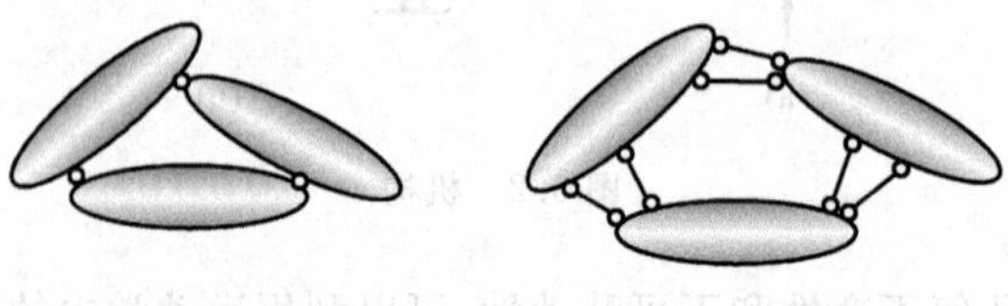

图 3.6　提供六个约束的两种方式

对于空间系统,要保证其几何不变性,则必须使其只剩 6 个自由度。当然,无论是对平面系统还是对空间系统,要使它是几何不变并且不可移动的,则必须约束住所有的自由度。

有时虽然给系统增加了一个约束,但并不能减少系统的自由度,则此约束称为**多余约束**或**冗余约束**。例如图 3.7 所示桁架,即使去掉 1—2 杆的约束,剩下的系统仍然是几何不变且不可移动的,因此 1—2 杆就是一个冗余约束。具有冗余约束的系统又称为**静不定**或**超静定**结构,它具有多条传力路径,某些传力路径遭到破坏时,整个结构仍然是几何不可变的,因此还能够保持一定的传力功能。为了满足破损安全的设计要求,飞行器基本上都采用静不定结构(例如图 1.14 所示的"惠灵顿"轰炸机结构)。虽然静不定结构的分析方法将在第 4 章进行讲解,但本章的内容是其基础。

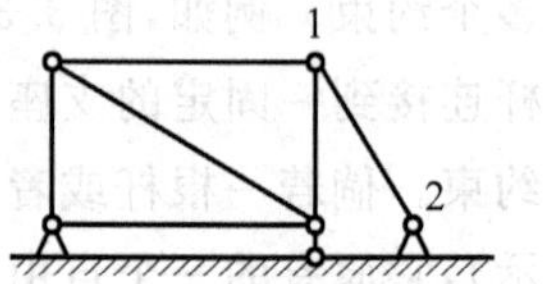

图 3.7　具有冗余约束的系统

必须指出,具有足够的约束数,是系统几何不变和不可移动性的必要条件,但还不是充分条件。倘若这些约束布置得不合适,系统还可能是几何可变的。现在来说明一种由于约束布置不合适而引起的特殊情况,即所谓瞬时可变或瞬时可动系统。

如图 3.8(a)所示，平面上一点 M 用两根杆作为约束连接到平面上 K 点与 L 点，倘若这两杆在一直线上，则 M 点可能在垂直于 KML 方向产生极小的位移。这是因为杆 KM 使 M 点只能绕 K 点做圆周运动(如虚线所示)，杆 ML 也使点 M 只能绕 L 点作圆周运动，而 K、M、L 三点共线，所以这两圆周在 M 点相切，有一极短的公共线段。这种系统称为**瞬时可变**的。图 3.8(b)所示系统事实上与图 3.8(a)相同，故也为瞬时可变系统。由此可知，倘若有三个刚盘互相以在一直线上的三个铰链相连接，则此系统是瞬时可变系统。在检查瞬时可变性时，应善于利用这一已知的规律。如图 3.9 所示，每两盘互相用两杆相连的三个刚盘，连接两刚盘的两杆的延长线交于一点，该点相当于一个铰链，称为**虚铰**，又称**瞬时转动中心**。倘若这六杆所形成的三个虚铰位于一直线上，则此系统是瞬时可变的。同理，倘若两刚盘互相以三根杆子连接，而这三杆的延长线交于一点，则这样组成的系统也是瞬时可变的(图 3.10)。另外，倘若两刚盘互相以三根平行杆连接，无论这三杆的长度是否相等，都相当于有三个虚铰交于无穷远处，系统是瞬时可变的(图 3.11)。

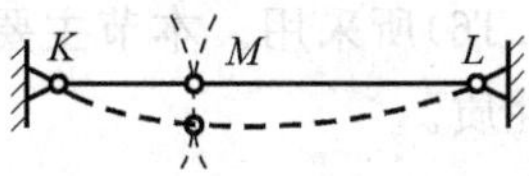

(a)

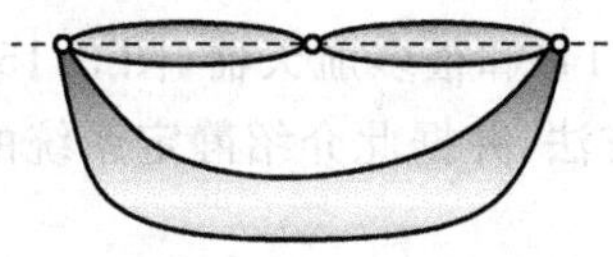
(b)

图 3.8　瞬时可变系统

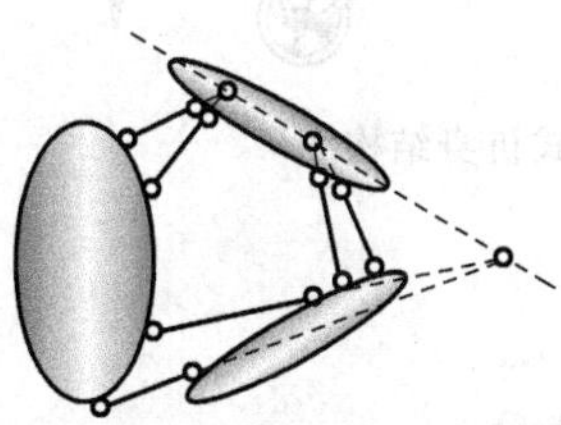
图 3.9　三虚铰共线

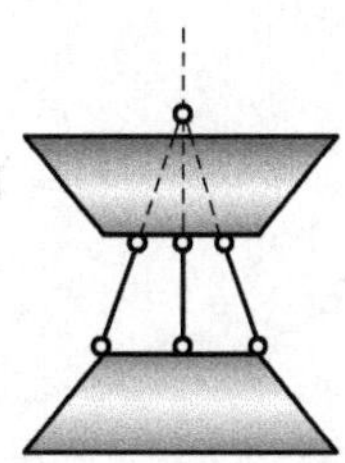
图 3.10　三虚铰共点

虽然瞬时可变系统在理论上只能有无穷小的活动性，但实际加载后将会有很大的位移，并且其内力可能是无穷大或不确定的。研究图 3.12 所示系统可说明其中的原因。设该系统中 2、3 两支承杆交于 O 点，而支承杆 1 不通过另两根支承杆的交点 O。如果力 P 作用于不通过 O 点的刚盘上任意点处，根据对 O 点的力矩平衡条件可得求杆 1 的内力 $T_1=Pr/d$。倘若支承杆 1 通过 O 点，则：$d=0$，$T_1=\infty$；如果同时外力 P 也通过 O 点，则 $T_1=0/0$，是不确定的。

综上所述可知，在设计飞行器结构时，不仅应该避免采用瞬时可变系统，而且为了避免产生很大的内力，还应该避免采用与瞬时可变系统相近的系统。

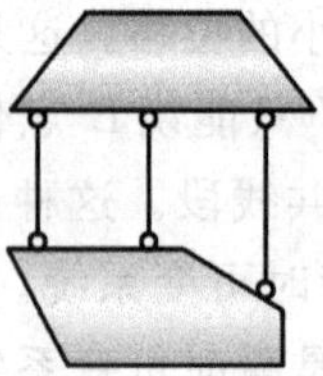

图 3.11　三平行杆

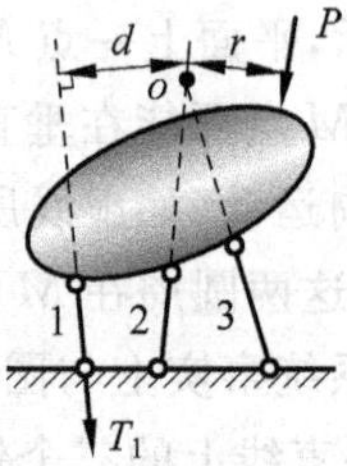

图 3.12　瞬时可变系统的内力分析

3.2　桁架结构[1~3]

如第 1 章所述，早期飞机的骨架通常是简单的桁架结构(图 3.13)，而现代的飞机基本采用半硬壳式应力蒙皮结构。虽然如此，由于桁架结构具有简单轻便的特点，它仍然被某些轻型直升机(图 3.14)和很多航天器(图 3.15 和图 3.16)所采用。本节主要讲解静定桁架结构的组成和分析方法，并据此介绍静定系统的一般性质。

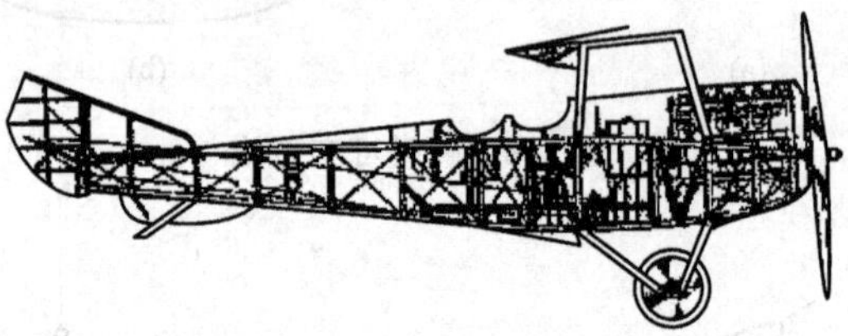

图 3.13　桁架式机身结构

图 3.14　Sa-315B Lama(1969 年)

由直杆组成，而且各杆都只在两端用铰链互相连接起来的几何不变系统，称为**桁架**。通常在研究桁架时，均假定铰链是理想的光滑铰链，并且杆轴通过铰链的中心点(**节点**)。由于理想铰链不能传递力矩和剪力，因而当外载荷仅作用在节点上时，每根杆都只受到两个大小相等、方向相反、沿着连接节点的直线方向作用的力，即在杆横截面上只产生轴向力。

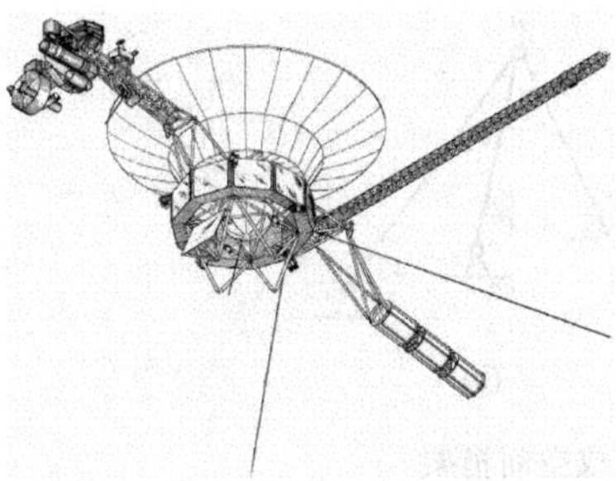

图 3.15 Voyager explorer(1977 年)

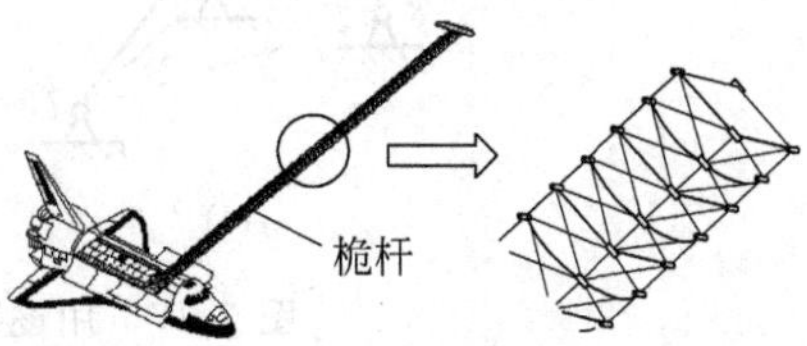

图 3.16 拍摄三维地图的装置(2000 年)

桁架可分为平面桁架和空间桁架两种。**平面桁架**中所有杆的轴线都在同一平面内，只能承受该平面内的载荷。**空间桁架**中所有杆的轴线不在同一平面内，例如图 3.13～图 3.16 所示的各种桁架结构。

3.2.1 判断桁架几何不变性和不可移动性的方法

为了讨论桁架的几何不变性和不可移动性，首先需要检查桁架是否具有足够的约束。为此，最好把桁架看作由节点所组成，并以两端有铰链的杆为约束而连接起来的结构。这样可得出最少必需的杆(约束)数 C 与节点数 Y 之间的关系：

几何不变但可移动

$$\text{平面桁架：} C = 2Y - 3 \tag{3.2.1}$$

$$\text{空间桁架：} C = 3Y - 6 \tag{3.2.2}$$

几何不变并且不可移动

$$\text{平面桁架：} C = 2Y \tag{3.2.3}$$

$$\text{空间桁架：} C = 3Y \tag{3.2.4}$$

满足式(3.2.1)～式(3.2.4)的系统已经具有足够的约束，但这只是几何不变和不可移动性的必要而非充分条件。还需要采用其他方法来进一步判断系统的几何不变性和不可移动性。下面将介绍其中两种常用的方法——组成法和零载法，其他方法可参阅文献[1,2]。

3.2.1.1 组成桁架的方法

下面介绍用于组成几何不变的桁架的逐次连接节点法和逐次连接桁架法。

(1) 逐次连接节点法

从一个几何不变的基本系统开始，每给系统增加一节点，对平面桁架就用两根不在一条直线上的杆连接；对空间桁架就用三根不在同一平面上的杆连接。用这种方法得到的桁架称为**简桁架**。在图 3.17(a)中，新增加的点 n 用三根不共面的杆相连接，新的系统也是几何不可变的。而在图 3.17(b)中，连接新增加点 n 的三根杆共面，这样得到的新系统就是几何可变的。

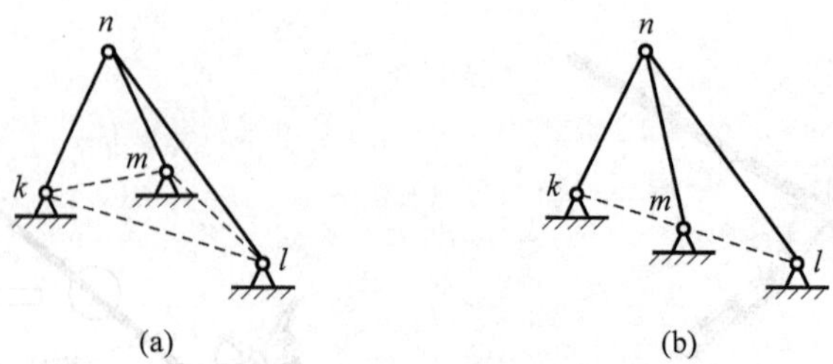

图 3.17　用逐次连接节点法组成空间桁架

(2) 逐次连接桁架法

这种方法是将几个简桁架用足够保证其间无相对移动的约束连接起来，得到一个新的桁架。这样组成的桁架称为**复桁架**，它不能由逐次连接节点法得到。具体做法是：

(1) 每增加一个平面桁架，需要三个约束，可用三根杆(图 3.18(a))或一个铰链和一根杆连接。如用三根杆连接，则它们不应交于一点(图 3.18(b))，或相互平行(即交于无穷远，如图 3.18(c)所示)。如用一个铰链和一根杆连接，则这根杆不应通过这个铰链。

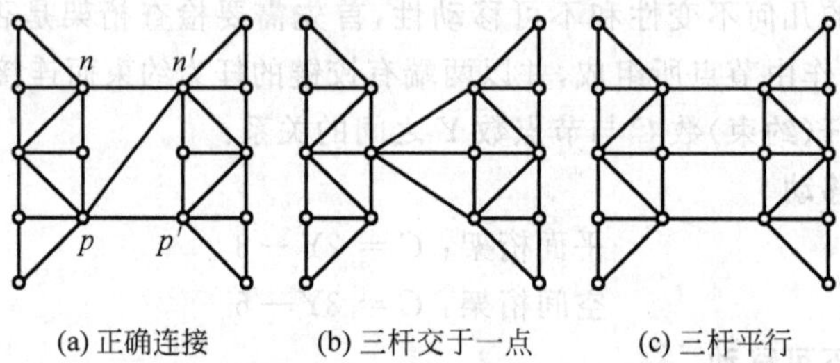

图 3.18　两个平面简桁架的连接

(2) 每增加一个空间桁架，需要六个约束。如用杆作为约束，则此六杆不应位于同一平面内或分别位于相交于同一直线的一组平面内。如图 3.19(a)中由 1—5、2—6、3—7、4—8、1—6 和 4—6 杆连接两个空间桁架组成的新桁架是几何不变的。但图 3.19(b)所示连接法是不正确的，因为 1—5、2—6、1—6 杆所在的平面和 3—7、4—8、3—8 杆所在的平面相互平行，1573 和 2684 两个平行四边形可以同时发生错动。

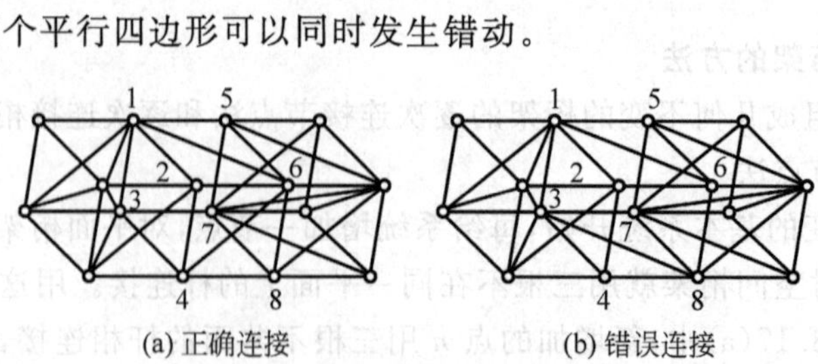

图 3.19　两个空间简桁架的连接

例 3.1 试研究图 3.20 所示系统的几何不变和不可移动性。

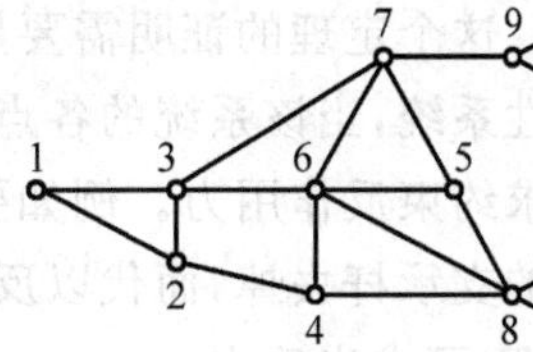

图 3.20 发动机支架侧面

解：节点 1～节点 8 共有 16 个自由度，连接它们的杆可以提供 13 个约束。可见式(3.2.1)得到满足，该系统有足够的约束。

采用逐次连接节点法，该桁架系统可以由三角形 6—7—5 开始依次增加节点 8、4、3、2、1 得到。可见该桁架是几何不变的。

此外铰链 8 提供两个约束，杆 7—9 提供一个约束，而且杆 7—9 不通过铰链 8，可见该桁架是不可移动的。

例 3.2 机身隔框要求在自身平面内是几何不变的。试问图 3.21(a)所示的系统能否作为机身隔框使用。

解：如图 3.21(b)所示，这系统可看做由三刚盘由六根杆相连而成，满足式(3.2.1)。但此六杆形成的三个虚铰(点 1、2、3)共线，因此这是一个瞬时可变系统，不能作为机身隔框使用。

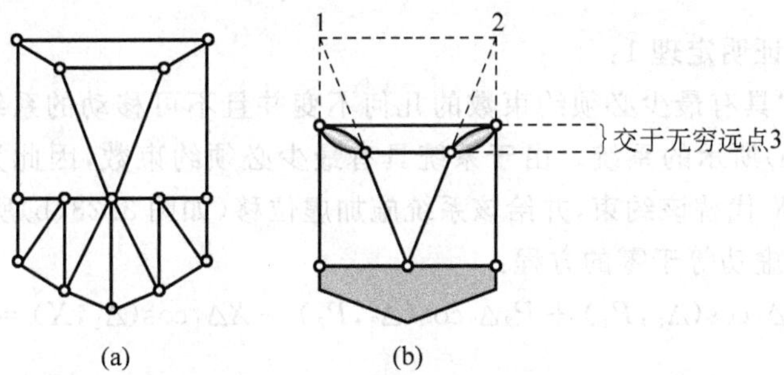

图 3.21 机身隔框的错误设计

3.2.1.2 零载法

用于判断系统几何不变和不可移动性的零载法是根据静定系统的性质得到的，为此本节先介绍静定系统的基本性质。

在任意外载荷作用下，系统内各部分的内力值(指任一截面上的合力，如轴向力、剪力、弯矩等)是有限的，并且可以直接由系统或其个别部分的平衡条件求得，此时称这个系统是**静定**的。由此定义可见，静定系统中的内力和系统的材料无关。另外需要注意的是，静定的概念只能涉及系统的部分应力状态。例如一根两端受拉力的等截面的直杆，虽然其各点的轴向拉应力可以由平衡条件求得，但是各点的横向挤压应力却必须要根据一些额外的条件(关于材料的)或假设才能得到。可见静定性是有条件的，现实生活中没有绝对的静定系统。

对于静定系统有下面的一些定理和推论。

定理 1 凡具有最少必须约束的几何不变并且不可移动的系统是静定的；反之，任何一静定系统是几何不变并且不可移动的，而且具有最少的必须约束。若去掉“不可移动”条件，则要求外载荷是自平衡的。

这个定理的证明需要用到静力学中的虚位移原理：一个在外力作用下处于平衡状态的刚性系统，当该系统的各点发生虚位移时，所有外力做功的总和等于零。虚位移原理可以用来求约束反作用力。例如要求图 3.22(a)所示 P 力作用下简支梁支点 B 的反力，可以把 B 点的支承杆去掉，而代以反力 X，此时该梁有一个自由度(如图 3.22(b)所示)。根据虚位移原理，可求出反力：

$$P\delta_P - X\delta = 0 \Rightarrow X = P\frac{\delta_P}{\delta} = P\frac{a}{L}$$

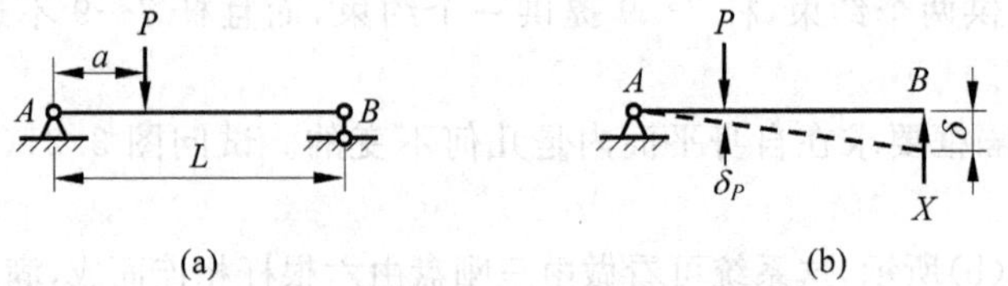

图 3.22 受集中载荷作用的简支梁

下面分三步来证明定理 1：

(1) 首先证明“具有最少必须约束数的几何不变并且不可移动的系统是静定的”，为此可以考查图 3.23(a)所示的系统。由于系统具有最少必须约束数，因此为求任何一约束的反力，可用未知力 X 代替该约束，并给该系统施加虚位移(如图 3.23(b)所示)。根据虚位移原理可以写出外力虚功等于零的方程：

$$P_1\Delta_1\cos(\Delta_1, P_1) + P_2\Delta_2\cos(\Delta_2, P_2) + X\Delta_1\cos(\Delta_1, X) = 0$$

将上式写作：

$$P_1\delta_1 + P_2\delta_2 + X\delta = 0$$

进一步推广到适用于一般结构的关系式：

$$X = -\frac{\Sigma P_i\delta_i}{\delta} \tag{3.2.5}$$

其中 P_i 为已知外力，δ_i 为 P_i 作用点的虚位移在该力作用方向上的投影，δ 为 X 作用点的虚位移在该力作用方向上的投影。

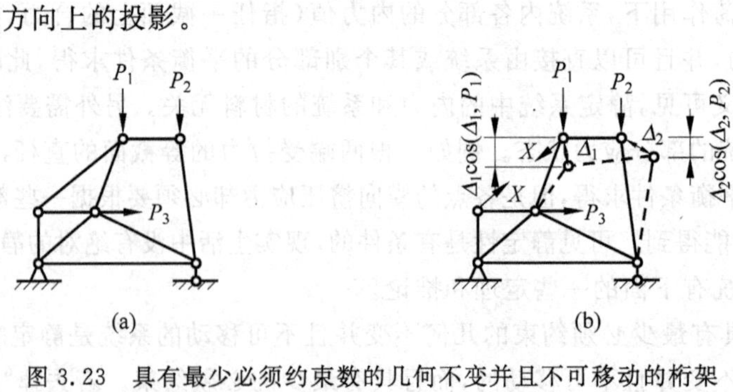

图 3.23 具有最少必须约束数的几何不变并且不可移动的桁架

$\delta=0$ 意味着 $\cos(\Delta_1, X)=0$，即被除掉的约束垂直于它所连接节点的可能位移。如果是这样，那么该约束不去掉时也可能发生位移，原先的系统就不是几何不变系统，这与原先的假设矛盾。所以 $\delta\neq 0$，由式(3.2.5)可以证明 X 是有限值。用同样方法可以逐次求得系统内所有的约束内力及支点反力，它们均为有限值，因此该系统是静定的。

(2) 再来证明"几何可变系统不是静定的"。设系统有 n 个自由度($n\geqslant 1$)，例如图 3.24 所示系统中 $n=1$，该系统在任意的已知外力作用下不能平衡，即外力在虚位移上所做功的总和将不等于零。在除去某一约束后，系统就有 $n+1$ 个自由度，可以列出独立的 $n+1$ 个虚功方程式，其中只包含一个未知的约束内力 X。在一般情况下，不可能由这 $n+1$ 个独立的方程解得一个唯一的有限值 X。因此根据定义，此系统不是静定的。

(3) 最后证明"具有多于最少必需数目的约束的几何不变系统不是静定的"。设一个几何不变系统有 n 个多余约束($n\geqslant 1$)，例如图 3.25 所示系统中 $n=1$。要使这个系统有一个自由度，必须除去 $n+1$ 个约束。这时利用虚位移原理可以建立一个虚功方程，但其中包含了 $n+1$ 个未知数，因此这个方程有无穷多的解。根据定义，此系统不是静定的。

综合上面的三个证明，定理 1 得证。

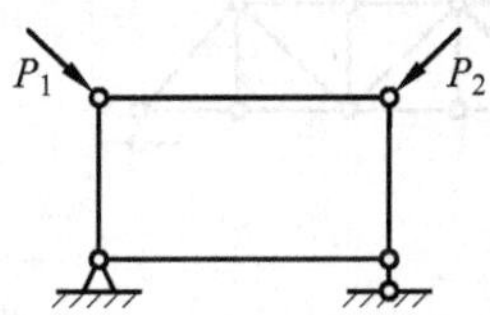

图 3.24　有一个自由度的系统

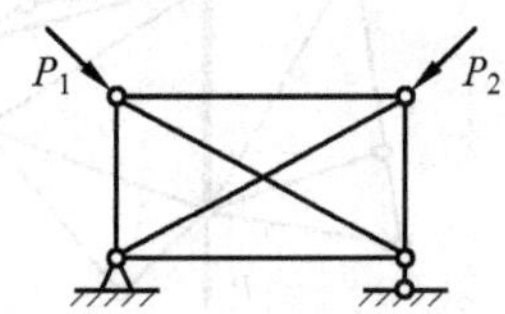

图 3.25　有一个冗余约束的系统

定理 2(静定系统的唯一性定理)　静定系统在给定外载荷的作用下，内力是唯一的，即满足全部平衡条件的内力状态只有一个。

证明：根据定理 1，对于具有 n 个未知内力的静定系统总可以用合力、合力矩的平衡条件或者利用虚功原理建立 n 个静力方程。这组方程的一般形式为：

$$\begin{cases} a_{11}X_1+a_{12}X_2+\cdots+a_{1n}X_n+K_1=0 \\ a_{21}X_1+a_{22}X_2+\cdots+a_{2n}X_n+K_2=0 \\ \qquad\vdots \\ a_{n1}X_1+a_{n2}X_2+\cdots+a_{nn}X_n+K_n=0 \end{cases}$$

其中系数 $a_{ij}(i,j=1,2,\cdots,n)$ 可以是未知力到力矩中心的力臂，力作用线与坐标轴的交角余弦，或虚位移；对应的常数项 $K_i(i=1,2,\cdots,n)$ 则是已知外力的力矩、投影或虚功；有些系数和常数项可能等于零。根据克莱姆法则，这组方程的解为：

$$X_i=\frac{D_i}{D},\quad i=1,2,\cdots,n \tag{3.2.6}$$

其中：

$$D=\begin{vmatrix} a_{11} & a_{12} & \cdots & a_{1n} \\ a_{21} & a_{22} & \cdots & a_{2n} \\ \vdots & \vdots & & \vdots \\ a_{n1} & a_{n2} & \cdots & a_{nn} \end{vmatrix},\quad D_i=\begin{vmatrix} a_{11} & \cdots & a_{1(i-1)} & -K_1 & \cdots & a_{1n} \\ a_{21} & \cdots & a_{2(i-1)} & -K_2 & \cdots & a_{2n} \\ \vdots & & & & & \vdots \\ a_{n1} & \cdots & a_{n(i-1)} & -K_n & \cdots & a_{nn} \end{vmatrix}$$

由定理1已经知道未知数 X_i 是有限值，因此 $D\neq0$。由代数学可知，此时这组方程只可能有唯一的解。定理2得证。

由定理2可知，在求解静定系统时，无论用什么方法找出满足系统所有平衡条件的内力，它们就是真正的解答。由此可得到：

推论1 假如由平衡力系组成的载荷作用在静定系统中的某一个几何不变的部分上，则这载荷完全由这部分负担，其他部分的内力都等于零。

利用这个推论，可以立刻知道图3.26的系统在所示外载荷作用下，只有用粗线画的杆有内力，其余各杆内力均为零。

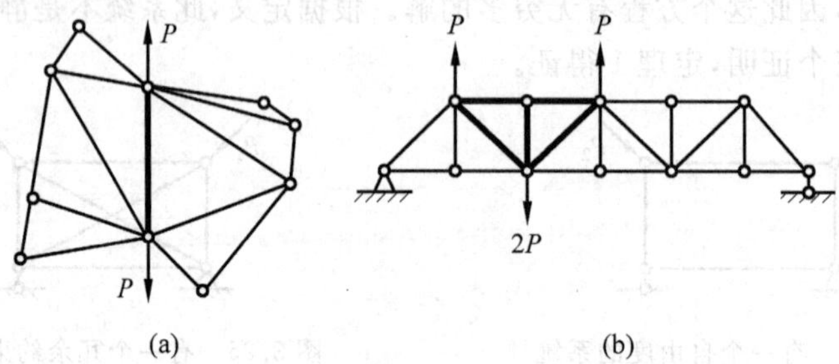

图3.26 平衡力系作用下的几何不变桁架系统

由以上所述可见，定理1指出怎样的系统是静定的，而定理2又进一步指出求解静定系统时只需要考虑平衡条件。此外，把定理1和定理2综合起来，可以得到系统几何不变性的一般准则为：$D\neq0$。因为倘若 $D=0$，由式(3.2.6)可知内力 X 就等于 ∞ 或 $\frac{0}{0}$，不再是有限值。

由定理2还可以导出静定系统的另一个重要特性：

推论2 静定系统在不受外载荷时，所有内力都等于零。

推论2说明温度的改变以及元件的装配误差都不会在静定系统中引起额外的内力。基于推论2，可以得到判断系统几何不变性的**零载法**：对于具有最少必需约束的系统，只要能根据平衡条件证明它在没有外载荷时所有内力都确实为零，则系统就是几何不变的。

在应用零载法以及今后求解桁架和薄壁结构时，经常可以利用下列静力学中已经熟知的关于**零力杆**的结果：

(1) 假如在连接不共线两杆的平面铰链节点上，或在连接不共面三杆的空间铰链节点上，没有外力作用，则这些杆的内力等于零(图3.27)。

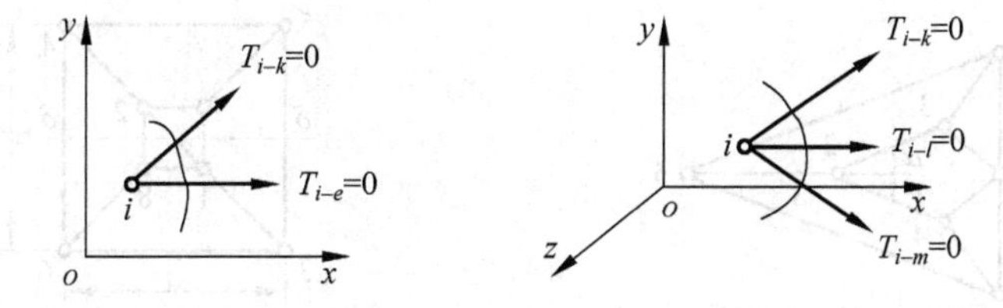

(a) 平面铰链节点　　(b) 空间铰链节点

图 3.27　零力杆(和铰链节点相连的杆)

(2) 假如在平面铰链节点上只连有三杆，其中两杆在一条直线上，或者在空间铰链节点上所连的几根杆中除去一杆外，其余杆均在同一平面内，并且在这个节点上没有外力作用，则独立杆的内力等于零(图 3.28)。

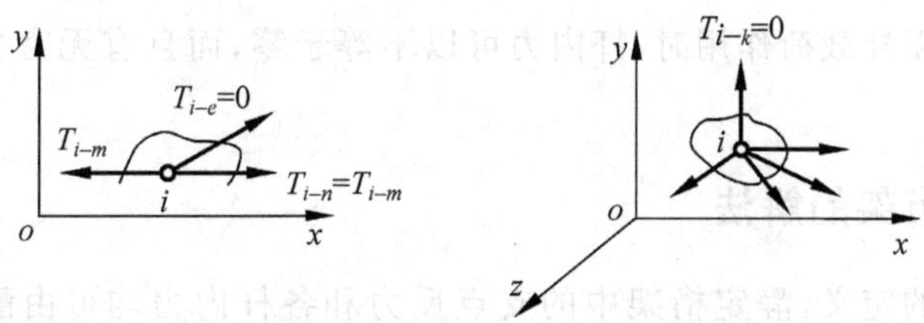

(a) 平面独立杆　　(b) 空间独立杆

图 3.28　零力杆(独立杆)

例 3.3　试用零载法研究图 3.29 所示桁架的几何不变性。

解：本桁架的节点数 $Y=7$，杆数 $C=11$，满足式(3.2.1)，具有最少必需的约束。

由于系统的对称性，各杆内力也对称。设杆 2—5 的内力为 X，则由节点 2 的平衡条件，得 $T_{2-3}=T_{2-4}=\dfrac{X}{2\cos\alpha}$。

同样，由节点 5、3 和 6 的平衡条件，可知各杆内力都是 X 的函数，即等于 X 乘上一个不等于零的常数。另外由节点 1 的平衡条件可以得到 $T_{1-3}=T_{1-4}=0$。因此 $X=0$，从而所有杆的内力都为零。由零载法可知，这个系统是几何不变的。

如果节点 2、3、6 和 2、4、7 分别在一条直线上，虽然 $T_{1-3}=T_{1-4}=0$，但由节点的平衡条件可知这时 T_{1-3} 与 X 无关，而且再也找不到一个静力方程能证明 X 等于零，因此该系统内力值不定，系统是瞬时可变的。

例 3.4　试用零载法研究图 3.30 所示桁架的几何不变性。

解：本桁架的节点数 $Y=8$，杆数 $C=13$，满足式(3.2.1)，具有最少必需的约束。

沿剖面 δ—δ 截开，用力平衡条件可知杆 1—2 的内力为零。假定杆 3—5 的内力为 X，由于系统的对称性，可知：

$$T_{4-5}=T_{4-6}=T_{3-6}=T_{3-5}=X$$

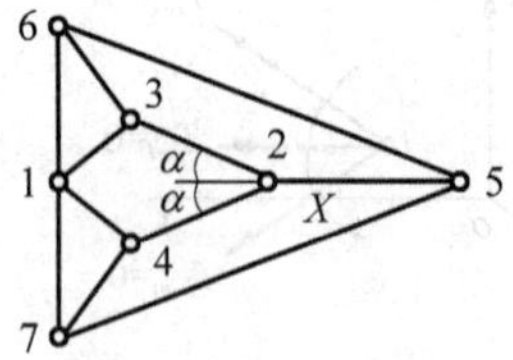

图 3.29 例 3.3 图

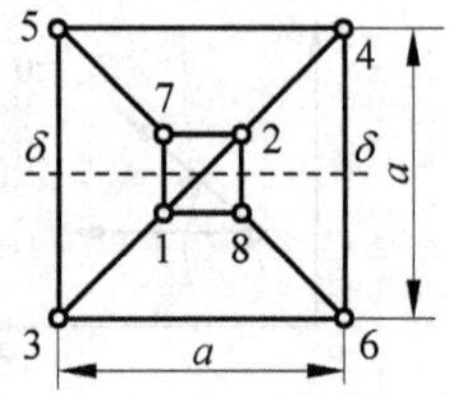

图 3.30 例 3.4 图

而后分别由节点 5、6、3 的平衡条件求出：

$$T_{5-7}=T_{4-2}=T_{8-6}=T_{1-3}=-\sqrt{2}X$$

再求出内部方格各杆的内力：

$$T_{1-7}=T_{1-8}=T_{7-2}=T_{2-8}=-X$$

可见此系统在无外载荷作用时，杆内力可以不等于零，而且有无穷多可能解，所以系统是瞬时可变的。

3.2.2 静定桁架的解法

根据静定系统的定义，静定桁架中的支点反力和各杆内力均可由静力平衡方程解出。因此可将桁架的个别部分(或节点)用假想的剖面切出，用剖面所切过杆件中的力代替桁架其余部分对该部分的作用；然后利用被切出部分的力和力矩平衡条件来求得这些剖面处杆中的力；在此过程中正确判断“零力杆”可以有效地减少计算工作量。

例 3.5 图 3.31 中(a)和(b)两个桁架中仅 2—4 和 1—5 杆的位置不同，其余外形尺寸和受载情况完全相同。

(1) 请分别求出两个桁架中各杆的内力；

(2) 如果两个桁架由相同材料制成，可以通过调整杆件横截面积来减轻结构的重量。请问在满足强度要求的情况下哪个桁架的减重余量多？在满足稳定性要求的情况下哪个桁架的减重余量多？

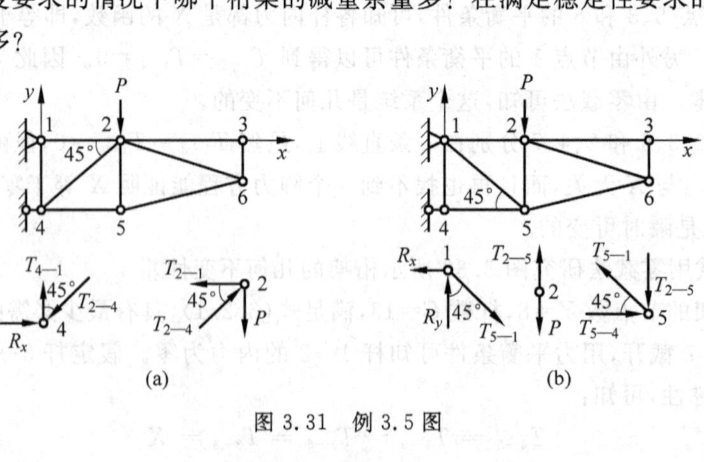

图 3.31 例 3.5 图

解：该桁架为平面桁架，共计六个节点，九根杆，支座处有三个约束，再用逐次连接点法可以判断是静定桁架。

由桁架的整体平衡条件可求得支反力：

支点 1 处：$R_y=P, R_x=-P$；

支点 4 处：$R_x=P$

(1) 根据 3.2.1.2 节中关于零力杆的讨论，可知图 3.31(a)中和节点 3、5、6 相连的杆件都是零力杆。这样，由节点 1 的平衡条件可知：$T_{2-1}=T_{4-1}=P$；由节点 2 的力平衡条件可得：$\frac{\sqrt{2}}{2}T_{2-4}+T_{2-1}=0$，由此可解得：$T_{2-4}=-\sqrt{2}P$。注意：按照 2.2.2.1 节的规定，轴力以拉力为正。

同理，图 3.31(b)中和节点 3、6 相连的杆件都是零力杆。这样，由节点 2 和节点 4 的平衡条件可知：$T_{5-4}=T_{2-5}=-P$；由节点 5 的力平衡条件可解得：$T_{5-1}=\sqrt{2}P$；由支点 1 的平衡条件可解得：$T_{1-4}=T_{1-2}=0$，支点 1 所受的支反力由 T_{5-1} 平衡。

(2) 由上面的计算可知图 3.31 中(a)、(b)两个桁架中各有三根杆的轴力不为零，其中各有两根分别为较短的长度相等的水平和竖直杆，各有一根为较长的斜杆。水平杆与垂直杆中轴力绝对值都是 P，斜杆中轴力的绝对值是$\sqrt{2}P$。但是(a)桁架中斜杆受压，(b)桁架中斜杆受拉而水平杆、垂直杆受压。如果材料的拉伸和压缩强度相同，进行强度校核时两个桁架的减重余量是相同的。但是如果进行稳定性校核，(a)桁架中受压杆件的杆长比(b)桁架中受压杆件长，欧拉临界压力小，而(a)桁架中该杆件的压缩轴力比(b)桁架大，因此在满足稳定性要求时(b)桁架的减重余量多。

从上面的讨论可知桁架的拓扑结构会直接影响其传力路径，从而影响结构的性能。这就是近年来拓扑优化技术在飞行器结构设计中逐渐受到重视的原因。

例 3.6　在 2.1.2 节中已经说明，为减轻结构重量，机翼腹板上常会开一些减重孔(图 1.10)。当机翼翼梁较高时，还可以用杆件来代替整块的腹板(图 1.7 和图 3.32)。粗略分析时可以认为作用在机翼蒙皮上的升力通过翼肋由集中力的形式传递到桁架式翼梁上。请计算图 3.33 所示桁架式翼梁中各杆的轴力。

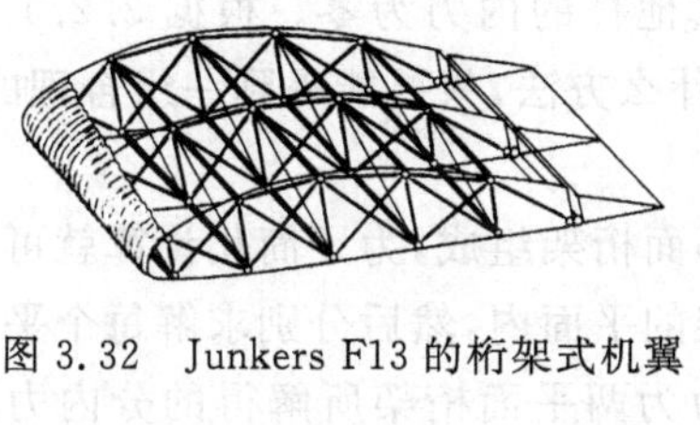

图 3.32　Junkers F13 的桁架式机翼

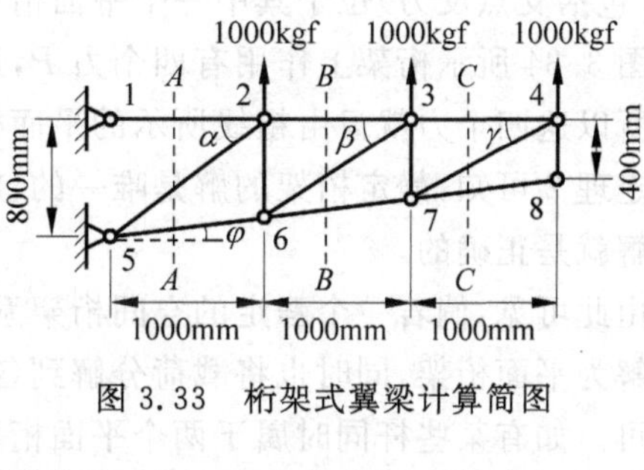

图 3.33　桁架式翼梁计算简图

解：用逐次连接节点法可以判断出这是一个静定桁架。且不难看出和节点 8 相连的杆件都是零力杆。

为求 1—2 杆的轴力，可将桁架沿 $A—A$ 截开，并建立右端桁架绕节点 5 的力矩平衡方程：

$$T_{1-2}\times 800+1000\times(1000+2000+3000)=0$$

立即解出 $T_{1-2}=-7500$(kgf)。同理，将桁架沿 $B—B$ 截开，并建立右端桁架绕节点 6 的力矩平衡方程，可解出 $T_{2-3}=-4500$(kgf)；将桁架沿 $C—C$ 截开，并建立右端桁架绕节点 7 的力矩平衡方程，可解出 $T_{3-4}=-1875$(kgf)。

由节点 4 水平方向的力平衡方程：$T_{3-4}+T_{4-7}\times\cos\gamma=0$，$\tan\gamma=8/15$，可解得 $T_{4-7}=2125$(kgf)。可以验证：$T_{4-7}\times\sin\gamma=1000$(kgf)，正好和竖直方向的外力平衡。

由节点 3 的力平衡方程：

$$\text{水平方向：}T_{2-3}-T_{3-4}+T_{3-6}\times\cos\beta=0,\quad \tan\beta=2/3$$

$$\text{竖直方向：}T_{3-7}+T_{3-6}\times\sin\beta=1000$$

可解得 $T_{3-6}=3154.9$(kgf)，$T_{3-7}=-750$(kgf)。

由节点 2 的力平衡方程：

$$\text{水平方向：}T_{1-2}-T_{2-3}+T_{2-5}\times\cos\alpha=0,\quad \tan\alpha=4/5$$

$$\text{竖直方向：}T_{2-6}+T_{2-5}\times\sin\alpha=1000$$

可解得 $T_{2-5}=3841.9$(kgf)，$T_{2-6}=-1400$(kgf)。

由节点 7 水平方向的力平衡方程：

$$T_{7-6}\times\cos\varphi=T_{4-7}\times\cos\gamma,\quad \tan\varphi=2/15,\quad \tan\gamma=8/15$$

可解得 $T_{7-6}=1891.6$(kgf)。

由节点 6 水平方向的力平衡方程：

$$(T_{6-5}-T_{7-6})\times\cos\varphi=T_{3-6}\times\cos\beta,\quad \tan\beta=2/3,\quad \tan\varphi=2/15$$

可解得 $T_{6-5}=4539.9$(kgf)。

上面用于求解平面桁架的方法，原则上仍然适用于求解空间桁架，不过可能会产生含有多个未知量的方程组，使计算比较复杂。对于一些特殊的情况，如果能将空间桁架分解为若干平面桁架，往往可以简化计算。

假设一静定空间桁架包含有一个或几个平面桁架，倘若作用在该桁架上的一部分平衡载荷(包括支点反力)位于其中一个平面桁架的平面内，则这部分载荷即由此平面桁架负担。例如图 3.34 所示桁架上作用有四个力 P，这四个力是互相平衡的，并且位于一个平面桁架上。所以这四个力就只由粗线所示的平面桁架负担，其他杆的内力为零。根据 3.2.1.2 节中的定理 2 可知，静定桁架的解是唯一的，所以无论用什么方法，只要能得到一组合理的解，这个解就是正确的。

由此可见，倘若一个静定的空间桁架系统由数个平面桁架组成，为了简化计算就可以将它分解为平面桁架，同时也将载荷分解到各个平面桁架的平面内，然后分别求解每个平面桁架即可。如有某些杆同时属于两个平面桁架，则其内力为两平面桁架所解得的分内力之代数和。另外使用本方法还需要注意：

(1) 在进行载荷分解时不能移动力的作用点；

(2) 每个平面桁架必须是几何不变的，在自身平面内必须平衡；

（3）如因某些平面桁架在外载荷作用下不能平衡而须外加力系时，所加力系必须是恒等于零的力系。

例 3.7　试求解图 3.35 所示空间桁架各杆的轴力。

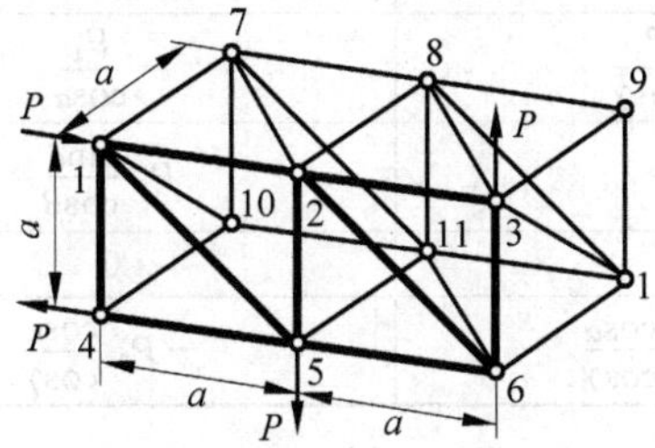

图 3.34　空间桁架的分解

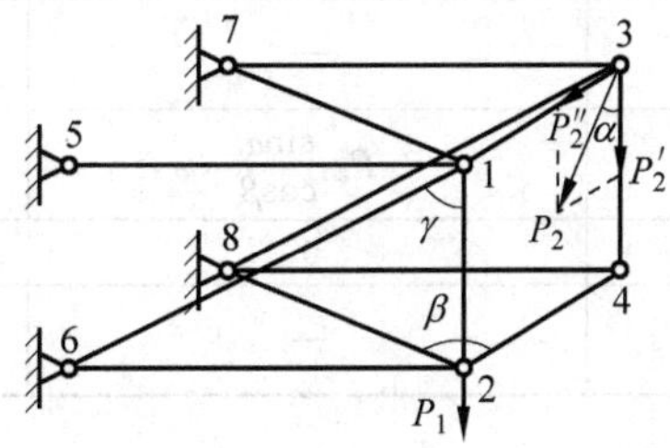

图 3.35　例 3.7 图

解：由逐次连接节点法可以判断它是静定桁架。

可以将这个桁架分为图 3.36 所示的四个平面桁架，其中 P_2 分解在平面桁架平面内的分力为：$P'_2=P_2\cos\alpha, P''_2=P_2\sin\alpha$。分别求解各平面桁架中的轴力。最后的计算结果列在表 3.1 中。

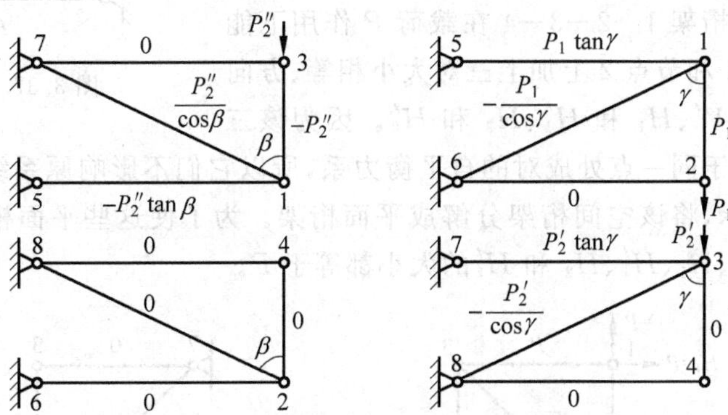

图 3.36　分解图 3.35 得到的各平面桁架

表 3.1　例 3.7 空间桁架中各杆轴力计算结果

杆号	各平面桁架杆中单独轴力		总　轴　力
	水平桁架	垂直桁架	
1—5	$-P_2\sin\alpha\tan\beta$	$P_1\tan\gamma$	$P_1\tan\gamma-P_2\sin\alpha\tan\beta$
3—7	0	$P_2\cos\alpha\tan\gamma$	$P_2\cos\alpha\tan\gamma$
2—6	0	0	0
4—8	0	0	0
1—2	—	P_1	P_1
1—3	$-P_2\sin\alpha$	—	$-P_2\sin\alpha$
2—4	0	—	0

续表

杆号	各平面桁架杆中单独轴力		总　轴　力
	水平桁架	垂直桁架	
3—4	—	0	0
1—6	—	$-\dfrac{P_1}{\cos\gamma}$	$-\dfrac{P_1}{\cos\alpha}$
1—7	$P_2\dfrac{\sin\alpha}{\cos\beta}$	—	$P_2\dfrac{\sin\alpha}{\cos\beta}$
2—8	0	—	0
3—8	—	$-P_2\dfrac{\cos\alpha}{\cos\gamma}$	$-P_2\dfrac{\cos\alpha}{\cos\gamma}$

例 3.8　试求解图 3.37 所示空间桁架中各杆的轴力。

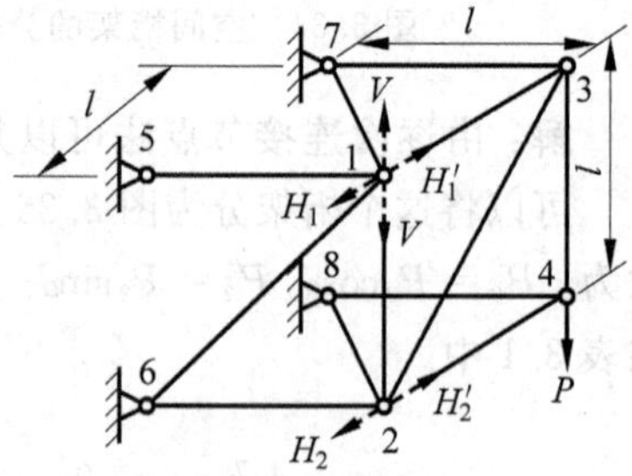

图 3.37　例 3.8 图

解：由逐次连接节点法可以判断该桁架为静定桁架。与例 3.7 不同的是，载荷 P 所在的平面桁架 1—2—3—4 无法直接得到满足与 P 力平衡所必需的平面内支承力；因此必须进行特殊处理。

为了使得平面桁架 1—2—3—4 在载荷 P 作用下能平衡，可以在节点 1 和节点 2 上加上三对大小相等、方向相反的力系：V 和 V'、H_1 和 H_1'、H_2 和 H_2'。因为该三组力系分别是作用于同一点处成对的自平衡力系，所以它们不影响原系统的内力。这时可以按照图 3.38 所示，将该空间桁架分解成平面桁架。为了使这些平面桁架都满足平衡条件，必须要求 V、V'、H_1、H_1'、H_2 和 H_2'的大小都等于 P。

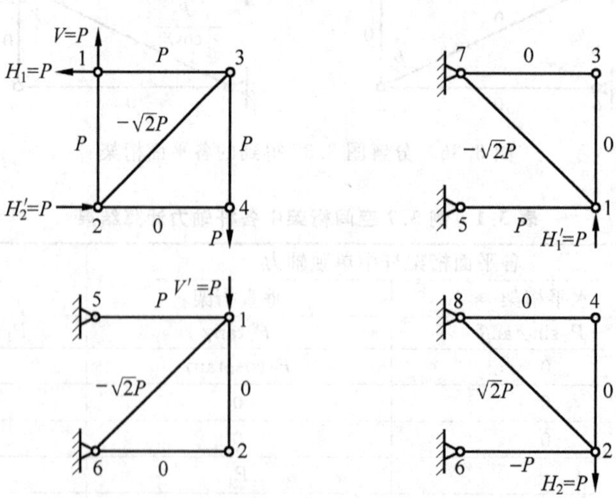

图 3.38　分解图 3.37 得到的各平面桁架

分别求解各平面桁架中的轴力。最后的计算结果列于表 3.2 内。

表 3.2 例 3.8 空间桁架中各杆轴力计算结果

杆号	各平面桁架杆中单独轴力			总轴力
	端面桁架	垂直桁架	水平桁架	
1—5	—	P	P	$2P$
2—6	—	0	$-P$	$-P$
3—7	—	—	0	0
4—8	—	—	0	0
1—2	P	0		P
3—4	P	—	—	P
1—3	P	—	0	P
2—4	0	—	0	0
1—6	—	$-\sqrt{2}P$	—	$-\sqrt{2}P$
1—7	—	—	$-\sqrt{2}P$	$-\sqrt{2}P$
2—3	$-\sqrt{2}P$	—	—	$-\sqrt{2}P$
2—8	—	—	$\sqrt{2}P$	$\sqrt{2}P$

根据定理 2(静定系统的唯一性定理),所得各杆中的轴力使所有节点满足力的平衡条件,是该静定桁架唯一正确的解。

3.3 刚架结构[1~3]

3.2 节中讨论的桁架,其杆件间为铰链连接,铰链不能传递弯矩和剪力,因此各杆件也只受轴力作用。实际飞行器结构中还常常可以见到采用刚性接头相连接的几何不变杆系,即**刚架**(比如图 3.14 中的雪橇式起落架)。所谓**刚性接头**(简称**刚接**或**固接**),是指能保证所连接的元件间不产生相对位移而且具有最少必需约束数的接头。所以在平面内一个刚性接头相当于三个约束;空间内一个刚性接头相当于六个约束。在计算刚架时,假定刚性接头是绝对刚硬的,当刚架发生弹性变形时,杆之间的夹角保持不变,如图 3.39 所示。刚性接头与铰链不同,它可以传递弯矩、剪力和扭矩,因此应该把刚架作为受到拉压、弯曲和扭转综合作用的杆系结构来分析。值得注意的是,实际的空间结构常常使用平面铰链连接(如图 3.40 所示)。这时铰链只是在该平面内不传递弯矩和剪力,在垂直于铰链的平面仍然必须当作刚接来分析。

刚架也可分为平面刚架和空间刚架。如果刚架中所有杆件横截面的弯曲中心、一根形心主轴和外载荷都在同一平面内,则该刚架就是平面刚架,否则就是空间刚架。如图 3.41 所示,虽然刚架中所有杆件横截面的弯曲中心和一根形心主轴在同一平面内,但由于它受到的外载荷垂直于刚架平面,因此它仍然是空间刚架。

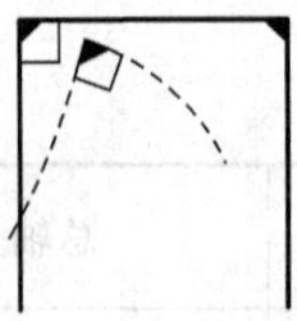

图 3.39 梁变形后，刚接处夹角不变

图 3.40 平面铰链

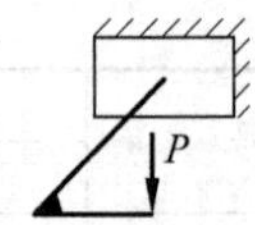

图 3.41 平面内的刚架被垂直加载

3.3.1 组成刚架的方法

和桁架相似，静定刚架也可以用逐次连接杆件法或逐次连接刚架法组成：

(1) 逐次连接杆件法

如图 3.42 所示，每增加一根杆件就用一个刚接连接，就可以得到**简刚架**。

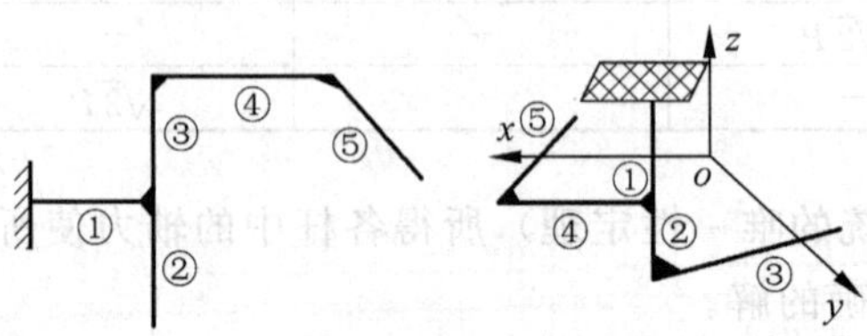

图 3.42 逐次连接杆件得到简刚架

(2) 逐次连接刚架法

这种方法通过铰链、刚接或杆件等方式提供足够的约束，逐次地把其他刚架连接到现有的刚架系统中，形成新的几何不变刚架系统。用逐次连接刚架法组成的刚架称为**复刚架**，它可能无法用逐次连接杆件法得到。如图 3.43(a)表示用三个铰链连接三个简刚架而成的平面刚架。三个不相连的平面刚架共有 9 个自由度，以三个铰链联结后，只剩 3 个自由度，这个系统就具有保证几何不变性所必需的最少约束数。但同时应注意在同一个闭室内的三个铰链不可安置在同一直线上，否则为瞬时可变系统，如图 3.43(b)和(c)所示。

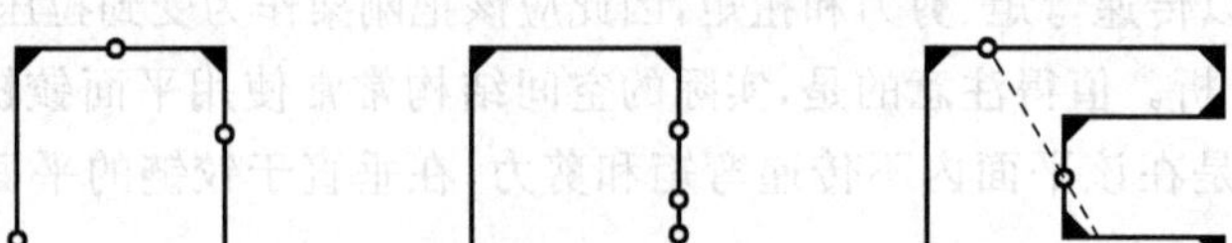

(a) 几何不变刚架　(b) 瞬时可变刚架　(c) 瞬时可变刚架

图 3.43 用逐次连接刚架法得到复刚架

3.3.2 静定刚架的解法

空间刚架元件中可能有的内力有：轴力 T①，弯矩 M_y，M_z，剪力 Q_y，Q_z 和扭矩 M_x。求静定刚架内力时，通常用截面法，这在材料力学中都已学过。解得的结果常用内力分布图表示，本书规定：轴向力以拉力为正，压力为负；弯矩画在梁受压的一侧；剪力使微元顺时针方向旋转者为正，反之为负。

例 3.9 请画出图 3.44 所示刚架的内力图。

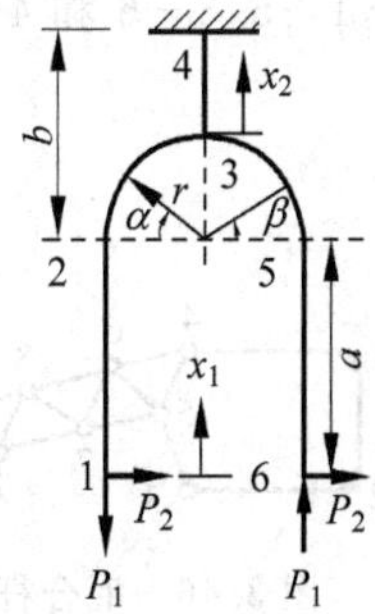

图 3.44 例 3.9 图

解：采用截面法分段求解刚架中的内力：

1—2 段：$M_z=P_2x_1$，$Q_y=-P_2$，$T=P_1$，

2—3 段：$M_z=P_1r(1-\cos\alpha)+P_2(a+r\sin\alpha)$，

$Q_r=-P_1\sin\alpha-P_2\cos\alpha$，$T=P_1\cos\alpha-P_2\sin\alpha$

6—5 段：$M_z=P_2x_1$，$Q_y=-P_2$，$T=-P_1$

5—3 段：$M_z=P_1r(1-\cos\beta)+P_2(a+r\sin\beta)$，

$Q_r=-P_1\sin\beta-P_2\cos\beta$，$T=P_2\sin\beta-P_1\cos\beta$

3—4 段：$M_z=2[P_1r+P_2(a+r+x_2)]$，$Q_y=-2P_2$，$T=0$

根据以上计算结果，可以画出图 3.45 中的内力图。

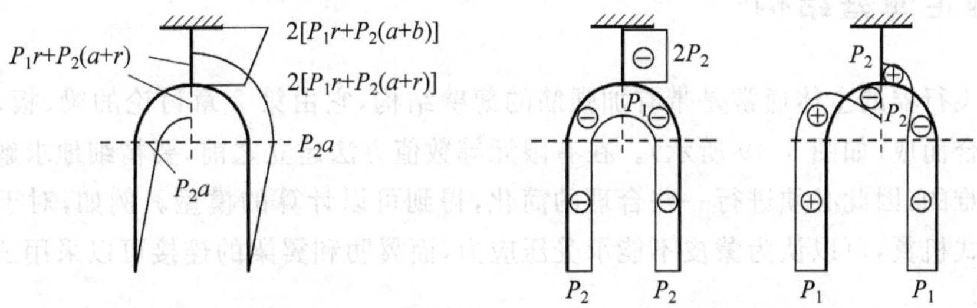

图 3.45 例 3.9 刚架的内力图

3.4 混合杆系结构[1~3]

由刚架及桁架混合组成的几何不变系统称为**混合杆系**。在外载荷作用下，桁架元件中只有轴向力，而刚架元件中则还有剪力、弯矩或扭矩。

混合杆系的组成方法与桁架的及刚架的组成方法相同。如图 3.46 所示，可以按所注号码逐次连接梁和节点而得混合杆系。这个系统也可看做把刚架 1—2—3—4 和桁架 4—5—

① 为省略起见，本章中轴力一律用 T 表示，略去局部坐标下标"x"。但内力矩与横剪力仍需保持下标。

6—7—8—9—10—11—12 用三个约束(铰链 4 及杆 3—5)连接而成的。

为求解混合杆系结构,在综合使用桁架和刚架解法的同时,可根据系统的特性,采用下述两种方法:

(1) 先求出刚架与桁架间的相互作用力,而后分别解桁架及刚架。例如对于图 3.47 所示系统,先求出支点 A、B 和 C 处的反作用力,再分别求解刚架和桁架中的内力。

(2) 先解桁架,求出它对刚架的作用,然后解刚架。例如对于图 3.48 所示系统,先求出杆 1—5、3—6 和 4—6 中的轴力,然后将这些力加到刚架上,求其中的内力。

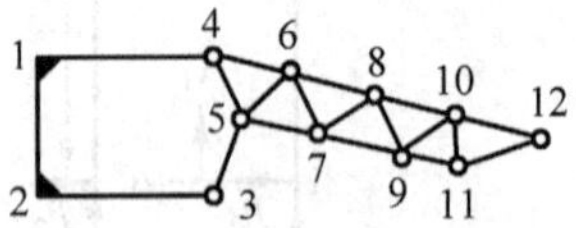

图 3.46 混合杆结构

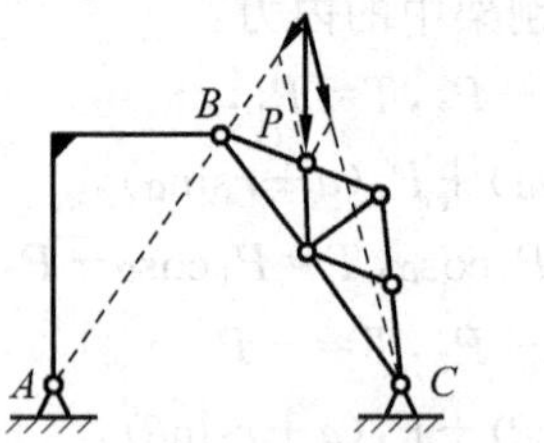

图 3.47 分别求解桁架和刚架

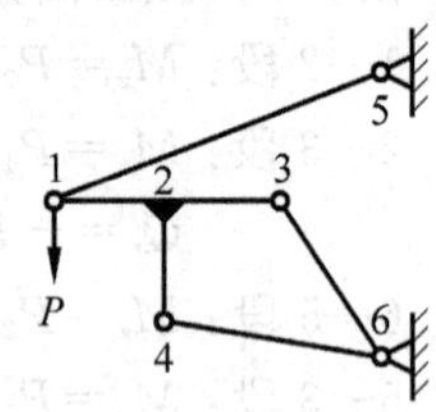

图 3.48 先解桁架后解刚架

3.5 静定薄壁结构[1,3~5]

现代飞行器的主体通常是带有加强筋的薄壁结构,它由第 2 章讨论的梁、板、壳这些薄壁元件组合而成(如图 3.49 所示)。在有限元等数值方法建立之前,要精细地求解这类结构是非常困难的,因此必须进行一些合理的简化,得到可以计算的模型。例如,对于早期的布蒙皮双梁式机翼,可以认为蒙皮不能承受压应力,而翼肋和翼梁的连接可以采用三种不同的简化模型:

(1) 所有翼肋都铰接在翼梁上;

(2) 除机翼根部的翼肋和翼梁刚性连接,其余的翼肋和翼梁铰接;

(3) 所有翼肋都和翼梁刚性连接。

上面三种模型和实际情况的符合程度依次增加,但其计算复杂度也依次增加。研究表明,第(2)种模型的计算结果已经足够准确,而其计算量比第(3)种模型要少得多。

在现代有限元等数值分析方法的帮助下,人们已经可以尽量减少人为的简化,从而建立非常精确的计算模型(例如把蒙皮当作可以承受弯矩的壳;可以考虑加强筋的中性轴和蒙皮中面不重合带来的附加弯曲刚度等)。而传统的简化计算方法虽然精度有限(第 1 章已经介绍过,用传统方法计算三角机翼时遇到了很多困难,在解决此问题的过程中,建立了有限元方法),但是它仍然可以比较清楚地揭示结构的受力特征,引导分析人员建立清晰的力学概念,这对正确使用有限元软件也是大有帮助的。因此,我们认为仍有必要介绍传统分析方法中的杆板简化模型。该模型假定:

(1) 薄壁结构的加强筋之间是相互铰接的；

(2) 镶在加强筋上的壁板四边只受剪切，每块壁板与其周围的加强筋之间只有均匀分布的剪力作用(图 3.50)；

(3) 壁板表面不受力。

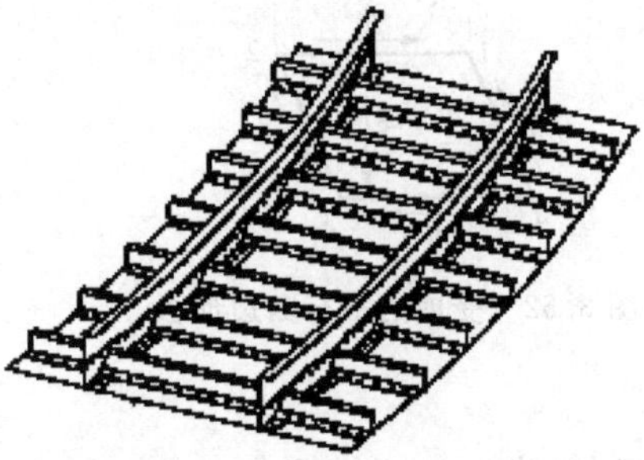

图 3.49　机身的加筋壁板

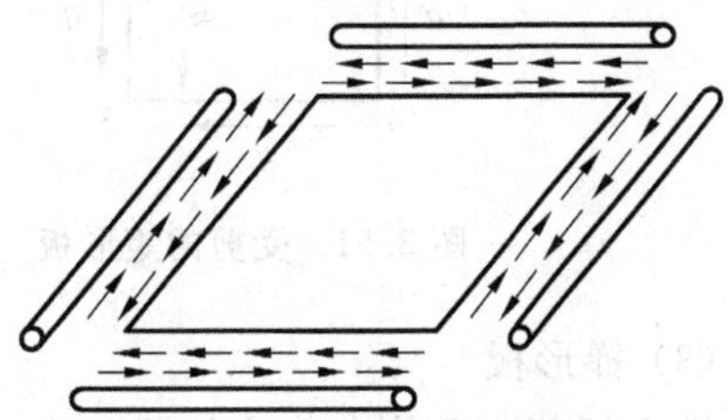

图 3.50　杆板模型

杆板模型可以看做是用薄板代替普通桁架中的斜杆而得来的，所以可以利用业已研究得相当透彻的杆系理论来比较方便地检查系统的几何不变性，并进行相应的结构分析。前苏联学者在这个模型的基础上做了大量的工作。

下面先介绍壁板受剪时的平衡特性，在此基础上再分别介绍平面和空间静定薄壁结构的分析方法。静不定薄壁结构的分析方法将在第 4 章进行讨论。

3.5.1　受剪板的平衡

飞行器结构中常见的壁板形状主要有长方形、平行四边形、梯形、三角形(镶在三角形铰接杆框内的板)以及各边都不平行的四边形。最后一种形状的板较少见，其平衡情况也比较复杂，本节就不再讨论。

另外，壁板又可分为平板和曲板。蒙皮通常都是有曲度的，严格说来应按照薄壳理论计算。但倘若蒙皮曲度很小，则可以近似把它看做平板。

由于板很薄，可以假定板剖面上的剪应力沿板的厚度为常量，因而通常计算每单位长度上的剪力，即剪流。因为板表面没有切向载荷，由剪应力互等定理可知，剪流的方向总是与板边界的切线方向一致，并假设每边处的剪流沿该边界均布。

现在来分别研究几种简单形状的板的平衡情况。

(1) 矩形板

设一矩形板的四边作用有均布剪流 q(见图 3.51)，由三个静力平衡方程，可得：

$$\sum x = 0: \quad q_{1-2} = q_{4-3}$$

$$\sum y = 0: \quad q_{1-4} = q_{2-3}$$

$$\sum M_4 = 0: \quad q_{1-2}lh - q_{2-3}hl = 0 \ \Rightarrow \ q_{1-2} = q_{2-3}$$

因此只受剪切的矩形板四边的剪流相等，即 $q_{1-2}=q_{2-3}=q_{3-4}=q_{1-4}=q$。

(2) 平行四边形板

同样，利用静力平衡方程可证明只受剪切的平行四边形板四边剪流必定相等(图 3.52)。

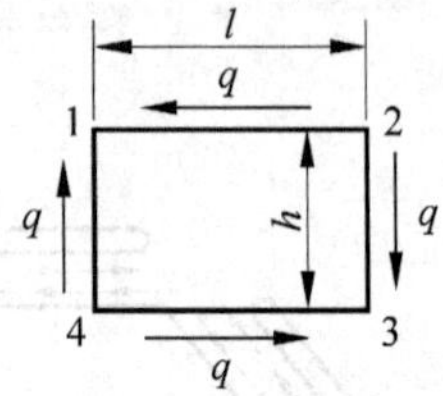

图 3.51 受剪的矩形板

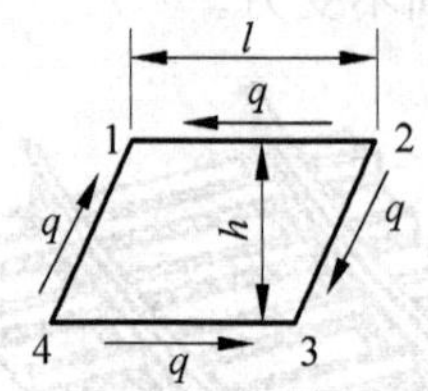

图 3.52 受剪的平行四边形板

(3) 梯形板

梯形板四边受均布剪流如图 3.53 所示，设 q_{2-3} 已知，求 q_{3-4}、q_{1-4} 和 q_{1-2}。

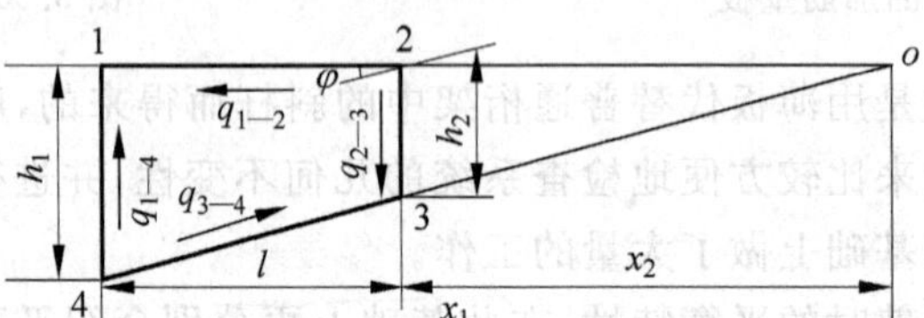

图 3.53 受剪的梯形板

由对 O 点的力矩平衡方程可得：

$$\sum M_o = q_{1-4}h_1x_1 - q_{2-3}h_2x_2 = 0 \quad \Rightarrow \quad q_{1-4} = q_{2-3}\frac{h_2x_2}{h_1x_1}$$

由几何关系可知：
$$\frac{h_2}{h_1}=\frac{x_2}{x_1}$$

所以
$$q_{1-4}=q_{2-3}\frac{h_2^2}{h_1^2} \tag{3.5.1}$$

再由对点 4 的力矩平衡方程可得：

$$\sum M_4 = q_{2-3}h_2l - q_{1-2}lh_1 = 0 \quad \Rightarrow \quad q_{1-2} = q_{2-3}\frac{h_2}{h_1} \tag{3.5.2}$$

由对点 1 的力矩平衡方程可得：

$$\sum M_1 = q_{3-4}\frac{l}{\cos\varphi}h_1\cos\varphi - q_{2-3}h_2l = 0 \quad \Rightarrow \quad q_{3-4} = q_{2-3}\frac{h_2}{h_1} \tag{3.5.3}$$

由式(3.5.2)和式(3.5.3)得到：

$$q_{1-2} = q_{3-4} = \bar{q} \tag{3.5.4a}$$

其中 $\bar{q}$ 称为两对边的**几何平均剪流**，因为由式(3.5.1)和式(3.5.2)可知：

$$\bar{q} = \sqrt{q_{2-3}q_{1-4}} = \sqrt{q_{1-2}q_{3-4}} \tag{3.5.4b}$$

于是式(3.5.1)和式(3.5.2)可写为：

$$q_{2-3}h_2 = \bar{q}h_1 \tag{3.5.5}$$

$$q_{1-4}h_1 = \bar{q}h_2 \tag{3.5.6}$$

即梯形板的两斜边处剪流相等并等于两平行边的几何平均剪流；而平行边一边的剪流合力等于几何平均剪流$\bar{q}$乘以对边的长度。由此可见，只要梯形板一边的剪流已知，其他各边的剪流都立刻可以求得。

(4) 三角形板

杆板模型假设板的各边只受均布剪流，这样由板的平衡条件可知三边的剪力都应等于零(图 3.54)。

$$Q_{1-2} = Q_{2-3} = Q_{1-3} = 0$$

所以各边剪流等于零。从物理意义上说，外力主要由三角形框负担，可近似地假定三角板不受力。

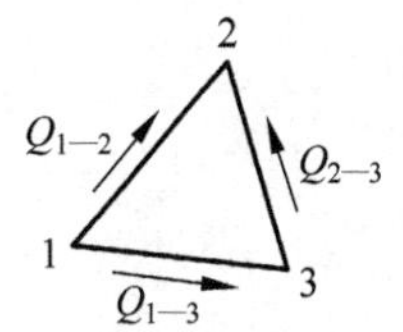

图 3.54 受剪的三角形板

以上都假定壁板是平的，四边剪流的合力都在板平面内。而实际的蒙皮常常是有曲度的(如图 3.55 所示)，倘若曲度较大，平板的假定就不再成立。为了求曲线剖面上剪流合力的大小及其作用线，可按图 3.56 所示的模型进行计算。假设曲板剖面上剪流合力 Q 平行于曲板的弦线方向(y 方向)，曲板中微元段 $\mathrm{d}s$ 上的剪力等于 $q\mathrm{d}s$，其垂直于弦线方向的分力为 $q\mathrm{d}x$，平行于弦线方向的分力为 $q\mathrm{d}y$，沿曲板剖面中线积分得：

$$\int_l q\mathrm{d}x = 0$$

$$\int_l q\mathrm{d}y = q\int_0^h \mathrm{d}y = Q = qh \tag{3.5.7}$$

但要注意，剪流合力的作用线并不在弦线上。设 Q 离开剖面弦线的距离为$\bar{x}$，绕原点 o 的力矩平衡方程式为：

$$Q\bar{x} = \int_l q\rho\mathrm{d}s \tag{3.5.8}$$

其中 ρ 为由弦线上原点 o 至中线切线的垂直距离。由式(3.5.7)和式(3.5.8)可得：

$$\bar{x} = \frac{q\int\rho\mathrm{d}s}{qh} = \frac{\int\rho\mathrm{d}s}{h} = \frac{\Omega}{h} \tag{3.5.9}$$

其中 $\Omega = \int\rho\mathrm{d}s = 2A_0$，即剖面中线与弦线之间所包围的面积的 2 倍。记 H 为剖面中线与弦线间所围面积的平均高度，则有 $\Omega = 2Hh$，代入式(3.5.9)可得：

$$\bar{x} = \frac{\Omega}{h} = 2H \tag{3.5.10}$$

可见剪流合力 Q 在剖面中线以外。此外式(3.5.4)～式(3.5.6)同样适合于曲板。

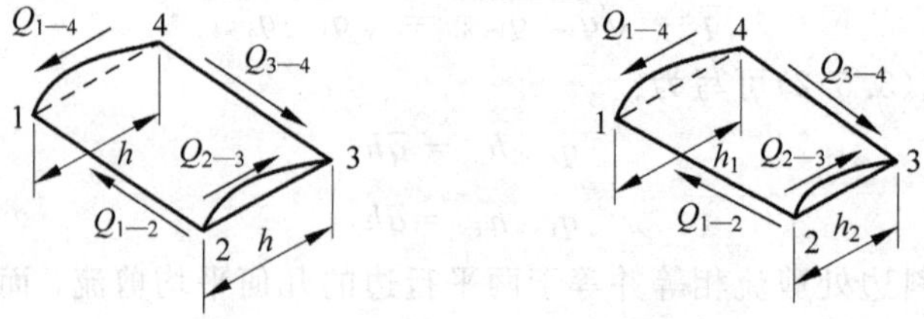

图 3.55 受剪的曲板

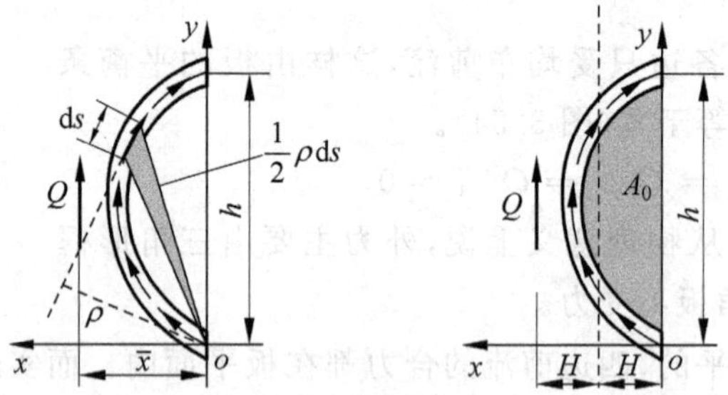

图 3.56 受剪曲板的简化计算模型

3.5.2 平面静定薄壁结构

在研究平面薄壁结构的组成规律时，可以把壁板看做一根斜杆（提供一个约束），这样就可以利用平面桁架的理论。例如可以用 3.2 节的方法来分析一般平面薄壁结构的几何不变和不可移动性。不难看出，采用逐次连接节点法就可以判断图 3.57 所示的薄壁梁是静定的（实心圆点表示有薄板存在的铰接点）。

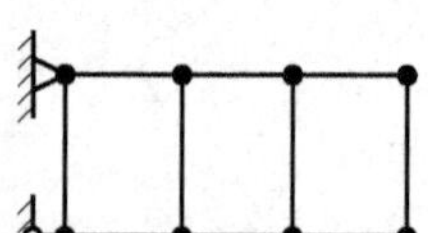

图 3.57 静定薄壁梁

飞行器中的加筋壁板往往有很多约束（如图 2.7、图 2.69 和图 3.49 所示），如采用 3.2 节的方法来计算系统的静不定度就比较繁琐，下面介绍一种简单的方法。

图 3.58(a)是从一个几何不变的平面薄壁结构中隔离出来的一个局部，下面试图用不同的方式给它添加一个新的节点 A：

(1) 按图 3.58(b)的方式添加。此时系统增加 1 个节点（2 个自由度）和 4 根杆（4 个约束），但原来的矩形板变成了 4 个三角形板，因此减少 1 个约束。可见这个新的系统有 1 个冗余约束；

(2) 按图 3.58(c)的方式添加。此时系统增加 5 个节点（10 个自由度）、8 根杆（8 个约束）和 3 个矩形板（3 个约束）。可见这个新的系统有 1 个冗余约束；

(3) 按图 3.58(d)的方式添加。此时系统增加 1 个节点（2 个自由度）和 3 根杆（3 个约束），但原来的矩形板变成了 3 个三角形板，因此减少 1 个约束。可见这个新的系统仍然是

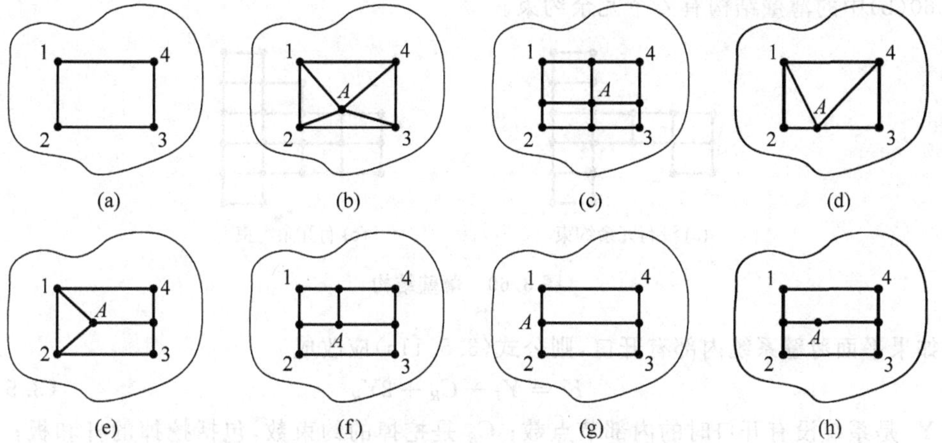

图 3.58 给几何不变平面薄壁结构中添加新的节点

没有冗余约束的几何不变系统；

(4) 按图 3.58(e)的方式添加。此时系统增加 2 个节点(4 个自由度)、4 根杆(4 个约束)和 1 个四边形板(1 个约束)。可见这个新的系统有 1 个冗余约束；

(5) 按图 3.58(f)的方式添加。此时系统增加 4 个节点(8 个自由度)、6 根杆(6 个约束)和 2 个矩形板(2 个约束)。可见这个新的系统仍然是没有冗余约束的几何不变系统；

(6) 按图 3.58(g)的方式添加。此时系统增加 2 个节点(4 个自由度)、3 根杆(3 个约束)和 1 个矩形板(1 个约束)。可见这个新的系统仍然是没有冗余约束的几何不变系统；

(7) 按图 3.58(h)的方式添加。此时系统增加 3 个节点(6 个自由度)、4 根杆(4 个约束)和 1 个矩形板(1 个约束)。可见这个新的系统是几何可变的。

从以上的例子可以看出，凡是像图 3.58(b)、(c)和(e)这样具有一个内部节点的平面薄壁结构都有一个冗余约束。所谓**内部节点**是指该节点的上、下、左、右四个方向都有约束存在。图 3.58(c)中的 A 点是最典型的内部节点；图 3.58(b)和(e)中的 A 点周围的约束可以分解到上、下、左、右四个方向；图 3.58(d)和(f)中的 A 点没有下面的约束；图 3.58(g)中的 A 点没有左面的约束；而图 3.58(h)中的 A 点缺少上下两个方向的约束。另外如图 3.59 中的 A 点，由于支座给它提供了上、下和左面的约束，而杆件提供了右面的约束，因此它仍然是一个内部节点，该系统有一个冗余约束。

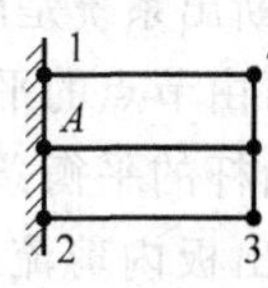

图 3.59 内部节点的另外一种形式

由以上的分析可以得出这样的结论：**平面薄壁结构的冗余约束数 K 等于其内部节点的数 Y_I**，即

$$K = Y_I \tag{3.5.11a}$$

由式(3.5.11a)不难看出图 3.60(a)中的薄壁结构是没有冗余约束的几何不变系统；而

图 3.60(b)中的薄壁结构有 4 个冗余约束。

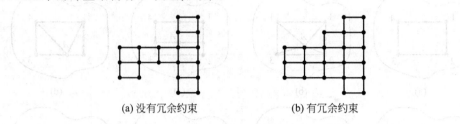

(a) 没有冗余约束　　(b) 有冗余约束

图 3.60 薄壁结构

如果平面薄壁系统内部有开口,则公式(3.5.11a)应改成

$$K = Y_I - C_R + 2Y_R \tag{3.5.11b}$$

其中 Y_I 是系统没有开口时的内部节点数;C_R 是挖掉的约束数,包括挖掉的杆和板;Y_R 是挖掉的节点数。例如,图 3.61 所示的机身隔框具有 3 个多余约束,因为 $Y_I=4, C_R=1, Y_R=0$,由式(3.5.12)得:$K=4-1+0=3$。

另外,还可以先去掉系统的一些约束,使剩下系统的冗余约束容易计算,去掉的约束数与剩下系统的冗余约束数之和就是原来系统的冗余约束数。例如,图 3.61 所示系统,除去约束 1、2 和 3 后得到无冗余约束的几何不变系统,因此原系统有 3 个多余约束。再如,图 3.62 的系统去掉约束 1、2、3 和 4 后还剩下 3 个内部节点,因此它的多余约束数为 7。

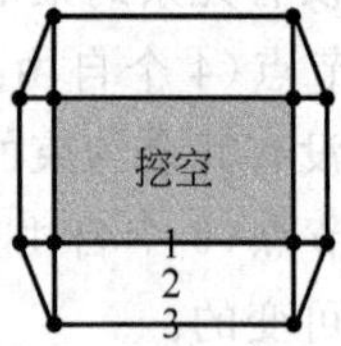

图 3.61 机身隔框模型

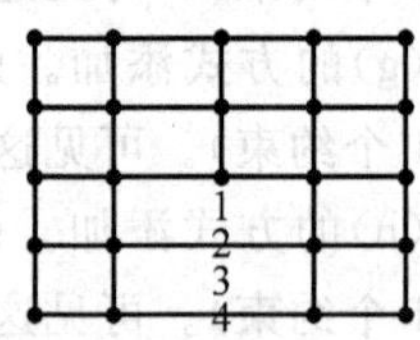

图 3.62 机身壁板模型

判断出系统是静定之后,就可完全根据平衡条件求出其内力。在求平面薄壁系统的内力时,可由节点的平衡条件求出各杆在该节点那一端的轴力,而由杆的平衡条件又可求得板内的剪流;有时用剖面法先求出板内剪流然后再求杆的轴力会比较方便。应该注意,平面薄壁系统与桁架不同,其中杆的轴力沿杆长一般不是常数;由于假设板中剪流沿其边缘均匀分布,根据杆的轴向平衡条件,杆中轴力沿杆长应为线性分布,其导数值等于剪流,见图 3.63 与式(3.5.12):

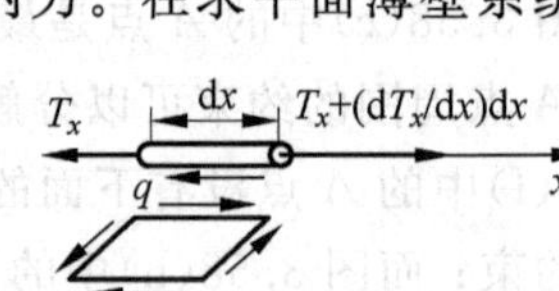

图 3.63 杆板结构中杆轴力与板剪流的关系

$$\frac{\mathrm{d}T}{\mathrm{d}x} = q \tag{3.5.12a}$$

$$T = qx + T_0 \tag{3.5.12b}$$

式中 T_0 为杆起始节点轴力。

例 3.10 试求图 3.64(a)所示薄壁梁的内力。

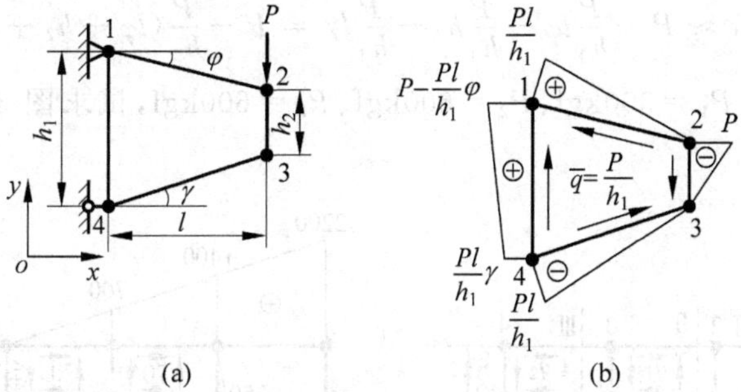

图 3.64 薄壁梁的受力分析

解：不难判断这个薄壁梁是静定的。如图 3.64(a)建立总体坐标系(x,y)。

由梁的总体平衡条件求得支座反力：

$$R_y^{(1)} = P,\quad R_x^{(1)} = -\frac{l}{h_1}P,\quad R_x^{(4)} = \frac{l}{h_1}P$$

由节点 2 的平衡条件可得：$T_{2-3}=-P$，$T_{2-1}=0$(在标记杆的轴向力时，可用第一个下标表示力作用处的节点号数，第二个下标表示此力作用的方向)。

再由节点 3 的平衡条件可得：$T_{3-2}=0$，$T_{3-4}=0$。

图 3.64(a)求得 T_{2-3} 和 T_{3-2} 后，再根据图 3.64(b)中所示梯形板中的剪流方向，就由杆 2—3 的平衡条件(3.5.12)求得梯形板 2—3 边的剪流：

$$T_{2-3} + q_{2-3}h_2 = 0 \;\Rightarrow\; q_{2-3} = -\frac{T_{2-3}}{h_2} = \frac{P}{h_2}$$

再应用公式(3.5.5)，得到：

$$q_{3-4} = q_{1-2} = \bar{q} = q_{2-3}\frac{h_2}{h_1} = \frac{P}{h_1}$$

然后分别由杆 1—2 和杆 4—3 的平衡条件式(3.5.12)求得：

$$T_{1-2} - q_{1-2}\frac{l}{\cos\varphi} = 0 \;\Rightarrow\; T_{1-2} = \frac{P}{h_1}\frac{l}{\cos\varphi} \approx \frac{P}{h_1}l$$

$$T_{4-3} + q_{3-4}\frac{l}{\cos\gamma} = 0 \;\Rightarrow\; T_{4-3} = -\frac{P}{h_1}\frac{l}{\cos\gamma} \approx -\frac{P}{h_1}l$$

此外，由节点 4 在 y 方向受力的平衡条件可得：

$$T_{4-1} = -T_{4-3}\sin\gamma \approx \frac{P}{h_1}l\gamma$$

最后由节点 1 在 y 方向受力的平衡条件得到：

$$P - T_{1-4} - T_{1-2}\sin\varphi = 0 \;\Rightarrow\; T_{1-4} \approx P - \frac{Pl}{h_1}\varphi$$

薄壁梁的内力图如图 3.64(b)所示(剪流作用在壁板上)。为了核算,可以检验杆 1—4 的平衡:

$$T_{1-4}-q_{1-4}h_1-T_{4-1}\approx P-\frac{P}{h_1}l\varphi-\frac{P}{h_1}h_2-\frac{P}{h_1}l\gamma=P-\frac{P}{h_1}(l\varphi+h_2+l\gamma)=P-\frac{P}{h_1}h_1=0$$

例 3.11 已知 $P_1=300\text{kgf}$、$P_2=600\text{kgf}$、$P_3=600\text{kgf}$,试求图 3.65(a)所示壁板的内力。

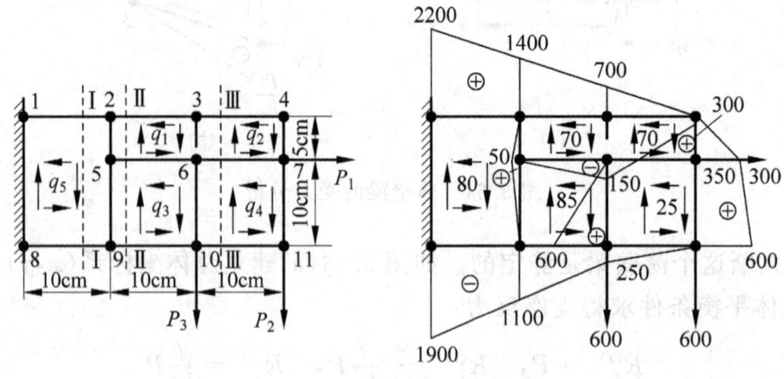

(a) (b)

图 3.65 壁板的受力分析

解:由于系统没有内部节点(注意到杆 3—6 被切断),因此它是静定的。

如图 3.65(a)所示,设各板的剪流分别为 q_1、q_2、q_3、q_4 和 q_5。由剖面Ⅰ—Ⅰ切出的右边部分的平衡条件可得:

$$q_5=\frac{P_2+P_3}{15}=\frac{1200}{15}=80(\text{kgf/cm})$$

同样,由剖面Ⅱ—Ⅱ和剖面Ⅲ—Ⅲ切出的右边部分的平衡条件,可分别得到:

$$5q_1+10q_3=P_2+P_3 \tag{a}$$

$$5q_2+10q_4=P_2 \tag{b}$$

由杆 3—6 的平衡条件可知:

$$q_1=q_2 \tag{c}$$

由杆 5—6—7 的平衡条件可知:

$$10[(q_1+q_2)-(q_3+q_4)]=P_1 \tag{d}$$

联立方程式(a)、(b)、(c)和(d)可得:$q_1=q_2=70(\text{kgf/cm})$,$q_3=85(\text{kgf/cm})$,$q_4=25(\text{kgf/cm})$。

最后为了检验,可检查杆 6—10 上的合力:$10(q_3-q_4)-P_3=10\times 60-600=0$。可见杆 6—10 的平衡条件得到满足,计算正确。

最后作出各杆的轴向力图,如图 3.65(b)所示。

例 3.12 如图 3.66(a)所示，机身侧面壁板受到一对自平衡力系的作用。试求该系统的内力。

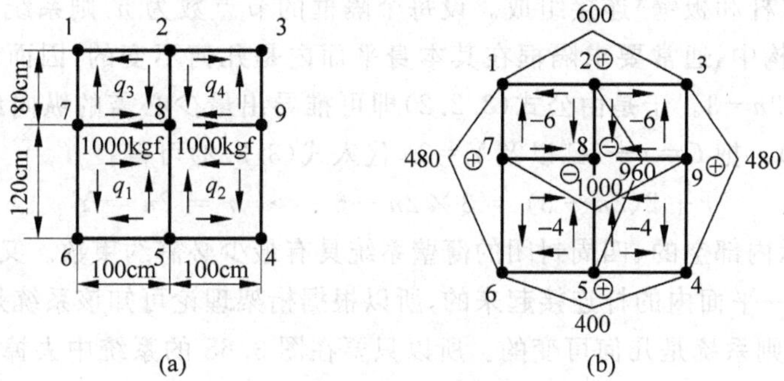

图 3.66 机身侧面壁板

解：由于杆 8—9 被切断，因此系统没有内部节点，是几何不变的。

如图 3.66(a)所示，设各板的剪流分别为 q_1、q_2、q_3 和 q_4。由杆 6—5—4 的平衡条件可知：

$$q_1 = q_2 \tag{a}$$

再由杆 1—2—3 的平衡条件可知：

$$q_3 = q_4 \tag{b}$$

由杆 7—8 的平衡条件可知：

$$100(q_1 + q_3) + 1000 = 0 \tag{c}$$

又由杆 1—7—6 的平衡条件可知：

$$120q_1 = 80q_3 \tag{d}$$

联立方程式(a)、(b)、(c)和(d)可得：$q_1 = q_2 = -4(\text{kgf/cm})$，$q_3 = q_4 = -6(\text{kgf/cm})$。

最后可求出各杆的轴力，如图 3.66(b)所示。

3.5.3 空间静定薄壁结构

研究空间薄壁系统的组成时，同样可把每块镶在四根杆内的壁板当作一斜杆看待。例如图 3.67(a)所示的系统显然是静定的，因为这系统可以看做是由图 3.67(b)所示空间桁架用板代替斜杆而得来的。

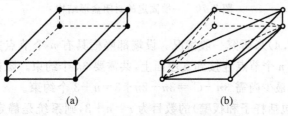

图 3.67 自由状态的封闭盒形结构

我们可以根据桁架的组成规律推导出适用于薄壁结构而应用起来又比较方便的组成规律。首先研究几何不变但可移动的系统。如图 3.67(a)所示空间薄壁系统由两个端部隔框和一些纵向元件(杆和板壁)连接组成。设每个隔框的节点数为 n,则系统总节点数为 $Y=2n$。在飞行器结构中,通常要求隔框在其本身平面内是几何不变的,因而每个隔框最少已具有约束数 $C'=2n-3$。于是由公式(3.2.2)即可推导出最少必需的纵向约束数 r(包括纵向杆和纵向板壁)。把 $C=r+2C'$ 以及 $Y=2n$ 代入式(3.2.2)可得:

$$r+2(2n-3)=3\times 2n-6 \;\Rightarrow\; r=2n=Y \qquad (3.5.13)$$

图 3.68 所示内部空的、四周封闭的薄壁系统具有最少必需约束数。又由于这系统并没有一节点是用同一平面内的杆连接起来的,所以根据桁架理论可知该系统是几何不变的。

倘若 $r<2n$,则系统是几何可变的。所以只要在图 3.68 的系统中去掉任何一块(纵向)壁板或切断一根纵向杆,系统就成为几何可变的(图 3.69)。

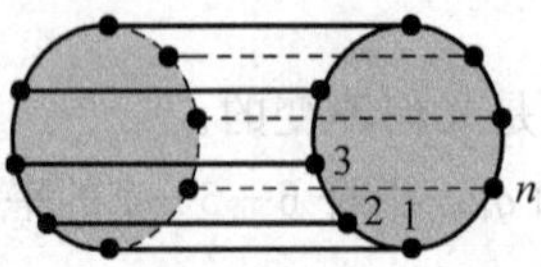

图 3.68 一段封闭机身结构

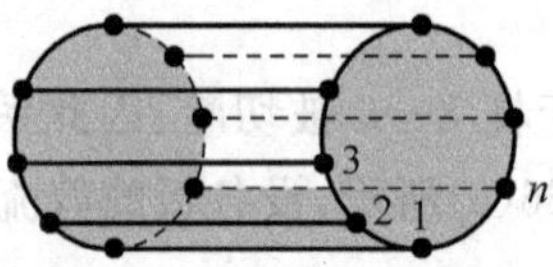

图 3.69 一段下端开口的机身结构

倘若 $r>2n$,则系统具有冗余约束,其冗余约束数为:

$$K=r-2n \qquad (3.5.14)$$

例如,倘若图 3.68 所示系统内部还有纵向壁板,则其冗余约束数目等于内部纵向壁板的数目。

对于一端固定的薄壁结构,则情况与以上所述不再相同。例如,图 3.70(a)所示系统与图 3.70(b)的桁架相似,它具有一个冗余约束,倘若把一块壁板去掉,则得到静定系统(图 3.71)。

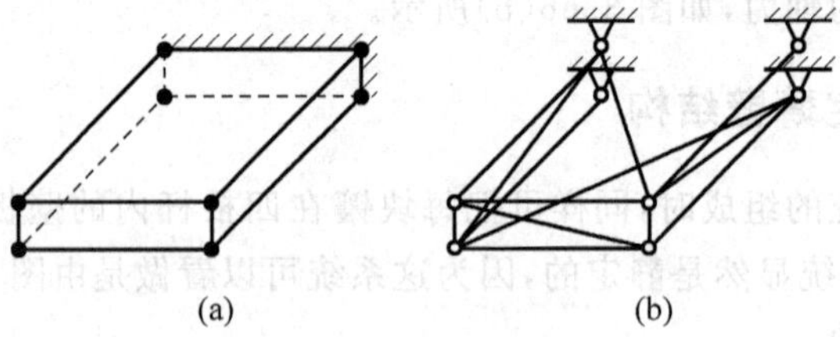

图 3.70 一端固定的封闭盒形结构

可以利用式(3.2.4)来研究一般情况。设端部隔框具有 n 个节点并且结构内部是空的(见图 3.72)。要把这 n 个节点连接到支座面上,共需要 $3n$ 个约束。隔框本身最少已有 $C'=2n-3$ 个约束。因此,最少尚需 $3n-C'=3n-2n+3=n+3$ 个约束。

倘若纵向元件(包括杆子和板壁)的数目为 $r=n+3$,则系统是静定的。因为由图 3.72 可见,这系统无一节点是用同一平面内的杆连接起来的。

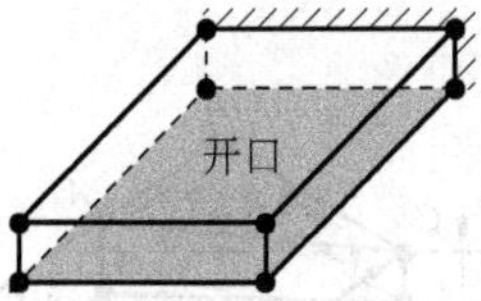

图 3.71 一端固定的下面开口盒形结构

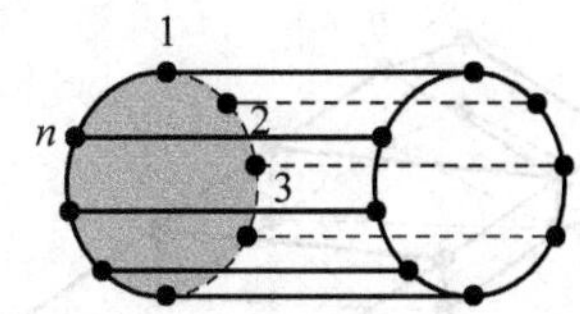

图 3.72 一端固定的空间薄壁结构

倘若 $r<n+3$，则系统是几何可变的。倘若 $r>n+3$，则系统具有冗余约束，冗余约束数等于：

$$K=r-n-3 \tag{3.5.15}$$

倘若系统的纵向杆都是平行的(如图 3.72 所示)，则显然杆数等于 n，而 $r-n$ 就是纵向壁板的数目，这时表示系统冗余约束数的公式(3.5.15)可写成

$$K=\text{纵向壁板数}-3 \tag{3.5.16}$$

利用上面的公式，不难得到表 3.3 中的结果。虽然表中所画的是平板，但其结论对于曲板也是一样的。

表 3.3 端部固定，纵向杆平行的空间薄壁系统的冗余约束数

几何可变		静定	静不定	
 两个自由度	 一个自由度	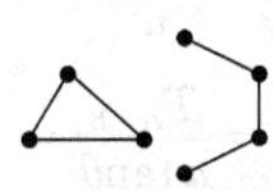 $K=0$	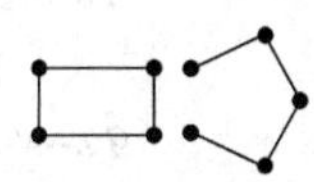 $K=1$	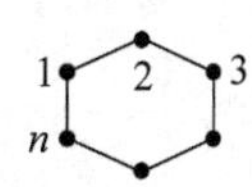 $K=n-3$

例 3.13 后掠式机翼可以简化成图 3.73(a)所示的杆板模型进行分析。试求机翼纯扭转时，其根部三角区域(如图 3.73(b)和(c)所示)的内力(求杆轴力时可略去梯度的影响)。

解：由节点 A、B 和 C 的平衡条件，立刻可求得各杆轴力：

节点 A 处：

$$T_{A-B}=\frac{1}{H_1},\quad T_{A-C}=0$$

节点 B 处：

$$T_{B-A}=T_{B-C}=0$$

节点 C 处：

$$T_{C-A}=\frac{1}{H_2\tan\theta},\quad T_{C-B}=\frac{-1}{H_2\sin\theta}$$

轴力图如图 3.73(d)所示。于是由各杆平衡条件，求得各侧壁内的平均剪流(剪流方向如图 3.73(b)或(d)所示)：

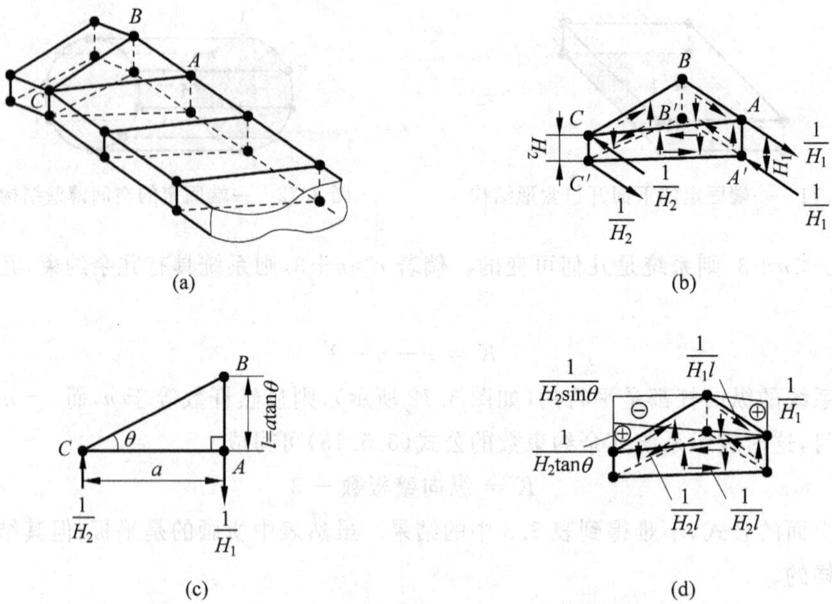

图 3.73 后掠式机翼根部结构的受力分析

$$\bar{q}_{A-A'-C'-C}=\frac{T_{C-A}}{a}=\frac{1}{H_2 a\tan\theta}$$

$$\bar{q}_{A-A'-B'-B}=\frac{T_{A-B}}{a\tan\theta}=\frac{1}{H_1 a\tan\theta}$$

$$\bar{q}_{B-B'-C'-C}=-\frac{T_{C-B}}{\dfrac{a}{\cos\theta}}=\frac{1}{H_2 a\tan\theta}$$

例 3.14 试求图 3.74(a)所示薄壁盒段纯扭转时，其中的内力。

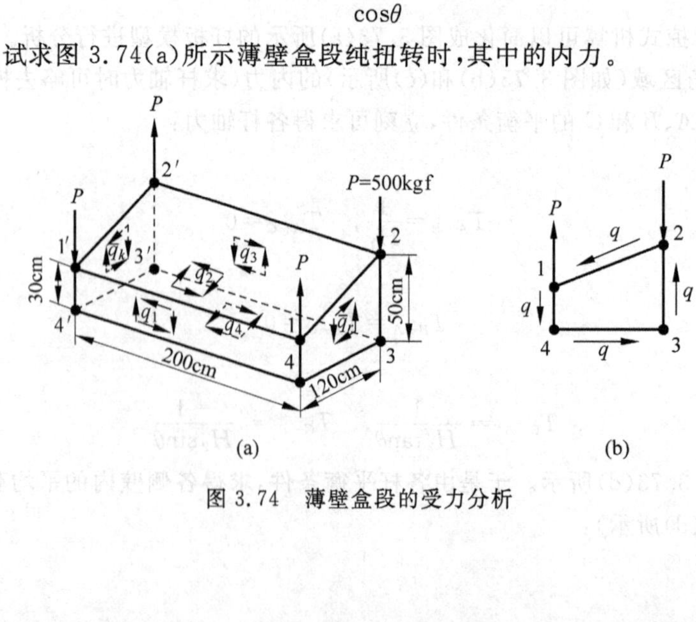

图 3.74 薄壁盒段的受力分析

解：此盒段为几何不变的结构。

设各杆上的剪流方向如图 3.74(a)所示。

由杆 1′—1,2′—2,3′—3,4′—4 的平衡条件,可得：

$$q_1 = q_2 = q_3 = q_4 = q$$

如图 3.74(b)所示,由端部隔框绕节点 2 的力矩平衡条件,可得：

$$q \times 30 \times 120 + q \times 120 \times 50 = P \times 120 \quad \Rightarrow \quad q = \frac{P}{80} = 6.25(\text{kgf/cm})$$

再由杆 1—2 和杆 1′—2′的力平衡条件,可知端部隔框中的几何平均剪流为：$\bar{q}_r = \bar{q}_k = q$。

最后可检验杆 1—4 所受轴向力的合力：

$$P - \left(q + q \times \frac{5}{3}\right) \times 30 = 500 - 6.25 \times \left(1 + \frac{5}{3}\right) \times 30 = 0(\text{kgf/cm})$$

可见上面的计算结果是正确的。

求出壁板中的剪流后,不难得到各杆中的轴力。读者可自行画出轴力图。

例 3.15 图 3.75(a)所示空间薄壁结构的自由端有一在其本身平面内几何不变的隔框。外力 Q 作用在隔框上平面内。试求该薄壁结构的内力。

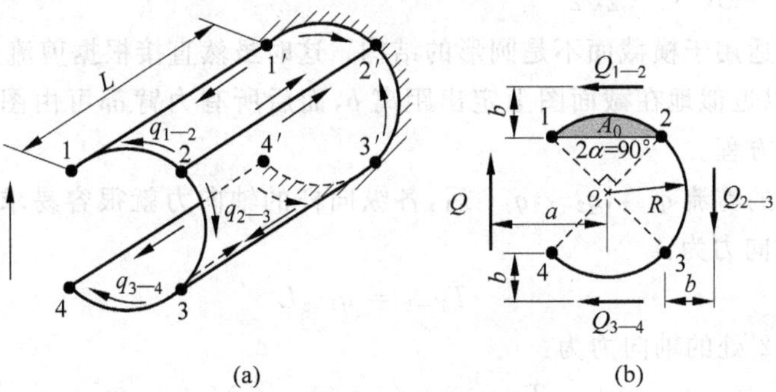

图 3.75 一端固定的加筋薄壁曲板

解：此一端固定、一端为带隔框的自由端的开口薄壁结构是静定结构。

设曲板作用在桁条和隔框的剪流如图 3.75(a)所示,而图 3.75(b)中的 Q_{1-2}、Q_{2-3} 和 Q_{3-4} 分别表示作用在隔框上剪流的合力。

由隔框竖直和水平方向的平衡条件,可分别得到：

$$Q_{2-3} = q_{2-3}\sqrt{2}R = Q \quad \Rightarrow \quad q_{2-3} = \frac{Q}{\sqrt{2}R}$$

$$Q_{1-2} = -Q_{3-4} \quad \Rightarrow \quad q_{1-2} = -q_{3-4}$$

然后由隔框对 o 点的力矩平衡条件得到：

$$q_{1-2}\,\frac{\pi R}{2}R = Qa + q_{2-3}\,\frac{\pi R}{2}R + q_{3-4}\,\frac{\pi R}{2}R$$

代入 q_{2-3} 的值，解得：

$$q_{1-2} = - q_{3-4} = \frac{Q}{\pi R^2}\left(a + \frac{\pi}{2\sqrt{2}}R\right)$$

另一种解法是：通过先求出剪流合力 Q_{1-2}，Q_{2-3}，Q_{3-4} 的作用线位置，然后对任意一点取矩的方法来求剪流。如图 3.75(b)所示，并根据式(3.5.10)可算出：

$$b = \frac{\Omega}{h} = \frac{2A_0}{h}$$

其中 $A_0 = \frac{R^2}{2}(2\alpha - \sin^2 2\alpha) = \frac{R^2}{2}\left(\frac{\pi}{2} - 1\right)$，$h = 2R\sin\alpha = \sqrt{2}R$，所以 $b = \frac{R}{\sqrt{2}}\left(\frac{\pi}{2} - 1\right)$。可见，剪流合力 Q_{1-2}，Q_{2-3}，Q_{3-4} 离 o 点的距离均为：

$$b + R\cos\alpha = \frac{\pi R}{2\sqrt{2}}$$

以 Q_{2-3} 与 Q_{3-4} 的交点为力矩中心，写出力矩平衡条件可得：

$$Q_{1-2}2(b + R\cos\alpha) = Q(a + b + R\cos\alpha) \quad \Rightarrow \quad Q_{1-2} = \frac{\sqrt{2}Q}{\pi R}\left(a + \frac{\pi R}{2\sqrt{2}}\right)$$

所以 $q_{1-2} = \frac{Q_{1-2}}{h} = \frac{Q}{\pi R^2}\left(a + \frac{\pi}{2\sqrt{2}}R\right)$，与第一种解法所得结果相同。

后一种解法适用于横截面不是圆形的结构。这时虽然直接根据剪流列出力矩平衡方程比较困难，但可以近似地在截面图上定出距离 b，而后所有力臂都可由图上量出，于是就容易写出力矩平衡方程。

在求得曲板的剪流 q_{1-2}，q_{2-3}，q_{3-4} 后，各纵向杆的轴向力就很容易求出。例如杆 1′—1 在节点 1′处的轴向力为：

$$T_{1'-1} = q_{1-2}L$$

杆 2′—2 在节点 2′处的轴向力为：

$$T_{2'-2} = -(q_{1-2} + q_{2-3})L$$

读者可自行画出各杆的轴力图。

例 3.16 图 3.76 所示机身结构由三个圆剖面段组成，在第Ⅱ段和第Ⅲ段中蒙皮有开口(第Ⅱ段的开口区用灰色表示，第Ⅲ段的开口区用斜线表示)，而隔框在自身平面内是几何不可变的(隔框的尺寸标注在图 3.77 和图 3.78 中)。请问当机身两端作用有扭矩 m＝100000kgf・cm 时，第Ⅱ段和Ⅲ段结构的内力是多少？

解：倘若第Ⅲ段没有开口，则第Ⅲ段和第Ⅰ段不相连时都是几何不可变系统。把这两个几何不可变系统用杆 1′—1″，2′—2″，3′—3″，6′—6″和板 1′—2′—2″—1″，2′—3′—3″—2″ 6 个约束联结起来后仍旧是几何不可变的。然后把第Ⅲ段的板 1′—1—6—6′去掉，用板 6′—1′—1″—6″来代替，即得到图 3.76 所示系统，因此该系统是几何不可变的。

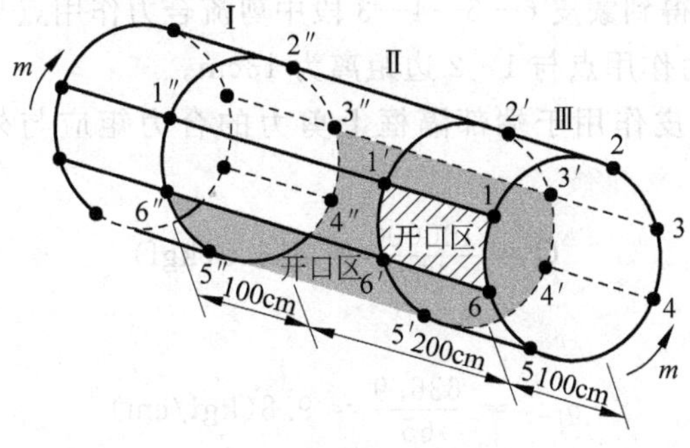

图 3.76　薄壁机身结构

(1) 求第Ⅲ段内力：

杆 5—5′及 4—4′不受力，因此蒙皮内的剪流 $q_{6-5}=q_{5-4}=q_{4-3}$。这样第Ⅲ段横截面内蒙皮 6—5—4—3 部分的剪流为常数，其合力 Q 是水平方向的(见图 3.77)。另外蒙皮 1—2 段的剪流合力也是水平的，而整个隔框截面在竖直方向不受力，所以 $q_{2-3}=0$。

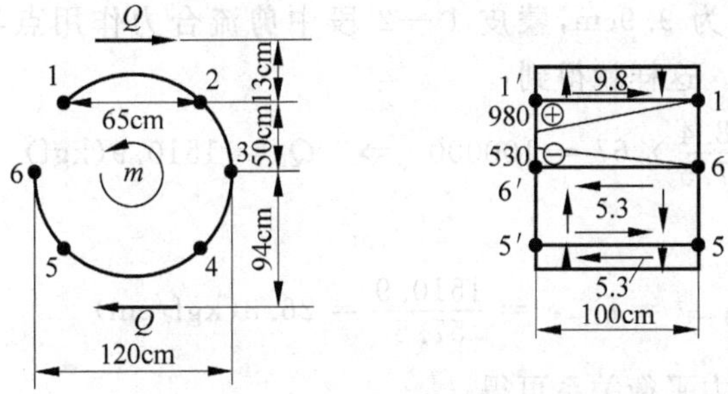

(a) 端部隔框受力　　(b) 第Ⅲ段蒙皮中的剪流与桁条中轴力

图 3.77　第Ⅲ段的受力分析

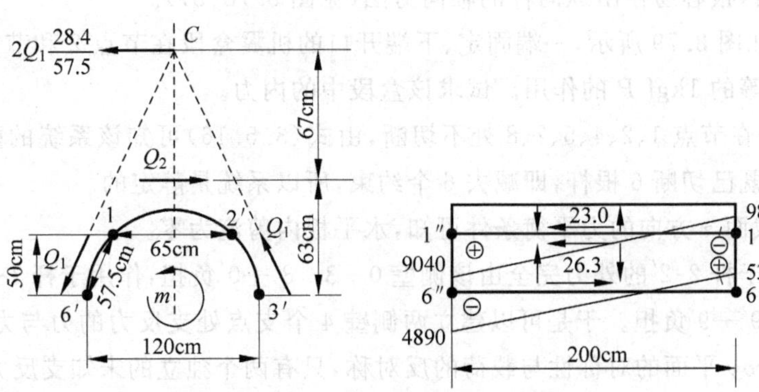

(a)　　(b)

图 3.78　第Ⅱ段的受力分析

由式(3.5.10)计算得到蒙皮 6—5—4—3 段中剪流合力作用点与 3—6 边距离为 94cm，蒙皮 1—2 段中剪流合力作用点与 1—2 边距离为 13cm。

由图 3.77 可知，蒙皮作用于端部隔框上剪力的合力矩应与外力矩 m 相等，这样就得到：

$$Q=\frac{100000}{157}=636.9(\text{kgf})$$

于是可得蒙皮中的剪流：

$$q_{1-2}=\frac{636.9}{65}=9.8(\text{kgf/cm})$$

$$q_{6-3}=\frac{636.9}{120}=5.3(\text{kgf/cm})$$

知道剪流后，很容易作出纵向杆的轴向力图(见图 3.77(b))。

(2) 求第Ⅱ段内力：

如图 3.78 所示，用一个假想的横截面将第Ⅱ段蒙皮截开，其中所有剪流的合力矩应该和外力矩 m 相等。由式(3.5.10)计算得到蒙皮 $2'$—$3'$ 以及 $1'$—$6'$ 段中剪流合力作用点与 $2'$—$3'$ 以及 $1'$—$6'$ 边距离为 9.9cm，蒙皮 $1'$—$2'$ 段中剪流合力作用点与 $1'$—$2'$ 边距离为 13cm。如图 3.78(a)所示。这样就得到：

$$2Q_1\frac{28.4}{57.5}\times 67=100000\quad\Rightarrow\quad Q_1=1510.9(\text{kgf})$$

于是可得蒙皮中的剪流：

$$q_{6'-1'}=q_{2'-3'}=\frac{1510.9}{57.5}=26.3(\text{kgf/cm})$$

再由隔框水平方向的力平衡关系可得：

$$2Q_1\frac{28.4}{57.5}=Q_2=q_{1'-2'}65\quad\Rightarrow\quad q_{1'-2'}=\frac{2\times 1510.9\times 28.4}{57.5\times 65}=23.0(\text{kgf/cm})$$

知道剪流后，很容易作出纵向杆的轴向力图(见图 3.78(b))。

例 3.17 如图 3.79 所示，一端固定、下端开口的机翼盒段在节点 2 和节点 7 处受到方向相反、大小相等的 1kgf P 的作用。试求该盒段中的内力。

解：设各杆在节点 1、2、4、5、7、8 处不切断，由式(3.5.16)可知该系统的静不定度 $K=9-3=6$。现在既已切断 6 根杆，即减去 6 个约束，所以系统是静定的。

由隔框横截面 z 方向的力平衡条件可知，水平板内剪流为零。

因此，作用于杆 2-2′的外力完全由该侧壁 0—3—3′—0′负担，作用于杆 7-7′的外力完全由侧壁 6—6′—9′—9 负担。于是可以建立两侧壁 4 个支点处支反力的力与力矩平衡条件。由于结构关于 xoy 平面的对称性与载荷的反对称，只有两个独立的未知支反力：

$$R_1+R_2=P$$

$$40R_1=80R_2$$

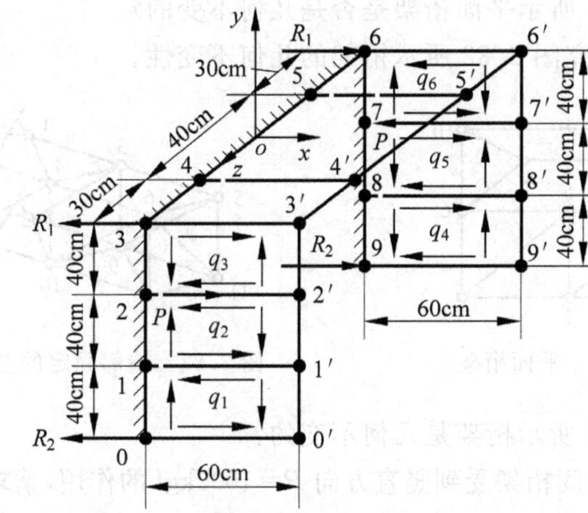

图 3.79　一端固定、下端开口的机翼盒段

由此可以求出支点反力：$R_1=\frac{2}{3}$(kgf)，$R_2=\frac{1}{3}$(kgf)。

再由杆 0—0′和杆 3—3′的平衡条件，可得作用在杆上的剪流：

$$q_1=\frac{R_2}{60}=\frac{1}{180}(\text{kgf/cm})$$

$$q_3=\frac{R_1}{60}=\frac{1}{90}(\text{kgf/cm})$$

另外由杆 1—1′的平衡条件可知 $q_1=q_2$。

同理由杆 6—6′、杆 7—7′和杆 8—8′的平衡条件可得：$q_4=q_5=\frac{1}{180}$(kgf/cm)，$q_6=\frac{1}{90}$(kgf/cm)。

读者不难自行画出各杆中的轴力图。

习题

3.1　请问图 3.80 所示两个机身的侧桁架是否是几何不变的？

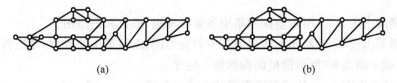

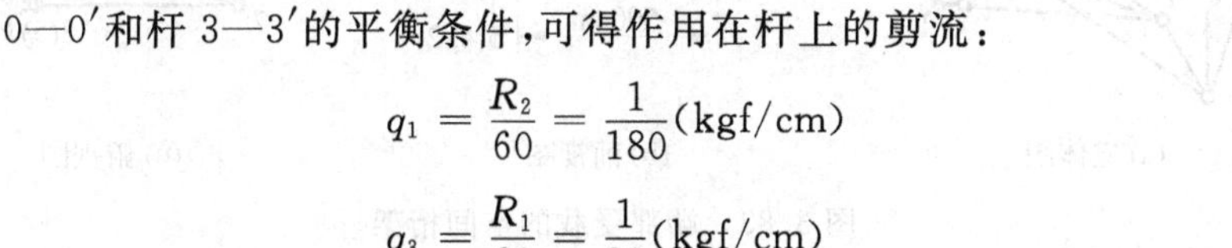

图 3.80　机身侧面桁架

3.2 请判断图 3.81 所示平面桁架是否是几何不变的?

3.3 试用零载法研究图 3.82 所示桁架的几何不变性。

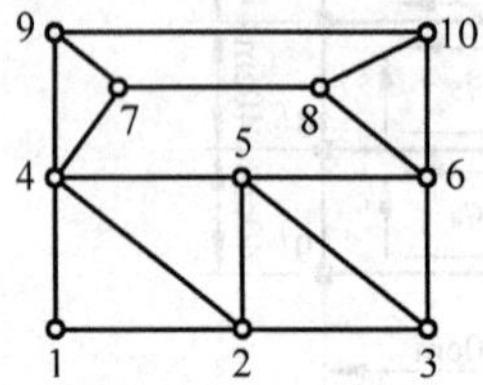

图 3.81 平面桁架

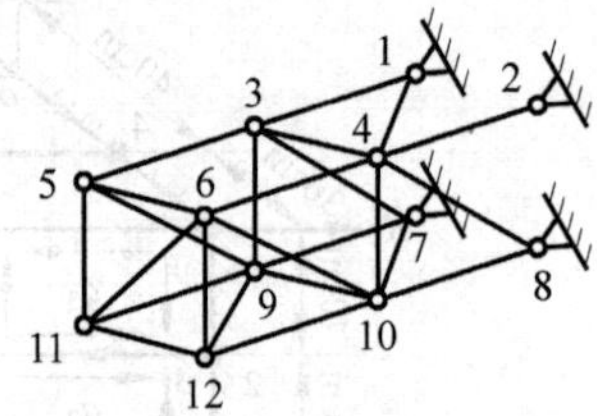

图 3.82 端部固定的空间桁架

3.4 为什么图 3.34 所示桁架是几何不变的?

3.5 图 3.83 所示空间桁架受到竖直方向 $P=1000\text{kgf}$ 的作用,请求解其中各杆的轴力。

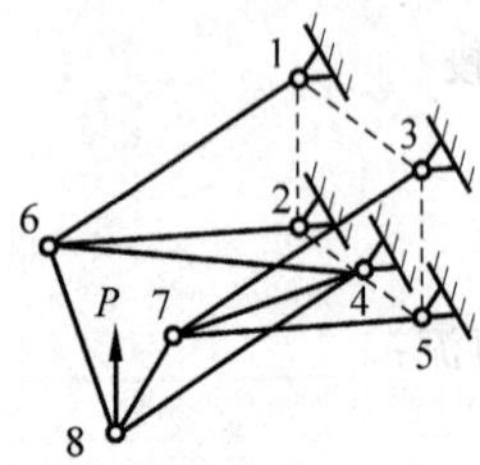

(a) 立体图

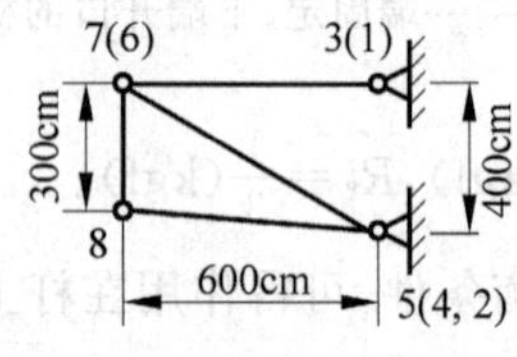

(b) 前视图

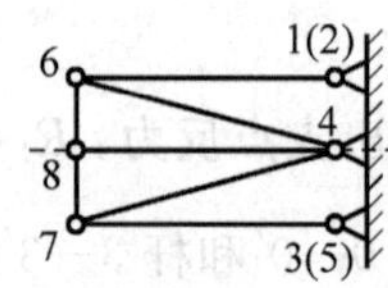

(c) 俯视图

图 3.83 端部受载的空间桁架

3.6 图 3.84 所示桁架外框构成一个 $1000\times1000\times1000$ 的立方体,并受到四个大小为 1000 的载荷 P 的作用。请求解该桁架中各杆的内力。

3.7 请画出图 3.85 所示刚架的弯矩图、剪力图和轴力图。

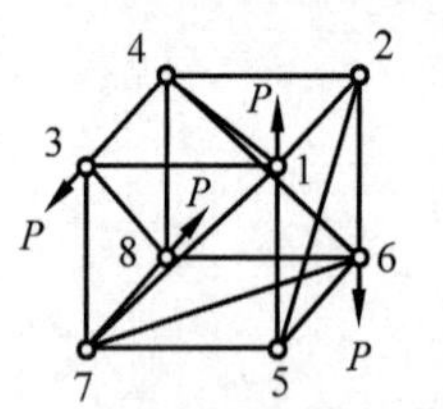

图 3.84 受自平衡力作用的空间桁架

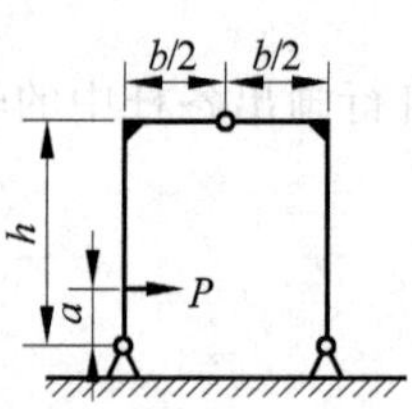

图 3.85 平面刚架

3.8 请画出图 3.86 所示空间刚架中各梁的弯矩、剪力和扭矩图。

3.9 请画出图 3.87 所示起落架中杆中的轴力图、刚架梁中的轴力、弯矩和剪力图。

3.10 试求图 3.88 所示薄壁结构的静不定度。

3.11 请画出图 3.89 所示薄壁翼梁的内力分布图。

3.12 请画出图 3.90 所示机翼盒型结构中的内力分布图。

3.13 请画出图 3.91 所示机身舱段(隔框在其平面内是几何不变的)中的内力分布图。

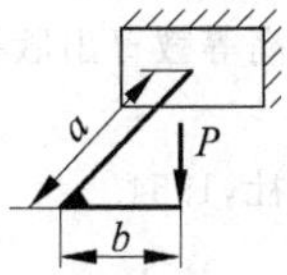

图 3.86　受侧向力的空间刚架

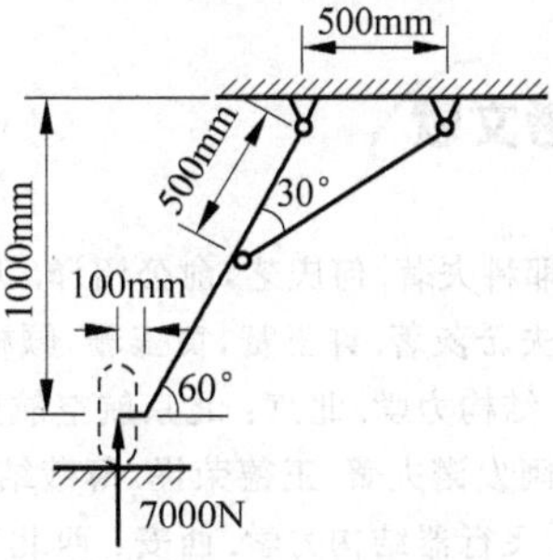

图 3.87　小型运动飞机起落架

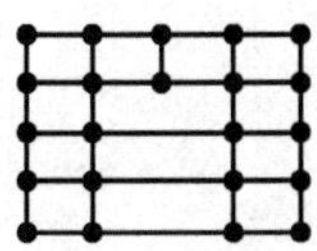

(a) 机身加筋壁板1(看做平面结构)

(b) 水上飞机隔框

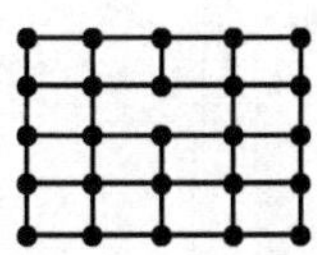

(c) 机身加筋壁板2(看做平面结构)

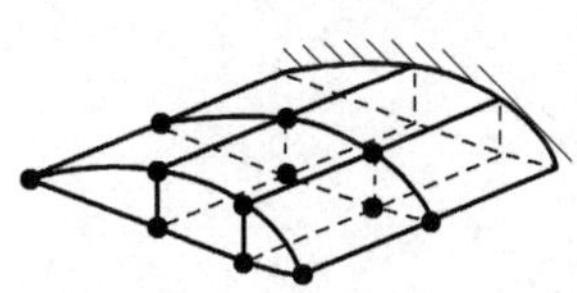

(d) 固定在机身上的机翼

图 3.88　薄壁结构

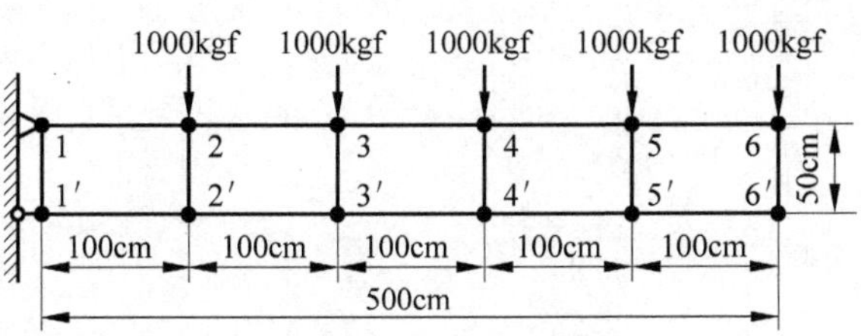

图 3.89　薄壁翼梁

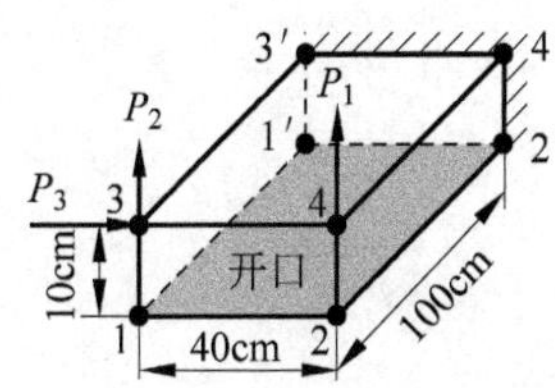

图 3.90　机翼的盒型结构

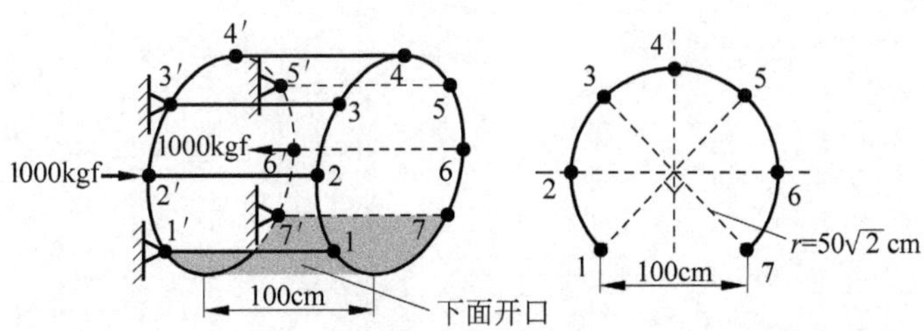

图 3.91　机身舱段

本章参考文献

[1] B T 巴耶科夫著. 何庆芝, 俞公沼译. 飞机结构力学. 第一卷. 上海: 商务印书馆, 1954.

[2] Я Д 利夫希茨著. 许玉赞, 黄玉珊, 顾松年译. 飞机结构力学, 北京: 高等教育出版社, 1954.

[3] 龚尧南. 结构力学. 北京: 北京航空航天大学出版社, 2001.

[4] A Φ 费阿发诺夫著. 王德荣译. 薄壁结构计算. 上海: 高等教育出版社, 1954.

[5] 王生楠. 飞行器结构力学. 西安: 西北工业大学出版社, 1998.

第 4 章

能量原理及弹性结构的变形分析

第 2 章主要采用微分方法来解决各种薄壁元件的受力和变形分析问题。这种方法通过考虑一个微元体的平衡条件、变形关系和材料性质来建立一组偏微分方程，最后在给定的边界条件下进行求解。整个求解过程环环相扣，在得到最终结果之前，所有的中间结果都必须是真实的。

第 3 章讨论了桁架、刚架和杆板组合结构的组成方法以及相应的静定薄壁结构中各元件内力的求解方法。由于研究的对象是静定的，故在求解过程中只需用到平衡条件。另外在第 3 章中也没有涉及结构变形的求解方法。

为保证结构的可靠性，实际的飞行器结构基本上都是静不定的。对静不定结构除应用平衡条件外，还必须结合结构的变形协调条件才能求解。对于稍微复杂一些的静不定结构，如果仍采用微分方法，则求解过程不但会因结构而异，而且会非常繁琐，这样不利于解决实际的工程问题。

本章将介绍怎样从能量的角度来建立整个系统的泛函变分方程，并将结构分析问题转化为求解给定约束条件下的泛函极(驻)值问题。和微分方法相比，采用能量方法往往可以简化问题的求解过程，并能给出一种规范而统一的求解格式。作为能量原理的应用，本章比较详细地讲解了用于求解弹性结构变形的单位载荷法，并以此为基础进一步介绍了静不定结构的分析方法。由于能量原理是有限元等现代数值方法的基础，因此本章最后也初步介绍了一些基于能量原理的近似求解方法。另外，本章的内容也是结构静力稳定性分析的基础，而这部分内容将在第 5 章中进行讲述。

4.1 功和能量的基本概念[1~3]

在 4.3 节中我们将看到，采用能量原理求解问题的过程是非常规范的(4.3 节)，和微分方法相比，它对求解“技巧”的要求相对较弱。但是要能正确地应用能量原理，必须首先明白下面一些基本概念。

4.1.1 真实状态与可能状态

一般的三维弹性系统有 15 个基本的状态变量，即三个位移、六个应力和六个应变。在小变形情况下**真实状态**的变量一定满足以下要求：

(1) **对变形的要求**：位移至少三阶连续，并且满足

几何方程：

$$\varepsilon_{ij} = \frac{1}{2}(u_{i,j} + u_{j,i}) \tag{4.1.1}$$

位移边界条件：

$$u_i = \bar{u}_i \quad \forall S_u \tag{4.1.2}$$

(2) **静力学条件**：

平衡方程：

$$\sigma_{ij,j} + f_i = 0 \tag{4.1.3}$$

力边界条件：

$$\sigma_{ij} n_j = \bar{p}_i \quad \forall S_\sigma \tag{4.1.4}$$

(3) **和材料对应的本构关系**：

各向同性线弹性体满足广义胡克定律：

$$\sigma_{ij} = \lambda\varepsilon_{kk}\delta_{ij} + 2G\varepsilon_{ij} - (3\lambda + 2G)\alpha\Delta T\delta_{ij} = C_{ijkl}\varepsilon_{kl} - (3\lambda + 2G)\alpha\Delta T\delta_{ij} \tag{4.1.5}$$

或者：

$$\varepsilon_{ij} = \frac{1}{2G}\left(\sigma_{ij} - \frac{\lambda}{3\lambda + 2G}\sigma_{kk}\delta_{ij}\right) + \alpha\Delta T\delta_{ij} = D_{ijkl}\sigma_{kl} + \alpha\Delta T\delta_{ij} \tag{4.1.6}$$

上面几式中 $i,j,k,l=1,2,3$，S_u 为给定位移的边界，S_σ 为给定面力的边界，n_j 为边界法线的方向余弦，C_{ijkl} 和 D_{ijkl} 分别为弹性刚度张量和弹性柔度张量，α 为热膨胀系数，ΔT 为与初始状态的温度差。

第 2 章已经介绍了如何通过引入适当的假设来简化上述方程，并通过求解这些方程直接得到薄壁元件的真实状态。而本章采用的方法是在所有可能状态中，通过应用变分原理来找出真实状态。这些**可能状态**只是部分地满足上述对真实状态的要求。具体说来主要有两类可能状态：

(1) **变形可能状态**：该状态只需要满足对变形的要求，与载荷和材料无关。这样的状态有无穷多个，但只有一个是物体的真实状态，它还需要满足静力学条件和材料本构关系。

在下文中用 $u_i^{(k)}$ 代表变形可能位移，与 $u_i^{(k)}$ 相应的变形可能应变(满足式(4.1.1))为 $\varepsilon_{ij}^{(k)}$。

(2) **静力可能状态**：该状态只需要满足静力学条件，与变形和材料无关。这样的状态也有无穷多个，但只有一个是物体的真实状态，它还需要满足本构关系和应变协调条件。静力可能状态包含的状态变量有静力可能应力 $\sigma_{ij}^{(s)}$、静力可能体积力 $f_i^{(s)}$(与 $\sigma_{ij}^{(s)}$ 满足式(4.1.3))和静力可能面力 $p_i^{(s)}$(与 $\sigma_{ij}^{(s)}$ 满足式(4.1.4))。

4.1.2　功、广义力、广义位移和广义变形

功和能量是一对相伴而生的概念。外界对物体做功会导致系统能量的增加。而系统能量的释放也会伴随着对外界做功的过程。

力 $\boldsymbol{F}$ 在位移增量 $\mathrm{d}\boldsymbol{u}$ 上所做的功可以表示为：

$$\mathrm{d}A = \boldsymbol{F}\cdot\mathrm{d}\boldsymbol{u} \tag{4.1.7}$$

很容易得到力 $\boldsymbol{F}$ 在整个变形过程所做的总功为：

$$A = \int \boldsymbol{F}\cdot\mathrm{d}\boldsymbol{u} \tag{4.1.8}$$

此处 $\boldsymbol{F}$ 可以是力、弯矩、扭矩、双力矩等，被称为**广义力**。和广义力点积后能得到功的物理量称为**广义位移**，如位移、转角、扭角、翘曲位移等。对变形可能状态的广义位移取变分，就得到**广义虚位移** $\delta\boldsymbol{u}$，它表示变形许可的广义位移的微小改变量。

如图4.1(a)所示，两个大小相等方向相反的力 P 作用在 AB 杆上并分别产生很小的位移 Δ_A 和 Δ_B。这两个力所做的总功 A 等于：

$$A = P\Delta_A + P\Delta_B = P(\Delta_A+\Delta_B) = Pl\,\frac{\Delta_A+\Delta_B}{l}$$

如果将 P 作为广义力，则对应的广义位移为 $\Delta_A+\Delta_B$；如果将力偶 Pl 作为广义力，则对应的广义位移为 AB 杆的转角 $\dfrac{\Delta_A+\Delta_B}{l}$。

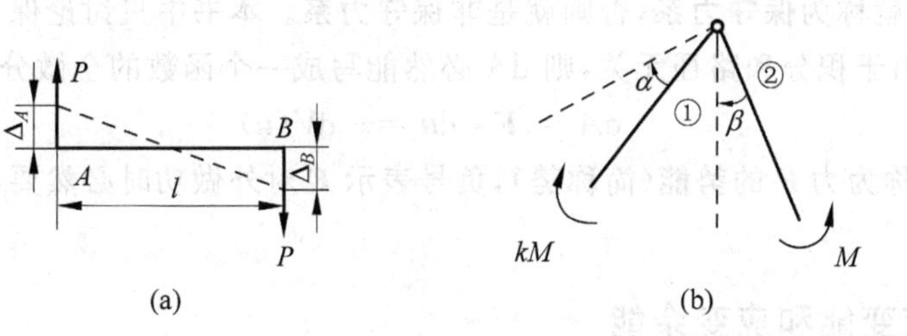

图4.1　广义力和广义位移

如图4.1(b)所示，力矩 kM 和 M 分别作用在杆①和杆②上。如果杆①顺时针产生转角 α，杆②顺时针产生转角 β，则这两个力矩所做的总功为：

$$A = kM\alpha - M\beta = M(k\alpha-\beta) = kM\left(\alpha-\frac{\beta}{k}\right) = 2M\frac{k\alpha-\beta}{2} = \cdots$$

上式中的 M、kM 和 $2M$ 都可以作为广义力，和它们对应的第二个乘数就是广义位移。

由上面两个例子可以看出，广义力是可以任意选取的。和广义力相乘得到功的物理量就是对应的广义位移。对常见的杆件，其广义力可取为轴力 T_x，相应的广义位移就是轴向伸长 u_x。对于梁弯曲问题，如果广义力取为弯矩 M_y，对应的广义位移就是梁截面的转角 θ_y（见式(2.3.13b)）；如果广义力取为横剪力 Q_z，则对应的广义力为梁的挠度 w；如果广义力取为横向分布载荷 $p(x)$，则对应的广义位移为 $w(x)\mathrm{d}x$。而对于图 4.2 所示的受剪薄板，如果将剪流 q 作为广义力，则对应的广义位移为 γHl。

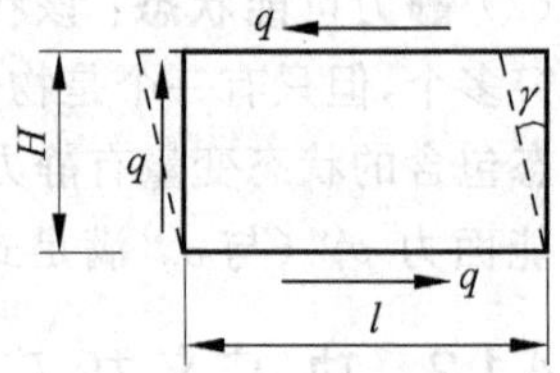

图 4.2 受剪矩形薄板

本书后面章节中所说的载荷和位移都是指广义力和广义位移。

如果位移是由力所引起的，则位移将会随着物体的变形一起由初始状态的零值逐渐增加到终了状态的全值。这时式(4.1.8)中的 $\boldsymbol{F}$ 就是 $\boldsymbol{u}$ 的函数，对应的总功称为**变形功**。对于刚度为 $\boldsymbol{K}$ 的线弹性系统，$\boldsymbol{F}=\boldsymbol{K}\boldsymbol{u}$，式(4.1.8)变为：

$$A=\boldsymbol{K}\int\boldsymbol{u}\cdot\mathrm{d}\boldsymbol{u}=\frac{1}{2}\boldsymbol{K}\boldsymbol{u}\cdot\boldsymbol{u}=\frac{1}{2}\boldsymbol{F}\cdot\boldsymbol{u} \tag{4.1.9}$$

如果力作用在可能位移上，则得到的是**可能功**。这时力与可能位移相互独立，式(4.1.8)变为：

$$A=\boldsymbol{F}\cdot\int\mathrm{d}\boldsymbol{u}=\boldsymbol{F}\cdot\boldsymbol{u} \tag{4.1.10}$$

如果力在虚位移上做功，就得到了**虚功**：

$$\delta A=\boldsymbol{F}\cdot\delta\boldsymbol{u} \tag{4.1.11}$$

从数学上看，这相当于将式(4.1.10)取变分。从物理上看，它代表的是力在**变形许可**的位移变分上所做的功。

在式(4.1.8)中，从起始位置出发，无论经过怎样的路径，如果力做的功只和最终位置有关，那么这组力就称为**保守力系**，否则就是**非保守力系**。本书中只讨论保守力系作用下的结构分析问题。由于积分和路径无关，则 $\mathrm{d}A$ 必然能写成一个函数的全微分形式，记为：

$$\mathrm{d}A=\boldsymbol{F}\cdot\mathrm{d}\boldsymbol{u}=-\mathrm{d}V(\boldsymbol{u}) \tag{4.1.12}$$

这里的函数 V 称为力 $\boldsymbol{F}$ 的**势能**（简称**势**），负号表示 $\boldsymbol{F}$ 对外做功时必然要以减少本身的势能为代价。

4.1.3 应变能和应变余能

弹性体受到外力作用时，其内部会产生相应的应力和应变。缓慢加载的外力所产生的应力在对应的应变上做的功转化为存储在弹性体内部的**应变能**。单位体积弹性体的**应变能密度**为：

$$W(\varepsilon_{ij})=\int_0^{\varepsilon_{ij}}\sigma_{ij}\,\mathrm{d}\varepsilon_{ij} \tag{4.1.13}$$

应变能密度是六个应变分量的标量函数，将应变能密度对应变分量求偏导，得到反映材料中应力与应变弹性关系的格林(Green)公式：

$$\sigma_{ij}=\frac{\partial W(\varepsilon_{ij})}{\partial \varepsilon_{ij}},\quad i,j=1,2,3 \tag{4.1.14}$$

整个弹性体的应变能为：

$$U(\varepsilon_{ij})=\int_V W \mathrm{d}V \tag{4.1.15}$$

在4.2.1节中将要证明，外力在弹性体的可能位移上所做的功等于$\int_V \sigma_{ij}\varepsilon_{ij}\,\mathrm{d}V$，称为**总功**。储存在弹性体内的应变能只占总功的一部分，其余的部分称为**应变余能**。应变能和应变余能之间的关系可以由图4.3表示。定义**应变余能密度**：

$$W_c(\sigma_{ij})=\int_0^{\sigma_{ij}}\varepsilon_{ij}\,\mathrm{d}\sigma_{ij} \tag{4.1.16}$$

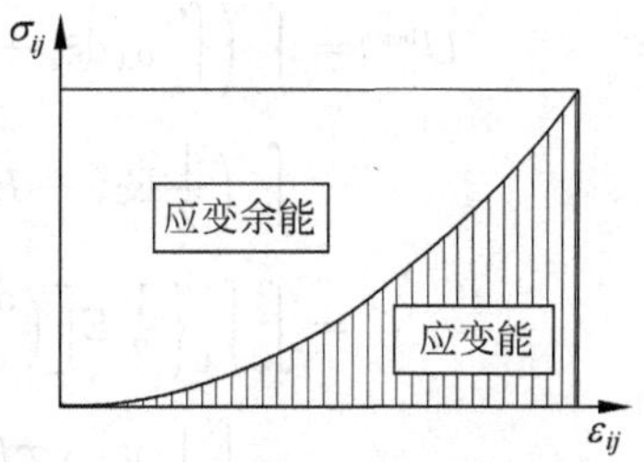

图4.3　应变能和应变余能的关系

应变余能密度是六个应力分量的标量函数，将应变余能密度对应力分量求偏导，得到格林公式的另一种表述形式(逆弹性关系)：

$$\varepsilon_{ij}=\frac{\partial W_c(\sigma_{ij})}{\partial \sigma_{ij}},\quad i,j=1,2,3 \tag{4.1.17}$$

应变余能密度和应变能密度满足：

$$W+W_c=\sigma_{ij}\varepsilon_{ij} \tag{4.1.18}$$

对线弹性材料有：

$$W(\varepsilon_{ij})=W_c(\sigma_{ij})=\frac{1}{2}\sigma_{ij}\varepsilon_{ij} \tag{4.1.19}$$

而整个弹性体的应变余能为：

$$U_c(\sigma_{ij})=\int_V W_c\mathrm{d}V \tag{4.1.20}$$

上述应变能和应变余能的计算公式都可以考虑热弹性本构关系式(4.1.5)或式(4.1.6)。这对飞行器结构分析来说常常是非常重要的。

对于薄壁结构，在计算应变能和应变余能时需要使用广义变形和广义应力。广义位移所对应的应变称为**广义变形**，比如应变、曲率、扭率等等。和广义变形相乘能得到能量密度的量定义为**广义内力**。对变形许可的广义变形取变分，就得到**广义虚变形**。由式(4.1.1)可知

$$\delta\varepsilon_{ij}=\frac{1}{2}(\delta u_{i,j}+\delta u_{j,i}) \tag{4.1.21}$$

对静力可能状态下的广义内力取变分，就得到**广义虚内力**。

对于由同种材料做成的细长圆截面直梁，由式(2.3.4)、式(2.3.14)、式(2.3.20)和式(2.3.21)，并考虑轴向的热变形$\varepsilon_x^T=\alpha\Delta T$，由叠加原理可以得到在形心主坐标系中其轴向应力为：

$$\sigma_x = E(\varepsilon_x - \varepsilon_x^T) = E\left(\frac{\mathrm{d}u_0}{\mathrm{d}x} - y\frac{\mathrm{d}^2 v}{\mathrm{d}x^2} - z\frac{\mathrm{d}^2 w}{\mathrm{d}x^2} - \alpha\Delta T\right) \tag{4.1.22}$$

再结合式(2.3.42)描述的自由扭转情况(扭率用 $\dot{\theta}_x$ 表示),并考虑到 $\int_A y\mathrm{d}A = \int_A z\mathrm{d}A = \int_A yz\mathrm{d}A = 0$,则可以得到其应变能为:

$$\begin{aligned}
U^{\text{beam}} &= \int_V\left(\int_0^{\varepsilon_x}\sigma_x\mathrm{d}\varepsilon_x + \int_0^{\gamma_{\theta x}}\tau_{\theta x}\mathrm{d}\gamma_{\theta x}\right)\mathrm{d}V \\
&= \int_V\left(\frac{1}{2}E\varepsilon_x^2 - E\varepsilon_x^T\varepsilon_x + \frac{1}{2}G\gamma_{\theta x}^2\right)\mathrm{d}V \\
&= \int_0^l\int_A\left\{\frac{1}{2}E\left[\left(\frac{\mathrm{d}u_0}{\mathrm{d}x}\right)^2 + y^2\left(\frac{\mathrm{d}^2 v}{\mathrm{d}x^2}\right)^2 + z^2\left(\frac{\mathrm{d}^2 w}{\mathrm{d}x^2}\right)^2\right] + \frac{1}{2}G\dot{\theta}_x^2 r^2\right\}\mathrm{d}A\mathrm{d}x \\
&\quad - \int_0^l\int_A E\alpha\Delta T\left(\frac{\mathrm{d}u_0}{\mathrm{d}x} - y\frac{\mathrm{d}^2 v}{\mathrm{d}x^2} - z\frac{\mathrm{d}^2 w}{\mathrm{d}x^2}\right)\mathrm{d}A\mathrm{d}x \\
&= \int_0^l\frac{1}{2}\left[EA\left(\frac{\mathrm{d}u_0}{\mathrm{d}x}\right)^2 + EI_z\left(\frac{\mathrm{d}^2 v}{\mathrm{d}x^2}\right)^2 + EI_y\left(\frac{\mathrm{d}^2 w}{\mathrm{d}x^2}\right)^2 + GJ_\rho\dot{\theta}_x^2\right]\mathrm{d}x \\
&\quad - \int_0^l\int_A E\alpha\Delta T\left(\frac{\mathrm{d}u_0}{\mathrm{d}x} - y\frac{\mathrm{d}^2 v}{\mathrm{d}x^2} - z\frac{\mathrm{d}^2 w}{\mathrm{d}x^2}\right)\mathrm{d}A\mathrm{d}x
\end{aligned} \tag{4.1.23a}$$

如果温差 ΔT 在梁截面上是均匀分布的,则上式变为:

$$U^{\text{beam}} = \int_0^l\left\{\frac{1}{2}\left[EA\left(\frac{\mathrm{d}u_0}{\mathrm{d}x}\right)^2 + EI_z\left(\frac{\mathrm{d}^2 v}{\mathrm{d}x^2}\right)^2 + EI_y\left(\frac{\mathrm{d}^2 w}{\mathrm{d}x^2}\right)^2 + GJ_\rho\dot{\theta}_x^2\right] - E\alpha\Delta T\frac{\mathrm{d}u_0}{\mathrm{d}x}A\right\}\mathrm{d}x \tag{4.1.23b}$$

由式(4.1.23)可以看出,这里的广义变形为轴向拉伸应变 $\varepsilon_{x0} = \frac{\mathrm{d}u_0}{\mathrm{d}x}$、曲率 $\kappa_y = -\frac{\mathrm{d}^2 w}{\mathrm{d}x^2}$、$\kappa_z = \frac{\mathrm{d}^2 v}{\mathrm{d}x^2}$ 和扭率 $\dot{\theta}_x$。对应的广义内力为轴向拉力 $T_x = EA\frac{\mathrm{d}u_0}{\mathrm{d}x} = EA\varepsilon_{x0}$、弯矩 $M_y = -EI_y\frac{\mathrm{d}^2 w}{\mathrm{d}x^2} = EI_y\kappa_y$、$M_z = EI_z\frac{\mathrm{d}^2 v}{\mathrm{d}x^2} = EI_z\kappa_z$、扭矩 $M_x = GJ_\rho\dot{\theta}_x$ 和热轴力 $T_x^T = \int_A E\alpha\Delta T\mathrm{d}A$、热弯矩 $M_y^T = \int_A E\alpha\Delta Tz\mathrm{d}A$、$M_z^T = -\int_A E\alpha\Delta Ty\mathrm{d}A$。这样式(4.1.22)可以改写为:

$$\sigma_x = \frac{T_x}{A} - y\frac{M_z}{I_z} + z\frac{M_y}{I_y} - E\alpha\Delta T \tag{4.1.24}$$

由式(4.1.24)和 $\tau_{\theta x} = \frac{M_x r}{J_\rho}$,可以得到梁的应变余能:

$$\begin{aligned}
U_{\mathrm{c}}^{\text{beam}} &= \int_V\left(\int_0^{\sigma_x}\varepsilon_x\mathrm{d}\sigma_x + \int_0^{\tau_{\theta x}}\gamma_{\theta x}\mathrm{d}\tau_{\theta x}\right)\mathrm{d}V \\
&= \int_V\left(\int_0^{\sigma_x}\left(\frac{\sigma_x}{E} + \alpha\Delta T\right)\mathrm{d}\sigma_x + \int_0^{\tau_{\theta x}}\frac{\tau_{\theta x}}{G}\mathrm{d}\tau_{\theta x}\right)\mathrm{d}V
\end{aligned}$$

$$
\begin{aligned}
&= \int_V \left(\frac{\sigma_x^2}{2E} + \alpha \Delta T \sigma_x + \frac{\tau_{\theta x}^2}{2G} \right) \mathrm{d}V \\
&= \int_0^l \int_A \left\{ \frac{1}{2E} \left[\left(\frac{T_x}{A} \right)^2 + y^2 \left(\frac{M_z}{I_z} \right)^2 + z^2 \left(\frac{M_y}{I_y} \right)^2 \right] + \frac{r^2}{2G} \left(\frac{M_x}{J_\rho} \right)^2 \right\} \mathrm{d}A \mathrm{d}x \\
&\quad - \int_0^l \int_A \frac{E}{2} (\alpha \Delta T)^2 \mathrm{d}A \mathrm{d}x \\
&= \int_0^l \frac{1}{2} \left(\frac{T_x^2}{EA} + \frac{M_z^2}{EI_z} + \frac{M_y^2}{EI_y} + \frac{M_x^2}{GJ_\rho} \right) \mathrm{d}x - \int_0^l \int_A \frac{E}{2} (\alpha \Delta T)^2 \mathrm{d}A \mathrm{d}x
\end{aligned}
\tag{4.1.25a}
$$

如果温差 ΔT 在梁截面上是均匀分布的，则上式变为：

$$
U_c^{\text{beam}} = \int_0^l \frac{1}{2} \left(\frac{T_x^2}{EA} + \frac{M_z^2}{EI_z} + \frac{M_y^2}{EI_y} + \frac{M_x^2}{GJ_\rho} \right) \mathrm{d}x - \int_0^l \frac{EA}{2} (\alpha \Delta T)^2 \mathrm{d}x \tag{4.1.25b}
$$

对于图 4.2 所示的受剪矩形薄板，其面积 $A = Hl$，广义变形可以取为剪应变 $\gamma = \frac{q}{hG}$（G 为剪切模量、h 为板厚），则相应的广义内力为剪应力 $\tau = \frac{q}{h}$。这样其应变能就等于：

$$
U^{\text{plate}} = \frac{1}{2} G \gamma^2 H l h = \frac{1}{2} G \gamma^2 A h
$$

应变余能等于：

$$
U_c^{\text{plate}} = \frac{1}{2G} \left(\frac{q}{h} \right)^2 H l h = \frac{q^2 H l}{2Gh} = \frac{q^2 A}{2Gh}
$$

本书后面章节中所说的变形和内力都是指广义变形和广义内力。

4.2 能量原理[1~3]

如果将结构分析看做到深山中去寻宝的过程，那么第 2 章中介绍的微分解法就是拿着一张藏宝图（控制微分方程）去一步步地“按图索骥”（求解偏微分方程）；而能量方法则是先大致划定一个搜寻的区域（可能状态），然后再通过一些搜索的手段（变分法）来缩小这个区域，以最终找到宝藏。微分解法的思路是一种局部的观点，它通过解决每一个细微的环节来达到最终的目的；能量方法采用的是一种全局的观点，这样往往可以避开具体的中间过程，直接达到最终的目的。

正如 4.1.2 节所述，产生可能功的力与位移是相互独立的。当使用可能功来求解问题时，其解的选择就可以很灵活。但为了使解的搜寻范围更具有实际意义，就要求力和位移至少分别是静力可能和变形可能的。从静力平衡的角度出发可以得到可能功原理。在此基础上，如果再给力和位移加上其他的限制条件，就可以得到功互等定理、虚位移、余虚功原理等等。

4.2.1 可能功原理与功的互等定理

4.2.1.1 可能功原理

对于同一个由表面 $S=S_F+S_u$ 包围的域 V 上定义的物体，在域内受到体力 f_i 作用，在 S_F 上受到表面力$\bar{p}_i$ 作用，在 S_u 上给定位移$\bar{u}_i$；考虑该物体的两种可能状态。

假设静力可能状态(s)在域内满足平衡条件：

$$\sigma_{ij,j}^{(s)}+f_i^{(s)}=0 \tag{4.2.1}$$

在边界上，由 Cauchy 斜面应力公式可知，静力可能状态对应的表面力应为：

$$p_i^{(s)}=\sigma_{ij}^{(s)}n_j \tag{4.2.2a}$$

而在 S_F 上满足给定力的边界条件：

$$p_i^{(s)}=\sigma_{ij}^{(s)}n_j=\bar{p}_i \tag{4.2.2b}$$

另外假设变形可能状态(k)在域内满足小位移几何方程：

$$\varepsilon_{ij}^{(k)}=\frac{1}{2}(u_{i,j}^{(k)}+u_{j,i}^{(k)}) \tag{4.2.3a}$$

并且在 S_u 上的位移满足给定位移边界条件：

$$u_i^{(k)}=\bar{u}_i \tag{4.2.3b}$$

以上两种状态是相互独立的，静力可能状态在变形可能状态上做的功为：

体力功：

$$A_f=\int_V f_i^{(s)}u_i^{(k)}\,\mathrm{d}V \tag{4.2.4a}$$

面力功：

$$A_p=\int_S p_i^{(s)}u_i^{(k)}\,\mathrm{d}S=\int_{S_F}\bar{p}_i u^{(k)}\,\mathrm{d}S+\int_{S_u}\sigma_{ij}^{(s)}n_j\,\bar{u}_i\mathrm{d}S=\int_S\sigma_{ij}^{(s)}n_j u_i^{(k)}\,\mathrm{d}S \tag{4.2.4b}$$

应力功：

$$A_\sigma=\int_V\sigma_{ij}^{(s)}\varepsilon_{ij}^{(k)}\,\mathrm{d}V \tag{4.2.4c}$$

由式(4.2.4b)和高斯定理可以得到：

$$A_p=\int_S p_i^{(s)}u_i^{(k)}\,\mathrm{d}S=\int_S\sigma_{ij}^{(s)}n_j u_i^{(k)}\,\mathrm{d}S=\int_V(\sigma_{ij}^{(s)}u_i^{(k)})_{,j}\,\mathrm{d}V=\int_V\sigma_{ij,j}^{(s)}u_i^{(k)}\,\mathrm{d}V+\int_V\sigma_{ij}^{(s)}u_{i,j}^{(k)}\,\mathrm{d}V \tag{4.2.5}$$

由平衡方程式(4.2.1)，上式右端第一项可化为：

$$\int_V\sigma_{ij,j}^{(s)}u_i^{(k)}\,\mathrm{d}V=-\int_V f_i^{(s)}u_i^{(k)}\,\mathrm{d}V=-A_f \tag{4.2.6}$$

由式(4.2.3)和应力的对称性，式(4.2.5)右端第二项可化为：

$$\begin{aligned}\int_V\sigma_{ij}^{(s)}u_{i,j}^{(k)}\,\mathrm{d}V&=\int_V\sigma_{ij}^{(s)}\,\frac{1}{2}(u_{i,j}^{(k)}+u_{i,j}^{(k)})\mathrm{d}V\\&=\int_V\frac{1}{2}(\sigma_{ij}^{(s)}u_{i,j}^{(k)}+\sigma_{ji}^{(s)}u_{j,i}^{(k)})\mathrm{d}V\end{aligned}$$

$$= \int_V \sigma_{ij}^{(s)} \frac{1}{2}(u_{i,j}^{(k)} + u_{j,i}^{(k)})\mathrm{d}V$$

$$= \int_V \sigma_{ij}^{(s)} \varepsilon_{ij}^{(k)} \mathrm{d}V = A_\sigma \tag{4.2.7}$$

综上可以得到**可能功原理**：

$$A_p + A_f = A_\sigma \tag{4.2.8a}$$

即：

$$\int_S p_i^{(s)} u_i^{(k)} \mathrm{d}S + \int_V f_i^{(s)} u_i^{(k)} \mathrm{d}V = \int_V \sigma_{ij}^{(s)} \varepsilon_{ij}^{(k)} \mathrm{d}V \tag{4.2.8b}$$

式(4.2.8)中的左端项是外力所做的功 A_e。当物体受到外力作用时，其内力的方向和应力相反以产生抵抗变形的作用。这样式(4.2.8)中右端的应力功就是内力功 A_i 的负值。即外力可能功和内力可能功之和为零：

$$A_e + A_i = 0 \tag{4.2.9}$$

由可能功原理的推导过程可以看出它反映的是系统的平衡关系，即静力可能状态中的外力和内力构成自平衡力系。自平衡力系在任何变形可能位移上做的功必然为零。

需要指出的是，可能功原理对材料性质没有要求，它适用于线弹性、非线性弹性和弹塑性等材料。但是由于可能功原理的推导过程中使用了小变形几何方程式(4.2.3a)，因此它不能被直接应用于求解大变形问题。在解决大变形问题时，一种常用的方法是将变形过程分为若干小变形阶段，在每个阶段中使用由可能功原理导出的虚位移原理(见 4.2.2.1 节)进行求解。当这些小变形阶段分得足够细时，所得到的结果可以逼近真实解[4]。

4.2.1.2 功的互等定理

将可能功原理应用于线弹性体，并且将静力可能状态和变形可能状态都取为两种真实的状态，就可以得到功的互等定理。

设一个线弹性体受到两种状态的体力和面力分别为 $f_i^{(m)}$ 和 $p_i^{(m)}$，相应的应力和应变分别为 $\sigma_{ij}^{(m)}$ 和 $\varepsilon_{ij}^{(m)}$，而位移为 $u_i^{(m)}$ $(m=1,2)$；应力与应变之间满足广义胡克定理：

$$\sigma_{ij}^{(m)} = C_{ijkl}\varepsilon_{kl}^{(m)},\quad m=1,2,i,j=1,2,3 \tag{4.2.10}$$

把状态(1)作为(s)状态，状态(2)作为(k)状态，则根据可能功原理式(4.2.8b)可得：

$$\int_S p_i^{(1)} u_i^{(2)} \mathrm{d}S + \int_V f_i^{(1)} u_i^{(2)} \mathrm{d}V = \int_V \sigma_{ij}^{(1)} \varepsilon_{ij}^{(2)} \mathrm{d}V \tag{4.2.11}$$

把状态(2)作为(s)状态，状态(1)作为(k)状态，则根据可能功原理式(4.2.8b)可得：

$$\int_S p_i^{(2)} u_i^{(1)} \mathrm{d}S + \int_V f_i^{(2)} u_i^{(1)} \mathrm{d}V = \int_V \sigma_{ij}^{(2)} \varepsilon_{ij}^{(1)} \mathrm{d}V \tag{4.2.12}$$

利用式(4.2.10)并考虑到弹性刚度张量的对称性可得：

$$\sigma_{ij}^{(1)}\varepsilon_{ij}^{(2)} = C_{ijkl}\varepsilon_{kl}^{(1)}\varepsilon_{ij}^{(2)} = C_{klij}\varepsilon_{ij}^{(1)}\varepsilon_{kl}^{(2)} = C_{ijkl}\varepsilon_{kl}^{(2)}\varepsilon_{ij}^{(1)} = \sigma_{ij}^{(2)}\varepsilon_{ij}^{(1)} \tag{4.2.13}$$

这样由式(4.2.11)～式(4.2.13)就可得到**功互等定理**，又称**贝蒂**(E. Betti)**定理**：

$$\int_S p_i^{(1)} u_i^{(2)} \mathrm{d}S + \int_V f_i^{(1)} u_i^{(2)} \mathrm{d}V = \int_S p_i^{(2)} u_i^{(1)} \mathrm{d}S + \int_V f_i^{(2)} u_i^{(1)} \mathrm{d}V \tag{4.2.14}$$

对于线弹性系统[①]，第 i 个自由度上的总位移 Δ_i 可以由各个外力 P_j 在第 i 个自由度上产生的位移叠加得到：

$$\Delta_i = \sum_{j=1}^{n} s_{ij} P_j \tag{4.2.15}$$

其中 s_{ij} 表示当 $P_j=1$ 时，在 i 自由度上引起的位移。一般称 s_{ij} 为**柔度系数**。由功互等定理可知 $s_{ij}=s_{ji}$。

反之，要使线弹性系统第 j 个自由度上产生单位变形，那么就需要在第 i 个自由度上施加 k_{ij} 的力。一般称 k_{ij} 为**刚度系数**。由叠加原理可以得到用位移和刚度系数的组合来表示的外力 P_i：

$$P_i = \sum_{j=1}^{n} k_{ij} \Delta_j \tag{4.2.16}$$

同样的，由功互等定理可知 $k_{ij}=k_{ji}$。

由上面的讨论可知柔度和刚度是两个互逆的概念。随后将会看到，它们在结构分析中具有非常重要的作用。

4.2.2 和应变能相关的能量原理

4.2.2.1 虚位移原理

将可能功原理中的(s)状态取为和真实载荷(体力 f_i 和面力 $\bar{p}_i$)平衡的静力可能状态；把(k)状态取为满足给定位移边界条件的变形可能状态。将式(4.2.8b)对变形可能位移取变分，并认为在位移边界 S_u 上的给定位移的变分为零，就可得到**虚位移原理**，也称**虚功原理**：

$$\int_{S_\sigma} \bar{p}_i \delta u_i \mathrm{d}S + \int_V f_i \delta u_i \mathrm{d}V = \int_V \sigma_{ij} \delta \varepsilon_{ij} \mathrm{d}V \tag{4.2.17}$$

其中 $\delta\varepsilon_{ij}$ 由式(4.1.21)进行计算。

虚位移原理的逆定理也成立，即：对于任意的虚位移场 δu_i，如果有应力场 σ_{ij} 使式(4.2.17)始终成立，那么 σ_{ij} 一定是一个和真实载荷(f_i，$\bar{p}_i$)相平衡的静力可能应力场。其证明如下：

证明*：虚应变的计算公式(4.1.21)和应力的对称性，式(4.2.17)的右端项变为：

$$\begin{aligned}\int_V \sigma_{ij} \delta\varepsilon_{ij} \mathrm{d}V &= \int_V \sigma_{ij} \frac{1}{2}(\delta u_{i,j} + \delta u_{j,i}) \mathrm{d}V \\ &= \int_V \frac{1}{2}(\sigma_{ij} \delta u_{i,j} + \sigma_{ji} \delta u_{i,j}) \mathrm{d}V \\ &= \int_V \sigma_{ij} \delta u_{i,j} \mathrm{d}V \\ &= \int_V (\sigma_{ij} \delta u_i)_{,j} \mathrm{d}V - \int_V \sigma_{ij,j} \delta u_i \mathrm{d}V \end{aligned} \tag{4.2.18}$$

① 以下本节的公式推导中实际上默认该弹性系统的位移边界 S_u 上 $\bar{u}_i=0$。

利用高斯定理，并注意到在给定位移的边界上位移的变分为零，上式变为：

$$\int_V \sigma_{ij}\delta\varepsilon_{ij}\,\mathrm{d}V = \int_{S_\sigma} \sigma_{ij}n_j\delta u_i\,\mathrm{d}V - \int_V \sigma_{ij,j}\delta u_i\,\mathrm{d}V \tag{4.2.19}$$

将式(4.2.19)代入式(4.2.17)得到：

$$\int_V (\sigma_{ij,j} + f_i)\delta u_i\,\mathrm{d}V + \int_{S_\sigma} (\bar{p}_i - \sigma_{ij}n_j)\delta u_i\,\mathrm{d}V = 0 \tag{4.2.20}$$

由于 δu_i 是任意的，所以上式等价于：在域内 $\sigma_{ij,j}+f_i=0$，在力边界上 $\sigma_{ij}n_j=\bar{p}_i$。可见满足虚位移原理就相当于满足了平衡条件和力边界条件。

相对于可能功原理，虚位移原理只是将静力可能状态取为真实状态，并且对变形可能位移进行了变分。这些改动都不涉及材料的性质，因此虚位移原理同样适用于线弹性、非线性弹性和弹塑性等材料。另外虚位移原理也只能适用于小变形情况。

虚位移原理的逆定理常被用来求解结构的位移。即假设几何可能的位移场，用该位移场可计算出对应的几何可能应变并算得"几何可能"应力场；对该位移场进行变分，则满足虚位移原理的那个"几何可能"应力场满足静力学平衡条件，就是结构的真实应力场，该位移场是结构的真实位移。

例 4.1　如图 4.4 所示，平面桁架由两根满足非线性弹性关系的杆件组成。求节点 2 处的位移。

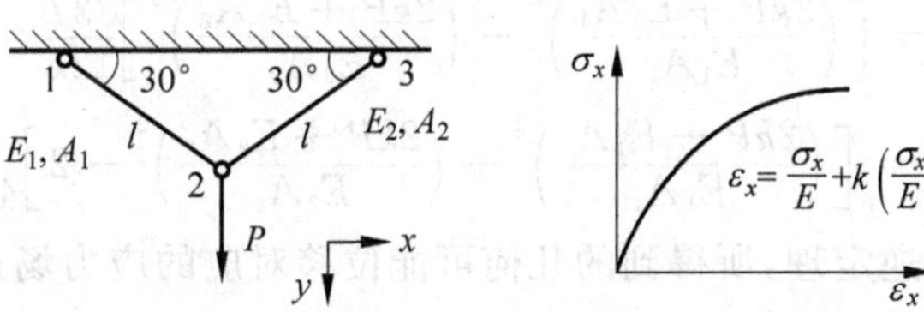

图 4.4　非线性弹性材料制成的平面桁架

解：该结构的几何可能位移场只需用节点 2 在 x 和 y 方向的位移表示，设其分别为 u_x 和 u_y。

由几何关系可算得杆 1—2 的伸长位移为$\frac{1}{2}(\sqrt{3}u_x+u_y)$，拉伸应变为$\frac{1}{2l}(\sqrt{3}u_x+u_y)$；杆 2—3 的伸长位移为$\frac{1}{2}(-\sqrt{3}u_x+u_y)$，拉伸应变为$\frac{1}{2l}(-\sqrt{3}u_x+u_y)$。由弹性关系算得杆 1—2 的拉伸应力为$\frac{E_1}{2k}\left(-1+\sqrt{1+\frac{2k}{l}(\sqrt{3}u_x+u_y)}\right)$；杆 2—3 的拉伸应力为$\frac{E_2}{2k}\left(-1+\sqrt{1+\frac{2k}{l}(-\sqrt{3}u_x+u_y)}\right)$。

令节点 2 有虚位移 δu_x，δu_y，对应杆 1—2 的拉伸应变为$\frac{1}{2l}(\sqrt{3}\delta u_x+\delta u_y)$，杆 2—3 的拉伸应变为$\frac{1}{2l}(-\sqrt{3}\delta u_x+\delta u_y)$。

由式(4.2.17)有：

$$
\begin{aligned}
P\delta u_y &= \frac{E_1}{2k}\left(-1+\sqrt{1+\frac{2k}{l}(\sqrt{3}u_x+u_y)}\right)\frac{\sqrt{3}\,\delta u_x+\delta u_y}{2l}A_1 l \\
&\quad+\frac{E_2}{2k}\left(-1+\sqrt{1+\frac{2k}{l}(-\sqrt{3}u_x+u_y)}\right)\frac{-\sqrt{3}\,\delta u_x+\delta u_y}{2l}A_2 l \\
&=\frac{\sqrt{3}\,\delta u_x}{4k}\left(-E_1A_1+E_2A_2+E_1A_1\sqrt{1+\frac{2k}{l}(\sqrt{3}u_x+u_y)}\right. \\
&\quad\left.-E_2A_2\sqrt{1+\frac{2k}{l}(-\sqrt{3}u_x+u_y)}\right)+\frac{\delta u_y}{4k}\left(-E_1A_1-E_2A_2\right. \\
&\quad\left.+E_1A_1\sqrt{1+\frac{2k}{l}(\sqrt{3}u_x+u_y)}+E_2A_2\sqrt{1+\frac{2k}{l}(-\sqrt{3}u_x+u_y)}\right)
\end{aligned}
$$

由 δu_x 和 δu_y 的任意性可得求解方程：

$$
-E_1A_1+E_2A_2+E_1A_1\sqrt{1+\frac{2k}{l}(\sqrt{3}u_x+u_y)}-E_2A_2\sqrt{1+\frac{2k}{l}(-\sqrt{3}u_x+u_y)}=0
$$

$$
-E_1A_1-E_2A_2+E_1A_1\sqrt{1+\frac{2k}{l}(\sqrt{3}u_x+u_y)}+E_2A_2\sqrt{1+\frac{2k}{l}(-\sqrt{3}u_x+u_y)}=4kP
$$

解之得：

$$
u_x=\left[\left(\frac{2kP+E_1A_1}{E_1A_1}\right)^2-\left(\frac{2kP+E_2A_2}{E_2A_2}\right)^2\right]\frac{\sqrt{3}\,l}{12k}
$$

$$
u_y=\left[\left(\frac{2kP+E_1A_1}{E_1A_1}\right)^2+\left(\frac{2kP+E_2A_2}{E_2A_2}\right)^2-2\right]\frac{l}{4k}
$$

根据虚位移原理的逆定理，所得到的几何可能位移对应的应力场是静力可能应力场，所以该位移是结构的真实位移。

4.2.2.2 最小势能原理

弹性体的应力-应变关系可以由格林公式来描述。将式(4.1.14)代入虚位移原理的式(4.2.17)得到：

$$
\begin{gathered}
\int_{S_\sigma}\bar{p}_i\delta u_i\,\mathrm{d}S+\int_V f_i\delta u_i\,\mathrm{d}V=\int_V\frac{\partial W(\varepsilon_{ij})}{\partial\varepsilon_{ij}}\delta\varepsilon_{ij}\,\mathrm{d}V \\
\int_V\delta W(\varepsilon_{ij})\,\mathrm{d}V-\int_{S_\sigma}\bar{p}_i\delta u_i\,\mathrm{d}S-\int_V f_i\delta u_i\,\mathrm{d}V=0
\end{gathered}
\tag{4.2.21}
$$

在保守系统中，可以认为载荷和物体的变形无关，因此外载荷是有势(保守)的不变力系。由式(4.1.12)可得相应的外力势为：

$$
V=-\int_{S_\sigma}\bar{p}_iu_i\,\mathrm{d}S-\int_V f_iu_i\,\mathrm{d}V \tag{4.2.22}
$$

弹性体的支承系统可以仅考虑给定位移的边界(如果是弹性边界，则可以把弹性支承元件看做是弹性体的一部分)。如果给定位移为零(固支边界)，则弹性体没有给支承系统传递机械能；如果给定位移不为零，则弹性体传递给支承系统的机械能称为**余势**，属于和应变余能相关的能量。

于是由弹性体、载荷系统和支承系统所组成的整个弹性系统的**总势能**就只由弹性体的应变能和外力势组成，记为：

$$\Pi = U + V = \int_V W(\varepsilon_{ij})\mathrm{d}V - \int_{S_\sigma} \bar{p}_i u_i \mathrm{d}S - \int_V f_i u_i \mathrm{d}V \tag{4.2.23}$$

这样，式(4.2.21)就表明：对于弹性系统，在一切变形可能状态中，真实变形状态使系统势能的变分为零，即使系统的势能取极值：

$$\delta \Pi = 0 \tag{4.2.24}$$

反之，由虚位移原理的逆定理可知，在一切变形可能状态中，使系统势能取极值的状态就是真实的变形状态。这就是**势能极值原理**。

对式(4.2.23)求两次变分可以得到：

$$\delta^2 \Pi = \int_V \frac{\partial^2 W(\varepsilon_{ij})}{\partial \varepsilon_{ij}^2}(\delta\varepsilon_{ij})^2 \mathrm{d}V \tag{4.2.25}$$

如果材料的应变能密度函数 W 是凸函数(例如线弹性材料)，则 $\delta^2 \Pi > 0$，相应的势能取最小值。这时的势能极值原理就成为了**最小势能原理**。

由上面的推导可以看出，势能极值原理是虚位移原理对弹性体的应用，故可以代替静力平衡方程和力边界条件。另外由于势能具有明确的物理意义，而且势能极值原理的求解过程也很规范，因此它在结构分析中得到了广泛的应用，常被用于求解结构的位移。

例 4.2　如图 4.5 所示，三根长度为 l 的杆一端固定，另一端连接在一根刚性梁上，且相邻两杆之间的间距相等。请用最小势能原理求解系统整体升温 ΔT 之后各杆件的内力。

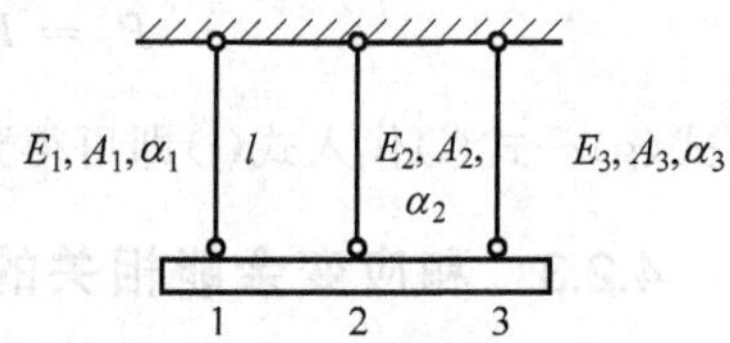

图 4.5　均匀升温的平行杆系

解：设三根杆的伸长量分别为 Δ_1、Δ_2 和 Δ_3。由于这是一个具有一个冗余约束的系统，所以这三个伸长量需要满足一个位移协调条件：

$$2\Delta_2 = \Delta_1 + \Delta_3 \tag{a}$$

这样，整个系统的独立未知量只有两个，可以任意取为 Δ_1 和 Δ_3。

由式(4.1.23b)可以写出系统的应变能：

$$U = \frac{1}{2l}(E_1A_1\Delta_1^2 + E_2A_2\Delta_2^2 + E_3A_3\Delta_3^2) - \Delta T(E_1A_1\alpha_1\Delta_1 + E_2A_2\alpha_2\Delta_2 + E_3A_3\alpha_3\Delta_3) \tag{b}$$

由于没有外力作用，所以将式(a)代入式(b)便可得到系统的总势能：

$$\begin{aligned}\Pi = &\frac{1}{2l}\left[E_1A_1\Delta_1^2 + \frac{E_2A_2}{4}(\Delta_1+\Delta_3)^2 + E_3A_3\Delta_3^2\right] \\ &- \Delta T\left[E_1A_1\alpha_1\Delta_1 + \frac{E_2A_2\alpha_2}{2}(\Delta_1+\Delta_3) + E_3A_3\alpha_3\Delta_3\right]\end{aligned} \tag{c}$$

由最小势能原理可得：

$$\delta\Pi = \delta\Delta_1\left\{\frac{1}{l}\left[\left(E_1A_1 + \frac{E_2A_2}{4}\right)\Delta_1 + \frac{E_2A_2}{4}\Delta_3\right] - \Delta T\left(E_1A_1\alpha_1 + \frac{E_2A_2\alpha_2}{2}\right)\right\}$$

$$+\delta\Delta_3\left\{\frac{1}{l}\left[\frac{E_2A_2}{4}\Delta_1+\left(E_3A_3+\frac{E_2A_2}{4}\right)\Delta_3\right]-\Delta T\left(E_3A_3\alpha_3+\frac{E_2A_2\alpha_2}{2}\right)\right\}$$

$$=0 \tag{d}$$

再由 $\delta\Delta_1$ 和 $\delta\Delta_3$ 的任意性可得求解方程：

$$(4E_1A_1+E_2A_2)\Delta_1+E_2A_2\Delta_3=2\Delta T(2E_1A_1\alpha_1+E_2A_2\alpha_2)l \tag{e}$$

$$E_2A_2\Delta_1+(4E_3A_3+E_2A_2)\Delta_3=2\Delta T(2E_3A_3\alpha_3+E_2A_2\alpha_2)l \tag{f}$$

解之得：

$$\Delta_1=\frac{\Delta Tl[E_1A_1\alpha_1(4E_3A_3+E_2A_2)+E_2A_2E_3A_3(2\alpha_2-\alpha_3)]}{E_1A_1(4E_3A_3+E_2A_2)+E_2A_2E_3A_3} \tag{g}$$

$$\Delta_3=\frac{\Delta Tl[E_1A_1\alpha_1(4E_1A_1+E_2A_2)+E_1A_1E_2A_2(2\alpha_2-\alpha_1)]}{E_1A_1(4E_3A_3+E_2A_2)+E_2A_2E_3A_3} \tag{h}$$

由式(a)、式(g)和式(h)可得到：

$$\Delta_2=\frac{\Delta Tl\left[E_1A_1\alpha_1\left(2E_1A_1+\frac{1}{2}E_2A_2+2E_3A_3\right)+E_2A_2\alpha_2(E_1A_1+E_3A_3)-\frac{1}{2}E_2A_2E_3A_3\alpha_3\right]}{E_1A_1(4E_3A_3+E_2A_2)+E_2A_2E_3A_3} \tag{i}$$

各杆的内力可以直接通过本构关系得到：

$$P_i=E_iA_i\left(\frac{\Delta_i}{l}-\alpha_i\Delta T\right),\quad i=1,2,3 \tag{j}$$

将式(g)～式(i)代入式(j)即可得到各杆的内力。

4.2.3 和应变余能相关的能量原理

4.2.3.1 余虚功原理

将可能功原理中的(s)状态取为和真实载荷(体力 f_i 和面力$\bar{p}_i$)平衡的静力可能状态；把(k)状态取为满足给定位移边界条件的变形可能状态。将式(4.2.8b)对静力可能状态的力和应力取变分，并认为在力边界 S_σ 上的给定面力的变分为零，另外在域内体力的变分也为零，这样就得到**余虚功原理**：

$$\int_{S_u}\bar{u}_i\delta p_i\,\mathrm{d}S=\int_V\varepsilon_{ij}\,\delta\sigma_{ij}\,\mathrm{d}V \tag{4.2.26}$$

余虚功原理的逆定理也成立。即：对于任意的虚应力场($\delta p_i,\delta\sigma_{ij}$)。有应变场使式(4.2.26)始终成立，那么该应变场一定对应了几何可能的变形状态。其证明方法如下：

证明*：因为虚应力场是静力可能应力场的变分，所以有：

在域内：

$$\delta\sigma_{ij,j}=0 \tag{4.2.27}$$

在力边界 S_σ 上：

$$\delta\sigma_{ij}n_j=0 \tag{4.2.28}$$

将式(4.2.27)和式(4.2.28)代入式(4.2.26)中，并引入拉格朗日乘子 λ_i^1 和 λ_i^2($i=1,2,3$)，

得到：

$$\int_V(\varepsilon_{ij}\delta\sigma_{ij}+\lambda_i^1\delta\sigma_{ij,j})\mathrm{d}V-\int_{S_u}\bar{u}_i\delta p_i\mathrm{d}S-\int_{S_\sigma}\lambda_i^2\delta\sigma_{ij}n_j\mathrm{d}S=0 \tag{4.2.29}$$

利用高斯公式和应力分量的对称性，上式变为：

$$\int_V[\varepsilon_{ij}\delta\sigma_{ij}+(\lambda_i^1\delta\sigma_{ij})_{,j}-\lambda_{i,j}^1\delta\sigma_{ij}]\mathrm{d}V-\int_{S_u}\bar{u}_i\delta p_i\mathrm{d}S-\int_{S_\sigma}\lambda_i^2\delta p_i\mathrm{d}S=0$$

$$\int_V\left[\varepsilon_{ij}\delta\sigma_{ij}-\frac{1}{2}(\lambda_{i,j}^1+\lambda_{i,j}^1)\delta\sigma_{ij}\right]\mathrm{d}V+\int_{S_u+S_\sigma}\lambda_i^1\delta\sigma_{ij}n_j\mathrm{d}S-\int_{S_u}\bar{u}_i\delta p_i\mathrm{d}S-\int_{S_\sigma}\lambda_i^2\delta p_i\mathrm{d}S=0$$

$$\int_V\left[\varepsilon_{ij}\delta\sigma_{ij}-\frac{1}{2}(\lambda_{i,j}^1\delta\sigma_{ij}+\lambda_{j,i}^1\delta\sigma_{ji})\right]\mathrm{d}V+\int_{S_u+S_\sigma}\lambda_i^1\delta p_i\mathrm{d}S-\int_{S_u}\bar{u}_i\delta p_i\mathrm{d}S-\int_{S_\sigma}\lambda_i^2\delta p_i\mathrm{d}S=0$$

$$\int_V\left[\varepsilon_{ij}-\frac{1}{2}(\lambda_{i,j}^1+\lambda_{j,i}^1)\right]\delta\sigma_{ij}\mathrm{d}V+\int_{S_u}(\lambda_i^1-\bar{u}_i)\delta p_i\mathrm{d}S+\int_{S_\sigma}(\lambda_i^1-\lambda_i^2)\delta p_i\mathrm{d}S=0$$

由 $\delta\sigma_{ij}$ 和 δp_i 的任意性可知：对于满足(4.2.26)的应变场 ε_{ij}，必定存在一组三个函数 $\lambda_i^1=\lambda_i^2(i=1,2,3)$，使得在域内处处满足 $\frac{1}{2}(\lambda_{i,j}^1+\lambda_{j,i}^1)=\varepsilon_{ij}$，在 S_u 上 $\lambda_i^1=\lambda_i^2=\bar{u}_i$，从而可知该组函数就是对应于该应变场 ε_{ij} 的位移分量 u_i，且满足给定的位移边界条件。可见满足余虚功原理的应变场等价于该应变场是几何可能变形状态。

相对于可能功原理，余虚功原理只是将变形可能状态取为真实状态，并且对静力可能应力进行了变分。这些改动都不涉及材料的性质，因此余虚功原理同样适用于线弹性、非线性弹性和弹塑性等材料。另外余虚功原理也只能适用于小变形情况。

余虚功原理的逆定理常被用来求解静不定结构的广义力。即假设一组静力可能的应力场，用该组应力场可计算出对应的应变场；对该组应力场进行变分，满足余虚功原理的那个静力可能应力场所对应的应变是几何可能的，所以该组应力场是结构的真实应力场。

例 4.3 用余虚功原理求解例 4.2 中的问题。

解：设三根杆的拉力分别为 T_1、T_2 和 T_3。由于这是一个具有一个冗余约束的系统，所以这三个力需要满足力和力矩的平衡条件：

$$T_1+T_2+T_3=0 \tag{a}$$

$$T_1=T_3 \tag{b}$$

这样，整个系统的独立未知量只有一个，可以任意取为 T_2。

三根杆的应力为：

$$\sigma_i=\frac{T_i}{A_i},\quad i=1,2,3 \tag{c}$$

将式(a)和式(b)代入式(c)得：

$$\sigma_1=-\frac{T_2}{2A_1},\quad \sigma_2=\frac{T_2}{A_2},\quad \sigma_3=-\frac{T_2}{2A_3} \tag{d}$$

利用弹性关系求静力可能应力对应的变形，三根杆的应变为：

$$\varepsilon_i=\frac{\sigma_i}{E_i}+\alpha_i\Delta T,\quad i=1,2,3 \tag{e}$$

将式(c)和式(d)代入式(e)得：

$$\varepsilon_1 = -\frac{T_2}{2E_1A_1} + \alpha_1\Delta T,\quad \varepsilon_2 = \frac{T_2}{E_2A_2} + \alpha_2\Delta T,\quad \varepsilon_3 = -\frac{T_2}{2E_3A_3} + \alpha_3\Delta T \tag{f}$$

因为 S_u 上给定位移为零，所以将式(d)和式(f)代入余虚功原理的式(4.2.26)得到：

$$lA_1\varepsilon_1\delta\sigma_1 + lA_2\varepsilon_2\delta\sigma_2 + lA_3\varepsilon_3\delta\sigma_3 = 0$$

$$\left[\left(-\frac{1}{2E_1A_1} - \frac{2}{E_2A_2} - \frac{1}{2E_3A_3}\right)T_2 + (\alpha_1 - 2\alpha_2 + \alpha_3)\Delta T\right]\delta T_2 = 0 \tag{g}$$

使余虚功原理成立的静力可能应力场所对应的应变场必定是几何可能变形，所以是真实解。由 δT_2 的任意性可得求解方程：

$$\left(-\frac{1}{2E_1A_1} - \frac{2}{E_2A_2} - \frac{1}{2E_3A_3}\right)T_2 + (\alpha_1 - 2\alpha_2 + \alpha_3)\Delta T = 0$$

解之得：

$$T_2 = \frac{(\alpha_1 - 2\alpha_2 + \alpha_3)\Delta T}{\dfrac{1}{2E_1A_1} + \dfrac{2}{E_2A_2} + \dfrac{1}{2E_3A_3}}$$

将上式代入式(a)和式(b)得到：

$$T_1 = T_3 = -\frac{(\alpha_1 - 2\alpha_2 + \alpha_3)\Delta T}{\dfrac{1}{E_1A_1} + \dfrac{4}{E_2A_2} + \dfrac{1}{E_3A_3}} \tag{h}$$

不难验证，本题的结果与例 4.2 的结果是完全一致的。但本题的求解过程却比例 4.2 简单。可见当需要求解结构的广义力的时候，用余虚功原理比较方便。

4.2.3.2 最小余能原理

弹性体的应力-应变关系也可以由逆弹性关系来描述。将式(4.1.17)代入余虚功原理的式(4.2.26)得到：

$$\int_{S_u} \bar{u}_i \delta p_i \mathrm{d}S = \int_V \frac{\partial W_c(\sigma_{ij})}{\partial \sigma_{ij}} \delta\sigma_{ij} \mathrm{d}V$$

$$\int_V \delta W_c(\sigma_{ij}) \mathrm{d}V - \int_{S_u} \bar{u}_i \delta p_i \mathrm{d}S = 0 \tag{4.2.30}$$

正如 4.2.2.2 节所述，支座反力在给定位移上做的功的负值 $-\int_{S_u} \bar{u}_i p_i \mathrm{d}S$ 称为余势 V_c。由弹性体、载荷系统和支承系统所组成的整个弹性系统的**总余能**就由弹性体的应变余能和支承系统的余势组成，记为：

$$\Pi_c = U_c + V_c = \int_V W_c(\sigma_{ij}) \mathrm{d}V - \int_{S_u} p_i \bar{u}_i \mathrm{d}S \tag{4.2.31}$$

式(4.2.30)表明，对于弹性系统，在一切静力可能状态中，真实状态使系统余能的变分为零，即使系统的余能取极值：

$$\delta\Pi_c = 0 \tag{4.2.32}$$

反之，由余虚功原理的逆定理可知，在一切静力可能状态中，使系统余能取极值的状态就是真实的应力状态。这就是**余能极值原理**。

对式(4.2.31)求两次变分可以得到：

$$\delta^2 \Pi_c = \int_V \frac{\partial^2 W_c(\sigma_{ij})}{\partial \sigma_{ij}^2} (\delta\sigma_{ij})^2 \mathrm{d}V \tag{4.2.33}$$

如果材料的应变余能密度函数 W_c 是凸函数(例如线弹性材料的余能密度)，则 $\delta^2 \Pi_c > 0$，相应的余能取最小值。这时，余能极值原理就成为**最小余能原理**。

由上面的推导可以看出，余能极值原理是余虚功原理对弹性体的应用，故可以代替应变协调方程和位移边界条件。另外由于余能具有明确的物理意义，而且余能极值原理的求解过程也很规范，因此它在结构分析中也得到了广泛的应用，常被用于求解结构的广义力(参见例 2.14 和例 2.15)。

4.2.3.3 单位载荷法

当需要求结构某一点的位移时，如果这点是真实载荷作用点，那么可以用虚位移原理或势能极值原理方便地求解；如果这点不是真实载荷作用点，那么可以用从虚位移原理或势能极值原理中得到的应变进行积分得到，但这样做通常非常困难。下面介绍一个可以计算结构任意一点位移的简单方法。

对于某个已知受到给定载荷的结构，如果其给定位移的边界 S_u 上处处 $\bar{u}_i = 0$；欲求结构中某一点处某个方向的位移 Δ，则可以在该点处沿该方向施加一个虚力 δP，则余虚功原理的式(4.2.26)可以被改写为：

$$\Delta \delta P = \int_V \varepsilon_{ij} \delta\sigma_{ij} \mathrm{d}V \tag{4.2.34}$$

上式中的 $\delta\sigma_{ij}$ 是由 δP 产生的虚应力，可以表示为 δP 的函数 $\delta\sigma_{ij}(\delta P)$。$\Delta$ 是要求解在 δP 作用方向上的原结构的真实位移，ε_{ij} 是相应的真实应变。

对于静定结构，$\delta\sigma_{ij}$ 和真实应变 ε_{ij} 都比较容易计算，这样由式(4.2.34)就可以很方便地得到真实位移 Δ。对于线弹性体，可以不失一般性地将式(4.2.34)中的 δP 取为单位载荷，从而得到**单位载荷法**。在 4.3 节中我们将要看到，单位载荷法是分析静不定结构的力法的基础。

例 4.4 如图 4.6 所示桁架，所有杆件的弹性模量为 E，横截面积为 A。求节点 4 和节点 3、4 中间的点在竖直向下方向的位移。

解：在节点 4 上加竖直向下的单位载荷，由式(4.2.34)可知该点的竖直位移为：

$$\Delta_4 = \sum_e \frac{T_P^e T_4^e l^e}{EA} \tag{a}$$

其中 T_P^e 和 T_4^e 分别代表载荷 P 和单位载荷在杆件 e 中产生的内力，l^e 是杆件 e 的长度。由于桁架是静定结构，T_P^e 和 T_4^e 不难由力的平衡关系得到。由表 4.1 中的数据可以算出

$$\Delta_4 = \frac{l}{EA}(2P + 2P\sqrt{2}) = \frac{2lP}{EA}(1+\sqrt{2})。$$

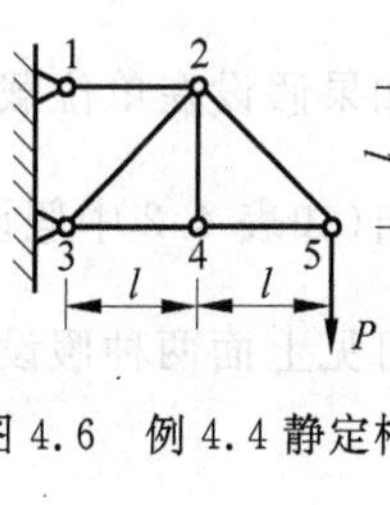

图 4.6 例 4.4 静定桁架

表 4.1 例 4.4(图 4.6)中各杆件的内力

杆件 e	杆长 l^e	T_P^e	T_4^e	T_{34}^e
1—2	l	$2P$	1	1/2
2—3	$\sqrt{2}l$	$-\sqrt{2}P$	$-\sqrt{2}$	$-\sqrt{2}/2$
2—4	l	0	1	1/2
2—5	$\sqrt{2}l$	$\sqrt{2}P$	0	0
3—4	l	$-P$	0	0
4—5	l	$-P$	0	0

同样的，可在节点 3、4 的中间点上加竖直向下的单位载荷，由公式

$$\Delta_{34} = \sum_e \frac{T_P^e T_{34}^e l^e}{EA} \tag{b}$$

计算该处的竖直位移。由于桁架的杆件不承受弯矩，因此可将该处的单位载荷等效到 3、4 节点上。不难看出，这时各杆件的内力等于只在节点 4 上加 $\frac{1}{2}$ 载荷时产生的内力(见表 4.1)。这样就可以得到：$\Delta_{34}=\frac{1}{2}\Delta_4=\frac{lP}{EA}(1+\sqrt{2})$。

例 4.5 如图 4.7 所示桁架，所有杆件的弹性模量为 E，横截面积为 A，并且已知外载荷 P 作用下各杆件的内力(如表 4.2 所示)。求节点 2 在竖直向下方向的位移。

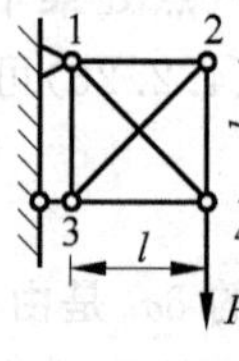

图 4.7 例 4.5 静不定桁架

解：在节点 2 上加竖直向下的单位载荷，由式(4.2.34)可以很容易地得到计算该点的竖直位移的公式：

$$\Delta_2 = \sum_e \frac{T_P^e T_2^e l^e}{EA} \tag{a}$$

由于这是一个静不定结构，所以不能很方便地计算由单位载荷产生的各杆的内力。其实由于单位载荷和由它产生的内力本身构成一组自平衡力系，因此它们在任何变形可能的状态上所做的功都为零。也就是说，只要 δP 和 $\delta\sigma_{ij}(\delta P)$ 是自平衡的，那么式(4.2.34)都成立。

如果假设在单位载荷作用下杆 2—3 中的内力为零，其余杆中的内力可以由静力平衡关系求出(如表 4.2 中假设 1 所示)。这时就得到 $\Delta_2=\frac{3\sqrt{2}+5}{2(1+\sqrt{2})}\frac{lP}{EA}$。

如果假设在单位载荷作用下杆 2—4 中的内力为零，其余杆中的内力可以由静力平衡关系求出(如表 4.2 中假设 2 所示)。这时就得到 $\Delta_2=\frac{3\sqrt{2}+5}{2(1+\sqrt{2})}\frac{lP}{EA}$。

可见上面两种假设得到的结果是相同的。

表 4.2 例 4.5(图 4.7)中各杆件的内力

杆件 e	杆长 l^e	T_P^e	T_2^e(假设 1)	T_2^e(假设 2)
1—2	l	$\frac{2\sqrt{2}+1}{4(1+\sqrt{2})}P$	0	1
1—3	l	$\frac{2\sqrt{2}+1}{4(1+\sqrt{2})}P$	0	1
1—4	$\sqrt{2}l$	$\frac{3\sqrt{2}+4}{4(1+\sqrt{2})}P$	$\sqrt{2}$	0
2—3	$\sqrt{2}l$	$-\frac{\sqrt{2}+4}{4(1+\sqrt{2})}P$	0	$-\sqrt{2}$
2—4	l	$\frac{2\sqrt{2}+1}{4(1+\sqrt{2})}P$	-1	0
3—4	l	$-\frac{2\sqrt{2}+3}{4(1+\sqrt{2})}P$	-1	0

例 4.6 如图 4.8(a)所示闭口薄壁矩形盒段在扭矩 m 的作用下,其支柱 1—4 和 2—3 的相对转角。假设两端隔框 1—2—3—4 和 5—6—7—8 是绝对刚硬的,板壁的剪切模量为 G,厚度均为 δ。

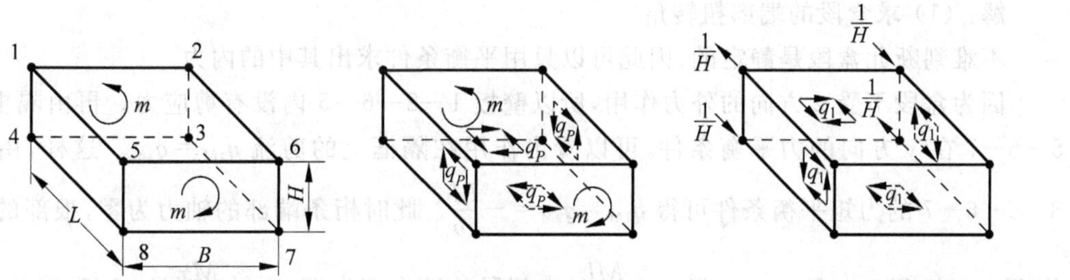

图 4.8 受扭的盒段

解:在扭矩 m 的作用下各壁板内的剪流如图 4.8(b)所示,不难求出 $q_P=\frac{-m}{2HB}$。而各纵向杆的内力均为零。

为了求相对转角,需要在支柱 1—4 和 2—3 上加两个方向相反的单位力矩,如图 4.8(c)所示。这样,各壁板的剪流均为 $q_1=\frac{-1}{2HL}$。

应用单位载荷法,可得所求的相对转角为:

$$\Delta_\theta=-2\frac{q_Pq_1}{G\delta}LH+2\frac{q_Pq_1}{G\delta}LB$$

$$=\frac{m}{2G\delta}\left(\frac{1}{H^2}-\frac{1}{HB}\right)$$

可见相对转角和盒段的长度 L 无关，而且当 $H=B$ 时，相对转角为零，无翘曲。

例 4.7 图 4.9(a)所示开口盒段，桁条的横截面积 $A=5\times10^{-4}\,\mathrm{m}^2$，壁板厚度 $h=2\mathrm{mm}$，盒段长 $L=3\mathrm{m}$，高 $a=0.2\mathrm{m}$，宽 $b=1\mathrm{m}$。桁条和壁板都由硬铝制成，其弹性模量 $E=70\mathrm{GPa}$，剪切模量 $G=26.5\mathrm{GPa}$，并假设隔框是绝对刚硬的。试求在 $M=1\times10^4\,\mathrm{Nm}$ 扭矩的作用下：

(1) 盒段端部的扭转角；

(2) 将结果和习题 2.14 的结果进行比较，由此说明杆板模型和开口薄壁杆模型的差异。

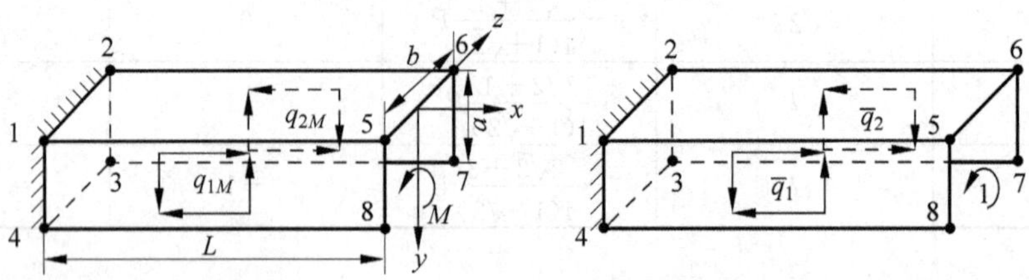

(a) 盒段在扭矩M作用下壁板中剪流　(b) 盒段在单位扭矩作用下壁板中剪流

图 4.9 例 4.7 加筋开口盒段的约束扭转

解：(1) 求盒段的端部扭转角

不难判断此盒段是静定的，因此可以只用平衡条件求出其中的内力。

因为盒段不受 z 方向的外力作用，所以壁板 1—2—6—5 内没有剪应力。再由隔框 8—5—6—7 在 y 方向的力平衡条件，可以看出作用在隔框上的剪流 $q_{1M}=q_{2M}$。这样，由隔框 8—5—6—7 的力矩平衡条件可得 $q_{1M}=q_{2M}=-\dfrac{M}{ab}$。此时桁条端部的轴力为零，根部的轴力为 $T_{1-5}=-T_{2-6}=T_{3-7}=-T_{4-8}=\dfrac{ML}{ab}$，中间段的轴力记为 $T_{iM}=\pm\dfrac{Mx}{ab}(i=1,2,3,4)$。

为了求端部扭转角，可在端部施加单位力矩，如图 4.9(b)所示。这样，剪流均为 $\bar{q}_1=\bar{q}_2=-\dfrac{1}{ab}$。对应的桁条端部的轴力为零，根部的轴力为 $\overline{T}_{1-5}=-\overline{T}_{2-6}=\overline{T}_{3-7}=-\overline{T}_{4-8}=\dfrac{L}{ab}$，中间段的轴力记为 $\overline{T}_i=\pm\dfrac{x}{ab}(i=1,2,3,4)$。

应用单位载荷法，可得盒段端部扭转角为：

$$\begin{aligned}\theta &= \sum_{i=1}^{4}\int_0^L \frac{T_{iM}}{EA}\overline{T}_i\,\mathrm{d}x+\sum_{i=1}^{2}\frac{q_{iM}}{Gh}\bar{q}_iLa \\ &= 4\int_0^L \frac{M}{EAa^2b^2}x^2\,\mathrm{d}x+2\frac{MLa}{Gha^2b^2} \\ &= \frac{4ML^3}{3EAa^2b^2}+2\frac{ML}{Ghab^2} \\ &\approx 0.263(\mathrm{rad})\end{aligned}\tag{a}$$

(2) 和习题 2.14 比较

在习题 2.14 中,采用开口薄壁杆约束扭转理论得到的盒段端部扭转角是 0.183rad,可见杆板模型的刚度要小于开口薄壁杆模型。这是因为杆板模型认为蒙皮只受剪应力作用,完全没有考虑蒙皮对正应力的承受能力。

为了对杆板模型的结果进行修正,常用等效面积的方法。即,为了考虑蒙皮承受正应力的能力,可以采用图 2.49 所示的方法将蒙皮的面积等效到桁条中。这样,计算时就用桁条的等效面积$\widetilde{A}=A+\frac{a}{2}h=7\times10^{-4}(\mathrm{m}^2)$来替换上面公式(a)中的桁条实际面积 A,得到 $\tilde{\theta}=\frac{4ML^3}{3E\widetilde{A}a^2b^2}+2\frac{ML}{Ghab^2}\approx0.189(\mathrm{rad})$。此结果和开口薄壁梁约束扭转理论得到结果就十分相近了。

由上面的分析可以看出,对于这种具有大开口的薄壁结构,为了保证它有足够的抗扭刚度,必须增加其两侧壁板的刚度。这就是为什么机身(见图 4.10)和机翼大开口处都要做得特别刚硬的原因。

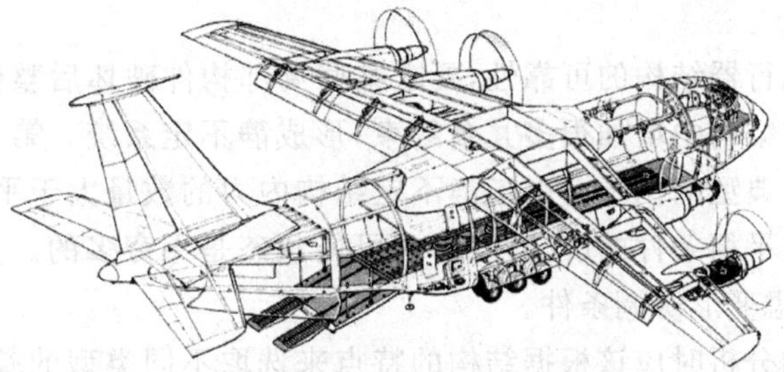

图 4.10 机身后部的大开口结构

例 4.8 图 4.11(a)所示刚架水平梁的厚度为 d,热膨胀系数为 α,其上、下表面有非均匀温升。试求其端部 3 点处的挠度。

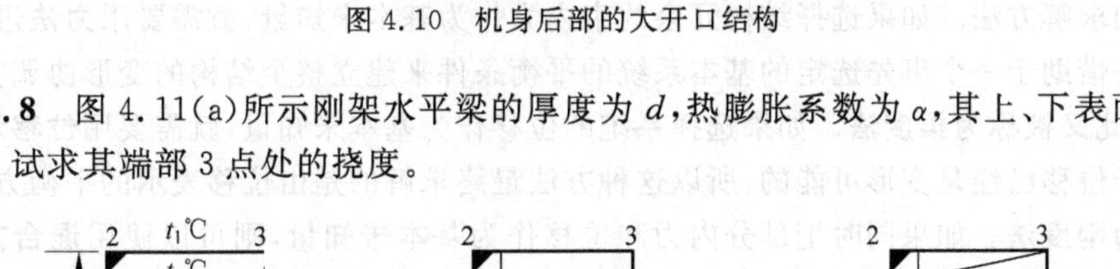

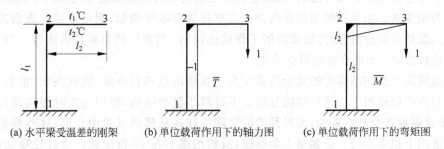

(a) 水平梁受温差的刚架 (b) 单位载荷作用下的轴力图 (c) 单位载荷作用下的弯矩图

图 4.11 内部有非均匀温升的平面刚架

解: 不难判断此刚架是静定的,因此可以只用平衡条件求出其中的内力。

在水平梁 2—3 上、下表面有非均匀温升时,其轴向的温度应变为 $\varepsilon_{2-3}^T=\alpha\frac{t_1+t_2}{2}$,由温

度变化引起的单位长度的转角为 $\theta_{2-3}^T=\alpha\dfrac{t_1-t_2}{d}$。由于梁 1—2 中没有温度变化，所以 $\varepsilon_{1-2}^T=0,\theta_{1-2}^T=0$。

在端部 3 处施加竖直向下的单位载荷，容易求出其中的轴力 $\overline{N}$ 和弯矩 $\overline{M}$，其分布图分别画在图 4.11(b)和(c)中。

于是可以用单位载荷法求端部 3 处的挠度：

$$\begin{aligned}\Delta&=\int_0^{l_1}\varepsilon_{1-2}^T\overline{T}_{1-2}\,\mathrm{d}x+\int_0^{l_2}\varepsilon_{2-3}^T\overline{T}_{2-3}\,\mathrm{d}x+\int_0^{l_1}\theta_{1-2}^T\overline{M}_{1-2}\,\mathrm{d}x+\int_0^{l_2}\theta_{2-3}^T\overline{M}_{2-3}\,\mathrm{d}x\\&=\int_0^{l_2}\alpha\frac{t_1-t_2}{d}x\,\mathrm{d}x\\&=\alpha\frac{t_1-t_2}{2d}l_2^2\end{aligned}$$

4.3 静不定结构的分析[5~9]

为了保证实际飞行器结构的可靠性，要求某些局部构件破坏后整体结构仍然是几何不变的。这样就需要在结构中增加很多冗余约束，形成静不定系统。第 1 章中介绍的惠灵顿轰炸机结构就是一个典型的例子。由于静不定结构内力的数量大于平衡方程的个数，因此它可以有无穷多满足平衡条件的解，即其静力可能状态是无穷多的。为了求得静不定结构的真实解，还需要考虑变形协调条件。

进行静不定结构分析时应该根据结构的特点来选取不同类型的基本未知量，并由此选择不同的求解方法。如果选择结构冗余约束内力作为基本未知量，就需要用**力法**进行求解。这种方法借助于一个事先选定的基本系统的平衡条件来建立整个结构的变形协调方程进行求解，因此又被称为**柔度法**。如果选择系统的位移作为基本未知量，就需要用**位移法**进行求解。由于位移已经是变形可能的，所以这种方法最终求解的是由位移表示的平衡方程，因此又被称为**刚度法**。如果同时把部分内力和位移作为基本未知量，则可以使用**混合方法**。当系统的冗余约束较少时，用力法求解的工作量比较小；当系统的位移自由度较少时，用位移法求解比较方便；而混合法则很少使用。

一般情况下航空结构中的冗余约束要少于系统的位移自由度，因此在 20 世纪 60 年代以前航空界广泛使用力法进行结构分析。不过对于复杂结构，使用力法时必须进行很多简化，还要合理地选择基本系统，而且其柔度矩阵往往得从模型试验中获得，这些都给航空结构分析造成了很多不便。正如第 1 章所述，虽然纳维尔在 19 世纪就产生过位移法的思想，但是该方法一直到 20 世纪 50 年代中期才由阿吉瑞斯从能量原理出发进行了系统的论证，并采用矩阵的形式进行表述，由此奠定了现代有限单元法的基础。位移法的过程比较规范(不需要选择基本系统)，因此特别适合于被编写成计算机程序。而且将结构离散化之后，使用位移法可以很方便地分析很多复杂问题。由于有这些优点，再加上计算机技术的迅猛发展，位移法迅速地取代力法，成为飞行器结构分析的主要方法。现在的复杂飞行器结构的力学分析已经普遍借助于选用位移作为基本未知量的有限元软件进行。

4.3.1 节和 4.3.2 节将从能量原理出发推导出力法和位移法的一般求解方程，并讲述其物理意义。虽然实际设计中使用的大部分分析软件都是基于位移法的，但是对结构分析的一些本质的理解仍然可以通过学习力法来获得。所以这里仍然使用较多的篇幅来介绍力法，而读者可以通过《有限单元法》课程的学习来获得位移法的一些更深入的知识[4]。希望大家通过学习这些内容来理解力学本质的方法，以便今后能合理地使用甚至开发相应的计算软件。

4.3.1 力法

下面先通过一个简单的例子来说明力法的基本思想。

例 4.9 如图 4.12(a)所示，一端根部固定，另一端被支撑的悬臂梁(抗弯刚度为 EI)受集中载荷 P 作用，求其端部支反力的大小。

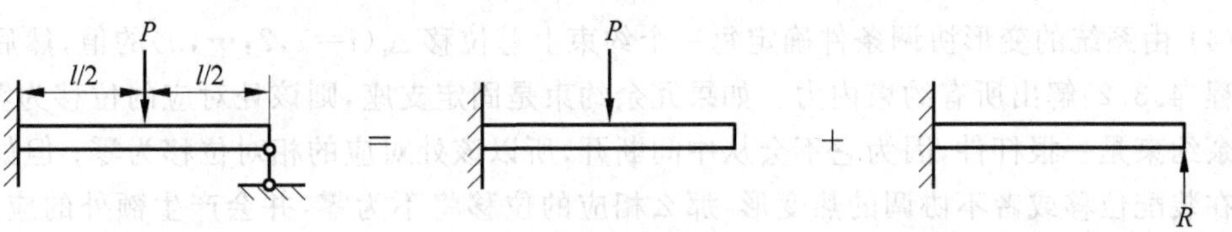

(a) 静不定梁　　(b) 中部受集中载荷的悬臂梁　　(c) 自由端受支承力的悬臂梁

图 4.12 中部受集中载荷的静不定梁

解：这是一个一次静不定结构，如果将端部的冗余约束取消而代之以支反力 R 就得到一个静定结构。而静定结构的内力和变形是易于求解的。

因为梁是线弹性材料，所以由叠加原理可知原问题(图 4.12(a))的解可以由图 4.12(b)和(c)两个子问题的解叠加得到。如果考虑梁端部沿 P 作用的方向的总挠度为：

$$\Delta^{(a)} = \Delta^{(b)} + \Delta^{(c)} \tag{a}$$

由单位载荷法可以很容易得到：$\Delta^{(b)} = \dfrac{5Pl^3}{48EI}$，$\Delta^{(c)} = -\dfrac{Rl^3}{3EI}$。将它们代入式(a)中即得：

$$\Delta^{(a)} = \frac{5Pl^3}{48EI} - \frac{Rl^3}{3EI} \tag{b}$$

由于梁的端部受到约束，因此 $\Delta^{(a)} = 0$。由式(b)可立即求出 $R = \dfrac{5P}{16}$。

由上面的例子可见，用力法求解线弹性静不定结构时一般可分为以下四步：

(1) 明确静不定结构中多余约束的个数 n。

(2) 去掉某些冗余约束得到一个易于求解的结构，通常称为“**基本系统**”。将这些冗余约束中的内力 $R_i(i=1,2,\cdots,n)$作为外力加到基本系统上。

(3) 将基本系统中的每组外力(包括原系统所受外力 P 和冗余约束力 $R_i, i=1,2,\cdots,n$)在所有冗余约束处引起的位移进行叠加,得到每个冗余约束处的总位移:

$$\begin{cases}\Delta_{1R_1}+\Delta_{1R_2}+\cdots+\Delta_{1R_n}+\Delta_{1P}=\Delta_1\\ \Delta_{2R_1}+\Delta_{2R_2}+\cdots+\Delta_{2R_n}+\Delta_{2P}=\Delta_2\\ \vdots\\ \Delta_{nR_1}+\Delta_{nR_2}+\cdots+\Delta_{nR_n}+\Delta_{nP}=\Delta_n\end{cases} \tag{4.3.1}$$

由于系统为线弹性,因此 $\Delta_{iR_j}=s_{ij}R_j\,(i=1,2,\cdots,n)$,其中 s_{ij} 是系统的**柔度系数**(参见 4.2.1.2 节)。于是式(4.3.1)可以改写为:

$$\begin{cases}s_{11}R_1+s_{12}R_2+\cdots+s_{1n}R_n+\Delta_{1P}=\Delta_1\\ s_{21}R_1+s_{22}R_2+\cdots+s_{2n}R_n+\Delta_{2P}=\Delta_2\\ \vdots\\ s_{n1}R_1+s_{n2}R_2+\cdots+s_{nn}R_n+\Delta_{nP}=\Delta_n\end{cases} \tag{4.3.2}$$

上式又被称为力法的**正则方程**。

(4) 由系统的变形协调条件确定每一个约束上总位移 $\Delta_i\,(i=1,2,\cdots,n)$ 的值,然后由正则方程(4.3.2)解出所有约束内力。如果冗余约束是固定支座,则该处对应的位移为零;如果冗余约束是一根杆件,因为它不会从中间断开,所以该处对应的相对位移为零;但如果系统存在装配位移或者不协调的热变形,那么相应的位移将不为零,并会产生额外的应力,这和静定系统是不同的。

为进一步说明力法的原理,请看下面的例题:

例 4.10 求图 4.13(a)所示的平面桁架系统中各杆件的内力。设所有杆件具有相同的横截面积 A 和弹性模量 E。

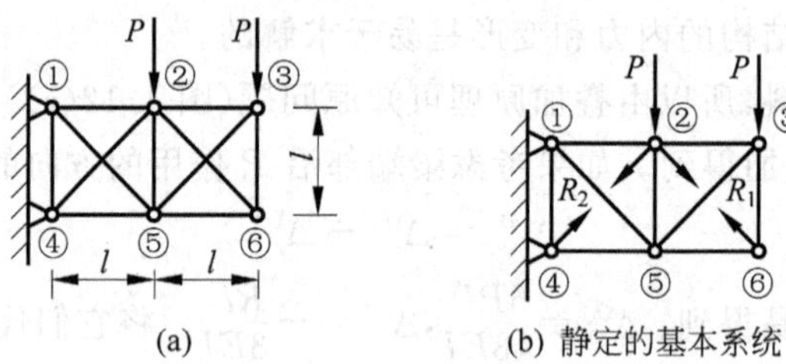

图 4.13 静不定桁架

解:可以看出杆①—④是零力杆,故不予考虑。余下的系统是二次静不定的。如果截断杆②—⑥和杆②—④,并代之以内力 R_1 和 R_2,可得到静定的基本系统(图 4.13(b))。此处位移 Δ_1 和 Δ_2 分别为杆②—⑥和杆②—④上截断处的相对位移。由于杆②—⑥和杆②—④不可能真正断开,所以这两个位移都为零。

可以应用单位载荷法求解外力在杆②—⑥和杆②—④上产生的相对位移以及相应的柔度系数。由式(4.2.34)可知,对本问题,式(4.3.2)中的系数为:

$$\Delta_{iP} = \sum_e \frac{T_P^e T_i^e l^e}{EA}, \quad i = 1,2 \tag{a}$$

$$s_{ij} = \sum_e \frac{T_j^e T_i^e l^e}{EA}, \quad i,j = 1,2 \tag{b}$$

上式中下标 i 和 j 是冗余约束的序号；式(a)中 T_P^e 表示在只有外力 P 作用时第 e 号杆中的内力，T_i^e 表示只有单位约束内力作用时第 e 号杆上的内力；l^e 为第 e 号杆的长度。这些内力(以拉为正)由各节点的平衡方程求得，并列在表 4.3 中。

表 4.3 图 4.13(b)的基本系统中各杆件的内力

杆件 e	l^e	T_P^e	T_1^e	T_2^e
①—②	l	P	0	$-\sqrt{2}/2$
②—③	l	P	$-\sqrt{2}/2$	0
④—⑤	l	$-3P$	0	$-\sqrt{2}/2$
⑤—⑥	l	0	$-\sqrt{2}/2$	0
①—④	l	0	0	0
②—⑤	l	$-P$	$-\sqrt{2}/2$	$-\sqrt{2}/2$
③—⑥	l	0	$-\sqrt{2}/2$	0
⑤—①	$\sqrt{2}l$	$2\sqrt{2}P$	0	1
⑤—③	$\sqrt{2}l$	$-\sqrt{2}P$	1	0
②—⑥	$\sqrt{2}l$	0	1	0
②—④	$\sqrt{2}l$	0	0	1

根据式(a)、式(b)和表 4.3 可以列出如下的正则方程：

$$\frac{l}{EA}\begin{bmatrix} 2+2\sqrt{2} & \frac{1}{2} \\ \frac{1}{2} & \frac{3}{2}+2\sqrt{2} \end{bmatrix}\begin{Bmatrix} R_1 \\ R_2 \end{Bmatrix} = \frac{Pl}{EA}\begin{Bmatrix} 2 \\ -\frac{3}{2}\sqrt{2}-4 \end{Bmatrix} \tag{c}$$

求解方程(c)可得 $R_1 = 0.567P$，$R_2 = -1.480P$。这样再根据叠加原理和表 4.3 可以得到所有杆件上的内力(见表 4.4)

表 4.4 例 4.10(图 4.13)中各杆件的内力

杆件	①—②	②—③	④—⑤	⑤—⑥	①—④	②—⑤
内力 P	2.047	0.599	−1.953	−0.401	0.000	−1.646
杆件	③—⑥	⑤—①	⑤—③	②—⑥	②—④	
内力 P	−0.401	1.348	−0.847	0.567	−1.480	

从以上的例题可以看出，单位载荷法在力法计算中具有很重要的作用。其实作为余虚功原理的一种应用，单位载荷法等效于应变协调方程，因此可以直接由它推出力法正则方程的一般形式。

因为基本系统是线弹性的，所以其中的应力和应变可以表示为原系统外载荷 P 和冗余约束内力 $R_i(i=1,2,\cdots,n)$ 的贡献之和，即：

$$\sigma_{ij}=\sigma_{ij}^{(P)}+\sum_{k=1}^{n}\sigma_{ij}^{R_k}=\sigma_{ij}^{(P)}+\sum_{k=1}^{n}\bar{\sigma}_{ij}^{k}R_k \tag{4.3.3}$$

$$\varepsilon_{ij}=\varepsilon_{ij}^{(P)}+\sum_{k=1}^{n}\varepsilon_{ij}^{R_k}=\varepsilon_{ij}^{(P)}+\sum_{k=1}^{n}\bar{\varepsilon}_{ij}^{k}R_k \tag{4.3.4}$$

上两式中 $\sigma_{ij}^{(P)}$ 和 $\varepsilon_{ij}^{(P)}$ 分别为 P 引起的应力和应变；$\sigma_{ij}^{R_k}$ 和 $\varepsilon_{ij}^{R_k}$ 分别为 R_k 引起的应力和应变；而 $\bar{\sigma}_{ij}^{k}$ 和 $\bar{\varepsilon}_{ij}^{k}$ 分别表示在 R_k 处作用单位载荷时所引起的应力和应变。

将 $\bar{\sigma}_{ij}^{k}$ 和式(4.3.4)代入单位载荷法的公式就得到力法的正则方程：

$$\begin{aligned}\Delta_k&=\int_V\varepsilon_{ij}\bar{\sigma}_{ij}^{k}\,\mathrm{d}V\\&=\int_V\left(\varepsilon_{ij}^{(P)}+\sum_{m=1}^{n}\bar{\varepsilon}_{ij}^{m}R_m\right)\bar{\sigma}_{ij}^{k}\,\mathrm{d}V\\&=\int_V\varepsilon_{ij}^{(P)}\bar{\sigma}_{ij}^{k}\,\mathrm{d}V+\sum_{m=1}^{n}\left(\int_V\bar{\varepsilon}_{ij}^{m}\bar{\sigma}_{ij}^{k}\,\mathrm{d}V\right)R_m,\quad k=1,2,\cdots,n\end{aligned} \tag{4.3.5}$$

对比式(4.3.2)和式(4.3.5)可得：

$$\Delta_{k(P)}=\int_V\varepsilon_{ij}^{(P)}\bar{\sigma}_{ij}^{k}\,\mathrm{d}V,\quad k=1,2,\cdots,n \tag{4.3.6}$$

$$s_{km}=\int_V\bar{\varepsilon}_{ij}^{m}\bar{\sigma}_{ij}^{k}\,\mathrm{d}V,\quad m,k=1,2,\cdots,n \tag{4.3.7}$$

说明：

(1) 由于应用了叠加原理，力法只适用于解决线弹性问题。

(2) 外载荷 P 在基本系统上是一个平衡力系，而所有冗余约束内力构成自平衡力系，故整个静不定系统的静力平衡条件得到满足。正则方程的实质是应变协调方程，其中的广义位移 $\Delta_i(i=1,2,\cdots,n)$ 可根据实际情况设定。如果是支座处的广义位移，则相当于满足位移为零的边界条件；如果广义位移取在冗余约束元件内部，则相当于该元件不破裂条件(广义内力在该处产生的相对位移为零)。

一般地，可将 n 次静不定系统的内力状态看做由 $n+1$ 个平衡状态叠加而成，其中一个状态与外载荷平衡，称为**载荷状态**；其余 n 个状态是自平衡状态。每个自平衡状态 i 包含一个未知的广义力 R_i，$R_i=1$ 的自平衡状态称为**单位状态**。因每个状态都满足平衡条件，其总和也必然满足平衡条件。每个状态可由除去冗余约束后的基本系统求得，并且它们不一定采用同一个基本系统，基本系统也不一定是静定的。由于自平衡状态在任意变形上做的功为零，因此单位载荷法的式(4.2.34)仍然成立。而且只要认为外载荷 P 在冗余约束元件上产生的应力和应变为零，式(4.3.5)中的积分区域就可以统一至整个静不定结构。

如图 4.14 所示，对于该一次静不定系统，其真实状态(a)可以分解成具有相同基本系统的状态(b)和状态(c)。而从平衡的观点来看状态(b)和状态(d)，状态(c)和状态(e)是相同的，即将杆断开相当于假定这根杆的内力为零，在杆的切口上加单位力相当于假定这根杆的内力为1。状态(d)和状态(e)的基本系统是相同的，而且是静不定的。如果将单位状态(e)的内力同时除以$\sqrt{2}$则得到单位状态(g)，只不过未知冗余约束内力必须相应地变为$R_2=\sqrt{2}R_1$，而此时状态(f)和状态(g)的基本系统是不同的。甚至可以将状态(g)叠加到状态(f)上得到新的状态(h)和状态(i)，最后的结果也不会受到影响。

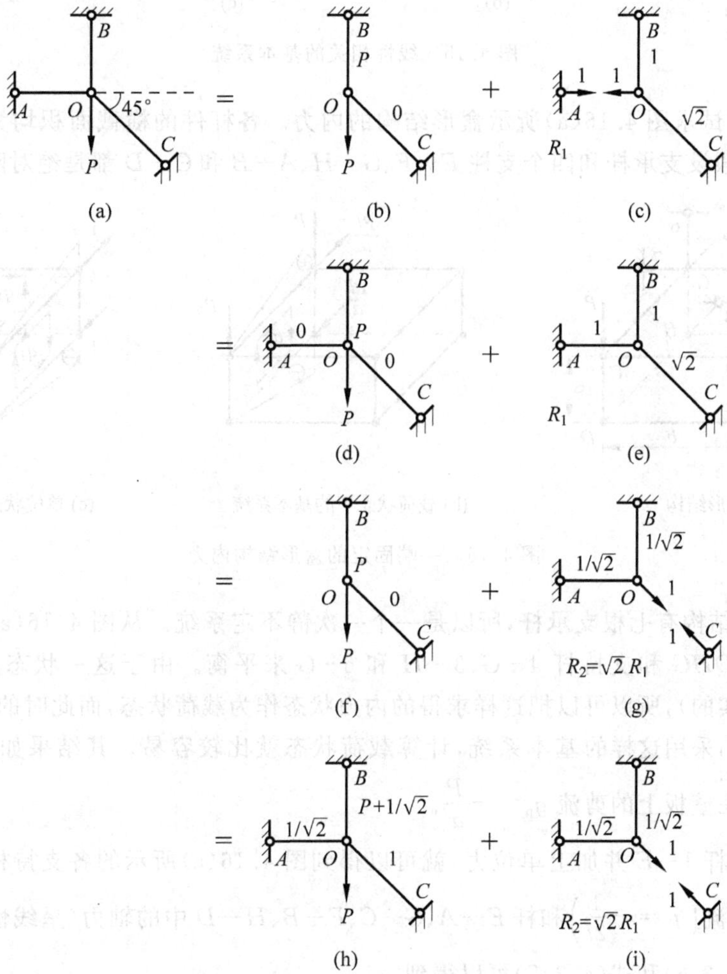

图 4.14　基本系统的不同选取方案

(3) 虽然基本系统的选择可以根据解题方便灵活地选取。但是作为基本未知量的冗余约束内力不能线性相关，否则式(4.3.5)的系数矩阵不是满秩的，有无穷多组解。例如图4.15中状态(c)和状态(d)就是线性相关的，因此不能得到真实状态的解。另外因为零和任意值线性相关，所以零力杆不能作为冗余约束去掉，例如图4.13中的杆①—④。

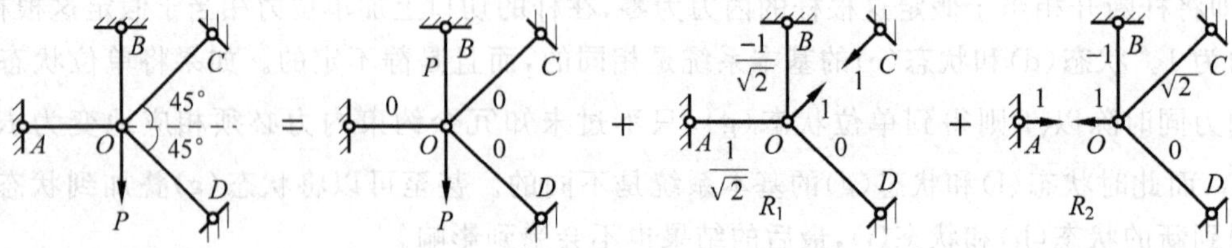

(a) (b) (c) (d)

图 4.15 线性相关的基本系统

例 4.11 试求图 4.16(a)所示盒形结构的内力。各杆件的横截面积均为 f，各壁板的厚度均为 δ。假设支承杆和四个支柱 E—F、G—H、A—B 和 C—D 都是绝对刚硬的。

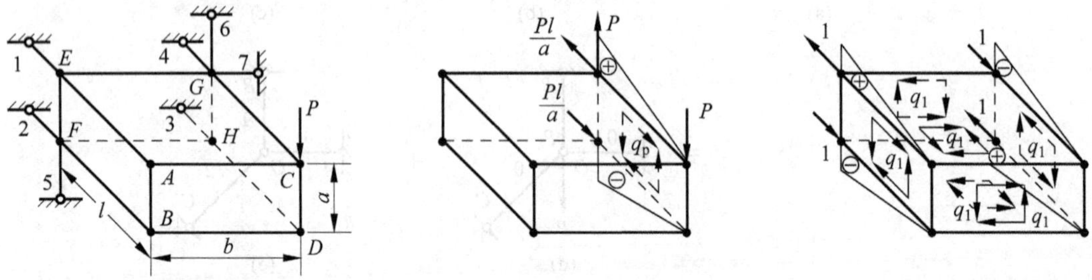

(a) 盒形结构 (b) 载荷状态下的基本系统 (c) 单位状态下的基本系统

图 4.16 一端固定的盒形结构内力

解：由于结构有七根支承杆，所以是一个一次静不定系统。从图 4.16(a)中可见，外力 P 可以由板 $CDHG$ 和支持杆 4—G、3—H 和 6—G 来平衡。由于这一状态是静力可能的(不一定是真实的)，所以可以把这样求得的内力状态作为载荷状态，而此时的基本系统是静不定的。显然，采用这样的基本系统，计算载荷状态就比较容易。其结果如图 4.16(b)所示，其中作用在壁板上的剪流 $q_p=-\dfrac{P}{a}$。

去掉支承杆 1—E 并加上单位力，就可以得到图 4.16(c)所示的各支持杆的反力、作用在壁板上的剪流$\left(q_1=-\dfrac{1}{2l}\right)$和杆 E—A、G—C、F—B、H—D 中的轴力(呈线性分布)。

根据式(4.3.6)和式(4.3.7)可以得到：

$$\Delta_{1p}=-2\int_0^l \frac{1}{Ef}(q_p x)(2q_1 x)\mathrm{d}x-q_p q_1\frac{al}{G\delta}=-\frac{2Pl^2}{3aEf}-\frac{P}{2G\delta} \tag{a}$$

$$s_{11}=4\int_0^l \frac{1}{Ef}(2q_1 x)^2\mathrm{d}x+2q_1 q_1\frac{bl+al+ab}{G\delta}=\frac{4l}{3Ef}+\frac{bl+al+ab}{2l^2 G\delta} \tag{b}$$

由式(a)和式(b)可以建立正则方程并解出冗余约束内力 R_{1E}：

$$s_{11}R_{1E}+\Delta_{1p}=0$$

$$\left(\frac{4l}{3Ef}+\frac{bl+al+ab}{2l^2G\delta}\right)R_{1E}-\frac{2Pl^2}{3aEf}-\frac{P}{2G\delta}=0 \tag{c}$$

$$R_{1E}=\frac{\dfrac{2Pl^2}{3aEf}+\dfrac{P}{2G\delta}}{\dfrac{4l}{3Ef}+\dfrac{bl+al+ab}{2l^2G\delta}}$$

叠加载荷状态和单位状态各内力可得结构的真实内力见表 4.5(杆轴力呈线性分布,表中只列出最大值,最小值为零。剪流方向见图 4.16(b)和(c))。

表 4.5　例 4.11(图 4.16)中各杆件和壁板的内力

杆件	$G—C$	$E—A$	$F—B$	$H—D$	$E—G$	$F—H$	$A—C$	$B—D$
内力(P)	$\frac{Pl}{a}-R_{1E}$	R_{1E}	$-R_{1E}$	$-\frac{Pl}{a}+R_{1E}$	0	0	0	0
板	$GHFE$	$ABDC$	$EACG$	$GCDH$	$HDBF$	$FBAE$		
剪流	q_1R_{1E}	q_1R_{1E}	q_1R_{1E}	$q_p-q_1R_{1E}$	q_1R_{1E}	q_1R_{1E}		

例 4.12　图 4.17(a)所示平面板壁结构中,各杆的横截面积为 A、弹性模量为 E,板的厚度为 t、剪切模量为 G。请用力法求解该结构的内力。

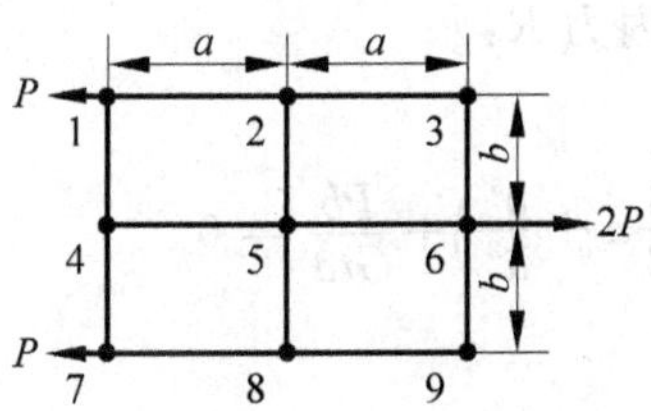

(a) 平面杆板结构

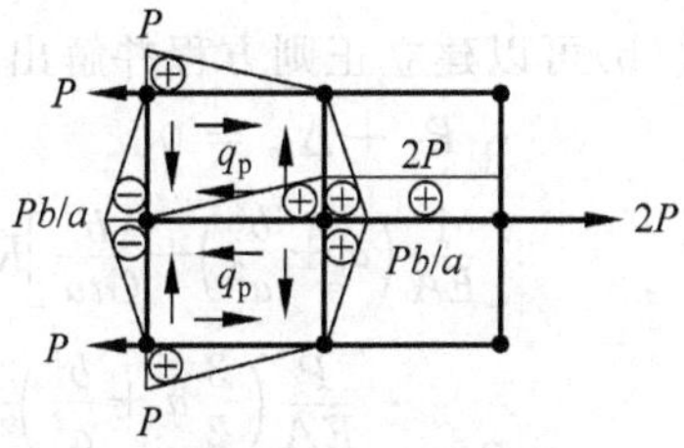

(b) 载荷状态下的基本系统

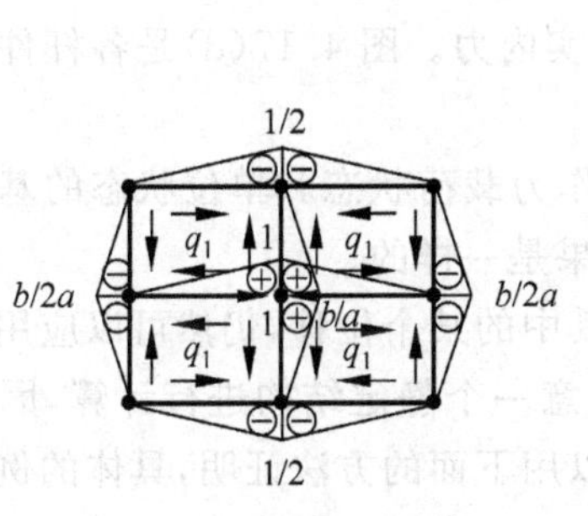

(c) 单位状态受力图

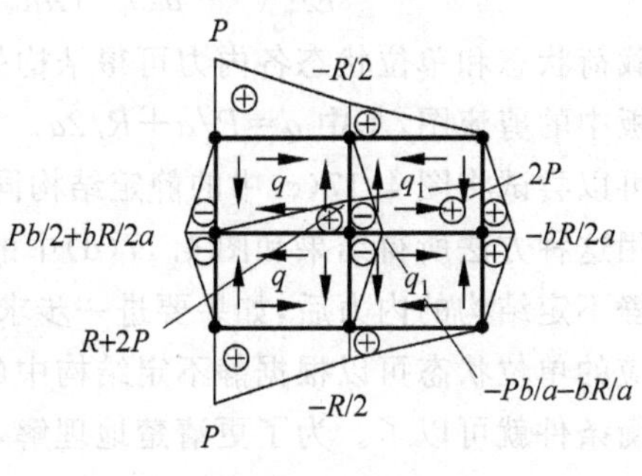

(d) 真实状态内力图

图 4.17　平面杆板结构

解：由于结构有一个内部节点，因此它是一次静不定系统。

选取图 4.17(b)为载荷状态。虽然这是一个静不定结构，但是可以假设外力 $2P$ 只由杆 5—6 的轴力平衡，而杆 2—3、3—6、6—9、8—9 和板 2365、5698 都不受力，这样就可以方便地求得一个可能的平衡状态。由杆 4—5 的平衡条件可得作用到在杆上的剪流 $q_p = P/a$，于是不难画出图 4.17(b)所示的载荷状态受力图。

将杆 4—5 在节点 5 处切开，并施加单位轴力。由杆 4—5 和杆 5—6 的平衡条件可得到各板作用在杆上的剪流均为 $q_1 = 1/2a$。于是可以画出图 4.17(c)所示的单位状态受力图。

根据式(4.3.6)和式(4.3.7)可以得到：

$$\begin{aligned} s_{11} &= \frac{4}{EA}\int_0^a \left(\frac{x}{2a}\right)^2 \mathrm{d}x + \frac{2}{EA}\int_0^a \left(\frac{x}{a}\right)^2 \mathrm{d}x + \frac{4}{EA}\int_0^b \left(\frac{x}{2a}\right)^2 \mathrm{d}x + \frac{2}{EA}\int_0^b \left(\frac{x}{a}\right)^2 \mathrm{d}x + \frac{4ab}{Gt}\left(\frac{1}{2a}\right)^2 \\ &= \frac{1}{EA}\left(a + \frac{b^3}{a^2}\right) + \frac{b}{Gta} \end{aligned} \tag{a}$$

$$\begin{aligned} \Delta_{1p} &= -\frac{2}{EA}\int_0^a \frac{x}{2a}\left(-\frac{x}{a}P + P\right)\mathrm{d}x + \frac{1}{EA}\int_0^a \frac{x}{a}\,\frac{x}{a}2P\,\mathrm{d}x + \frac{1}{EA}\int_0^a \frac{x}{a}2P\,\mathrm{d}x \\ &\quad + \frac{2}{EA}\int_0^b \frac{x}{2a}\,\frac{x}{a}P\,\mathrm{d}x + \frac{2}{EA}\int_0^b \frac{x}{a}\,\frac{x}{a}P\,\mathrm{d}x + \frac{2ab}{Gt}\,\frac{1}{2a}\,\frac{P}{a} \\ &= \frac{P}{EA}\left(\frac{3}{2}a + \frac{b^3}{a^2}\right) + \frac{Pb}{Gta} \end{aligned} \tag{b}$$

由式(a)和式(b)可以建立正则方程并解出冗余约束内力 R：

$$\begin{gathered} s_{11}R_1 + \Delta_{1p} = 0 \\ \left[\frac{1}{EA}\left(a + \frac{b^3}{a^2}\right) + \frac{b}{Gta}\right]R + \frac{P}{EA}\left(\frac{3}{2}a + \frac{b^3}{a^2}\right) + \frac{Pb}{Gta} = 0 \\ R = -\frac{\dfrac{P}{EA}\left(\dfrac{3}{2}a + \dfrac{b^3}{a^2}\right) + \dfrac{Pb}{Gta}}{\dfrac{1}{EA}\left(a + \dfrac{b^3}{a^2}\right) + \dfrac{b}{Gta}} \end{gathered} \tag{c}$$

叠加载荷状态和单位状态各内力可得结构的真实内力。图 4.17(d)是各杆件的轴力分布图和各板中的剪流图，其中 $q = P/a + R/2a$。

读者可以尝试将图 4.17(c)中的静定结构同时作为载荷状态和单位状态的基本系统进行求解。用这种方法所得结果和图 4.17(d)中的结果是一样的。

得到静不定结构的内力后，如果要进一步求解其中的某个位移，仍然可以应用单位载荷法。而相应的单位状态可以根据静不定结构中的任意一个静定结构进行计算，因为它只需要满足平衡条件就可以了。为了更清楚地理解，可以用下面的方法证明，具体的例题可以参看例 4.5。

证明：静不定结构的真实应变可以由式(4.3.4)表示。而单位载荷所对应的单位状态的应力 $\bar{\sigma}_{ij}$ 为：

$$\bar{\sigma}_{ij}=\sigma_{ij}^{1}+\sum_{k=1}^{n}\bar{\sigma}_{ij}^{k}R_{k}\tag{4.3.8}$$

其中 σ_{ij}^{1} 表示单位载荷在静定结构上产生的应力。将式(4.3.4)和式(4.3.8)代入单位载荷法的公式就可以得到所求的位移：

$$\Delta=\int_{V}\varepsilon_{ij}\bar{\sigma}_{ij}\,\mathrm{d}V=\int_{V}\varepsilon_{ij}\left(\sigma_{ij}^{1}+\sum_{k=1}^{n}\bar{\sigma}_{ij}^{k}R_{k}\right)\mathrm{d}V=\int_{V}\varepsilon_{ij}\sigma_{ij}^{1}\,\mathrm{d}V+\sum_{k=1}^{n}\left(\int_{V}\varepsilon_{ij}\bar{\sigma}_{ij}^{k}\,\mathrm{d}V\right)R_{k}\tag{4.3.9}$$

因为原静不定结构已经满足了所有冗余约束处的位移协调条件，所以由式(4.3.5)知 $\left(\int_{V}\varepsilon_{ij}\bar{\sigma}_{ij}^{k}\,\mathrm{d}V\right)R_{k}=0(k=1,2,\cdots,n)$。这样式(4.3.9)就化简为：

$$\Delta=\int_{V}\varepsilon_{ij}\sigma_{ij}^{1}\,\mathrm{d}V\tag{4.3.10}$$

证毕。

4.3.2　位移法

位移法的基本未知量是结构的位移。下面用极小势能原理推导位移法的基本公式。

设一个系统有 n 个独立的广义位移 $\Delta_i(i=1,2,\cdots,n)$ 和对应的 n 个广义内力 P_i，以未变形时的状态为参考状态，则该系统的应变能可以表示为：

$$U(\Delta_1,\Delta_2,\cdots,\Delta_n)=U(0,0,\cdots,0)+\sum_{i=1}^{n}\frac{\partial U(0)}{\partial\Delta_i}\Delta_i+\frac{1}{2}\sum_{i=1}^{n}\sum_{j=1}^{n}\frac{\partial^2U(0)}{\partial\Delta_i\partial\Delta_j}\Delta_i\Delta_j+\cdots\tag{4.3.11}$$

因为未变形状态的应变能为零，所以上式中 $U(0,0,\cdots,0)=0$。另外未变形时的力也为零，由格林公式可知式(4.3.11)等号右边的第二项也等于零。对于这里研究的小变形系统，位移的三次及三次以上的项可以作为小项省略。这样最终可以得到：

$$U(\Delta_1,\Delta_2,\cdots,\Delta_n)\approx\frac{1}{2}\sum_{i=1}^{n}\sum_{j=1}^{n}\frac{\partial^2U(0)}{\partial\Delta_i\partial\Delta_j}\Delta_i\Delta_j\tag{4.3.12}$$

同样的，外力势也可以表示为：

$$V(\Delta_1,\Delta_2,\cdots,\Delta_n)=V(0,0,\cdots,0)+\sum_{i=1}^{n}\frac{\partial V(0)}{\partial\Delta_i}\Delta_i+\frac{1}{2}\sum_{i=1}^{n}\sum_{j=1}^{n}\frac{\partial^2V(0)}{\partial\Delta_i\partial\Delta_j}\Delta_i\Delta_j+\cdots\tag{4.3.13}$$

在未变形状态下外力势定义为零 $V(0,0,\cdots,0)=0$。而对于小变形问题位移的二次及二次以上项相对于位移的一次项是可以忽略的小量。这样由式(4.3.13)，并考虑到式(4.1.12)，可以得到：

$$V(\Delta_1,\Delta_2,\cdots,\Delta_n)\approx\sum_{i=1}^{n}\frac{\partial V(0)}{\partial\Delta_i}\Delta_i=-\sum_{i=1}^{n}P_i\Delta_i\tag{4.3.14}$$

由式(4.3.12)和式(4.3.14)可以写出系统的势能为：

$$\Pi(\Delta_1,\Delta_2,\cdots,\Delta_n)=U+V\approx\frac{1}{2}\sum_{i=1}^{n}\sum_{j=1}^{n}\frac{\partial^2U(0)}{\partial\Delta_i\partial\Delta_j}\Delta_i\Delta_j-\sum_{i=1}^{n}P_i\Delta_i \tag{4.3.15}$$

这样，由极小势能原理可得：

$$\delta\Pi(\Delta_1,\Delta_2,\cdots,\Delta_n)\approx\sum_{i=1}^{n}\left(\sum_{j=1}^{n}\frac{\partial^2U(0)}{\partial\Delta_i\partial\Delta_j}\Delta_j-P_i\right)\delta\Delta_i=0 \tag{4.3.16}$$

由 $\delta\Delta_i$ 的任意性就得到位移法的方程：

$$\sum_{j=1}^{n}\frac{\partial^2U(0)}{\partial\Delta_i\partial\Delta_j}\Delta_j=P_i \tag{4.3.17}$$

定义系统的刚度系数为：

$$k_{ij}\equiv\frac{\partial^2U(0)}{\partial\Delta_i\partial\Delta_j} \tag{4.3.18}$$

则式(4.3.17)可改写为：

$$\sum_{j=1}^{n}k_{ij}\Delta_j=P_i \tag{4.3.19}$$

可见刚度系数 k_{ij} 的物理意义为：在系统第 j 个自由度上施加的单位位移所引起的第 i 个自由度处的力。式(4.3.19)和式(4.2.16)是一样的，但这里只要求材料是弹性的，不一定是线弹性的。

由于位移法的方程式(4.3.19)是由极小势能原理推导出来的，所以它就相当于系统的静力平衡方程，而位移本身已经是变形可能的。

例 4.13 用位移法求解例 4.5 中的静不定桁架。

解：如图 4.18 所示，此结构一共有四个节点，每个节点有 x 和 y 两个方向的位移，因此一共有八个位移。写成矢量形式为：

$$\Delta=(\Delta_x^1,\Delta_y^1,\Delta_x^2,\Delta_y^2,\Delta_x^3,\Delta_y^3,\Delta_x^4,\Delta_y^4)^{\mathrm{T}}$$

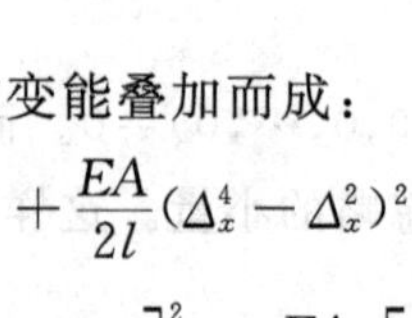

图 4.18 静不定桁架

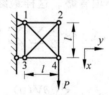

系统的应变能由每一根杆件的应变能叠加而成：

$$U=\frac{EA}{2l}(\Delta_y^2-\Delta_y^1)^2+\frac{EA}{2l}(\Delta_y^4-\Delta_y^3)^2+\frac{EA}{2l}(\Delta_x^4-\Delta_x^2)^2+\frac{EA}{2l}(\Delta_x^3-\Delta_x^1)^2$$

$$+\frac{EA}{2\sqrt{2}\,l}\left[\frac{\sqrt{2}}{2}(\Delta_x^4+\Delta_y^4)-\frac{\sqrt{2}}{2}(\Delta_x^1+\Delta_y^1)\right]^2+\frac{EA}{2\sqrt{2}\,l}\left[\frac{\sqrt{2}}{2}(-\Delta_x^2+\Delta_y^2)-\frac{\sqrt{2}}{2}(-\Delta_x^3+\Delta_y^3)\right]^2$$

由刚度系数的定义式(4.3.18)以及刚度系数对称的性质可得求解方程：

$$
\frac{EA}{l}\begin{bmatrix}
\frac{4+\sqrt{2}}{4} & \frac{\sqrt{2}}{4} & 0 & 0 & -1 & 0 & -\frac{\sqrt{2}}{4} & -\frac{\sqrt{2}}{4} \\
 & \frac{4+\sqrt{2}}{4} & 0 & -1 & 0 & 0 & -\frac{\sqrt{2}}{4} & -\frac{\sqrt{2}}{4} \\
 & & \frac{4+\sqrt{2}}{4} & -\frac{\sqrt{2}}{4} & -\frac{\sqrt{2}}{4} & \frac{\sqrt{2}}{4} & -1 & 0 \\
 & & & \frac{4+\sqrt{2}}{4} & \frac{\sqrt{2}}{4} & -\frac{\sqrt{2}}{4} & 0 & 0 \\
 & & & & \frac{4+\sqrt{2}}{4} & -\frac{\sqrt{2}}{4} & 0 & 0 \\
 & \text{对称} & & & & \frac{4+\sqrt{2}}{4} & 0 & -1 \\
 & & & & & & \frac{4+\sqrt{2}}{4} & \frac{\sqrt{2}}{4} \\
 & & & & & & & \frac{4+\sqrt{2}}{4}
\end{bmatrix}
\begin{Bmatrix} \Delta_x^1 \\ \Delta_y^1 \\ \Delta_x^2 \\ \Delta_y^2 \\ \Delta_x^3 \\ \Delta_y^3 \\ \Delta_x^4 \\ \Delta_y^4 \end{Bmatrix}
=\begin{Bmatrix} 0 \\ 0 \\ 0 \\ 0 \\ 0 \\ 0 \\ P \\ 0 \end{Bmatrix}
$$

由支承条件可以直接得到 $\Delta_x^1=\Delta_y^1=\Delta_y^3=0$，于是求解方程可改写为：

$$
\frac{EA}{l}\begin{bmatrix}
\frac{4+\sqrt{2}}{4} & -\frac{\sqrt{2}}{4} & -\frac{\sqrt{2}}{4} & -1 & 0 \\
-\frac{\sqrt{2}}{4} & \frac{4+\sqrt{2}}{4} & \frac{\sqrt{2}}{4} & 0 & 0 \\
-\frac{\sqrt{2}}{4} & \frac{\sqrt{2}}{4} & \frac{4+\sqrt{2}}{4} & 0 & 0 \\
-1 & 0 & 0 & \frac{4+\sqrt{2}}{4} & \frac{\sqrt{2}}{4} \\
0 & 0 & 0 & \frac{\sqrt{2}}{4} & \frac{4+\sqrt{2}}{4}
\end{bmatrix}
\begin{Bmatrix} \Delta_x^2 \\ \Delta_y^2 \\ \Delta_x^3 \\ \Delta_x^4 \\ \Delta_y^4 \end{Bmatrix}
=\begin{Bmatrix} 0 \\ 0 \\ 0 \\ P \\ 0 \end{Bmatrix}
$$

求解上面方程得到 $\Delta_x^2=\dfrac{3\sqrt{2}+5}{2(1+\sqrt{2})}\dfrac{lP}{EA}$，与用力法计算所得结果一致。

从上面的例题可以看出，当结构位移自由度个数较多时，位移解法较力法繁琐。但是由于位移法不需要选取基本系统，对静定和静不定结构都可以采取统一的求解格式，因此特别适合于编制计算机程序来自动进行。

4.4　近似解法[3,4]

前面介绍的基于能量原理的方法都力求通过变分原理在各种可能状态中来寻找结构的真实解。使用这些方法虽然能得到精确解，但能解决的问题仍然是有限的。对于结构具有复杂的几何形状、本构关系、载荷或边界条件等情况，往往借助于近似方法进行数值求解。

很多近似方法都是以能量原理为基础的，在数学上归结为寻求使能量泛函取极值的自变函数问题。为了找到问题的真实解，通常先假设可能解的函数形式(即容许的自变函数族)，假设的合理性决定了近似解的精度。由于这些方法有泛函极值定理作为理论基础，因此其收敛性是可以严格证明的。

还有一类近似方法不从能量原理出发，而采用纯数学的加权余量方法来使控制微分方程在积分意义上得到近似满足。这类方法虽然对很多问题的求解都是有效的，但它们的收敛性一般得不到严格的证明。

上述两类方法相互之间也是有联系的，感兴趣的读者可以参考相应的专业书籍[4]。本节只对基于能量原理的那类方法中常用的里兹法、迦辽金法和有限单元法做简要的介绍。更多的内容请在有限单元法等专门的课程中进行学习。

4.4.1 里兹法

4.2 节中介绍的求解弹性体问题的势能极值原理和余能极值原理都要求应用变分法来得到解的函数表达式，对于复杂的问题，求解过程是很困难的。而里兹法通过合理假设解函数的形式使求解问题的过程得到了简化。下面先通过一个例题来了解里兹法的解题思路。

例 4.14 如图 4.19 所示，弯曲刚度为 D 的四边简支矩形板中间用一根弯曲刚度为 EI 的梁加强。试求在均布载荷 q 作用下，该加筋板的挠度。

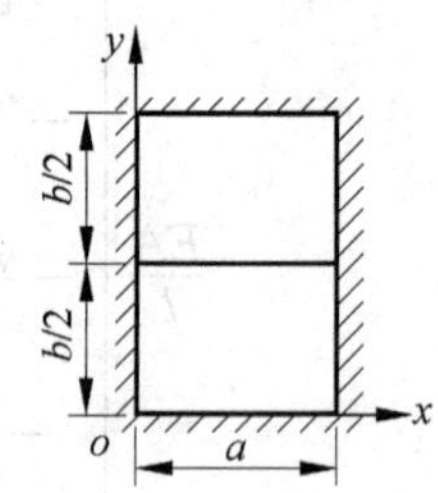

图 4.19 对边简支加筋矩形板

解：假设加筋板的挠度为：

$$w=\sum_{m=1}^{\infty}\sum_{n=1}^{\infty}A_{mn}\sin\frac{m\pi x}{a}\sin\frac{n\pi y}{b} \tag{a}$$

其中 A_{mn} 为待定参数。不难看出该挠度函数连续可微，且满足所有边的简支边界条件：

在 $x=0$ 和 $x=a$ 处：$w=0, M_x=-D\left(\frac{\partial^2 w}{\partial x^2}+\nu\frac{\partial^2 w}{\partial y^2}\right)=-D\frac{\partial^2 w}{\partial x^2}=0$

在 $y=0$ 和 $y=b$ 处：$w=0, M_y=-D\left(\frac{\partial^2 w}{\partial y^2}+\nu\frac{\partial^2 w}{\partial x^2}\right)=-D\frac{\partial^2 w}{\partial y^2}=0$

所以式(a)给出了该问题的容许函数族，而且此处所取函数族具有完备性。

于是可写出整个加筋板的势能：

(1) 将式(a)代入式(4.1.23)，并注意到三角函数系 $\sin\frac{m\pi x}{a}$ 在域$[0,a]$上与 $\sin\frac{n\pi y}{b}$ 在域$[0,b]$上分别满足正交性条件，可得梁弯曲的应变能(忽略梁的中性层和板中面的距离)：

$$U^{\text{beam}}=\int_0^a\frac{1}{2}EI\left(\left.\frac{\partial^2 w}{\partial x^2}\right|_{y=b/2}\right)^2\mathrm{d}x$$

$$=\frac{EI\pi^4}{2a^4}\int_0^a\left[\sum_{m=1}^{\infty}\sum_{n=1,3,5}^{\infty}A_{mn}m^2(-1)^{n+1}\sin\frac{m\pi x}{a}\right]^2\mathrm{d}x$$

$$=\frac{EI\pi^2}{4a^3}\sum_{m=1}^{\infty}\sum_{n=1,3,5}^{\infty}A_{mn}^2m^4 \tag{b}$$

(2) 注意到式(2.6.3)、式(2.6.6)和式(2.6.9),可得到板的应变能为:

$$U^{\text{plate}}=\int_0^a\int_0^b\int_{-\frac{h}{2}}^{\frac{h}{2}}\frac{1}{2}(\sigma_x\varepsilon_x+\sigma_y\varepsilon_y+\tau_{xy}\gamma_{xy})\mathrm{d}z\mathrm{d}y\mathrm{d}x$$

$$=\frac{E}{2(1-\nu^2)}\int_0^a\int_0^b\int_{-\frac{h}{2}}^{\frac{h}{2}}\left\{\left(\frac{\partial^2w}{\partial x^2}+\frac{\partial^2w}{\partial y^2}\right)^2-2(1-\nu)\left[\frac{\partial^2w}{\partial x^2}\frac{\partial^2w}{\partial y^2}-\left(\frac{\partial^2w}{\partial x\partial y}\right)^2\right]\right\}z^2\mathrm{d}z\mathrm{d}y\mathrm{d}x$$

$$=\frac{D}{2}\int_0^a\int_0^b\left\{\left(\frac{\partial^2w}{\partial x^2}+\frac{\partial^2w}{\partial y^2}\right)^2-2(1-\nu)\left[\frac{\partial^2w}{\partial x^2}\frac{\partial^2w}{\partial y^2}-\left(\frac{\partial^2w}{\partial x\partial y}\right)^2\right]\right\}\mathrm{d}y\mathrm{d}x$$

上式右边积分号中第二项可以借助高斯积分公式进一步化简:

$$\int_0^a\int_0^b\left[\frac{\partial^2w}{\partial x^2}\frac{\partial^2w}{\partial y^2}-\left(\frac{\partial^2w}{\partial x\partial y}\right)^2\right]\mathrm{d}y\mathrm{d}x$$

$$=\frac{1}{2}\int_0^a\int_0^b\left[\left(\frac{\partial w}{\partial x}\frac{\partial^2w}{\partial y^2}\right)_{,x}-\frac{\partial w}{\partial x}\frac{\partial^3w}{\partial x\partial y^2}+\left(\frac{\partial^2w}{\partial x^2}\frac{\partial w}{\partial y}\right)_{,y}-\frac{\partial^3w}{\partial x^2\partial y}\frac{\partial w}{\partial y}\right]\mathrm{d}y\mathrm{d}x$$

$$-\frac{1}{2}\int_0^a\int_0^b\left[\left(\frac{\partial w}{\partial y}\frac{\partial^2w}{\partial x\partial y}\right)_{,x}-\frac{\partial w}{\partial y}\frac{\partial^3w}{\partial x^2\partial y}+\left(\frac{\partial w}{\partial x}\frac{\partial^2w}{\partial x\partial y}\right)_{,y}-\frac{\partial w}{\partial x}\frac{\partial^3w}{\partial x\partial y^2}\right]\mathrm{d}y\mathrm{d}x$$

$$=\frac{1}{2}\int_0^a\int_0^b\left[\left(\frac{\partial w}{\partial x}\frac{\partial^2w}{\partial y^2}-\frac{\partial w}{\partial y}\frac{\partial^2w}{\partial x\partial y}\right)_{,x}+\left(\frac{\partial^2w}{\partial x^2}\frac{\partial w}{\partial y}-\frac{\partial w}{\partial x}\frac{\partial^2w}{\partial x\partial y}\right)_{,y}\right]\mathrm{d}y\mathrm{d}x$$

$$=\frac{1}{2}\oint\left[\left(\frac{\partial w}{\partial x}\frac{\partial^2w}{\partial y^2}-\frac{\partial w}{\partial y}\frac{\partial^2w}{\partial x\partial y}\right)\cos\theta+\left(\frac{\partial^2w}{\partial x^2}\frac{\partial w}{\partial y}-\frac{\partial w}{\partial x}\frac{\partial^2w}{\partial x\partial y}\right)\sin\theta\right]\mathrm{d}S$$

上式中 θ 是板边界上某点法线方向和 x 轴的夹角。对于本问题,在 $x=0$ 和 $x=a$ 处有 $\frac{\partial w}{\partial y}=0$;在 $y=0$ 和 $y=b$ 处有 $\frac{\partial w}{\partial x}=0$。可见上式应该等于零。于是有:

$$U^{\text{plate}}=\frac{D}{2}\int_0^a\int_0^b\left(\frac{\partial^2w}{\partial x^2}+\frac{\partial^2w}{\partial y^2}\right)^2\mathrm{d}y\mathrm{d}x$$

将式(a)代入上式,并注意到三角函数系满足正交性条件,可得:

$$U^{\text{plate}}=\frac{D\pi^4}{2}\int_0^a\int_0^b\left[\sum_{m=1}^{\infty}\sum_{n=1}^{\infty}A_{mn}\left(\frac{m^2}{a^2}+\frac{n^2}{b^2}\right)\sin\frac{m\pi x}{a}\sin\frac{n\pi y}{b}\right]^2\mathrm{d}y\mathrm{d}x$$

$$=\frac{abD\pi^4}{8}\sum_{m=1}^{\infty}\sum_{n=1}^{\infty}A_{mn}^2\left(\frac{m^2}{a^2}+\frac{n^2}{b^2}\right)^2 \tag{c}$$

(3) 外力势为:

$$V=-\int_0^a\int_0^b qw\mathrm{d}y\mathrm{d}x=-q\int_0^a\int_0^b\sum_{m=1}^{\infty}\sum_{n=1}^{\infty}A_{mn}\sin\frac{m\pi x}{a}\sin\frac{n\pi y}{b}\mathrm{d}y\mathrm{d}x$$

$$=-\frac{4qab}{\pi^2}\sum_{m=1,3,5}^{\infty}\sum_{n=1,3,5}^{\infty}\frac{A_{mn}}{mn} \tag{d}$$

将式(b)～式(d)相加可得系统的总势能：

$$\Pi = U^{\text{beam}} + U^{\text{plate}} + V$$

$$= \frac{EI\pi^4}{4a^3}\sum_{m=1}^{\infty}\sum_{n=1,3,5}^{\infty}A_{mn}^2 m^4 + \frac{abD\pi^4}{8}\sum_{m=1}^{\infty}\sum_{n=1}^{\infty}A_{mn}^2\left(\frac{m^2}{a^2}+\frac{n^2}{b^2}\right)^2 - \frac{4qab}{\pi^2}\sum_{m=1,3,5}^{\infty}\sum_{n=1,3,5}^{\infty}\frac{A_{mn}}{mn}$$

根据势能极值原理，上式的变分为零：

$$\delta\Pi = \sum_{m=1,3,5}^{\infty}\sum_{n=1,3,5}^{\infty}\left\{A_{mn}\left[\frac{EI\pi^4}{2a^3}m^4 + \frac{abD\pi^4}{4}\left(\frac{m^2}{a^2}+\frac{n^2}{b^2}\right)^2\right] - \frac{4qab}{\pi^2 mn}\right\}\delta A_{mn} = 0$$

由 δA_{mn} 的任意性可得：

$$A_{mn} = \frac{4qab}{\pi^2 mn\left[\frac{EI\pi^2}{2a^2}m^4 + \frac{D\pi^4}{4}\left(\frac{m^2}{a^2}+\frac{n^2}{b^2}\right)^2\right]},\quad m \text{ 和 } n \text{ 均为奇数} \tag{e}$$

将式(e)代回式(a)就得到挠度的解，实际计算时可不断增加 m 和 n 的值，直到满足需要的精度为止。由于式(a)是事先假设的变形可能位移，因此又被称为位移的**试函数**。在此例中，试函数具有完备性，所以级数解必定收敛。

更一般地，用里兹法的解题过程可以分为下面四个步骤：

(1) 假设可能状态解的函数(试函数)形式。

如果应用势能极值原理，通常将位移试函数假设为：

$$u_i = u_i^0 + \sum_{k=1}^{M}a_i^k u_i^k,\quad i = 1,2,3 \tag{4.4.1}$$

其中 u_i^0 满足给定位移的边界条件，u_i^k 满足齐次位移边界条件，即在给定位移边界 S_u 上 $u_i^0 = \bar{u}_i$，$u_i^k = 0$；a_i^k 是待定系数。另外要求 u_i^0 和 u_i^k 在整个求解域上至少三阶连续。这样位移试函数就是变形可能的。

如果使用余能极值原理，通常将应力试函数假设为：

$$\sigma_{ij} = \sigma_{ij}^0 + \sum_{k=1}^{M}b^k\sigma_{ij}^k,\quad i,j = 1,2,3 \tag{4.4.2}$$

其中 σ_{ij}^0 满足给定力的边界条件，σ_{ij}^k 满足齐次力边界条件，即在给定力边界 S_σ 上 $\sigma_{ij}^0 n_j = \bar{p}_i$，$\sigma_{ij}^k n_j = 0$；$b^k$ 是待定系数。另外要求 σ_{ij}^0 和 σ_{ij}^k 在整个求解域上满足静力平衡条件。这样应力试函数就是静力可能的。

(2) 写出弹性系统的总势能或总余能表达式，并将相应的试函数代入，得到包含 $3M$ 个待定参数的总势能 $\Pi(a_i^k)$ 或 M 个待定参数的总余能 $\Pi_c(b^k)$。

(3) 根据势能极值原理计算总势能的变分：

$$\delta\Pi(a_i^k) = \frac{\partial\Pi}{\partial a_i^k}\delta a_i^k = 0,\quad i = 1,2,3;\ k = 1,2,\cdots,M \tag{4.4.3}$$

由于 δa_i^k 相互独立，所以上式要求它们的系数分别为零，这样得到 $3M$ 个代数方程：

$$\frac{\partial\Pi}{\partial a_i^k} = 0,\quad i = 1,2,3;\ k = 1,2,\cdots,M \tag{4.4.4}$$

同理,相应于余能极值原理可以得到 M 个代数方程:

$$\Pi_c(b^k)=\frac{\partial \Pi_c}{\partial b^k}\delta b^k=0 \quad\Rightarrow\quad \frac{\partial \Pi_c}{\partial b^k}=0,\quad k=1,2,\cdots,M \tag{4.4.5}$$

(4) 求解代数方程得到待定系数,再代回试函数中就得到近似解。

需要说明的是:

(a) 里兹法是一个比较通用的近似解法,其适用范围并不局限于上面介绍的弹性静力学问题。比如在振动理论和弹性稳定性理论中里兹法也被广泛使用。

(b) 用里兹法得到的解的精度和试函数的选取密切相关。如果试函数是完备的(即 u_i^0 和 u_i^k,或 σ_{ij}^0 和 σ_{ij}^k 包含可能解空间的基函数。这样,通过调整待定系数的值就可以表达出任何一个可能解)和协调的(即足够光滑,以保证势能或余能泛函中的积分存在)函数族,则随着待定系数的增加,解将不断趋近于真实解(当待定系数和系统的自由度数相等时,最终得到的结果就是精确的)。此外,解的收敛速度也和试函数的选取密切相关。如采用例4.14中式(a)这种双三角函数形式的试函数,所得解虽然是收敛的,但收敛速度很慢。

(c) 由于静力可能的应力试函数不易选取,将里兹法应用于余能极值原理时,通常将应力函数作为问题的试函数。

(d) 用里兹法得到的位移计算出的应力一般不是静力可能的。同样的,用里兹法得到的应力计算出的应变一般也不满足协调条件。

4.4.2 伽辽金法

4.4.1节中介绍的里兹法的试函数要么是变形可能的,要么是静力可能的。如果要求试函数既是变形可能的,又是静力可能的,那么就可以得到伽辽金法。因为从应力求位移很困难,所以伽辽金法一般采用位移试函数式(4.4.1),但是要求由该位移试函数得到的应力必须是静力可能的。

由势能极值原理的式(4.2.24)可以得到:

$$\delta\Pi=\int_V \delta W \mathrm{d}V-\int_{S_\sigma}\bar{p}_i\delta u_i \mathrm{d}S-\int_V f_i\delta u_i \mathrm{d}V=0 \tag{4.4.6}$$

其中

$$\int_V \delta W \mathrm{d}V=\int_V \frac{\partial W}{\partial \varepsilon_{ij}}\delta\varepsilon_{ij}\mathrm{d}V=\int_V \sigma_{ij}\,\frac{1}{2}(\delta u_{i,j}+\delta u_{j,i})\mathrm{d}V \tag{4.4.7}$$

由应力的对称性和高斯积分定理,式(4.4.7)可以变为:

$$\begin{aligned}\int_V \delta W \mathrm{d}V&=\int_V \sigma_{ij}\delta u_{i,j}\mathrm{d}V\\&=\int_V[(\sigma_{ij}\delta u_i)_{,j}-\sigma_{ij,j}\delta u_i]\mathrm{d}V\\&=\int_{S_\sigma+S_u}\sigma_{ij}n_j\delta u_i\mathrm{d}S-\int_V\sigma_{ij,j}\delta u_i\mathrm{d}V\end{aligned} \tag{4.4.8}$$

将式(4.4.8)代入式(4.4.6)得到:

$$\delta \Pi = \int_{S_u} \sigma_{ij} n_j \delta u_i \mathrm{d}S + \int_{S_\sigma} (\sigma_{ij} n_j - \bar{p}_i) \delta u_i \mathrm{d}S - \int_V (\sigma_{ij,j} + f_i) \delta u_i \mathrm{d}V = 0 \quad (4.4.9)$$

由于在伽辽金法中位移试函数既是变形可能的，又是静力可能的，所以最终得到：

$$\int_V (\sigma_{ij,j} + f_i) \delta u_i \mathrm{d}V = 0 \quad (4.4.10)$$

将式(4.4.1)代入式(4.4.10)，并注意到 δa_{in} 是相互独立的，就可以得到伽辽金法的 $3N$ 个代数方程：

$$\int_V (\sigma_{ij,j} + f_i) u_i^k \mathrm{d}V = 0, \quad i,j = 1,2,3;\ k = 1,2,\cdots,M \quad (4.4.11)$$

从上式可见，伽辽金法本质上就是一种对于域内平衡微分方程的加权余量法，而其权函数为试函数。其物理意义是：近似解造成的微元“不平衡力”在整个域内所做的功为零。

由于伽辽金法的位移试函数既是变形可能的，又是静力可能的，所以当待定系数的个数相同时，比里兹法有更高计算精度，不过选取试函数的难度也增加了。

4.4.3 有限单元法

4.4.1 节和 4.4.2 节中介绍的近似解法要求试函数在整个求解域上都必须是变形可能或静力可能的。因此对于几何形状比较复杂的问题，应用这些方法仍会遇到很大的困难。如进一步放松此限制，将系统在空间划分为很多小单元，而试函数只在单元内部和边界上满足相应的条件，则求解过程就会非常灵活方便。如果这些单元满足完备性和协调性，那么只要单元划分得足够密，由能量极值原理就能保证所得近似解可以足够地接近于真实解。这就是有限单元法的基本思想。

以最常用的位移有限单元法为例，其基本未知量是每个单元节点 k 上的位移 u_i^k。而单元内任意一点 $\boldsymbol{x}$ 的位移 $u_i(\boldsymbol{x})$ 由下面的插值公式计算：

$$u_i(\boldsymbol{x}) = \sum_{m=1}^{M} N^m(\boldsymbol{x}) u_i^m, \quad i = 1,2,3 \quad (4.4.12)$$

其中 M 为单元节点的个数；$N^m(\boldsymbol{x})$ 为插值函数，又称为**形函数**。为保证有限单元算法的收敛性，要求式(4.4.12)所表示的位移试函数可以反映出结构的所有应变状态(完备性)，并且保证相邻单元的广义位移在边界上是协调的。如果将 $u_m^e(m=1,2,\cdots,3M)$ 定义为单元节点位移，N_i^m 定义为形函数矩阵中的元素，则式(4.4.12)可改写为：

$$u_i(\boldsymbol{x}) = N_i^m u_m^e, \quad i = 1,2,3 \quad (4.4.13)$$

将式(4.4.13)代入几何方程中可以得到相应的应变：

$$\begin{aligned} \varepsilon_{ij} &= \frac{1}{2}(u_{i,j} + u_{j,i}) = \frac{1}{2}(N_{i,j}^m u_m^e + N_{j,i}^m u_m^e) \\ &= B_{ij}^m u_m^e, \quad i,j = 1,2,3 \end{aligned} \quad (4.4.14)$$

其中 B_{ij}^m 为应变矩阵元素。

另外由本构关系式(4.1.5)可得到：

$$\sigma_{ij} = C_{ijkl}(\varepsilon_{kl} - \varepsilon_{kl}^T) \tag{4.4.15}$$

其中 C_{ijkl} 是弹性矩阵，$\varepsilon_{kl}^T = \alpha \Delta T \delta_{kl}$ 代表温度应变。这里相当于把温度应变当作结构的初应变考虑。

将式(4.4.13)～式(4.4.15)代入式(4.4.6)中，对一个单元可以得到：

$$\begin{aligned}
\delta \Pi &= \int_{V^e} \delta W \mathrm{d}V - \int_{S_\sigma^e} \bar{p}_i \delta u_i \mathrm{d}S - \int_{V^e} f_i \delta u_i \mathrm{d}V \\
&= \int_{V^e} C_{ijkl}(\varepsilon_{kl} - \varepsilon_{kl}^T) \delta \varepsilon_{ij} \mathrm{d}V - \int_{S_\sigma^e} \bar{p}_i \delta u_i \mathrm{d}S - \int_{V^e} f_i \delta u_i \mathrm{d}V \\
&= \int_{V^e} C_{ijkl}(B_{kl}^n u_n^e - \varepsilon_{kl}^T) B_{ij}^m \delta u_m^e \mathrm{d}V - \int_{S_\sigma^e} \bar{p}_i N_i^m \delta u_m^e \mathrm{d}S - \int_{V^e} f_i N_i^m \delta u_m^e \mathrm{d}V \\
&= \left[\int_{V^e} C_{ijkl}(B_{kl}^n u_n^e - \varepsilon_{kl}^T) B_{ij}^m \mathrm{d}V - \int_{S_\sigma^e} \bar{p}_i N_i^m \mathrm{d}S - \int_{V^e} f_i N_i^m \mathrm{d}V \right] \delta u_m^e \\
&= 0
\end{aligned} \tag{4.4.16}$$

由 δu_m^e 的任意性得到单元的平衡方程：

$$\int_{V^e} C_{ijkl} B_{kl}^n B_{ij}^m \mathrm{d}V u_n^e = \int_{S_\sigma^e} \bar{p}_i N_i^m \mathrm{d}S + \int_{V^e} f_i N_i^m \mathrm{d}V + \int_{V^e} C_{ijkl} \varepsilon_{kl}^T B_{ij}^m \mathrm{d}V \tag{4.4.17}$$

按对号入座的方法组集单元平衡方程就可以得到整个结构的平衡方程，再加上位移边界条件即可求解。

不难看出，位移解法的式(4.3.19)是基于位移的有限单元法的特殊形式。对于桁架和框架结构，如果将每根杆或梁划分为一个单元，并且合理选择插值函数，则有限单元法得到求解方程和位移解法的方程是相同的，即对这种情况有限元解就是精确解。

基于各种近似解法(特别是有限单元法)的 CAE 软件的功能越来越强大，它们在飞行器结构分析中也发挥着越来越重要的作用，全数字化的设计已经成为这个领域的发展趋势。但是在得益于这项技术的进步所带来的便利的同时，人们往往过于相信软件得到的结果。如果不能根据结构的实际情况建立合理的力学模型，完全依靠软件“自动”计算，那么就很可能得到错误的分析结果，这就应了计算力学界那句老话——“Garbage in garbage out”。通常，经验丰富的 CAE 分析师在计算之前就知道大致的计算结果(数量级、正负号、分布形式等等)，这样他才能对最终计算结果的合理性做出正确的判断，并决定下一步需要采取的措施。要培养这种能力，需要分析师至少具备清晰的力学概念，能熟练使用 CAE 软件，并且具有丰富的工程经验。

习题

4.1　请写出图 4.20 示厚度为 δ 的平行四边形薄板受剪切时的应变能和应变余能公式。

4.2　请写出长方形薄板受弯曲时的应变余能公式。

4.3　请从可能功原理开始，依次总结各种能量原理之间的关系以及它们各自的适用范围(线性材料或非线性材料？小变形或大变形？)。

4.4　图 4.21 为一平面刚架的横梁存在上下的温差。横梁上、下表面的距离是 d，热膨胀系数为 α。试求支座 B 处的水平位移。(提示：温差会引起轴向伸长和横向弯曲，但不会引起剪切变形)

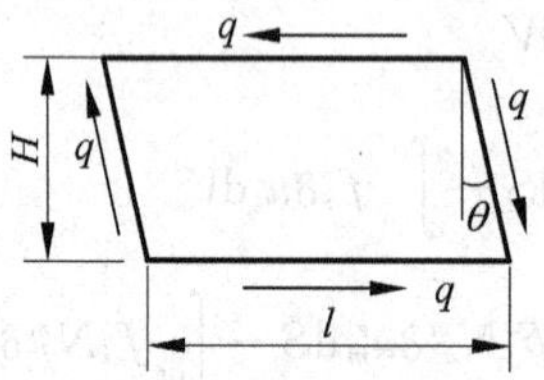

图 4.20　习题 4.1 图

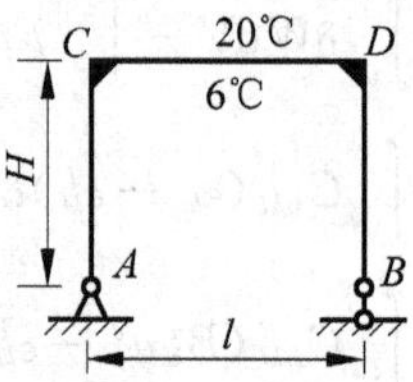

图 4.21　习题 4.4 图

4.5　图 4.22 示平面薄壁板梁的上缘(1—2 桁条)的平均温升呈线性变化，其余部分无温升。设上缘的热膨胀系数为 α，试求节点 2 在竖直方向的温度位移。

4.6　图 4.23 示桁架中各杆件弹性模量为 E，横截面积为 A。试求图 4.23 中节点 7 相对于节点 6 和节点 8 的竖直向下位移。

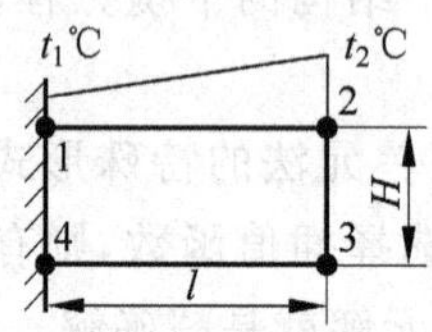

图 4.22　习题 4.5 图

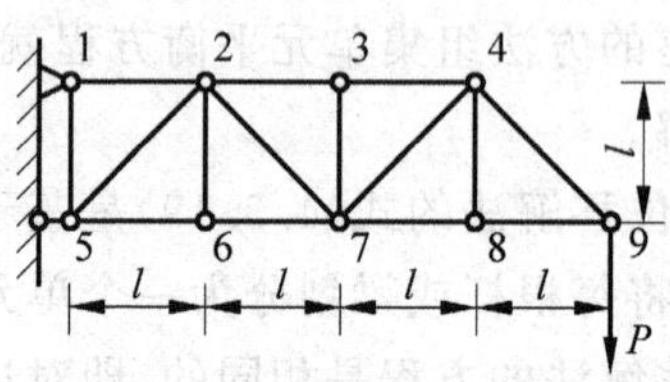

图 4.23　习题 4.6 图

4.7　图 4.24 示薄壁翼梁中各缘条的弹性模量为 E、横截面积为 A，腹板的剪切模量为 G、板厚为 δ。试求 $6'$ 点在竖直方向的位移。

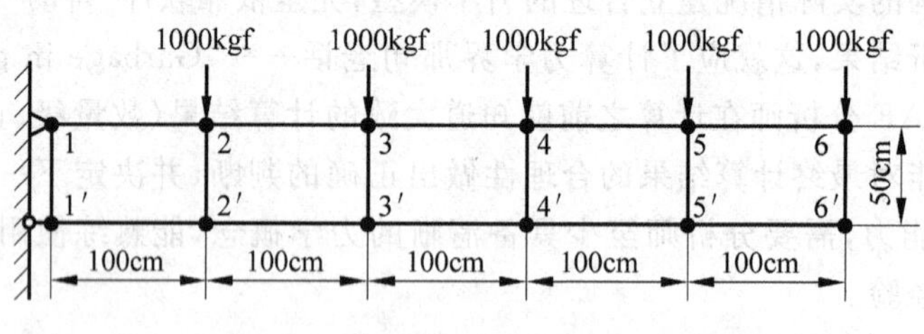

图 4.24　薄壁翼梁

4.8　图 4.25 示受均布载荷的静不定梁弯曲刚度为 EI，试求其中 1 和 2 点处的支座反力。

4.9　请计算图 4.26 示静不定桁架中各杆件的内力。

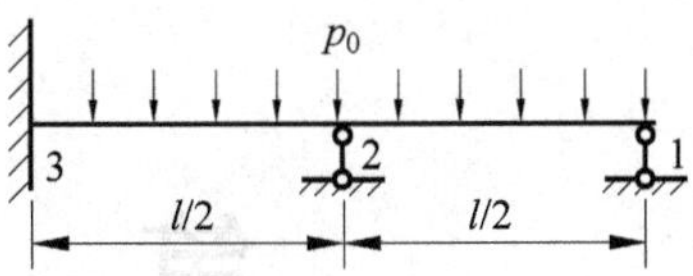

图 4.25　静不定梁

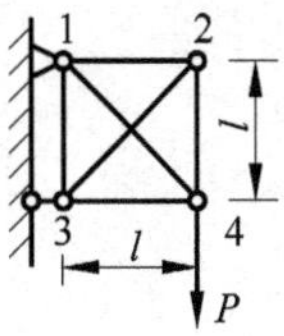

图 4.26　静不定桁架

4.10　图 4.27 示薄壁盒段各杆件的弹性模量为 E、横截面积为 A，壁板的剪切模量为 G、厚度为 δ，支柱是绝对刚硬的。试画出该薄壁结构中的内力图。

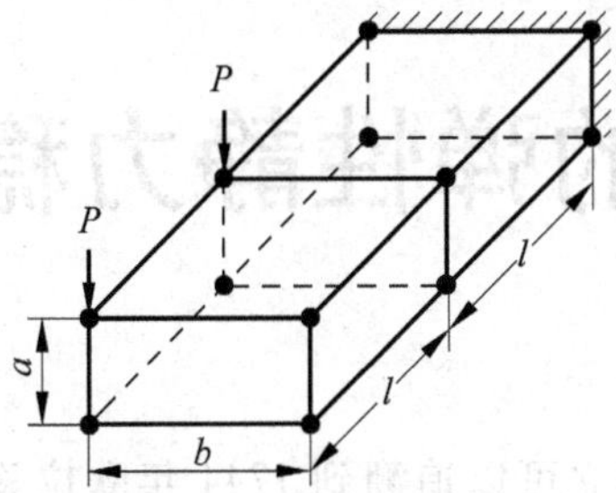

图 4.27　一端固定的盒段

4.11　请用位移法求解例 4.4。

4.12　边长为 a、弯曲刚度为 D 的四边简支正方形平板受到均布压力 P 的作用。请用里兹法求解其最大挠度，并和例 2.19 所得结果进行比较。

本章参考文献

[1]　J David Peery, J J Azar. Aircraft Structures(2nd ed). New York: McGraw-Hill, 1982.

[2]　H David Allen, Walter E Haisler. Introduction to Aerospace Structural Analysis. New York: John Wiley & Sons, 1985.

[3]　陆明万，罗学富. 弹性理论基础(下册). 北京：清华大学出版社，2001.

[4]　王勖成. 有限单元法. 北京：清华大学出版社，2003.

[5]　B T 巴耶科夫著. 何庆芝，俞公沼译. 飞机结构力学. 第一卷. 上海：商务印书馆，1954.

[6]　Я Д 利夫希茨著. 许玉赞，黄玉珊，顾松年译. 飞机结构力学. 北京：高等教育出版社，1954.

[7]　龚尧南. 结构力学. 北京：北京航空航天大学出版社，2001.

[8]　A Φ 费阿发诺夫著. 王德荣译. 薄壁结构计算. 上海：高等教育出版社，1954.

[9]　王生楠. 飞行器结构力学. 西安：西北工业大学出版社，1998.

第 5 章

薄壁结构的弹性静力稳定性分析

结构稳定性这门学科的建立可以追溯到 1744 年欧拉关于压杆失稳问题的研究工作。但当时的工程结构主要由木石材料建造，由于这些材料的强度较低，导致各种构件通常比较短粗，因此结构的弹性稳定性问题并不突出。到了 19 世纪下半叶，随着近代工业的兴起，在建筑和航海等领域大量采用了由钢铁等高强度材料做成的薄壁梁、板、壳构件，结构稳定性问题才在实际工程中得到重视。特别是 20 世纪 30 年代以后，随着航空工业的发展，人们对薄壁结构稳定性的讨论就更为活跃。现代飞行器基本由薄壁结构组成。此类结构在受到压应力作用时很容易丧失稳定性从而导致破坏或功能失效。例如应力蒙皮结构中的桁条一旦失稳，结构就会立即失去承载能力发生破坏；机翼的蒙皮失稳产生皱褶后就无法保证良好的气动外形。由于失稳时结构中的应力水平往往远小于材料的许用应力，因此薄壁结构的稳定性校核是飞行器设计中最重要的工作之一。

迄今为止人们在结构稳定性方面已经取得了很多重要的理论成果，发展了一整套分析方法[1~6]。但是只对一些简单梁、板和壳体元件在简单受载和简单边界条件下才可以找到精确解，对于一般薄壁结构的稳定性分析仍然需要采用近似的数值解法，或者采用经过实验数据修正的解析公式，即所谓的半经验方法[7~9]。结构的非线性稳定性理论还在不断地发展之中。由于篇幅的限制，本章着重介绍结构稳定性的基本概念与分析思路，对一些经典的简单问题给出详细的推导过程，而对一些复杂但在工程中常常遇到的稳定性问题则不加推导地只给出计算公式。

5.1　结构稳定性的基本概念

5.1.1　平衡状态的类型

第2～4章介绍的都是元件或结构在平衡状态下的内力与变形计算方法，其主要目的是为了进行强度与变形校核。而稳定性分析所关心的是在外界微小干扰下，结构是否能保持原有的平衡状态。

如图5.1所示，在重力作用下平面上A、B、C和D四个位置上的刚性小圆饼都处于平衡状态，但如果给这些小圆饼以轻微的扰动，它们的状态就会发生不同的改变。对凹面最低点A的小圆饼无论施加向左还是向右的微小扰动，它都可以再回到最初的平衡位置，这时称小圆饼最初处于**稳定平衡状态**；对凸面最高点B的小圆饼无论施加向左还是向右的微小扰动，它都会失去平衡并永远偏离最初的平衡位置，此时称小圆饼最初处于**不稳定平衡状态**；对C点的小圆饼，如果施加向左的微小扰动它将失去平衡并永远偏离最初的平衡位置，如果施加向右的微小扰动它就能再次回到最初的平衡位置，此时称小圆饼最初处于**条件平衡状态**；而对平面上D点的小圆饼无论施加向左还是向右的微小扰动，它都会偏离最初的平衡位置而达到另外一个平衡位置，此时称小圆饼最初处于**随遇**(或**中性**)**平衡状态**。对于整个系统来说，如果有很多个类似于A点那样的稳定平衡位置，那么只要对处于某个平衡位置的小圆饼施加足够大的扰动，它就会跳跃到另外一个平衡位置，此时称这个系统是**多稳态的**。

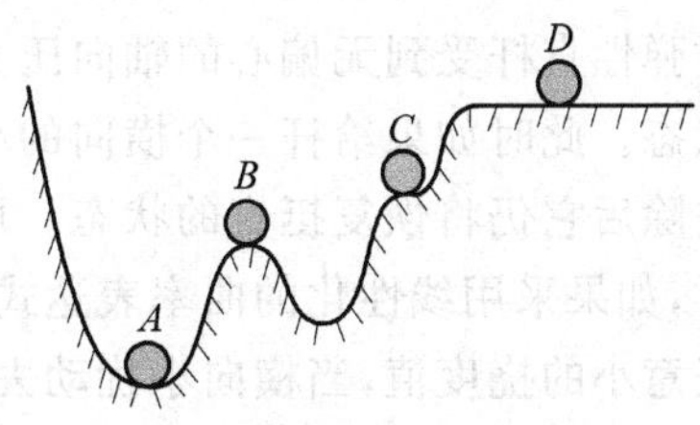

图5.1　平衡状态的类型
A—稳定平衡；B—不稳定平衡；
C—条件平衡；D—随遇平衡

5.1.2　静力稳定性问题的分类

5.1.1节中关于平衡状态的描述可以推广到一般的结构稳定性问题。如果施加在结构上的载荷和时间无关，则是**静力稳定性**问题，反之则是**动力稳定性**问题[4,6]。如无特殊说明，本章的内容只涉及结构的静力稳定性问题。下面先举一些典型的稳定性例子。

图5.2是一个单摆模型，摆锤悬挂在一根刚性杆的末端，并受重力的作用而处于静止平衡状态。给摆锤施加任意微小扰动后它仍然有回到初始平衡位置的趋势。显然这是一个稳定平衡问题。将单摆倒置后就成为图5.3所示的倒立摆模型。在该状态下，摆锤受到的重力被杆的支撑力所平衡，所以摆锤处于平衡状态。但是一旦给摆锤施加任意微小的扰动，它都将失去平衡并永远偏离初始的平衡位置。显然这是一个典型的不稳定平衡问题。

图 5.2　单摆(稳定平衡)

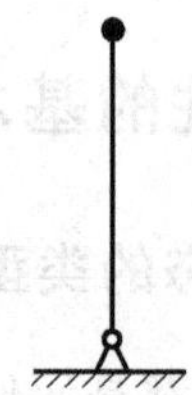

图 5.3　倒立摆(不稳定平衡)

图 5.4 是材料力学中讲述的经典欧拉压杆失稳问题的一种简单情况，即两端简支的均质弹性直杆受到无偏心的轴向压力 P 的作用。当压力 P 小于临界值 P_{cr}^1 时，杆保持挺直的状态。此时如果给杆一个横向的小扰动使其有一个小的挠曲，只要杆是完全弹性的，当扰动去除后它仍将恢复挺直的状态。可见，这个平衡状态是稳定的。当压力 P 等于临界值 P_{cr}^1 时，如果采用线性化的曲率表达式，则杆处于随遇平衡状态，在此载荷下，杆在理论上可能有任意小的挠度值，当横向小扰动去除后此小挠度并不消失；如果采用精确的曲率表达式，则杆仍然处于稳定平衡状态。当压力 P 大于临界值 P_{cr}^1 时，如果给杆一个横向的小扰动，其产生的挠曲在扰动去除后还会继续增加，直至杆远离原来的直立平衡位置达到一个新的平衡状态，或者折断。

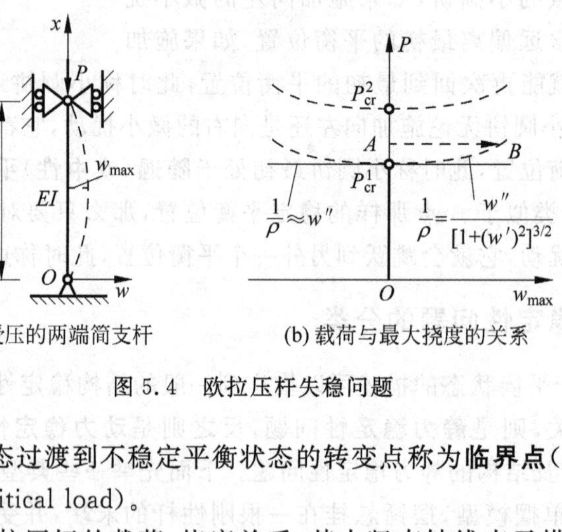

(a) 受压的两端简支杆　　(b) 载荷与最大挠度的关系

图 5.4　欧拉压杆失稳问题

结构从稳定平衡状态过渡到不稳定平衡状态的转变点称为**临界点**(critical point)，对应的载荷称为**临界载荷**(critical load)。

从图 5.4(b)给出欧拉压杆的载荷-挠度关系，其中竖直轴线表示横向挠度为零的一种可能的平衡状态，而从临界点 P_{cr}^1 出发的侧向曲线表示另外的可能平衡状态。可以看出，欧拉压杆的载荷-挠度曲线在临界点处发生了分叉。即在临界点处结构可能沿着多条不同的平衡路径发展，在微小的扰动下，结构最终会选择能量最小的那条平衡路径，表现为压缩载荷超过临界点后的变形是突然发生的。因此这样的临界点又称为**分叉点**(bifurcation point)。具有分叉点的结构失稳现象又称为**屈曲**(buckling)问题或**第一类结构稳定性问题**。类似的例子还有对称开口薄壁杆件受中心轴压时发生的扭转屈曲(图 5.5)、非对称开口薄壁杆件受轴压时发生的弯扭耦合屈曲(图 5.6)、薄壁梁在平面受弯时发生的侧向屈曲(也是一种弯扭耦合屈曲,见图 5.7)、薄板受压力(图 5.8)和受剪力(图 5.9)时的屈曲、薄壁圆柱壳受侧压时的屈曲(图 5.10)等。

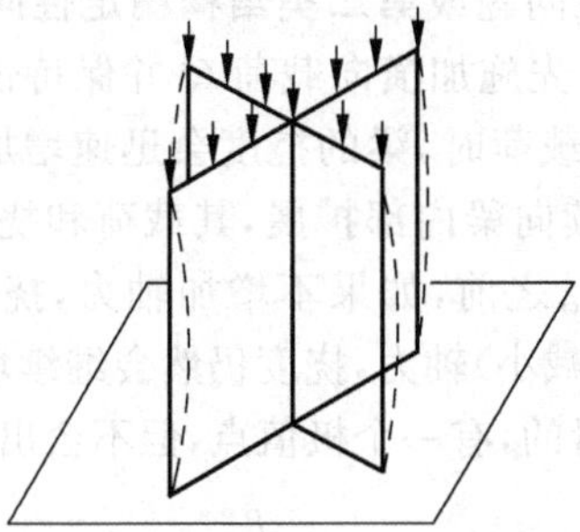

图 5.5 对称开口薄壁杆件受中心轴压屈曲

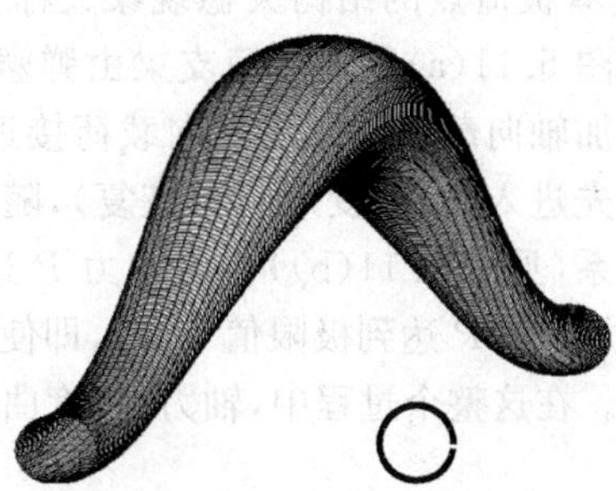

图 5.6 非对称开口薄壁杆件受轴压屈曲

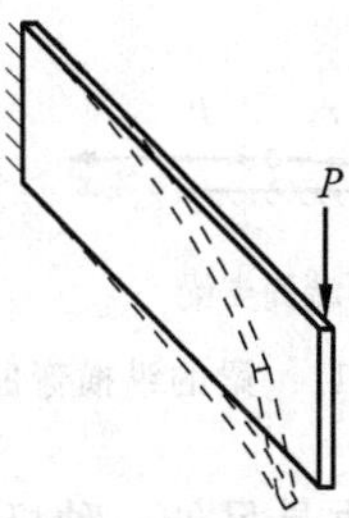

图 5.7 薄壁梁的侧向屈曲

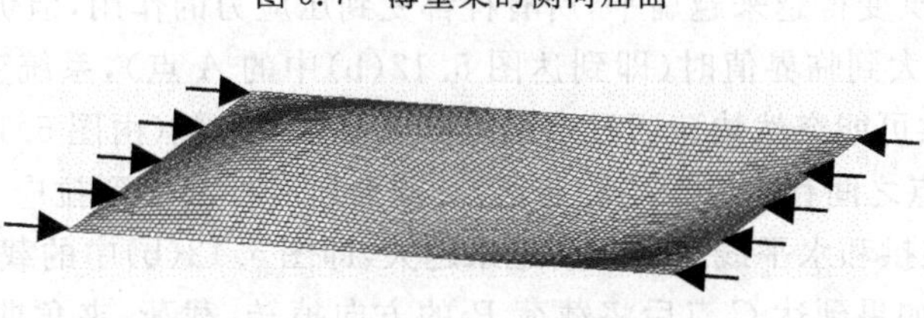

图 5.8 四边简支薄板对边受压屈曲

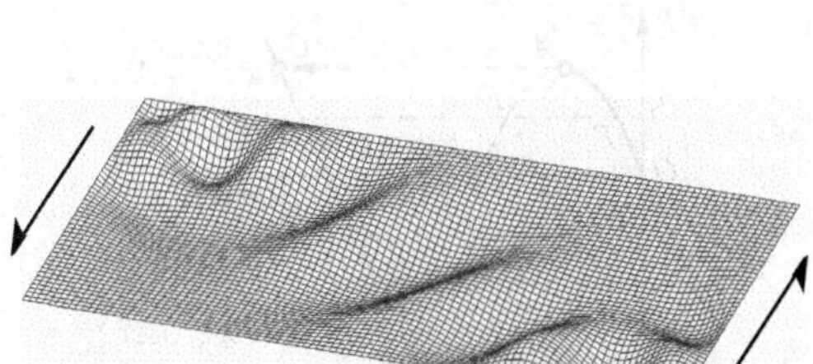

图 5.9 四边简支薄板对边受剪屈曲

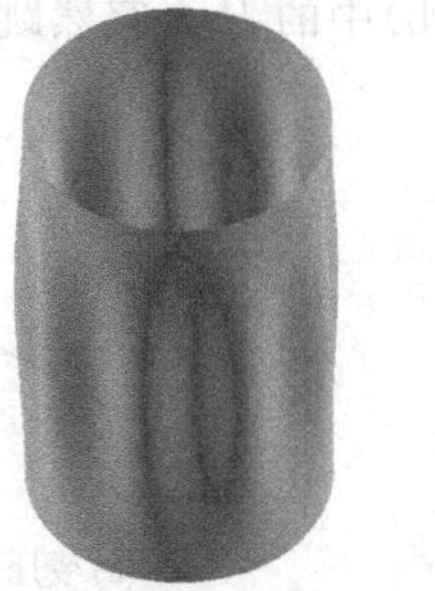

图 5.10 两端简支薄壁圆柱壳受侧压屈曲

另外一类结构稳定性问题的表现和屈曲有所不同。这些结构在从稳定平衡状态过渡到不稳定平衡状态的过程中，其载荷-位移曲线是连续平滑的，只是在临界点处达到极大值，而不会产生分叉。这样的临界点又称为**极值点**(limit point)，其对应的载荷称为**极限载荷**(limit load)。具有极值点的结构失稳现象又称为**极值稳定性**问题或**第二类结构稳定性问题**。

例如图 5.11(a)所示的简支梁由弹塑性材料制成，先施加横向载荷 Q 并保持恒定，然后再不断增加轴向载荷 P。当轴向载荷接近于欧拉临界载荷时，梁的挠度会迅速增加，其边缘的材料首先进入塑性(变形不可恢复)，随后塑性区继续向梁内部扩展，其载荷和挠度之间呈非线性关系(见图 5.11(b))。当轴力 P 达到极限值 P_{cr} 之前，如果不增加轴力，挠度不会继续自动增加；当 P 达到极限值 P_{cr} 时，即使不增加(甚至减小)轴力，挠度仍然会继续增加，结构失去平衡。在这整个过程中，轴力-挠度曲线是连续平滑的，有一个极值点，但不会出现分叉。

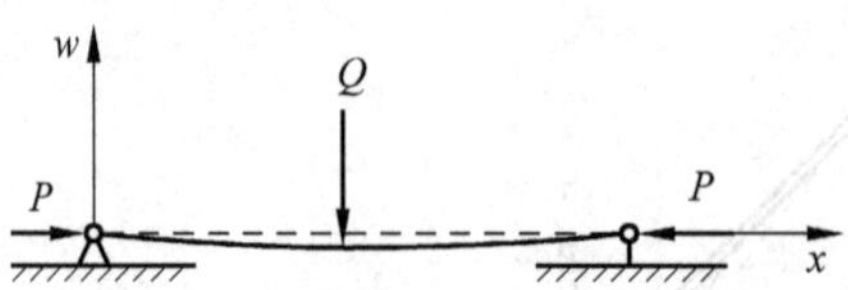

(a) 受横向和轴向压力的两端简支梁

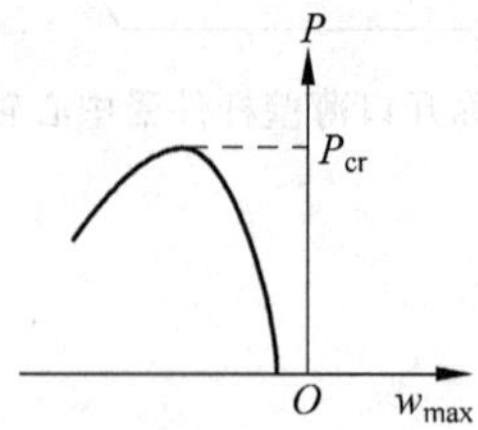

(b) 轴向载荷与最大挠度曲线

图 5.11　梁的纵横弯曲问题

图 5.12(a)所示的受压简支桁架拱是另外一种极值稳定性问题。在压力 P 逐渐增大但小于临界值时桁架拱变得越来越扁平，所有杆都受到压应力的作用，但仍然处于稳定的平衡状态。当压力 P 增大到临界值时(即到达图 5.12(b)中的 A 点)，系统变得不稳定，在受到干扰后，整个桁架拱可能突然快速通过水平线而拱向另外一侧(由图 5.12(b)中的 A 点突然跳到 C 点，A、C 两点之间存在一个不稳定区)。此时所有杆都受到拉应力的作用，如果继续增加载荷 P，则桁架拱和水平线的夹角会越来越大，即图 5.12(b)中的载荷-夹角曲线会在 C 点以后继续上升。如果到达 C 点后将载荷 P 的方向掉转，载荷-夹角曲线将会沿着 CB 发展，到达 B 点后整个桁架拱又变得不稳定，可能突然快速通过水平线而拱向最初的那侧(由图 5.12(b)中的 B 点突然跳到 D 点)。另外从图 5.12(b)中可以看出，对于同一载荷 P_1，可

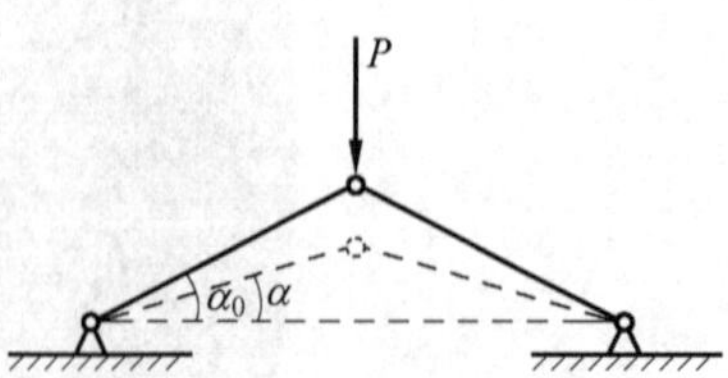

(a) 受压的简支桁架拱

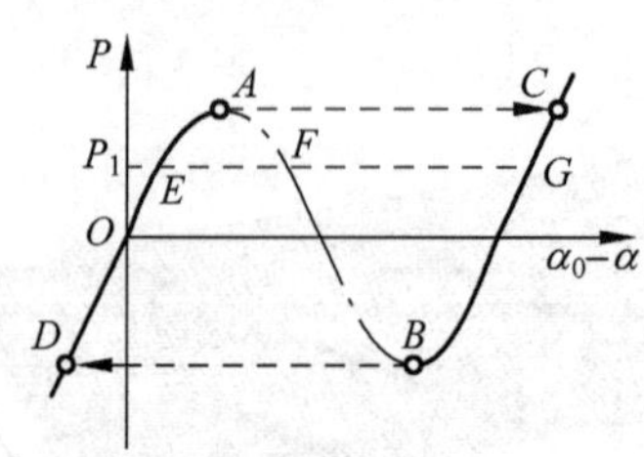

(b) 压力与夹角变量的关系

图 5.12　受压简支桁架拱的突跳问题

能有 E、F 和 G 个不同的平衡状态。在这个多稳态系统中，F 点是不稳定的，在外界干扰下，可能发生从一个稳态向另一稳态的跳跃。

像桁架拱这样的失稳形式称为**突跳失稳**(snap-through)，它也是一种极值稳定性问题，图 5.12(b)中的 A 和 B 点都是极值点。类似的典型例子还有如图 5.13 中所示的两端受弯矩作用的曲板条，当弯矩达到临界值时就会出现突跳失稳。另外球壳和扁拱受外压作用时也会出现类似情况。

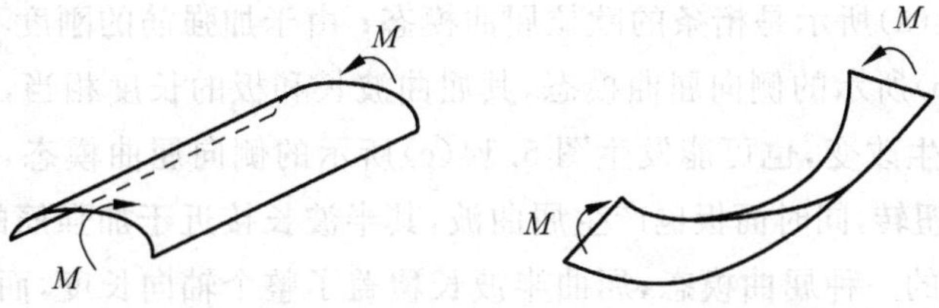

(a) 曲板条失稳前 (b) 曲板条失稳后

图 5.13 两端受弯矩作用的曲板条发生突跳失稳

5.1.3 屈曲模态

对屈曲问题，载荷在达到临界点之前，结构处于**前屈曲**(pre-buckling)阶段；载荷超过临界点后，结构进入**后屈曲或过屈曲**(post-buckling)阶段。结构发生屈曲时的变形模式称为**屈曲模态**(buckling mode)。在给定的载荷模式下，结构可能有多个临界载荷，相应的也会有多个屈曲模态。例如对图 5.4 所示的欧拉压杆失稳问题，其临界载荷的一般公式为(推导过程见 5.1.5 节)：

$$P_{cr}^{n} = \frac{(n\pi)^2 EI}{l^2}, \quad n = 1,2,\cdots \tag{5.1.1}$$

相应的挠度曲线为：

$$w^n(x) = A\sin\left(\frac{n\pi x}{l}\right), \quad n = 1,2,\cdots \tag{5.1.2}$$

上式中 A 为一不定的非零常数；n 称为临界载荷或屈曲模态的**阶数**。无论 A 值是多少，只要 n 值固定，式(5.1.2)就反映了该状态下挠度曲线的模式。屈曲模态通常是呈周期性变化的，相应的也就有波长或半波长的概念。实际上在没有附加约束条件下，总是产生第一阶($n=1$)的屈曲模态。若人为地施加约束，使 $P>P_{cr}^{1}$ 时杆件仍然保持挺直(图 5.4(b)中的 A 点)，一旦撤除约束，由于该平衡状态是不稳定的，杆件很可能突然跳到另外一个能量低的平衡状态，即从图 5.4 中的 A 点跳到 B 点，这对工程结构来说是非常危险的。另外高阶的屈曲模态在动力稳定性分析中会有更重要的意义[4,6]。

工程上习惯将薄壁结构的屈曲模态分为**总体屈曲模态**、**局部屈曲模态**和**混合屈曲模态**三种。其实同一结构在不同的载荷作用下，其屈曲时产生的鼓包(或凹坑)可能遍布整个结构，也可能只出现在结构的局部区域。但无论怎样，它们都是结构的某阶屈曲模态，是结构整体的一种性质。因此很难准确地定义总体屈曲模态、局部屈曲模态和混合屈曲模态这些概念(例如混合屈曲模态也应该是遍布整个结构的)。为了使读者了解这些工程上的习惯称呼，下面将介绍一些典型的屈曲现象。

工程上的总体屈曲模态常常指结构屈曲时产生的鼓包(或凹坑)遍布于整个结构，而且单个鼓包(或凹坑)的尺寸(屈曲模态的波长)与结构的特征尺寸(例如长度和宽度)有相同的数量级。如图 5.14(a)所示是桁条的欧拉屈曲模态；由于加强筋的刚度不同，加筋板受压后可能发生图 5.14(b)所示的侧向屈曲模态，其屈曲波长和板的长度相当，而加强筋和面板的截面形状都没有发生改变，也可能发生图 5.14(c)所示的侧向屈曲模态，此时加强筋整体绕自身的轴线发生了扭转，同时面板也产生屈曲波，其半波长接近于加强筋的间距；图 5.14(d)是圆柱壳在轴压下的一种屈曲模态，屈曲半波长覆盖了整个轴向长度，而周向出现了一些波长较短的屈曲波。

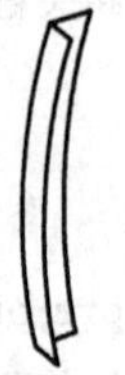
(a) 受压桁条的侧向屈曲

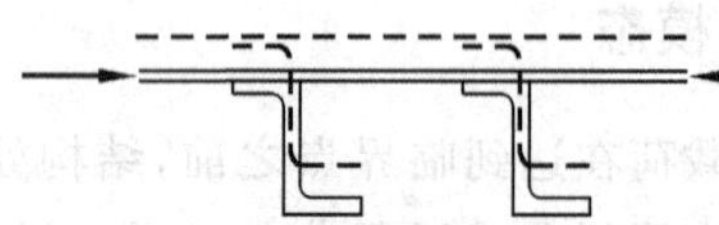
(b) 加筋板侧向只有一个屈曲波

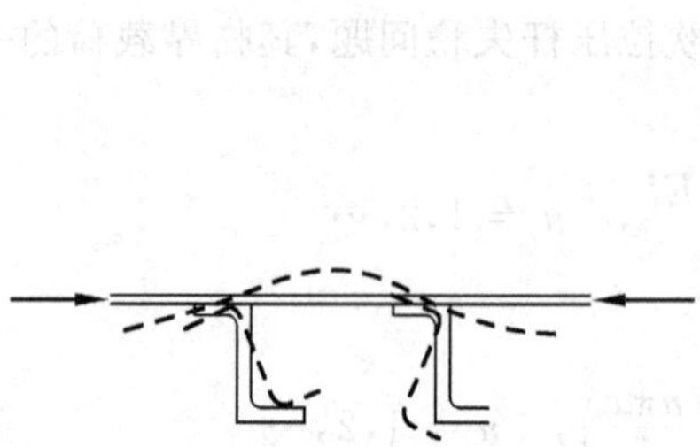
(c) 加筋板侧向有多个屈曲波

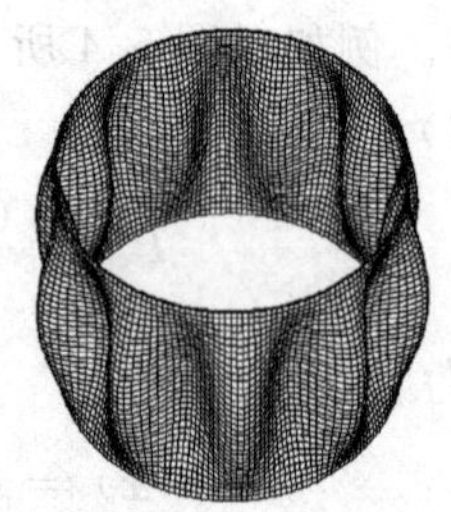
(d) 两端简支受轴压圆柱薄壳的屈曲

图 5.14 总体屈曲模态

工程上的局部屈曲模态指结构屈曲时产生的鼓包(或凹坑)仅发生在结构的局部区域，屈曲模态的波长远小于与结构的特征尺寸(如图 5.15 所示)。而**压损**(crippling)、**皱曲**(wrinking)以及**格间屈曲或钉间屈曲**(dimpling)是飞行器结构中几种常见的局部屈曲模态：

(1) 压损是指型材和加筋板由于局部屈曲而导致的破坏现象。当型材较短时，受压后就可能出现图 5.16(a)所示的局部屈曲现象，此时型材还能继续承受较大的载荷。当加筋板较短时,它也可能出现如图 5.16(b)所示的局部屈曲模态,其屈曲波长和加强筋的横截面尺寸相当。但是这种局部屈曲模态是针对加强筋自身而言的,整个加筋板出现的是混合屈曲模态,因为面板的屈曲波长和整个加筋板的宽度相当。

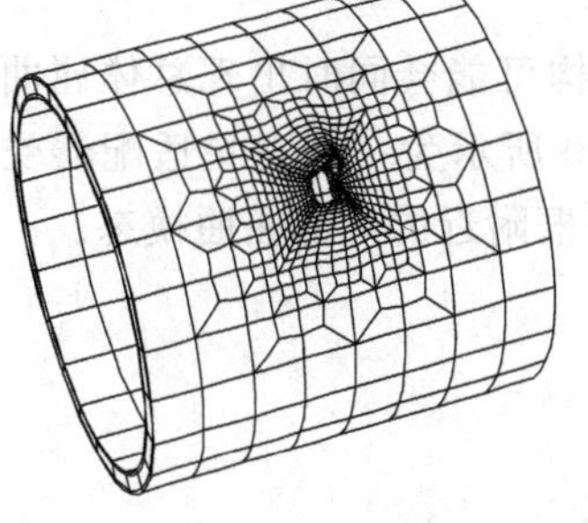

图 5.15 轴压下圆柱壳开孔附近的局部屈曲模态

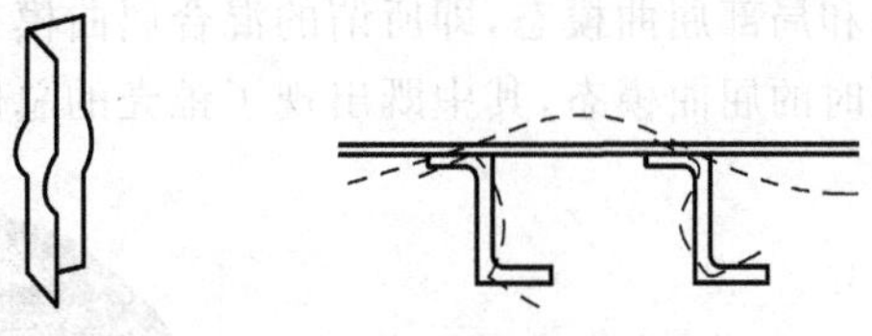

(a) 受压桁条的局部屈曲 (b) 受压加筋板的局部屈曲

图 5.16 加筋短板的压损

(2) 皱曲的英文原意是指薄板在受纯剪力作用时出现很多相互平行的皱纹(如图 5.9),现在多指夹层板的局部屈曲现象,对蜂窝夹层板来说,又特称**皱折**(Crimping)。如图 5.17 所示,皱曲时夹层板的面板在夹芯的支持下发生局部屈曲,其屈曲波长比面板的长度和宽度小很多。皱折最终可能导致夹芯压坏、面板脱胶或夹芯拉断三种结果,并进一步引起整个夹层板的破坏。

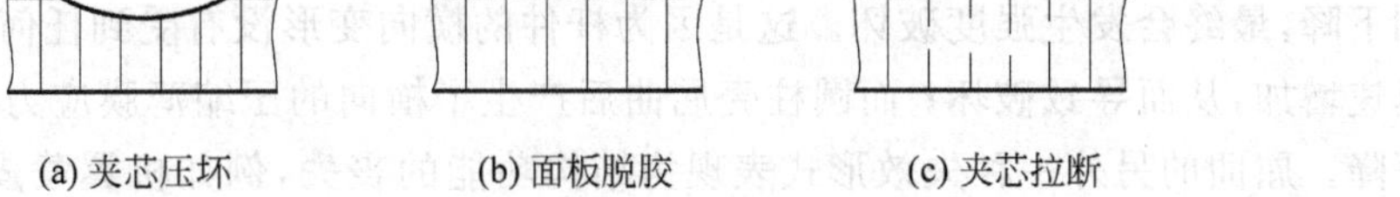

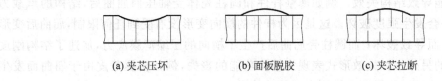

(a) 夹芯压坏 (b) 面板脱胶 (c) 夹芯拉断

图 5.17 夹层板的皱曲破坏形式

(3) 格间屈曲是指蜂窝夹层结构中蜂窝格之间的面板向格内凹陷(如图 5.18),其屈曲波长等于蜂窝格的宽度,要远小于面板的长度和宽度。当然如图 5.18 所示的这种多处出现格间屈曲的面板,严格说来应该是出现了混合屈曲模态。这种屈曲一般不会引起结构破坏,但其产生的屈曲波形在卸载后往往仍然存在。当然如果这种屈曲继续发展,当波长跨过蜂窝格后就会引起面板的皱折。

(4) 钉间屈曲是指加筋板屈曲时加强筋没有弯曲和扭转变形,而加强筋之间的蒙皮像宽柱一样发生欧拉屈曲,其波长和铆钉的间距相同(图 5.19)。发生钉间屈曲后,蒙皮便不能承受更大的载荷,从而导致整块板的破坏。

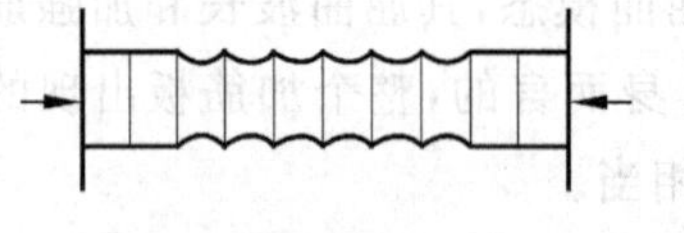

图 5.18　格间屈曲

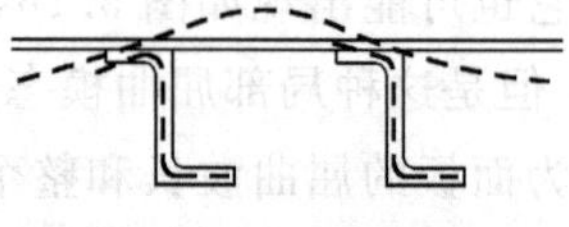

图 5.19　钉间屈曲

在图 5.16(b)和图 5.18 中我们已经看到，一个复杂的结构可能会同时出现总体屈曲模态和局部屈曲模态，即所谓的混合屈曲模态。再比如，图 5.20 所示为一个卫星适配器受轴压时的屈曲模态，其中既出现了锥壳的总体屈曲模态，又有边框附近的局部屈曲模态。

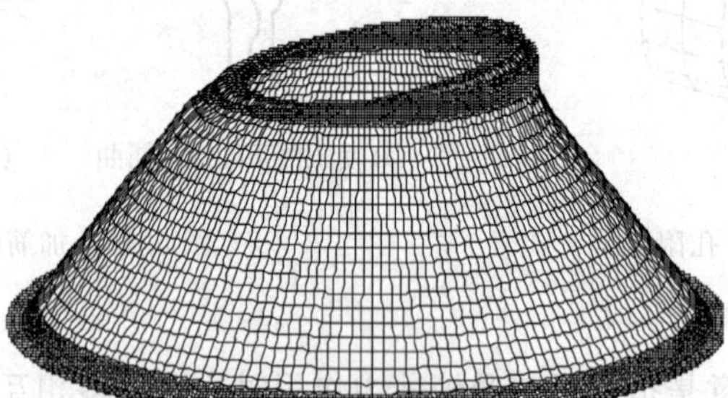

图 5.20　混合屈曲模态

5.1.4　屈曲与破坏的关系

屈曲有可能导致结构失效。例如薄壁杆件和圆柱壳体受轴压而屈曲后，结构的承载力急剧下降，最终会发生强度破坏。这是因为杆件的横向变形没有受到任何限制，屈曲后变形将迅速增加，从而导致破坏；而圆柱壳屈曲后产生了横向的压缩薄膜应力，加速了结构刚度的下降。屈曲的另外一种失效形式表现为结构功能的丧失，例如机翼蒙皮由于屈曲而发生了形状的改变，从而不能保证飞机原有的气动外形。

但屈曲并不总是导致结构失效。例如四边受约束的平板，当受压出现屈曲后，非承载边的约束能够产生拉伸薄膜应力，限制了板的横向变形，从而使板的承载能力仍然可以增加；当薄板受剪出现屈曲后，由于和板的一条对角线平行的材料仍然处于拉伸状态，因此可以继续承受更大的剪力。对于这种情况，如果能够充分挖掘结构屈曲后的承载潜力，对减轻飞行器结构的重量是大有好处的。这类问题见 5.3.3 节和 5.3.4 节。

5.1.5　保守系统中弹性结构屈曲的研究方法

从上面的介绍可以看出，屈曲问题中结构位移不是唯一的，相同的载荷可能对应不同的平衡状态。而在弹性力学中已经证明，无初应力的线弹性系统的解是唯一的，因此原则上不能用线弹性理论来研究屈曲问题。其实，弹性屈曲的本质是因为刚度下降而导致结构不能再维持稳定的平衡状态。如果用线性理论进行分析，结构的刚度和外载荷是没有关系的；

但如果采用大变形(也称几何非线性,即应变和位移是非线性的关系)理论进行分析[10],就可以描述结构的刚度随着压应力的增加而减小的现象(这也意味着**拉应力是不会导致结构的弹性屈曲的**)。

从以上的讨论可知,原则上应该应用大变形理论来研究结构的弹性屈曲问题。不过有些情况下只要在变形后的平衡状态下来讨论结构的屈曲,即便应用线性几何关系也可以得到比较满意的结果,例如杆和板的屈曲问题。但对圆柱壳在轴压下的屈曲和球壳在外压下的屈曲这类问题,用线性几何关系得到的理论临界载荷将远大于实验结果,因此在工程中应用线性理论临界载荷必须采用较高的安全系数。本章主要讨论基于线性理论的结构屈曲问题,对非线性屈曲问题只作一些说明。

选定了基本力学模型后,还必须采用某种稳定性准则才能研究屈曲问题。常用的稳定性准则有**静力学准则**、**能量准则**和**动力学准则**[4,6]。下面就对这几种准则分别加以解释。

1. 静力学准则

正如讨论图5.1所示的刚性小圆饼的稳定性时所采用的方法一样,从静力学角度来研究平衡的稳定性,就是在外加载荷不变的情况下,对处于初始平衡位置的系统施加微小的任意干扰,使之偏离原位,看干扰去除之后系统是否还能回到初始的平衡位置。因此,基于静力学准则的屈曲分析方法,就需要在外载荷不变的情况下,对于初始平衡状态邻近的一切干扰状态上建立考虑变形影响的静力平衡方程。如果采用线性几何关系,则该组方程的特征值就是系统的临界载荷,和每个特征值对应的特征函数就是屈曲模态;如果采用大变形理论,就需要追踪完整的载荷-变形曲线,该曲线的分叉点就对应了相应的临界载荷,而此时该分支的变形曲线就是屈曲模态[10]。在实际工程中往往只对最小临界值感兴趣。

例5.1　根据静力学准则求解图5.4(a)所示的欧拉压杆屈曲问题。

解:杆初始处于挺直的平衡状态,向右的侧向弯曲是其邻近的一个干扰状态。在干扰状态下建立平衡方程:

$$\frac{1}{\rho}=-\frac{Pw}{EI} \tag{5.1.3}$$

其中曲率$\frac{1}{\rho}$和挠度w的精确关系是非线性的:

$$\frac{1}{\rho}=\frac{w''}{[1+(w')^2]^{3/2}} \tag{5.1.4}$$

但刚开始屈曲时侧向变形很小,因此曲率可以近似地表达为以下与挠度的线性关系:

$$\frac{1}{\rho}\approx w'' \tag{5.1.5}$$

将式(5.1.5)代入式(5.1.3)中得到:

$$w''+\frac{P}{EI}w=0 \tag{5.1.6}$$

不难得到上式的通解为:

$$w = A\sin\left(\sqrt{\frac{P}{EI}}x\right) + B\cos\left(\sqrt{\frac{P}{EI}}x\right) \tag{5.1.7}$$

上式中的待定系数 A 和 B 可以由边界条件确定：

$$w(0) = 0 \ \Rightarrow \ B = 0$$

$$w(l) = 0 \ \Rightarrow \ A\sin\left(\sqrt{\frac{P}{EI}}l\right) + B\cos\left(\sqrt{\frac{P}{EI}}l\right) = 0$$

可见，若问题有非零解，则必须要求：

$$\sin\left(\sqrt{\frac{P}{EI}}l\right) = 0 \ \Rightarrow \ \sqrt{\frac{P}{EI}}l = n\pi, \quad n = 1,2,\cdots \tag{5.1.8}$$

由上式可求出各阶临界载荷(式(5.1.1))和相应的屈曲模态(式(5.1.2))：

$$P_{cr}^{n} = \frac{(n\pi)^2 EI}{l^2}, \quad n = 1,2,\cdots$$

$$w^{n}(x) = A\sin\left(\frac{n\pi x}{l}\right), \quad n = 1,2,\cdots$$

由于压力超过第一阶临界载荷后，杆的侧向挠度会迅速增大，因此工程设计上认为此时的杆件已经失效，线性分析的结果已经可以满足需要。如果要精确求出屈曲后的载荷-挠度曲线，那么就必须使用精确的曲率表达式(5.1.4)，此时平衡方程式(5.1.3)是一个非线性的微分方程[6]。图 5.4(b)对比了基于线性和非线性理论的载荷-最大挠度曲线。

2. 能量准则

仍以图 5.1 中的刚性小圆饼的稳定性为例，从能量的角度来看，如果外界只有做正功才能让系统偏离初始平衡位置，那么这个系统的初始平衡状态就是稳定的；如果外界在任何方向做负功都能让系统偏离初始平衡位置，那么这个系统的初始平衡状态就是不稳定的；如果外界需要在某些方向做正功，在某些方向做负功才能让系统偏离初始平衡位置，那么这个系统在初始时刻就处于条件平衡状态；如果外界不做功，系统的平衡位置也能发生改变，那么就是随遇平衡的情况。

第 4 章中的势能极值原理已经说明，对于保守系统的任何平衡状态，其势能对任意虚位移的一次变分为零：

$$\delta\Pi = 0$$

但为了判别该平衡状态是否稳定，还必须考察邻近任意干扰位置处势能 Π' 的变化：

$$\Delta\Pi = \Pi' - \Pi \tag{5.1.9}$$

在初始平衡状态邻近，若对一切干扰都有 $\Delta\Pi>0$，那么该平衡状态就是稳定的；若一切干扰都使 $\Delta\Pi<0$，那么该平衡状态是不稳定的；若至少存在一个干扰使 $\Delta\Pi<0$，另一个干扰使 $\Delta\Pi>0$，那么该系统就是条件平衡的；若至少存在一个干扰使 $\Delta\Pi=0$，而不存在任何使 $\Delta\Pi<0$ 的干扰，那么初始平衡状态是随遇的，因为它的势能同此特定的干扰位置的势能相等，而对其他干扰仍为极小值。

为便于使用上述准则，将 Π' 在初始平衡状态邻近展成泰勒级数：

$$\Pi' = \Pi + \delta\Pi + \frac{1}{2!}\delta^2\Pi + \cdots + \frac{1}{n!}\delta^n\Pi + \cdots \tag{5.1.10}$$

再考虑到式(4.2.24)，式(5.1.9)变为：

$$\Delta\Pi = \frac{1}{2!}\delta^2\Pi + \cdots + \frac{1}{n!}\delta^n\Pi + \cdots \tag{5.1.11}$$

假定干扰很小，则 $\Delta\Pi$ 可以只取到扰动位移的二次项：

$$\Delta\Pi \approx \frac{1}{2!}\delta^2\Pi \tag{5.1.12}$$

那么，根据上面的讨论就可以得到下面的判别稳定性的准则：

(1) 若在初始平衡状态邻近的一切干扰都有 $\delta^2\Pi>0$，则该平衡状态是稳定的；

(2) 若在初始平衡状态邻近的一切干扰都有 $\delta^2\Pi<0$，则该平衡状态是不稳定的；

(3) 若在初始平衡状态的邻近沿某一干扰途径变动时有 $\delta^2\Pi<0$，沿另一干扰途径变动时有 $\delta^2\Pi>0$，则该系统处于条件平衡状态；

(4) 若在初始平衡状态邻近至少存在一个特定的干扰位置，使 $\delta^2\Pi=0$，但不存在任何使 $\delta^2\Pi<0$ 的干扰途径，则该平衡状态是随遇的。

但如果在初始平衡状态邻近的所有位置都有 $\delta^2\Pi=0$，那么式(5.1.12)就不再成立，还需要考查更高阶的项。一般地，可以证明[6]：当式(5.1.11)中等号右边第一个不为零的项 $\delta^n\Pi$ 的 n 是奇数时，初始平衡状态是不稳定的；n 是偶数时，若 $\delta^n\Pi>0$，则初始平衡状态是稳定的；若 $\delta^n\Pi<0$，则初始平衡状态是不稳定的。

例 5.2　根据能量准则求解图 5.4(a)所示的欧拉压杆屈曲问题。

解：杆初始处于挺直的平衡状态，向右的侧向弯曲是其邻近的一个干扰状态。在干扰状态下系统的势能为：

$$\Pi = \int_0^l\int_A \frac{1}{2}\frac{Ez}{\rho}\frac{z}{\rho}\mathrm{d}A\mathrm{d}x - P\Delta = \int_0^l \frac{1}{2}\frac{EI}{\rho^2}\mathrm{d}x - P\Delta \tag{5.1.13}$$

其中 Δ 是杆上端的轴向位移。刚开始屈曲时，侧向变形很小，假设杆轴线总长 l 在变形前后保持不变，屈曲后杆端坐标为 $x=l'$，因此 Δ 可以近似为：

$$\Delta = l - l' = \int_0^{l'}\sqrt{1+(w')^2}\,\mathrm{d}x - l' \approx \int_0^l \frac{1}{2}(w')^2\mathrm{d}x \tag{5.1.14}$$

将式(5.1.5)和式(5.1.14)代入式(5.1.13)，得到：

$$\Pi = \int_0^l \frac{1}{2}EI(w'')^2\mathrm{d}x - P\int_0^l \frac{1}{2}(w')^2\mathrm{d}x \tag{5.1.15}$$

由势能极值原理，对式(5.1.15)求一阶变分就可以得到系统的所有平衡状态：

$$\delta\Pi = \int_0^l EIw''\delta w''\mathrm{d}x - P\int_0^l w'\delta w'\mathrm{d}x = 0 \tag{5.1.16}$$

将上式进行分部积分，可以得到：

$$\int_0^l (EIw^{(\mathrm{IV})} + Pw'')\delta w\mathrm{d}x + (EIw''\delta w' - EIw'''\delta w - Pw'\delta w)_0^l = 0 \tag{5.1.17}$$

于是可以得到该系统完整的微分提法：
欧拉方程：

$$EIw^{(\mathrm{IV})}+Pw''=0 \tag{5.1.18}$$

自然边界条件：

$$EIw''(0)=EIw''(l)=0 \tag{5.1.19}$$

再加上强制边界条件：

$$w(0)=w(l)=0 \tag{5.1.20}$$

由此，不难得到式(5.1.18)的通解为：

$$w=A\sin\left(\sqrt{\frac{P}{EI}}x\right)+B\cos\left(\sqrt{\frac{P}{EI}}x\right)+Cx+D \tag{5.1.21}$$

上式中的待定系数 A、B、C 和 D 可以由自然边界条件和强制边界条件确定。将式(5.1.19)和式(5.1.20)代入式(5.1.21)可以得到：$A\sin\left(\sqrt{\frac{P}{EI}}l\right)=0, B=C=D=0$。由此可以得到式(5.1.1)和式(5.1.2)的计算结果。

求出了系统的所有平衡状态后还需要 $\delta^2\Pi$ 来判断其稳定性。根据式(5.1.2)，可以令：

$$w(x)=\sum_{n=1}^{\infty}a_n\sin\left(\frac{n\pi x}{l}\right) \tag{5.1.22}$$

将式(5.1.22)代入式(5.1.15)，并求二阶变分，得到：

$$\delta^2\Pi=\frac{l}{2}\sum_{n=1}^{\infty}\left[EI\left(\frac{n\pi}{l}\right)^2-P\right]\left(\frac{n\pi}{l}\right)^2(\delta a_n)^2 \tag{5.1.23}$$

当 $P<\frac{\pi^2EI}{l^2}$ 时，$\delta^2\Pi>0$，该平衡状态是稳定的；

当 $P=\frac{\pi^2EI}{l^2}$ 时，$\delta^2\Pi\geqslant0$，该平衡状态是随遇的；

当 $P>\frac{\pi^2EI}{l^2}$ 时，至少存在一个干扰使 $\delta^2\Pi<0$，该平衡状态是不稳定的。

能量准则中涉及系统的势能，所以它只对保守系统才能适用。此时静力学准则和能量准则是等价的，因为弹性系统的能量提法和微分提法是等价的。

3. 动力学准则

动力学准则是建立在李亚普诺夫(A. M. Ляпунов，英文译名为 A. M. Liapunov)动力稳定性定义的基础上的，其基本含义是：某一弹性系统包含 n 个广义坐标 $q_i(i=1,2,\cdots,n)$，其初始平衡位置为 $q_i=a_i$，在系统受到干扰后，会在其初始平衡位置附近产生扰动 $\bar{q}_i=q_i-a_i$。如果系统是稳定的，那么总可以找到这样的扰动，使今后系统的运动绝不越出某个预先给定的与初始平衡位置任意接近的界限。

动力准则是针对有限自由度系统发展起来的，对于连续的弹性体系可谨慎地予以推广。虽然很多研究表明这一推广是可行的，但对此至今尚未有严格的证明[4,6]。

对于保守系统，静力学准则、能量准则和动力学准则是等价的。但对于图 5.21 所示的载荷方向随着结构变形而改变的非保守系统，使用静力学准则和动力学准则会得出截然不同的结果[4,6]。本章只讨论保守系统。

图 5.21　随动载荷作用下的压杆

无论采用静力学准则还是能量准则，都必须在偏离初始平衡状态的一个微小扰动状态下进行讨论，即最终得到的临界载荷依赖于所选择的屈曲形式。工程设计时，最关心的往往是最低的临界载荷，这就要求设计人员能够正确判断哪种屈曲模态对应的临界载荷是最低的。例如受轴压作用的开口薄壁杆件，根据杆长以及截面形状的不同，最先出现的可能是弯曲模态（对应欧拉公式），也可能是扭转模态或弯扭模态（见 5.2.1 节），还可能出现局部屈曲模态（见 5.3.2.2 节）。

实际工程中很多复杂的问题是无法得到精确解答的。这时可以采用第 4 章中介绍的近似方法进行求解，其中最常用的是里兹法和有限单元法[10]。应用有限单元法时可以采用求系统特征值的方法得到临界载荷和屈曲模态，也可以采用增量迭代的方式来一步步地得到结构的载荷-位移曲线。需要指出的是，现在流行的有限元方法都是以位移为基本未知量的，由于需要事先假设位移试函数的形式，相当于给系统增加了限制条件，使其刚度比实际值偏大。因此有限单元法（特别是通过求特征值的方法）求得的临界载荷是偏大的。为安全起见，设计载荷应该小于用有限单元法计算得到的屈曲临界载荷。此外，计算时采用比较稀疏的有限单元网格是很难捕捉到结构的局部屈曲模态的。

必须意识到，采用理论公式和近似计算方法时，都采用了理想的边界条件假设，基本上都没有考虑结构的初始缺陷，也很少顾及材料塑性的影响，这和实际情况都是有差别的。例如受压的薄壁杆件问题，当边界条件改变时，结构的屈曲情况可能发生很大的变化；当杆较短时还可能先进入塑性再发生屈曲。而初始缺陷对临界载荷的影响，对不同的结构，其重要程度也是不同的。在杆、板和壳这三种结构中，壳体的临界载荷对初始缺陷是最敏感的。针对这些情况，工程中常常根据实验数据来修正理论公式，从而得到一些半经验公式，并制成手册提供给设计人员使用[7,9]。在手册规定的适用范围内，这些半经验公式都经过了实验数据的检验，因此具有较高的可信度。

5.2　开口薄壁杆件的弯扭屈曲

在材料力学中已经详细讨论了杆件受压时的欧拉屈曲现象，此时只关注杆件的弯曲失稳，而没有考虑到杆件扭转变形的可能性。对实心或闭口薄壁杆件来说，由于其扭转刚度较大，在实际使用过程中通常只出现弯曲失稳现象，这时应用欧拉压杆屈曲理论已经足够。但是飞行器结构中常用的开口薄壁杆件的扭转刚度很弱，实际使用时往往首先发生扭转屈曲，或者同时发生弯曲和扭转屈曲。

5.2.1 中心受压杆件的扭转屈曲

图 5.22(a)所示的具有双对称截面的开口薄壁杆件受到中心轴压的作用。杆件两端的侧向位移和轴向转动都被约束住，但可以绕 y 轴和 z 轴自由旋转。杆件在初始平衡状态附近受到扰动时，除了可能发生侧向弯曲外还可能发生轴向扭转变形。下面就用静力学准则来求解压杆的扭转临界载荷。

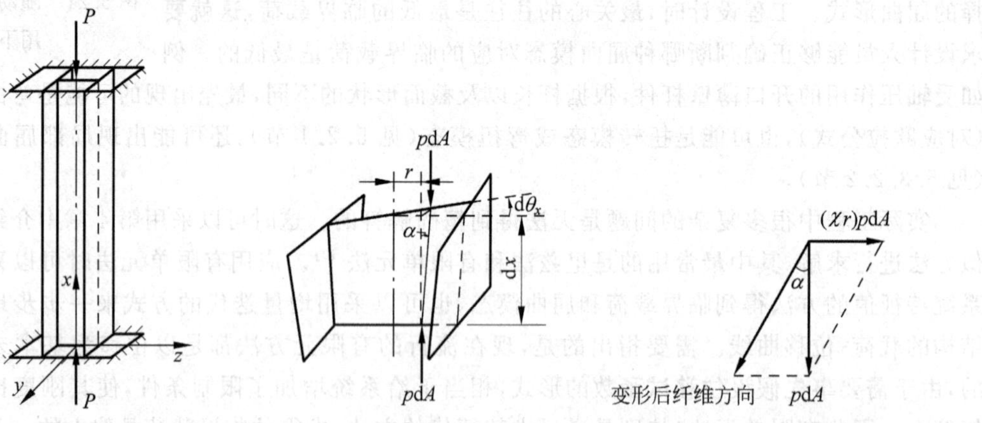

(a) 初始平衡状态　(b) 扭转的微元　(c) 外压力在变形后杆横截面上的分解

图 5.22　具有双对称截面的中心受压杆件的扭转屈曲

假设在轴压 P 作用下杆件发生微小的扭转变形，于是轴压会产生水平方向的分力。考察图 5.22(b)中所示长度为 $\mathrm{d}x$ 的微元，它绕 x 轴扭转了 $\mathrm{d}\theta_x$ 角度，这时距离扭转中心为 r 的轴向纤维和 x 轴的夹角为：

$$\alpha = \frac{r\mathrm{d}\theta_x}{\mathrm{d}x} = \chi r \tag{5.2.1}$$

其中$\chi = \dfrac{\mathrm{d}\theta_x}{\mathrm{d}x}$是单位长度的扭转角。

变形后外力在杆横截面内水平方向分力 P_s 和纤维轴向分力的合力等于轴线 x 向的压力 $p\mathrm{d}A$(见图 5.22(c))：

$$p = P/A \tag{5.2.2a}$$

$$P_s = (\chi r)p\mathrm{d}A \tag{5.2.2b}$$

其中 $\mathrm{d}A$ 为截面上的微元面积。水平方向分力 P_s 在截面上形成一个逆时针外扭矩：

$$M_x^{(a)} = \int_A P_s r\mathrm{d}A = \chi p\int_A r^2\mathrm{d}A = \chi p I_P \tag{5.2.3}$$

其中 I_P 为截面的极惯性矩。

约束扭转状态中，杆件横截面上抵抗外加扭矩的内力矩由两部分构成：圣维南自由扭转扭矩与约束扭转扭矩。其中圣维南自由扭转扭矩为：

$$M_x^{(st)} = \chi D_P \tag{5.2.4}$$

其中 D_P 是自由扭转刚度。而约束扭转扭矩为：

$$M_x^{(\omega)} = -\chi'' EI_\omega \tag{5.2.5}$$

其中 I_ω 是主扇性惯性矩，E 是弹性模量。

在压杆的每一微段上作用的外扭矩应与内力矩平衡，由式(5.2.3)～式(5.2.5)可建立微段的扭矩平衡方程：

$$\begin{cases} M_x^{(a)} = M_x^{(st)} + M_x^{(\omega)} \\ \chi p I_P = \chi D_P - \chi'' EI_\omega \end{cases} \tag{5.2.6}$$

令：

$$k^2 = \frac{pI_P - D_P}{EI_\omega} \tag{5.2.7}$$

式(5.2.6)变为：

$$\theta'''_x + k^2 \theta'_x = 0 \tag{5.2.8}$$

式(5.2.8)的通解为：

$$\theta_x = A\sin kx + B\cos kx + C \tag{5.2.9}$$

其中的待定常数 A、B 和 C 可由边界条件确定：

端部不能扭转：

$$\theta_x(0) = 0 \Rightarrow B + C = 0 \tag{5.2.10a}$$

$$\theta_x(l) = 0 \Rightarrow A\sin(kl) + B\cos(kl) + C = 0 \tag{5.2.10b}$$

端部可自由翘曲(双力矩为零)：

$$-EI_\omega \theta''_x(0) = 0 \Rightarrow B = 0 \tag{5.2.10c}$$

$$-EI_\omega \theta''_x(l) = 0 \Rightarrow A\sin(kl) + B\cos(kl) = 0 \tag{5.2.10d}$$

联立上面四式，易得 $A\sin(kl)=0, B=C=0$。系统若有非零解，则必有：

$$\sin(kl) = 0 \Rightarrow kl = n\pi, \quad n = 1,2,\cdots \tag{5.2.11}$$

由式(5.2.7)和式(5.2.11)可求出各阶临界压应力 p_{cr}^n 和相应的屈曲模态：

$$p_n^{cr} = \frac{D_P + \left(\frac{n\pi}{l}\right)^2 EI_\omega}{I_P}, \quad n = 1,2,\cdots \tag{5.2.12}$$

$$\theta_x^n(x) = A\sin\left(\frac{n\pi x}{l}\right), \quad n = 1,2,\cdots \tag{5.2.13}$$

对于例 2.12 中的工字梁，由式(5.2.12)知其扭转屈曲的第一阶临界压应力为：

$$p_{扭}^{cr} = \frac{\frac{E(2B+H)h^3}{6(1+\nu)} + \left(\frac{\pi}{l}\right)^2 E\frac{H^2B^3h}{24}}{\frac{hB^3}{6} + \frac{Hh^3}{12} + \frac{hH^3}{12} + 2\left(\frac{Bh^3}{12} + \frac{BhH^2}{4}\right)} \tag{5.2.14}$$

而根据式(5.1.1)，其弯曲屈曲的第一阶临界压应力为：

$$p_{弯}^{cr} = \frac{\left(\frac{\pi}{l}\right)^2 E}{(2B+H)h} \mathrm{Min}\left[\frac{hB^3}{6}+\frac{Hh^3}{12}, \frac{hH^3}{12}+2\left(\frac{Bh^3}{12}+\frac{BhH^2}{4}\right)\right] \tag{5.2.15}$$

一般 H 和 B 的数量级相当，且远大于 h 的数量级；而 l 的数量级又远大于 H 和 B。在某种截面尺寸下，扭转临界应力可能小于弯曲临界应力。例如当 $B \approx 2H$，在略去小量后，可得到扭转和弯曲临界压应力的近似值：

$$p_{扭}^{cr} \approx E\left[\frac{10}{29(1+\nu)}\left(\frac{h}{H}\right)^2 + \frac{4\pi^2}{29}\left(\frac{H}{l}\right)^2\right] \approx E\,\frac{4\pi^2}{29}\left(\frac{H}{l}\right)^2 \tag{5.2.16}$$

$$p_{弯}^{cr} \approx E\,\frac{13\pi^2}{60}\left(\frac{H}{l}\right)^2 \tag{5.2.17}$$

此时 $p_{扭}^{cr} < p_{弯}^{cr}$，最容易发生扭转屈曲。

5.2.2 受弯薄壁梁的侧向屈曲

图 5.7 所示的薄壁梁，受到横向载荷的作用，使其在刚度最大的方向弯曲。当受压边的压应力达到某一临界值时，由于侧向的弯曲刚度最小，梁就会有侧向屈曲的趋势，但是受拉边仍然力图保持原来的状态，于是梁截面会发生扭转。再加上原来的横向弯曲变形，最终梁会发生弯扭耦合屈曲。

以图 5.23 所示的工字梁为例来说明怎样应用静力学准则研究薄壁梁的侧向屈曲问题。图 5.23 中 x、y、z 和 ξ、η 和 ζ 分别是初始平衡状态的主轴和变形后某点的局部主轴。其中 x 和 ξ 轴通过梁截面的弯心，y、z 和 η、ζ 轴通过梁截面的形心。对于对称工字梁，弯心和形心重合。在初始平衡状态附近的微小弯扭变形状态上，杆件横截面上的内力素：弯矩 M_η、M_ζ 和扭矩 M_ξ 满足以下弹性关系：

$$EI_\eta \frac{d^2 w}{dx^2} = -M_\eta \tag{5.2.18a}$$

$$EI_\zeta \frac{d^2 v}{dx^2} = M_\zeta \tag{5.2.18b}$$

$$D_P \frac{d\theta_x}{dx} - EI_\omega \frac{d^3\theta_x}{dx^3} = M_\xi \tag{5.2.18c}$$

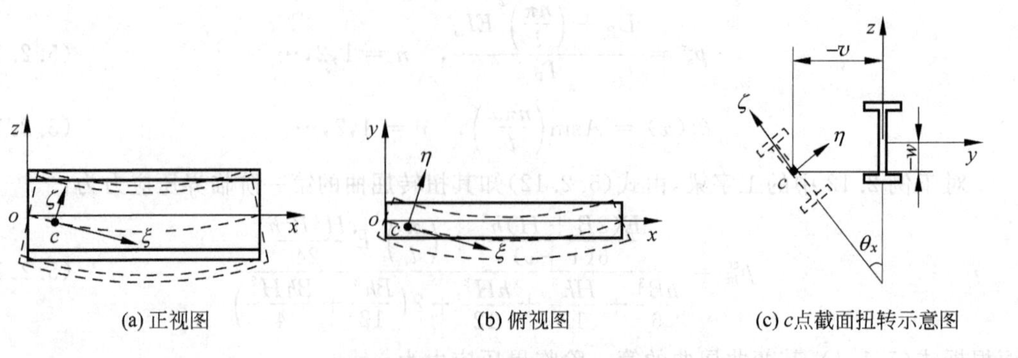

图 5.23 工字梁的侧向屈曲模态

其中 M_η、M_ζ 和 M_ξ 分别为截面局部坐标系下的两个方向的弯矩和轴向扭矩；EI_η 和 EI_ζ 分别为截面局部坐标系下的两个方向的弯曲刚度；I_ω 为截面主扇性惯性矩；D_P 为截面的圣维南自由扭转刚度。

对于保守系统，外载荷的大小和方向不随结构变形而改变，所以可以通过坐标转换关系，用初始平衡状态下的外载荷来表示截面局部坐标系下的外力矩。该外力矩与内力矩相平衡，将式(5.2.18)代入，可得到关于扭转角 θ_x 的齐次微分方程组。求解该方程组的特征值问题，就可以求出临界载荷和相应的屈曲模态。下面以长为 l 的两端简支的工字梁在纯弯矩 M_y 作用下的侧向屈曲为例进行说明。

如图 5.23(c)所示，由于弯扭状态的变形很小，所以初始平衡状态和微小弯扭状态之间的坐标转换关系可以表示为：

$$\begin{Bmatrix} M_\xi \\ M_\eta \\ M_\zeta \end{Bmatrix} = \begin{bmatrix} 1 & \dfrac{dv}{dx} & -\dfrac{dw}{dx} \\ -\dfrac{dv}{dx} & 1 & \theta_x \\ \dfrac{dw}{dx} & -\theta_x & 1 \end{bmatrix} \begin{Bmatrix} 0 \\ M_y \\ 0 \end{Bmatrix} = \begin{Bmatrix} \dfrac{dv}{dx} \\ 1 \\ -\theta_x \end{Bmatrix} M_y \tag{5.2.19}$$

将式(5.2.18)代入式(5.2.19)左端得到：

$$EI_\eta \frac{d^2 w}{dx^2} = -M_y \tag{5.2.20a}$$

$$EI_\zeta \frac{d^2 v}{dx^2} = -\theta_x M_y \tag{5.2.20b}$$

$$D_P \frac{d\theta_x}{dx} - EI_\omega \frac{d^3\theta_x}{dx^3} = \frac{dv}{dx} M_y \tag{5.2.20c}$$

由式(5.2.20b)和式(5.2.20c)可以得到：

$$\frac{d^4\theta_x}{dx^4} - 2\alpha \frac{d^2\theta_x}{dx^2} - \beta\theta_x = 0 \tag{5.2.21}$$

其中 $\alpha = \dfrac{D_P}{2EI_\omega}$，$\beta = \dfrac{M_y^2}{EI_\zeta EI_\omega}$。上式的通解为：

$$\theta_x = A\sin(mx) + B\cos(mx) + Ce^{nx} + De^{-nx} \tag{5.2.22}$$

其中 $m=\sqrt{-\alpha+\sqrt{\alpha^2+\beta}}$，$n=\sqrt{\alpha+\sqrt{\alpha^2+\beta}}$。而待定常数 A、B、C 和 D 可由边界条件确定：

端部不能扭转：

$$\theta_x(0) = 0 \quad \Rightarrow \quad B + C + D = 0 \tag{5.2.23a}$$

$$\theta_x(l) = 0 \quad \Rightarrow \quad A\sin(ml) + B\cos(ml) + Ce^{nl} + De^{-nl} = 0 \tag{5.2.23b}$$

端部可自由翘曲(双力矩为零)：

$$-EI_\omega\theta''_x(0) = 0 \quad \Rightarrow \quad -Bm^2 + Cn^2 + Dn^2 = 0 \tag{5.2.23c}$$

$$-EI_\omega\theta''_x(l) = 0 \quad \Rightarrow \quad -Am^2\sin(ml) - Bm^2\cos(ml) + Cn^2e^{nl} + Dn^2e^{-nl} = 0 \tag{5.2.23d}$$

联立上面四式，易得 $B=0, C=-D$，并且：

$$\begin{bmatrix} \sin(ml) & 2\mathrm{sh}(nl) \\ -m^2\sin(ml) & 2n^2\mathrm{sh}(nl) \end{bmatrix} \begin{Bmatrix} A \\ C \end{Bmatrix} = 0 \tag{5.2.23e}$$

上式若有非零解，则要求其系数矩阵的行列式为零：

$$2\sin(ml)\mathrm{sh}(nl)(m^2+n^2)=0 \tag{5.2.23f}$$

因为 m 和 n 都是大于零的常数，所以有：

$$\sin(ml)=0 \Rightarrow ml=k\pi,\quad k=1,2,\cdots \tag{5.2.24}$$

由此不难求出各阶临界弯矩和相应的屈曲模态：

$$M_y^k=\frac{kE\pi}{l}\sqrt{I_\zeta I_\omega\left[\left(\frac{k\pi}{l}\right)^2+\frac{D_\mathrm{P}}{EI_\omega}\right]},\quad k=1,2,\cdots \tag{5.2.25}$$

$$\theta_x^k(x)=A\sin(mx)+2C\mathrm{sh}(nx),\quad k=1,2,\cdots \tag{5.2.26}$$

根据式(5.2.25)，临界弯矩可以写成：

$$M_y^{\mathrm{cr}}=\frac{\gamma_1\sqrt{EI_\zeta D_\mathrm{P}}}{l} \tag{5.2.27a}$$

$$\gamma_1=\pi\sqrt{1+\left(\frac{\pi}{l}\right)^2\frac{EI_\omega}{D_\mathrm{P}}} \tag{5.2.27b}$$

同理，可以得到长为 l 的工字梁在下列工况下的临界载荷[2]：

(1) 一端固支，另一端形心处受到 $-z$ 方向集中力 P_z

$$P_z^{\mathrm{cr}}=\frac{\gamma_2\sqrt{EI_\zeta D_\mathrm{P}}}{l^2} \tag{5.2.28a}$$

$$\gamma_2\approx\frac{4.013}{\left(1-\sqrt{\dfrac{EI_\omega}{D_\mathrm{P}l^2}}\right)^2} \tag{5.2.28b}$$

(2) 两端简支，受到均匀分布横向载荷 q

$$q^{\mathrm{cr}}=\frac{\gamma_3\sqrt{EI_\zeta D_\mathrm{P}}}{l^3} \tag{5.2.29}$$

其中 γ_3 可以从表 5.1 中查到。

表 5.1 两端简支工字梁受均布横向载荷作用时临界载荷公式中的因子 γ_3

作用位置	$D_\mathrm{P}l^2/EI_\omega$													
	0.4	4	8	16	24	32	48	64	80	128	200	280	360	400
上翼缘	92.9 (587)	36.3 (194)	30.4 (145)	27.5 (112)	26.6	26.1	25.9	25.9 (91.5)	25.8	26.0 (71.6)	26.4 (69)	26.5	26.6	26.7
形 心	143 (673)	53.0 (221)	42.6 (164)	36.3 (126)	33.8	32.6	31.5	30.5 (101)	30.1	29.4 (76.4)	29.0 (72.8)	28.8	28.6	28.6
下翼缘	223 (774)	77.4 (251)	59.6 (185)	48.0 (142)	43.6	40.5	37.8	36.4 (85.7)	35.1	33.3 (81.7)	32.1 (76.9)	31.3	31.0	30.7

注：梁的中间部位有侧向支承时，取括号内的数值。

在进行机翼的初步设计时，可以使用上面的公式来大致确定两翼肋之间的距离。另外，在飞行器结构中还常采用增加侧向约束的方法来防止梁的侧向失稳（如图 5.24），这相当于缩短了梁的长度，从而可以提高临界载荷。例如，对中间部位有侧向支承的两端简支梁，计算其临界载荷时相当于把其长度减半。

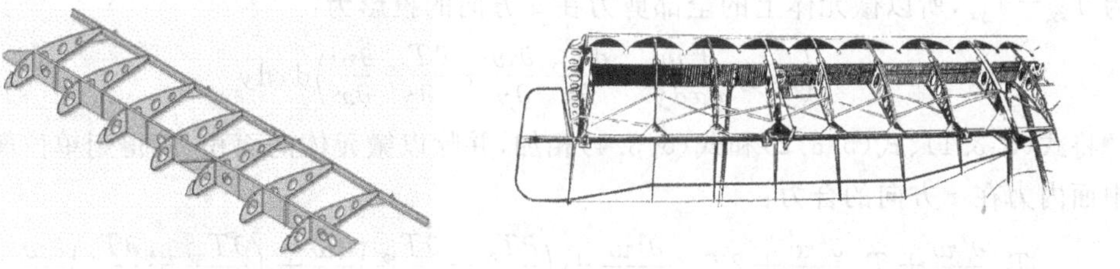

(a) 主梁腹板上的支柱　　(b) Forkker Dr.1机翼结构中的张紧弦

图 5.24　对翼梁的侧向约束

5.3　薄板的弹性屈曲

薄板的弹性屈曲分析在飞行器结构设计中具有非常重要的意义。这是因为：①薄板本身是飞行器结构中大量使用的重要元件，例如曲率较小的机翼蒙皮和客货机的地板等；②飞行器结构中的桁条、纵墙、翼梁等开口薄壁元件可以看做多块平板组合而成的结构，在做局部屈曲分析时常把它们分割为几块薄板进行单独研究；③边界有足够约束的薄板屈曲后往往还可以继续承受更大的载荷，充分利用这个特性将有利于设计出轻型的飞行器结构。

在静力学准则的框架下，本节首先给出单块薄板的屈曲分析方法，然后介绍加筋薄板屈曲临界载荷的计算方法，最后讲解和加筋薄板的后屈曲分析相关的等效宽度和张力场梁这两个特殊问题。

5.3.1　矩形薄板的弹性屈曲

假设矩形薄板有一个微小的离面（z 方向）变形，这样作用在板中面内的广义内力素（图 5.25）会产生 z 方向的分量。其中微元体上的 T_x 在 z 方向的投影为：

$$-T_x\mathrm{d}y\frac{\partial w}{\partial x}+\left(T_x+\frac{\partial T_x}{\partial x}\mathrm{d}x\right)\mathrm{d}y\left(\frac{\partial w}{\partial x}+\frac{\partial^2 w}{\partial x^2}\mathrm{d}x\right)$$

$$\approx\left(T_x\frac{\partial^2 w}{\partial x^2}+\frac{\partial T_x}{\partial x}\frac{\partial w}{\partial x}\right)\mathrm{d}x\mathrm{d}y \qquad (5.3.1)$$

同理，微元体上的 T_y 在 z 方向的投影为：

$$-T_y\mathrm{d}x\frac{\partial w}{\partial y}+\left(T_y+\frac{\partial T_y}{\partial y}\mathrm{d}y\right)\mathrm{d}x\left(\frac{\partial w}{\partial y}+\frac{\partial^2 w}{\partial y^2}\mathrm{d}y\right)$$

$$\approx\left(T_y\frac{\partial^2 w}{\partial y^2}+\frac{\partial T_y}{\partial y}\frac{\partial w}{\partial y}\right)\mathrm{d}x\mathrm{d}y \qquad (5.3.2)$$

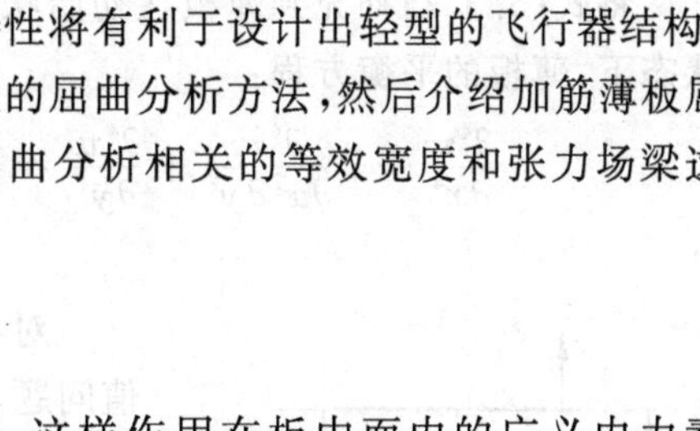

图 5.25　板微元体上的面内广义内力素

另外，微元体上的 T_{xy} 在 z 方向的投影为：

$$-T_{xy}\mathrm{d}y\frac{\partial w}{\partial y}+\left(T_{xy}+\frac{\partial T_{xy}}{\partial x}\mathrm{d}x\right)\mathrm{d}y\left(\frac{\partial w}{\partial y}+\frac{\partial^2 w}{\partial x\partial y}\mathrm{d}x\right)\approx\left(T_{xy}\frac{\partial^2 w}{\partial x\partial y}+\frac{\partial T_{xy}}{\partial x}\frac{\partial w}{\partial y}\right)\mathrm{d}x\mathrm{d}y \tag{5.3.3}$$

因为 $T_{xy}=T_{yx}$，所以微元体上的全部剪力在 z 方向的投影为：

$$\left(2T_{xy}\frac{\partial^2 w}{\partial x\partial y}+\frac{\partial T_{xy}}{\partial x}\frac{\partial w}{\partial y}+\frac{\partial T_{xy}}{\partial y}\frac{\partial w}{\partial x}\right)\mathrm{d}x\mathrm{d}y \tag{5.3.4}$$

将式(5.3.1)、式(5.3.2)和式(5.3.4)相加，并除以微元体的面积，就得到单位面积上所有中面内力在 z 方向的合力：

$$T_x\frac{\partial^2 w}{\partial x^2}+T_y\frac{\partial^2 w}{\partial y^2}+2T_{xy}\frac{\partial^2 w}{\partial x\partial y}+\left(\frac{\partial T_x}{\partial x}+\frac{\partial T_{xy}}{\partial y}\right)\frac{\partial w}{\partial x}+\left(\frac{\partial T_{xy}}{\partial x}+\frac{\partial T_y}{\partial y}\right)\frac{\partial w}{\partial y} \tag{5.3.5}$$

注意到图 5.25 所示的微元体在 x-y 平面内的力是平衡的，即：

$$\frac{\partial T_x}{\partial x}+\frac{\partial T_{xy}}{\partial y}=0 \tag{5.3.6a}$$

$$\frac{\partial T_{xy}}{\partial x}+\frac{\partial T_y}{\partial y}=0 \tag{5.3.6b}$$

把式(5.3.6)代入式(5.3.5)，得单位面积上所有中面内力在 z 方向的合力为：

$$T_x\frac{\partial^2 w}{\partial x^2}+T_y\frac{\partial^2 w}{\partial y^2}+2T_{xy}\frac{\partial^2 w}{\partial x\partial y} \tag{5.3.7}$$

将式(5.3.7)补充到薄板在初始状态下的平衡微分方程式(2.6.14)中，就得到在微弯曲状态下，薄板的平衡方程：

$$\frac{\partial^4 w}{\partial x^4}+2\frac{\partial^4 w}{\partial x^2\partial y^2}+\frac{\partial^4 w}{\partial y^4}=\frac{1}{D}\left(p+T_x\frac{\partial^2 w}{\partial x^2}+T_y\frac{\partial^2 w}{\partial y^2}+2T_{xy}\frac{\partial^2 w}{\partial x\partial y}\right) \tag{5.3.8}$$

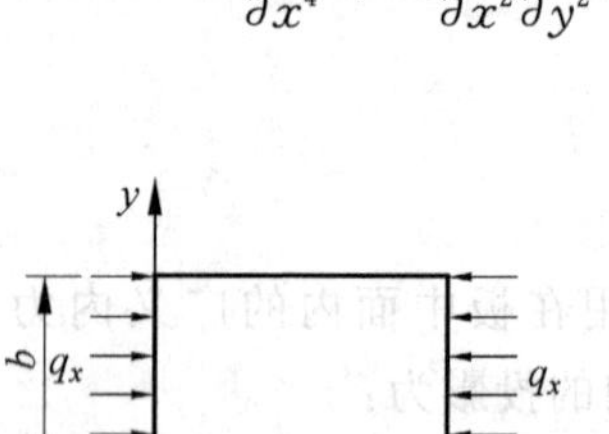

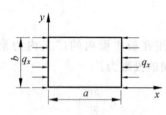

图 5.26 对边受压的四边简支矩形薄板

对各种不同的载荷和边界条件，求解式(5.3.8)的特征值问题，就可以得到薄板的临界载荷和屈曲模态。例如对图 5.26 所示的对边受到单位长度的均布压力 q_x 作用的四边简支矩形薄板，式(5.3.8)可以简化为：

$$D\left(\frac{\partial^4 w}{\partial x^4}+2\frac{\partial^4 w}{\partial x^2\partial y^2}+\frac{\partial^4 w}{\partial y^4}\right)+q_x\frac{\partial^2 w}{\partial x^2}=0 \tag{5.3.9}$$

假设板的屈曲模态为：

$$w=\sum_{m=1}^{\infty}\sum_{n=1}^{\infty}\left(a_{mn}\sin\frac{m\pi x}{a}\sin\frac{n\pi y}{b}\right) \tag{5.3.10}$$

不难验证，该挠度自动满足所有简支边界条件。

将式(5.3.10)代入式(5.3.9)，要求对所有的 m 和 n 都满足：

$$a_{mn}\left[D\left(\frac{m^4\pi^4}{a^4}+2\frac{m^2n^2\pi^4}{a^2b^2}+\frac{n^4\pi^4}{b^4}\right)-q_x\frac{m^2\pi^2}{a^2}\right]\sin\frac{m\pi x}{a}\sin\frac{n\pi y}{b}=0 \qquad (5.3.11)$$

因为 $\sin\frac{m\pi x}{a}\sin\frac{n\pi y}{b}$ 在板内不一定为零，所以要使 a_{mn} 有非零解，必要求临界压力满足：

$$q_x^{\text{cr}}=\frac{\pi^2 D}{b^2}\left(\frac{mb}{a}+\frac{n^2 a}{mb}\right)^2 \qquad (5.3.12)$$

由式(5.3.12)可以看出，最小临界压力的表达式中，n 一定等于1，即屈曲模态中，垂直于压力方向只有一个半波长(如图5.27所示)。而沿着压力方向的波数，则取决于板的长宽比 a/b(a 为长边，b 为短边)，它可以由**屈曲系数**(或称**稳定性系数**)k 来体现：

$$k=\left(\frac{mb}{a}+\frac{a}{mb}\right)^2 \qquad (5.3.13)$$

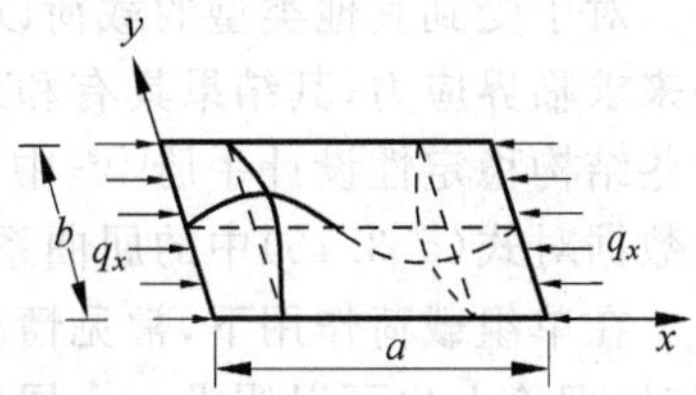

图5.27　对边受压的四边简支矩形薄板的屈曲模态

于是临界压力的公式可以表示为：

$$q_x^{\text{cr}}=k\frac{\pi^2 D}{b^2} \qquad (5.3.14)$$

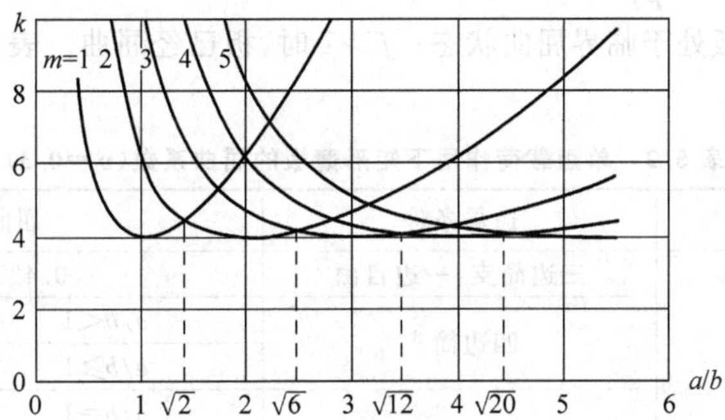

图5.28　屈曲系数和长宽比的关系

令 m 等于不同的值，可画出屈曲系数随长宽比变化的曲线(图5.28)。从图中可以看出：

(1) k 的最小值等于4，这时 $a/b=m$；

(2) 当 $a/b<\sqrt{2}$ 时，薄板沿压力方向的屈曲模态只有半个波长。以后随着长宽比的增加，屈曲波数也会增加；

(3) $a/b>1$ 时，k 值都接近于4，最大的差别发生在 $a/b=\sqrt{2}$ 处，这时 $k=4.5$。因此在实际应用中，当 $a/b\geqslant 1$ 时，可近似认为 $k\approx 4$，否则取 $k=\left(\frac{b}{a}+\frac{a}{b}\right)^2$。

求出临界压力后，不难得到临界压应力：

$$p_x^{cr}=\frac{q_x^{cr}}{h}=k\frac{\pi^2 D}{hb^2}=\frac{k\pi^2 E}{12(1-\nu^2)}\left(\frac{h}{b}\right)^2 \tag{5.3.15a}$$

其中 h 为薄板的厚度，ν 为泊松比，E 为弹性模量。对于常见的金属材料，其泊松比一般可以取为 0.3，这时式(5.3.15a)可以简化为：

$$p_x^{cr}\approx 0.9kE\left(\frac{h}{b}\right)^2 \tag{5.3.15b}$$

对于受到其他类型的载荷以及具有不同的边界条件的薄板，都可以按照上面介绍的方法来求临界应力，其结果具有和式(5.3.15)相同的形式，只是屈曲系数 k 的取值不同。另外有些结构稳定性设计手册[7,9]中还考虑了材料性质等其他因素对临界载荷的影响，根据实验数据对式(5.3.15)中的屈曲系数进行了修正，实际设计时可以查找相关的图表。

在单组载荷作用下，常见情况的屈曲系数如表 5.2 所示。当结构受到 i、j 两组载荷作用时，理论上也可以假设一个屈曲模态(如式(5.3.10))，并假设两组载荷的比值是恒定的，然后再按照上面的方法通过求解平衡方程的特征值问题来得到临界载荷。不过工程中常采用下面的应力比公式来判断[11]：

$$f=(R_i)^m+(R_j)^n \tag{5.3.16}$$

其中应力比 $R_i=\frac{p_i}{p_i^{cr}}$，$R_j=\frac{p_j}{p_j^{cr}}$；m 和 n 称为载荷情况指数，一般由实验确定。当 $f<1$ 时，板没有屈曲；$f=1$ 时，板处于临界屈曲状态；$f>1$ 时，板已经屈曲。表 5.3 给出了一些常见情况的载荷情况指数。

表 5.2 单组载荷作用下矩形薄板的屈曲系数($\nu=0.3$)

受载情况	边界条件	屈曲系数 k	
单向均匀受压	三边简支，一边自由	$0.425+(b/a)^2$	
	四边简支	$a/b<1$	$(b/a+a/b)^2$
		$a/b\geqslant 1$	4
	四边固支	$a/b=1$	9.5
		$a/b=3$	7.5
四边受剪	四边简支	$5.6+3.78(b/a)^2$	
	四边固支	$a/b=1$	15.8
		$a/b=2$	11.7
		$a/b>3$	9.3

表 5.3 薄板屈曲的载荷情况指数

载荷 i	载荷 j	m		n
面内压力	面内压力	$a/b<\sqrt{2}$	1	1
		$a/b\to\infty$	3(作用在 b 边)	1(作用在 a 边)
面内压力	剪切	1		2
弯曲	剪切	2		2

5.3.2　加筋薄板的前屈曲分析

从式(5.3.15)可见，矩形薄板的临界应力和$(h/b)^2$以及屈曲系数k成正比。所以在板厚不变的情况下要提高临界应力就只有减小板的宽度b或者增大屈曲系数k(当然增加板厚h也可以提高临界应力，但这样既浪费材料又增加结构重量)，在飞行器结构中常常用加筋板来达到这些目的。例如引入沿板长度方向的加强筋，可以将一块宽板分成许多窄板，这既减小了板受载边的宽度b，又加强了板的边界支承(从表5.2可以看出，同样的受载情况，固支边界的屈曲系数比简支边界大很多)，同时也通过加强筋分担了板的部分载荷；另外也可以引入板宽度方向的加强筋，将板分成很多宽的短柱，虽然所有载荷仍然由板承担，但可以减小长宽比，增加屈曲系数(见图5.28)；上面两种加筋方式也可以混合使用，形成一种网格型的加筋板结构。图5.29画出了一些常见的加筋板的截面形式。图5.30是低速飞机的机翼结构，图5.31是高速战斗机的机体结构，它们都大量采用了加筋薄板(弯曲程度很小的蒙皮可以近似作为薄板分析)。

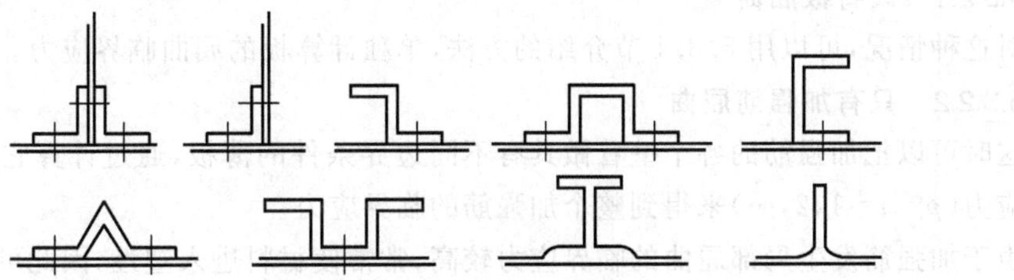

图5.29　常见的加筋板截面形式

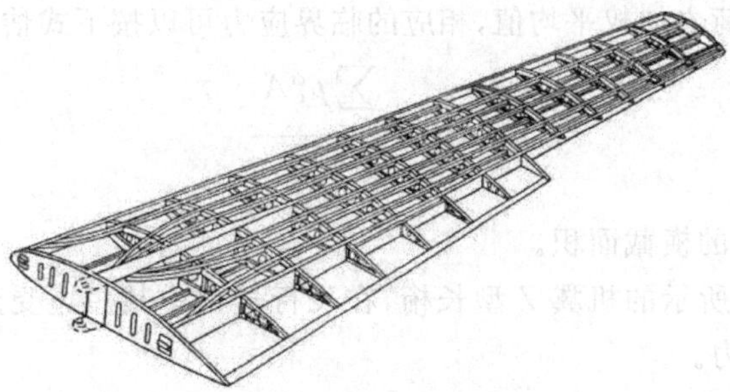

图5.30　滑翔机的机翼结构

加筋薄板的屈曲情况可以分为以下四种：

(1) 加强筋刚度比板大很多时，板自身发生屈曲，例如图5.19所示的钉间屈曲现象；

(2) 加筋板较短时，加强筋自身容易发生局部屈曲，从而影响对板的支承刚度，例如图5.16所示的压损现象；

(3) 加筋板较长时，板和加强筋同时发生整体屈曲，如图5.14(b)和(c)所示；

图 5.31　苏 30MK 的结构

(4) 当板和加强筋的刚度相当时，它们可能在大致相同的应力水平下屈曲，形成复杂的混合屈曲模态。

下面分别介绍这四种情况的分析方法。

5.3.2.1　只有板屈曲

对这种情况，可以用 5.3.1 节介绍的方法，单独计算板的屈曲临界应力。

5.3.2.2　只有加强筋屈曲

这时可以把加强筋的各个壁看做具有不同边界条件的薄板，通过计算它们各自的屈曲临界应力($p_i^{cr}, i=1,2,\cdots$)来得到整个加强筋的临界应力。

由于加强筋发生局部屈曲的临界应力较高，常常使材料进入塑性，因此可以认为某块板一旦屈曲，它所承担的载荷就保持为它自身的屈曲临界载荷，而所增加的外载荷由其他未屈曲的板负担，一直到所有板发生屈曲，加强筋才算完全破坏。这样，加强筋的局部屈曲临界载荷就是各板临界载荷之加权平均值，相应的临界应力可以按下式估算：

$$p^{cr} \approx \frac{\sum_i p_i^{cr} A_i}{\sum_i A_i} \tag{5.3.17}$$

其中 A_i 是第 i 个板壁的横截面积。

例 5.3　图 5.32 所示的机翼 Z 型长桁，在飞行过程中其短边受到压力的作用，试计算其局部屈曲的临界应力。

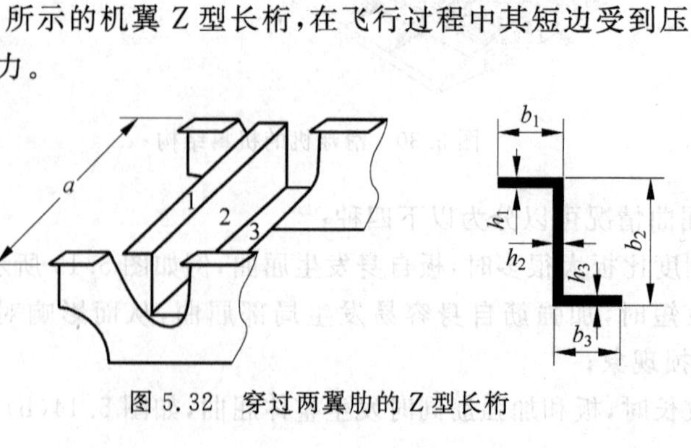

图 5.32　穿过两翼肋的 Z 型长桁

解：把该Z型长桁看做三块薄板。其中第1块和第3块板的两条短边受到翼肋的约束，一条长边和第2块板连接，因此可以看做是三边简支，一边自由的薄板，从表5.2中查出其屈曲系数为$0.425+(b/a)^2$；而第2块板的两条短边受到翼肋的约束，两条长边和其他两块板连接，因此可以看做是四边简支的薄板，从表5.2中查出其屈曲系数为4(因为其长宽比远大于1)。

确定屈曲系数后就可以根据式(5.3.15)计算出每块板的临界应力：

$$p_1^{\mathrm{cr}}=\frac{\pi^2 E}{12(1-\nu^2)}\left(\frac{h_1}{b_1}\right)^2\left[0.425+(b_1/a)^2\right]$$

$$p_2^{\mathrm{cr}}=\frac{\pi^2 E}{12(1-\nu^2)}\left(\frac{h_2}{b_2}\right)^2 4$$

$$p_3^{\mathrm{cr}}=\frac{\pi^2 E}{12(1-\nu^2)}\left(\frac{h_3}{b_3}\right)^2\left[0.425+(b_3/a)^2\right]$$

三块板的横截面积分别为b_1h_1、b_2h_2和b_3h_3，这样根据式(5.3.17)可以得到整个长桁的屈曲临界应力：

$$p^{\mathrm{cr}}=\frac{\pi^2 E\left\{\left(\frac{h_1}{b_1}\right)^2\left[0.425+(b_1/a)^2\right]b_1h_1+4\left(\frac{h_2}{b_2}\right)^2 b_2h_2+\left(\frac{h_3}{b_3}\right)^2\left[0.425+(b_3/a)^2\right]b_3h_3\right\}}{12(1-\nu^2)(b_1h_1+b_2h_2+b_3h_3)}$$

工程中也有另外一种观点认为，任何一块板屈曲，它对相邻板的支承就减弱，于是整个加强筋也进入屈曲状态，这样各板中最小的临界应力就是加强筋的临界应力。这种方法虽然比较粗糙，但是在工程上也是一种安全的处理方法。

5.3.2.3　板和加强筋同时发生整体屈曲

这时可以把加筋板作为一个整体看待。如果采用静力学准则求解，则需要分别建立板和加强筋的在微小变形下的平衡方程，然后在布置加强筋的位置补充上位移和转角的连续性条件，其余的步骤和前面介绍的单块薄板屈曲问题的解法相同；如果采用能量准则求解，则需要分别写出板和加强筋的应变能以及外载荷对微小变形状态下的板和加强筋所做的功，通过对总势能求变分，可以得到和静力学准则相同的齐次方程，求解其特征值就可以得到临界应力。当然，整个求解过程会比较繁琐，需要进行一些简化[2]。

例如图5.26中受到x方向压力的四边简支的矩形加筋板，如果在板的正中间有一根沿x方向布置的加强筋，采用上述方法可以得到其屈曲临界应力的近似公式[2]：

$$p^{\mathrm{cr}}\approx\frac{\pi^2 D}{b^2 h}\,\frac{(1+\beta^2)^2+2\gamma}{\beta^2(1+2\delta)}\tag{5.3.18}$$

其中$\beta=\dfrac{a}{b}$，代表长宽比；$\gamma=\dfrac{EI}{bD}$，代表加强筋和板的弯曲刚度之比；$\delta=\dfrac{A}{bh}$，代表加强筋和板的横截面积之比，其实也等效于加强筋和板所承受的压力之比。若$\gamma=\delta=0$，相当于没有加强筋，这时式(5.3.18)退化为式(5.3.15)。

上面介绍的解析方法都认为加强筋的中性轴位于板的中性面内，而实际情况(图5.29)

并非如此，因此在应用那些公式时需要用平行移轴公式对梁的弯曲刚度进行修正。

另外工程上常常把式(5.3.18)中的$\dfrac{(1+\beta^2)^2+2\gamma}{\beta^2(1+2\delta)}$笼统地看成一个屈曲系数，并通过实验来进行标定。这样一来，板的各种屈曲问题就可以采用统一的方法进行分析，设计人员只需要查找图表即可[7,9]。采用这种半经验的方法可以解决很多实际的工程问题。

5.3.2.4 板和加强筋发生混合屈曲

这是一种最复杂的屈曲情况，很难进行非常精确的分析(即便使用有限单元法)。工程中主要采用半经验的方法来进行设计，并采用下面的公式来计算加筋板整体的临界应力：

$$p^{cr}=\mathrm{Min}\{p^{cr}_{筋整体},p^{cr}_{筋局部},p^{cr}_{板局部},p^{cr}_{加筋板整体}\} \tag{5.3.19}$$

其中 $p^{cr}_{筋整体}$是加强筋的欧拉屈曲应力；$p^{cr}_{筋局部}$是 5.3.2.2 节介绍的方法所求出的临界应力；$p^{cr}_{板局部}$对应于 5.3.2.1 节的情况；$p^{cr}_{加筋板整体}$对应于 5.3.2.3 节的情况。

求得了临界压应力后，可以用下面的公式求出横截面的单位长度临界压力 q^{cr}：

$$q^{cr}=p^{cr}\bar{h} \tag{5.3.20}$$

其中的等效厚度$\bar{h}=\dfrac{A_{rb}}{b_{rb}}+h$；$A_{rb}$是加强筋的横截面积；$b_{rb}$是两根加强筋的平均间距；$h$ 是板的厚度。

5.3.3 受压加筋板的后屈曲分析

图 5.33 反映了梁、平板和圆柱壳三种典型元件受轴压时在弹性屈曲情况下的后屈曲阶段的品质，其中 w 是屈曲波深，w_0 是初始缺陷对应的波深，h 是元件的厚度。从图 5.33 中可以看出：

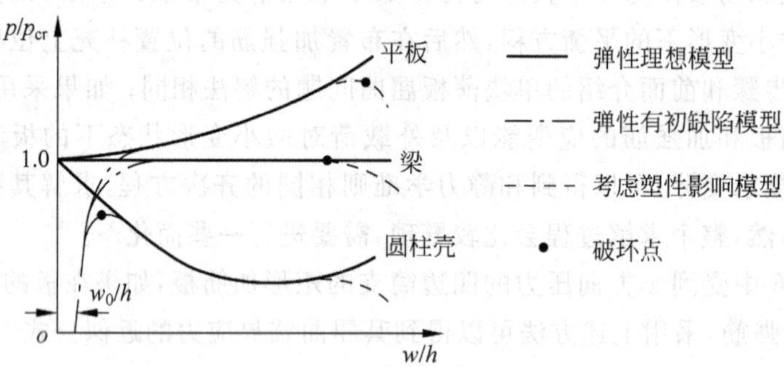

图 5.33 梁和圆柱壳受轴压，平板对边受压，弹性后屈曲时载荷-波深曲线

(1) 屈曲后，梁的应力不再增加，但变形可以继续增大，直到发生强度破坏；平板的应力要增加很多才会发生强度破坏，这主要是因为非承载边的约束产生了很大的横向拉伸薄膜应力，使板的刚度增加，从而限制了平板离面挠度的增加；而圆柱壳在屈曲后会产生环向压缩薄膜应力，使壳的刚度降低，挠度加速增长，于是立即发生破坏；

(2) 屈曲后，梁和平板的承载能力可以保持到较大的 w/h 值后才下降，可见很小的初始缺陷对它们后屈曲性能的影响是很小的；而圆柱壳对初始缺陷却非常敏感。

平板在后屈曲阶段能够继续承载的特性，对飞行器轻结构设计是非常有利的。在半硬壳式结构中，平板常常是作为加筋蒙皮的形式而存在，因此本节主要讨论受压加筋板的弹性后屈曲分析，并通过介绍一种简化的分析方法来阐明其中的机理，更多的理论分析方法可以参考文献[2]，对工程中复杂结构的分析方法可以参考文献[7,9]。

加筋板受压屈曲时，如果只是板屈曲而加强筋仍然保持平直状态(5.3.2.1 节的情况)，那么由于加强筋的支持，整个加筋板还可以继续承受载荷，直至加强筋也发生屈曲。为了充分利用材料，在飞行器轻结构设计时非常关心加筋板的后屈曲性能，以便得到板和加强筋都发生屈曲时的临界载荷。

如图 5.34(a)所示受到对边压力作用、四边有桁条加强的板，桁条的屈曲应力大于板的屈曲应力。板屈曲后，加筋板截面的应力分布是不均匀的(见图 5.34(b))，板中间部分的压应力最小，约等于其临界应力 $p_{板}^{cr}$；和桁条相邻处的压应力最大，记为 $p_{板}^{max}$。如果继续增加压力，桁条中的压应力会继续增加，其附近板中的压应力也会增加，但是板中间的压应力仍然约等于 $p_{板}^{cr}$。当桁条也发生屈曲时，其临界压应力为 $p_{桁条}^{cr}$，由交界面上的应变协调性条件可以得到 $p_{桁条}^{cr}$ 和 $p_{板}^{max}$ 的关系为：

$$\varepsilon_{桁条} = \varepsilon_{板} \quad \Rightarrow \quad \frac{p_{桁条}^{cr}}{E_{桁条}} \approx \frac{p_{板}^{max}}{E_{板}} \tag{5.3.21}$$

其中 $E_{桁条}$ 和 $E_{板}$ 分别为桁条和板的弹性模量。如果桁条和板由相同材料制成，那么 $p_{板}^{max}$ 就约等于 $p_{桁条}^{cr}$(板中 σ_y 不等于零，是一个较小的量，故式(5.3.21)只是一个近似等式)。

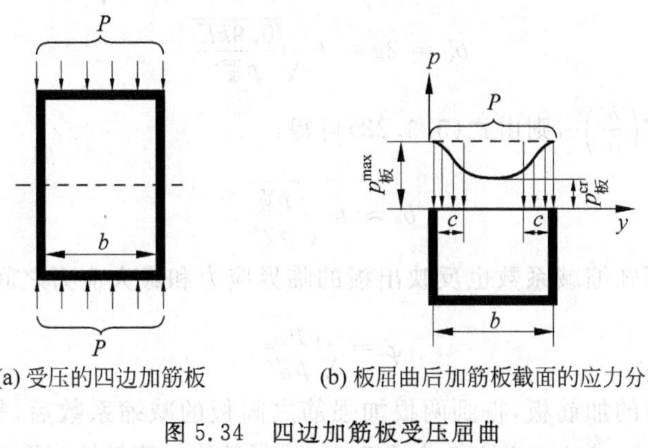

(a) 受压的四边加筋板　　(b) 板屈曲后加筋板截面的应力分布

图 5.34　四边加筋板受压屈曲

当桁条和板都屈曲时，施加在整个加筋板上的临界压力为：

$$P = 2p_{桁条}^{cr} A_{桁条} + \int_0^b p(y) h \mathrm{d}y \tag{5.3.22}$$

其中 $A_{桁条}$ 为每根桁条的横截面积，h 为板厚。不过 $p(y)$ 的分布规律是很难得到的。为了能够方便地计算加筋板的临界压力，冯·卡门提出用一个四边简支的，**有效宽度**为 $b_e = 2c$，并

受均匀临界压应力 $p_{板}^{max}$ 作用的等效板(见图 5.34(b)),来代替实际的宽度为 b,承受不均匀压应力的四边有桁条加强的板。其等价条件为:

$$\int_0^b p(y)h\mathrm{d}y = p_{板}^{max} b_e h = 2p_{板}^{max}\ ch \tag{5.3.23a}$$

$$p_{板}^{max} = \frac{\pi^2 E}{3(1-\nu^2)}\left(\frac{h}{b_e}\right)^2 \overset{\nu=0.3}{\approx} 3.6E\left(\frac{h}{b_e}\right)^2 \tag{5.3.23b}$$

由式(5.3.23b)可以得到等效宽度的计算公式(又称为卡门公式):

$$b_e = 2c \approx 1.9h\sqrt{\frac{E}{p_{板}^{max}}} \tag{5.3.24}$$

另外等效板的横截面面积 $A_e = b_e h$ 被称为原板的**缩减面积**,它与原板横截面积 $A = bh$ 之比称为**缩减系数** φ:

$$\varphi = \frac{A_e}{A} = \frac{b_e}{b} \tag{5.3.25}$$

将式(5.3.25)代入式(5.3.23a),得到:

$$\varphi = \frac{\int_0^b p(y)h\mathrm{d}y}{bh p_{板}^{max}} = \frac{p_{板}^{avg}}{p_{板}^{max}} \tag{5.3.26}$$

可见缩减系数也相当于板的平均应力与最大应力之比。

类似的,对于其他布筋形式的加筋板,只需要将式(5.3.23b)改为:

$$p_{板}^{max} = \frac{k\pi^2 E}{12(1-\nu^2)}\left(\frac{h}{b_e}\right)^2 \overset{\nu=0.3}{\approx} 0.9kE\left(\frac{h}{b_e}\right)^2 \tag{5.3.27}$$

相应的等效宽度为:

$$b_e = 2c \approx h\sqrt{\frac{0.9kE}{p_{板}^{max}}} \tag{5.3.28}$$

注意到 $p_{板}^{cr} \overset{\nu=0.3}{\approx} 0.9kE\left(\frac{h}{b}\right)^2$,则由式(5.3.28)可得:

$$b_e \approx b\sqrt{\frac{p_{板}^{cr}}{p_{板}^{max}}} \tag{5.3.29}$$

再根据式(5.3.25)可知缩减系数也反映出板的临界应力和最大应力之间的关系:

$$\varphi = \sqrt{\frac{p_{板}^{cr}}{p_{板}^{max}}} \tag{5.3.30}$$

对于等间距分布的加筋板,得到两根加强筋之间板的减缩系数后,根据式(5.3.21)、式(5.3.22)、式(5.3.23a)、式(5.3.29)和式(5.3.30)可得整块加筋板的临界屈曲载荷计算公式:

$$\begin{aligned} P &= (n+1)p_{桁条}^{cr} A_{桁条} + n\int_0^b p(y)h\mathrm{d}y \\ &= (n+1)p_{桁条}^{cr} A_{桁条} + np_{板}^{max}\ b_e h \\ &= (n+1)p_{桁条}^{cr} A_{桁条} + n\frac{E_{板}}{E_{桁条}}\frac{p_{桁条}^{cr}}{}\varphi bh \end{aligned}$$

$$= p_{\text{桁条}}^{\text{cr}}\left[(n+1)A_{\text{桁条}} + n\frac{E_{\text{板}}}{E_{\text{桁条}}}\varphi bh\right] \tag{5.3.31}$$

其中 $n+1$ 是加筋板的宽度范围内加强筋的个数。

例 5.4　一四边简支加筋板的几何尺寸如图 5.35 所示，其中板厚 $h=2\text{mm}$，四根桁条为 30mm×30mm×2mm 的等边角材。板和桁条都由硬铝制成，弹性模量 $E=68.6\text{GPa}$，泊松比 $\nu=0.3$。求该加筋板能承受的最大压缩载荷。

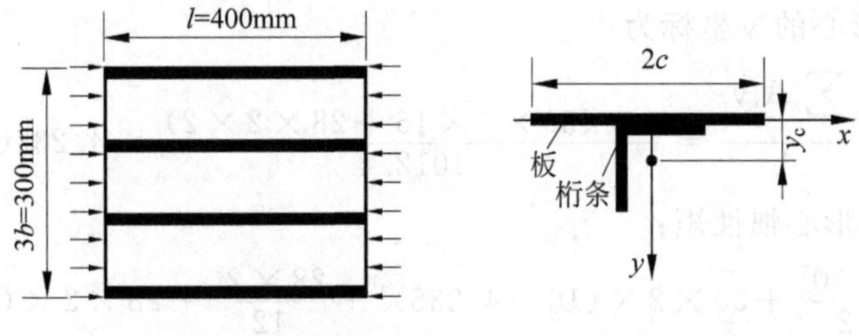

图 5.35　有四根加强筋的四边简支受压加筋板

解：(1) 首先求缩减系数

由式(5.3.15b)和表 5.2 可知，板的临界应力为：

$$p_{\text{板}}^{\text{cr}} \approx 0.9kE\left(\frac{h}{b}\right)^2 = 0.9\times 4\times 6.86\times 10^{10}\times\left(\frac{2}{100}\right)^2 = 9.878\times 10^7(\text{Pa})$$

桁条的薄弱边可以看成三边简支，一边自由的受压板，由表 5.2 可得到其屈曲系数为：

$$k = 0.425 + \left(\frac{30}{400}\right)^2 \approx 0.431$$

于是由式(5.3.15b)可得桁条的临界应力为：

$$p_{\text{桁条}}^{\text{cr}} \approx 0.9kE\left(\frac{h}{b}\right)^2 = 0.9\times 0.431\times 6.86\times 10^{10}\times\left(\frac{2}{30}\right)^2 = 1.183\times 10^8(\text{Pa})$$

因为桁条和板由相同材料制成，由式(5.3.30)可得缩减系数：

$$\varphi = \sqrt{\frac{p_{\text{板}}^{\text{cr}}}{p_{\text{桁条}}^{\text{cr}}}} = \sqrt{\frac{0.9878}{1.183}} \approx 0.914$$

(2) 根据桁条的局部屈曲临界应力计算加筋板能承受的最大压缩载荷

桁条的横截面积为：

$$A_{\text{桁条}} = (30+28)\times 2 = 116(\text{mm}^2)$$

然后根据式(5.3.31)可求出加筋板能承受的最大压缩载荷为：

$$\begin{aligned} P &= p_{\text{桁条}}^{\text{cr}}\left[(n+1)A_{\text{桁条}} + n\frac{E_{\text{板}}}{E_{\text{桁条}}}\varphi bh\right] \\ &= 1.183\times 10^8\times(4\times 116 + 3\times 0.914\times 100\times 2)\times 10^{-6} \\ &\approx 119767(\text{N}) \end{aligned}$$

(3) 计算桁条和等效板总体屈曲时的临界载荷

在上面的计算中，假设板发生屈曲时，桁条还没有屈曲。为了得到加筋板的最小屈曲载荷，还需要验算这个结果是否小于加筋板总体屈曲临界载荷。此时将加筋板当作一个组合体，应用欧拉压杆屈曲公式(5.1.1)进行计算。

需要先计算加筋板组合体的惯性矩。组合体的横截面积为：

$$A = 4 \times A_{桁条} + 3 \times \varphi bh = 4 \times 116 + 3 \times 0.914 \times 100 \times 2 = 1012.4(\mathrm{mm}^2)$$

如图 5.35(b)，其形心的 y 坐标为：

$$y_C = \frac{\sum_i A_i y_i}{A} = \frac{4 \times (30 \times 2 \times 16 + 28 \times 2 \times 2)}{1012.4} \approx 4.235(\mathrm{mm})$$

于是可得组合体的形心惯性矩：

$$\begin{aligned} I_x = & 4 \times \left[\frac{2 \times 30^3}{12} + 30 \times 2 \times (16 - 4.235)^2 + \frac{28 \times 2^3}{12} + 28 \times 2 \times (2 - 4.235)^2\right] \\ & + 3 \times \left[\frac{0.914 \times 100 \times 2^3}{12} + 0.914 \times 100 \times 2 \times (4.235)^2\right] \\ \approx & 62431.728(\mathrm{mm}^4) \end{aligned}$$

根据式(5.1.1)可得到组合体的总体屈曲临界载荷：

$$P_{组合}^{\mathrm{cr}} = \frac{\pi^2 EI_x}{l^2} = \frac{\pi^2 \times 6.86 \times 10^{10} \times 62431.728 \times 10^{-12}}{0.4^2} \approx 264186(\mathrm{N})$$

可见 $P_{组合}^{\mathrm{cr}} > P$，加筋板能承受的最大压缩载荷为 119767N。

实际设计时，有时已知的是加筋板所能承受的最大压缩载荷和桁条的间距，需要由此来设计桁条，即要求确定桁条的最大应力和板的减缩系数。

例 5.5 一四边简支加筋板的几何尺寸如图 5.35(a)所示，其中板厚 $h=2\mathrm{mm}$，桁条横截面积 $A_{桁条}=116\mathrm{mm}^2$。板和桁条都由硬铝制成，模量 $E=68.6\mathrm{GPa}$，泊松比 $\nu=0.3$。已知该加筋板所能承受的最大压缩载荷 $P=119767\mathrm{N}$，求桁条的最大应力 $p_{桁条}^{\mathrm{cr}}$ 和板的减缩系数 φ。

解：对桁条和等效板的组合体，承受最大压缩载荷时的压应力为：

$$p_{桁条}^{\mathrm{cr}} = \frac{P}{A} = \frac{P}{4 \times A_{桁条} + 3 \times \varphi bh} = \frac{119767}{4 \times 116 + 3 \times \varphi \times 100 \times 2} \times 10^6(\mathrm{Pa})$$

而板的减缩系数为：

$$\varphi = \sqrt{\frac{p_{板}^{\mathrm{cr}}}{p_{桁条}^{\mathrm{cr}}}}$$

在例 5.4 中已经求出：

$$p_{板}^{\mathrm{cr}} \approx 0.9kE\left(\frac{h}{b}\right)^2 = 0.9 \times 4 \times 6.86 \times 10^{10} \times \left(\frac{2}{100}\right)^2 = 9.878 \times 10^7(\mathrm{Pa})$$

联立上面三式可以得到关于板减缩系数的非线性方程：

$$\varphi = \sqrt{\frac{9.878\times10^7}{\dfrac{119767}{4\times116+3\times\varphi\times100\times2}\times10^6}} \Rightarrow 119767\varphi^2-59268\varphi-45833.92=0$$

解之可得：

$$\varphi=\frac{59268+\sqrt{59268^2+4\times119767\times45833.92}}{2\times119767}\approx0.914$$

$$p^{cr}_{桁条}=\frac{119767}{4\times116+3\times0.914\times100\times2}\times10^6=1.183\times10^8(\text{Pa})$$

得到 $p^{cr}_{桁条}$ 后，就可以设计桁条的具体截面形状。

5.3.4 张力场梁设计

在 5.3.1 节中已经介绍过受剪切平板屈曲临界载荷的分析方法。但对于四边有框架支持的平板(比如图 5.24(a)所示机翼主梁的腹板)，受剪切屈曲后会以对角张力的形式在框架的支持下继续承载。如果充分利用框架的承载力，就可以达到减轻结构重量的目的。

图 5.36(a)所示的有边框的薄壁梁，当外载荷在板内引起的剪应力 τ 小于板的屈曲临界剪应力 τ^{cr} 时，板处于纯剪状态(图 5.36(a)中的 A 点)，其主应力 $\sigma_1=|\sigma_2|=\tau$，方向和 x 轴呈 45°夹角(图 5.36(a)中的 B 点)，施加于薄壁梁上的外载荷完全由板中的剪应力平衡(图 5.36(b))。此时的薄壁梁称为**剪力场梁**，其内力和变形可以用第 3 章和第 4 章介绍的方法计算，τ^{cr} 可以用 5.3.1 节中介绍的方法得到。

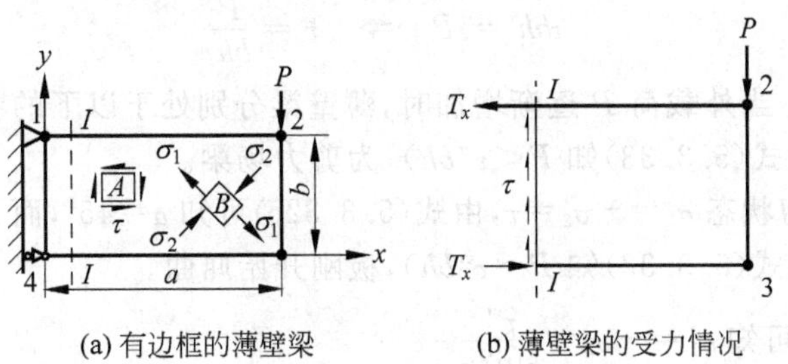

图 5.36 剪力场梁

如果外载荷 P 继续增加，当板内的剪应力 τ 达到临界剪应力 τ^{cr} 时，板就会发生屈曲，形成一系列大致平行并和 $-x$ 轴呈 α 角的皱褶(见图 5.37(a))。由于有框架的支撑，薄壁梁还可以继续承载，此时压缩主应力 σ_2 将基本保持不变，拉伸主应力 σ_1 将继续增加，而边框不但要受到剪应力 τ 的作用，还会受到正应力 σ_x 和 σ_y 作用(图 5.37(b))，它们使边框发生弯曲变形，这种受力状态的薄壁梁被称为**张力场梁**，α 称为**张力场角**。张力场梁可能的破坏形式有：当 σ_1 达到材料的比例极限时，发生板的强度破坏；边框中的应力达到材料的比例极限时发生强度破坏；边框出现失稳，从而整个薄壁梁失去承载能力。对于低速飞机，为了充分利用材料，往往尽量利用张力场梁的承载能力。但对于高速飞机，由于要考虑气动外形和结构刚度的要求，结构进入张力场的程度一般会受到限制。

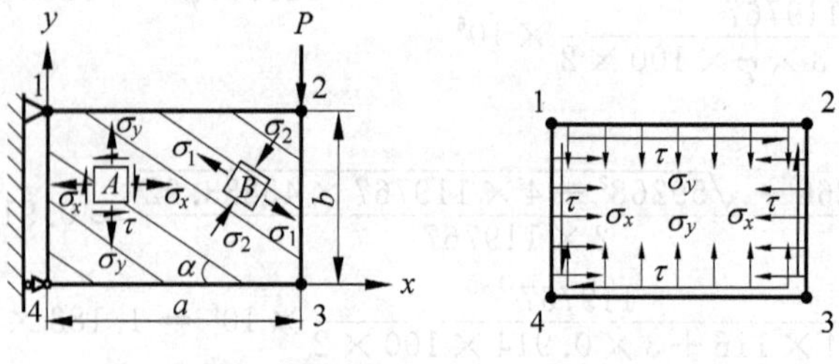

(a) 有边框的薄壁梁　　(b) 边框的受力情况

图 5.37　张力场梁

下面就分析剪力场和张力场梁中各元件的受力情况，而变形可以用第 4 章中的方法进行计算。

由应力的坐标转换关系，不难得到 $x-y$ 坐标下的应力分量和主应力分量之间的关系（参考图 5.37(a)中 A、B 两点）：

$$\sigma_x = \sigma_1 \cos^2\alpha + \sigma_2 \sin^2\alpha \tag{5.3.32a}$$

$$\sigma_y = \sigma_1 \sin^2\alpha + \sigma_2 \cos^2\alpha \tag{5.3.32b}$$

$$\tau = \frac{\sigma_1 - \sigma_2}{2}\sin 2\alpha \tag{5.3.32c}$$

如图 5.36(b)，将薄壁梁截开，由 y 方向的力平衡条件可得：

$$\tau bh = P \quad \Rightarrow \quad \tau = \frac{P}{bh} \tag{5.3.33}$$

其中 h 是板的厚度。当外载荷 P 逐渐增加时，薄壁梁分别处于以下的状态：

(1) $\tau < \tau^{cr}$ 时(由式(5.3.33)知 $P < \tau^{cr} bh$)，为剪力场梁。

此时板处于纯剪状态 $\sigma_1 = -\sigma_2 = \tau$，由式(5.3.32c)可知 $\alpha = 45°$，而 $\sigma_x = \sigma_y = 0$。

(2) $\tau = \tau^{cr}$ 时(由式(5.3.33)知 $P = \tau^{cr} bh$)，板刚开始屈曲。

由式(5.3.32c)可知 $\sigma_1 = -\sigma_2 = \dfrac{\tau^{cr}}{\sin 2\alpha}$。

(3) $\tau > \tau^{cr}$ 时(由式(5.3.33)知 $P > \tau^{cr} bh$)，为张力场梁。

此时 $\sigma_2 = -\dfrac{\tau^{cr}}{\sin 2\alpha}$ 基本保持不变，由式(5.3.32c)可得：

$$\sigma_1 = \frac{2\tau - \tau^{cr}}{\sin 2\alpha} \tag{5.3.34}$$

再由式(5.3.32a)和式(5.3.32b)可得：

$$\sigma_x = \tau\cot\alpha - \frac{\tau^{cr}}{\sin 2\alpha} \tag{5.3.35a}$$

$$\sigma_y = \tau\tan\alpha - \frac{\tau^{cr}}{\sin 2\alpha} \tag{5.3.35b}$$

张力场角的估算公式可通过最小势能原理得到：

$$\tan^4\alpha = \frac{1 + \dfrac{bh}{2A^{1-2}}\dfrac{E}{E^{1-2}}}{1 + \dfrac{ah}{2A^{2-3}}\dfrac{E}{E^{2-3}}} \tag{5.3.36}$$

其中 E、E^{1-2} 和 E^{2-3} 分别为板、上下边框(比如翼梁中的缘条)和左右边框(比如翼梁中的支柱)的弹性模量；A^{1-2} 和 A^{2-3} 分别为上下边框和左右边框的横截面积。如果边框是绝对刚硬的,即 $A^{1-2}E^{1-2}=A^{2-3}E^{2-3}\to\infty$,则由式(5.3.36)可见 $\alpha=45°$。实际设计时需要考虑其他因素的影响,因此往往从设计手册中查找具体情况的张力场角的修正计算公式。

如果板很薄(相当于薄膜),可以近似认为其临界剪应力为零,即 $\sigma_2=-\tau^{cr}\approx 0$,这样式(5.3.34)和式(5.3.35)变为：

$$\sigma_1 \approx \frac{2\tau}{\sin 2\alpha} \tag{5.3.37}$$

$$\sigma_x \approx \tau\cot\alpha \tag{5.3.38a}$$

$$\sigma_y \approx \tau\tan\alpha \tag{5.3.38b}$$

这样的薄壁梁称为**完全张力场梁**,而临界剪应力不可忽略的薄壁梁称为**不完全张力场梁**或**部分张力场梁**。实际结构基本上都是不完全张力场梁,按完全张力场梁的公式得到的结果偏保守,可供初步设计使用。

由于张力场梁仍然是线弹性结构,因此在计算其内力时,常将其真实受力状态看做两个简单受力状态的叠加。如图 5.38 所示,真实状态(a)可以分解为剪力场梁的应力状态(b)和只存在 σ_x 和 σ_y 的自平衡应力状态(c)。状态(b)中的内力可以用第 3 章的方法求解,而状态(c)中边框的内力需要同时考虑轴力和弯矩的影响。

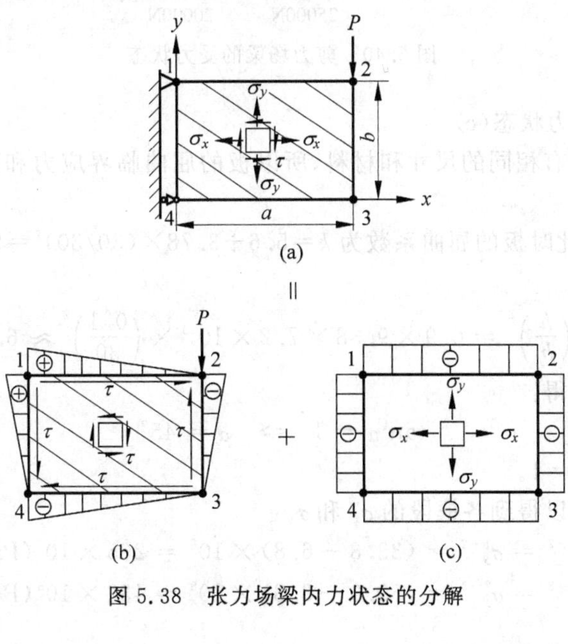

图 5.38 张力场梁内力状态的分解

例 5.6 图 5.39 所示的四段等跨薄壁梁可以看做是某段翼梁的简化模型，其中腹板厚 $h=0.1\text{cm}$，边框的横截面积都等于 1.5cm^2。整个薄壁梁由相同的材料制成，弹性模量 $E=72\text{GPa}$，泊松比 $\nu=0.3$。求该薄壁梁在张力场梁状态下的应力。

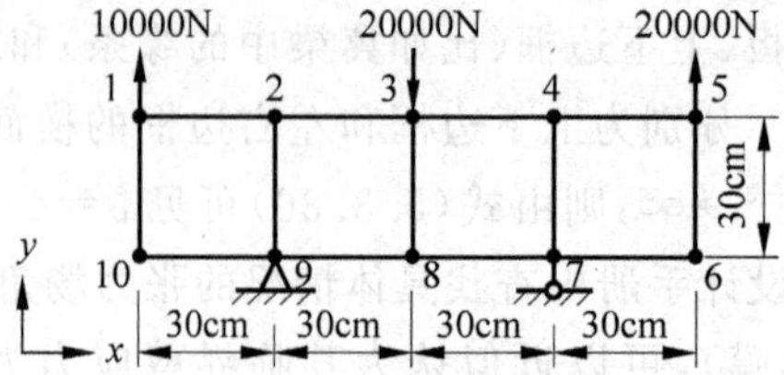

图 5.39 四段等跨薄壁梁

解：(1) 求剪力场梁的应力状态(b)

对于这个静定结构，不难求出其剪力场梁的受力状态(见图 5.40)，其中的剪流作用在边框上。

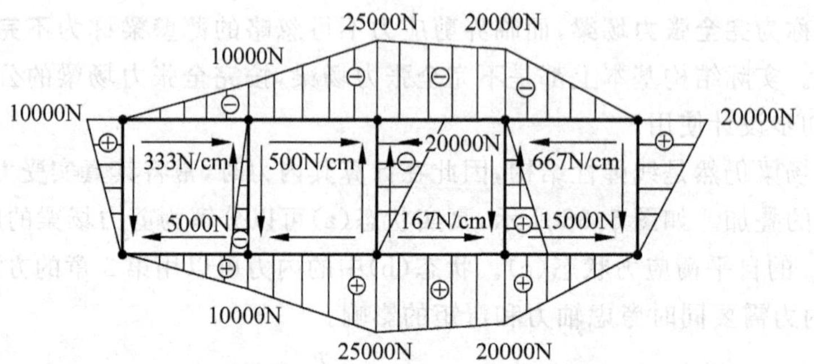

图 5.40 剪力场梁的受力状态

(2) 求自平衡应力状态(c)

因为所有框段具有相同的尺寸和材料，所以板的屈曲临界应力和张力场角在四跨中都应该相同。

由表 5.2 可知，此时板的屈曲系数为 $k=5.6+3.78\times(30/30)^2=9.38$，由式(5.3.15b)可得到：

$$\tau^{\text{cr}}\approx 0.9kE\left(\frac{h}{b}\right)^2=0.9\times 9.38\times 7.2\times 10^{10}\times\left(\frac{0.1}{30}\right)^2\approx 6.8\times 10^6(\text{Pa})$$

由式(5.3.36)可得：

$$\tan^4\alpha=1\quad\Rightarrow\quad\alpha=45^\circ$$

即 $\tan\alpha=\cot\alpha=\sin 2\alpha=1$。

由式(5.3.35)可以得到各框段的 σ_x 和 σ_y：

$$\sigma_x^{1-2}=\sigma_y^{1-2}=(33.3-6.8)\times 10^6=265\times 10^5(\text{Pa})$$

$$\sigma_x^{2-3}=\sigma_y^{2-3}=(50.0-6.8)\times 10^6=432\times 10^5(\text{Pa})$$

$$\sigma_x^{3-4} = \sigma_y^{3-4} = (16.7 - 6.8) \times 10^6 = 99 \times 10^5 (\text{Pa})$$
$$\sigma_x^{4-5} = \sigma_y^{4-5} = (66.7 - 6.8) \times 10^6 = 599 \times 10^5 (\text{Pa})$$

由于应力状态(c)是自平衡的，每一跨内的缘条和支柱的受力情况可以简化成图5.41所示的模型。这样易得：$V=\dfrac{\sigma_y ha}{2}$，$H=\dfrac{\sigma_x hb}{2}$。如果支柱是相邻两跨共用的，那么其上的轴力也是两跨中 V 值的叠加。由此不难求得其上的轴力 H 和 V(见图5.42)。

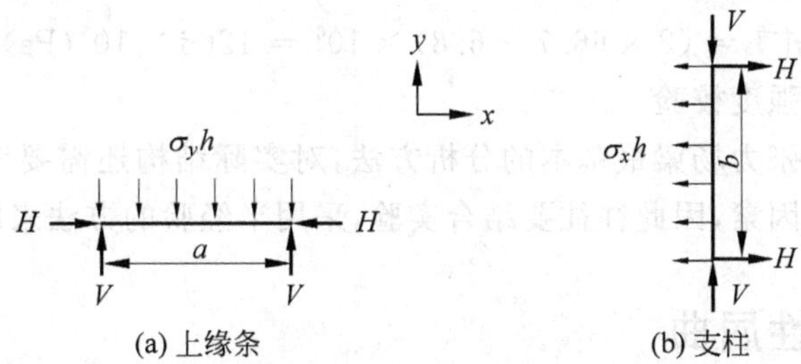

图5.41　自平衡应力状态(c)中每跨缘条和支柱的受力状况

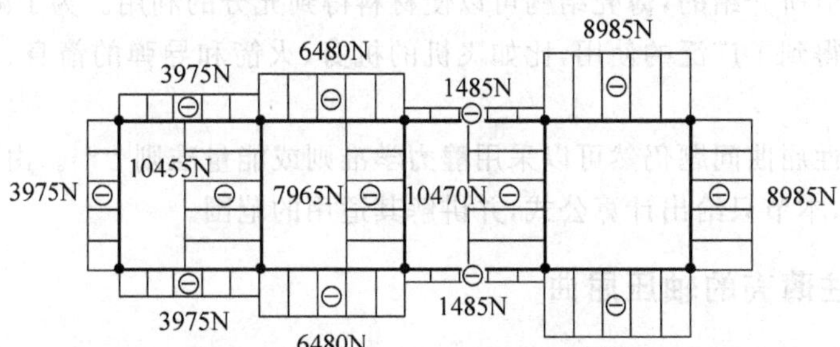

图5.42　自平衡应力状态(c)中缘条和支柱的轴力

另外还需要考虑 σ_x 和 σ_y 在缘条和支柱上产生的附加弯矩。此时缘条和支柱的连接处处理成只传递剪力而不传递弯矩(既便于计算，所得结果又偏保守)，相应的弯矩图见图5.43所示。得到弯矩后不难算出相应的弯曲正应力。

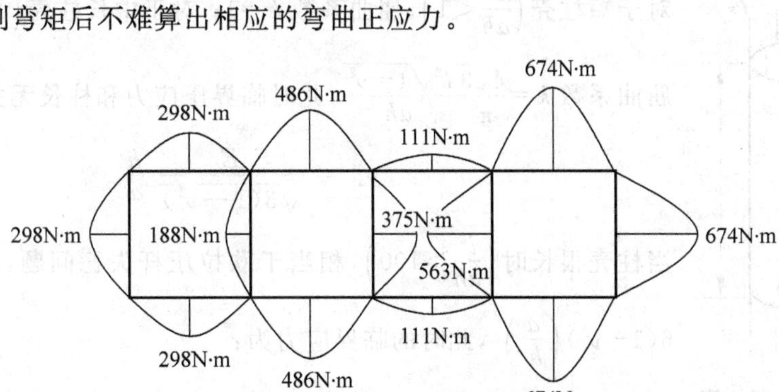

图5.43　自平衡应力状态(c)中缘条和支柱的弯矩(画在受压一侧)

将图 5.40、图 5.42 中的轴力叠加，并求出相应的轴向正应力，然后再叠加上弯曲正应力就得到缘条和支柱中的正应力，由此可以进行强度和稳定性校验。

由式(5.3.34)还可以得到各跨腹板中的皱褶的拉伸应力：

$$\sigma_1^{1-2} = (2\times 33.3 - 6.8)\times 10^6 = 598\times 10^5\,(\text{Pa})$$
$$\sigma_1^{2-3} = (2\times 50.0 - 6.8)\times 10^6 = 932\times 10^5\,(\text{Pa})$$
$$\sigma_1^{3-4} = (2\times 16.7 - 6.8)\times 10^6 = 266\times 10^5\,(\text{Pa})$$
$$\sigma_1^{4-5} = (2\times 66.7 - 6.8)\times 10^6 = 1266\times 10^5\,(\text{Pa})$$

由此可以对腹板进行强度校验。

上面只是介绍了张力场梁最基本的分析方法，对实际结构还需要考虑边框的隔波能力和铆钉的影响等复杂因素，因此往往要结合实验，采用半经验的方法来解决实际问题[7,9]。

5.4 薄壳的弹性屈曲

正如 2.2.4 节所介绍的，薄壳结构可以使材料得到充分的利用。为了减轻结构的重量，薄壳在飞行器中得到了广泛的使用，比如飞机的机身、火箭和导弹的箭身、卫星中的各种储罐等等。

研究薄壳弹性屈曲问题仍然可以采用静力学准则或能量准则[2,12]。由于具体的公式推导过程比较繁琐，本节只给出计算公式，并讲解其适用的范围。

5.4.1 圆柱薄壳的轴压屈曲

如图 5.44 所示两端简支的圆柱薄壳受到轴向压力的作用，采用线性理论得到的临界压应力为：

$$p_x^{\text{cr}} = \frac{k\pi^2 E}{12(1-\nu^2)}\left(\frac{h}{l}\right)^2 \tag{5.4.1}$$

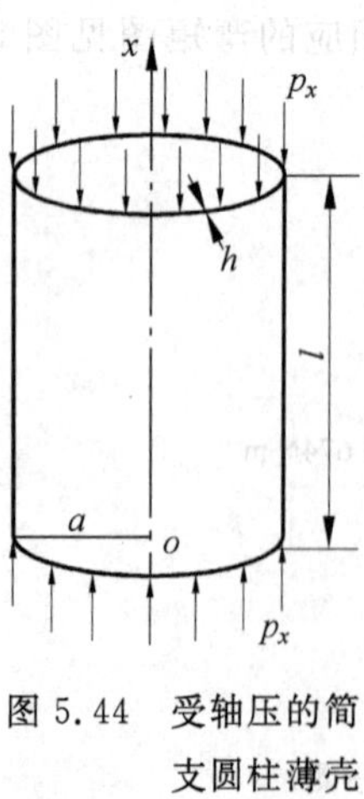

图 5.44 受轴压的简支圆柱薄壳

对于短柱壳$\left(\frac{l^2}{ah}<1\right)$，屈曲系数 $k=1$；对于中长柱壳$\left(1<\frac{l^2}{ah}<100\right)$，屈曲系数 $k=\frac{4\sqrt{3}}{\pi^2}\frac{l^2\sqrt{1-\nu^2}}{ah}$，此时临界压应力和柱长无关：

$$p_x^{\text{cr}} = \frac{E}{\sqrt{3(1-\nu^2)}}\,\frac{h}{a} \tag{5.4.2}$$

当柱壳很长时$\left(\frac{l^2}{ah}>100\right)$，相当于欧拉压杆失稳问题，屈曲系数 $k=6(1-\nu^2)\left(\frac{a}{h}\right)^2$，此时的临界应力为：

$$p_x^{\text{cr}} = \frac{\pi^2 E}{2}\left(\frac{a}{l}\right)^2 \tag{5.4.3}$$

在相同的临界压应力下，圆柱薄壳的屈曲波形并不唯一，呈现出典型的多稳态模式。图 5.14(d)是用有限元方法得到的两端简支圆柱薄壳受轴压时的第一阶屈曲模态。在实验中可以观察到，在临界状态时会突然出现若干菱形的屈曲波形，这些菱形区域的一条对角线沿母线方向，另一条沿周向，而且轴向波长与周向波长近似相等；在后屈曲阶段，轴向波长迅速缩短，整个屈曲变形发生着复杂的变化。

上述理论公式的预测值和实验结果存在很大的差异。首先，实际测出的临界压应力只是计算值的 1/4～1/2；另外，实验中观察到的周向屈曲波数和计算结果往往也不一致。为了解释这些差异，人们从实验与理论两条途径进行了深入的探索[5,12,13]。

人们开始认为实验模型的初始缺陷以及实验误差是造成这种差异的原因。在近代的实验中，人们采用电铸、电解等方法制造出接近于完善的圆柱壳模型，并大大完善了测量技术，因此得到的临界压力大多高于 1961 年前的许多实验结果(图 5.45)，某些结果可以高达线性理论预测值的 82%。在理论上唐奈尔也研究过初始缺陷对临界载荷的影响。这些实验和理论的研究结果都肯定了初始缺陷是造成这一差异的重要因素。但有人曾做过简单的推算，认为要达到圆柱壳轴压实验值与理论值之间如此巨大的差异，初始缺陷将会很大。而实际上是不可能存在这样大的缺陷的。因此希望讨论为什么微小的初始缺陷就能造成如此大的差异？这就需要用到几何非线性理论来研究其后屈曲状态。

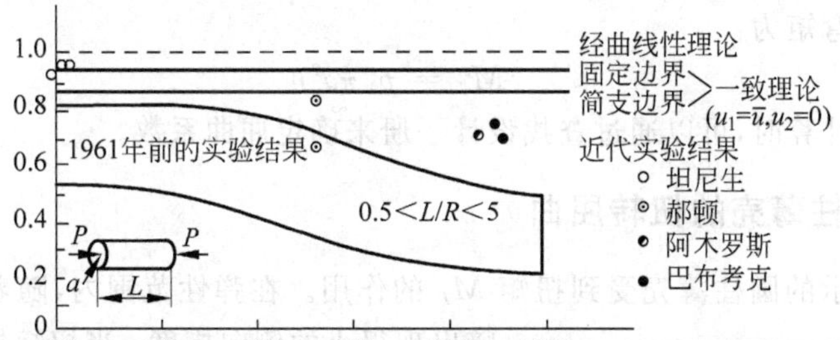

图 5.45 轴压圆柱薄壳实验临界载荷与理论值的比较

1934 年唐奈尔首次用非线性理论研究了薄壳的后屈曲性能。1941 年冯·卡门和钱学森用唐奈尔的大挠度方程和接近于实际屈曲状态的菱形挠度函数得到了轴压下完善圆柱薄壳的后屈曲曲线，说明在远低于线性理论临界载荷时，存在着一种不稳定的后屈曲大挠度平衡位置。在这一开创性工作的引导下，人们围绕着后屈曲平衡位形问题进行了深入的研究，并逐渐认识到产生实验与理论之间巨大差异的主要原因是这类壳体的过屈曲平衡状态的不稳定性，使它们对于微小的初始缺陷极为敏感。在图 5.33 所给出的弹性后屈曲分析所得载荷-波深曲线中，实线表示无缺陷的构件，点画线表示有微小初始缺陷的构件。该图表明有缺陷构件的曲线总是趋近于无缺陷构件的曲线；平板和杆的后屈曲曲线是稳定的，缺陷对构件的后屈行为影响较小；而轴压圆柱壳却对初始缺陷极为敏感，因此实验中所能达到的最大载荷远低于经典理论的临界载荷。

1945年科依特在其博士论文中提出了轴压圆柱壳屈曲的初始后屈曲和初始缺陷敏感度理论。他将初始缺陷表示成临界状态附近的初始后屈曲变形的一个扰动，并通过能量准则来研究该状态的稳定性，从而可以定量地考察结构对初始缺陷的敏感度。

1962年斯坦因(Stein)认为圆柱壳在屈曲前已经发生弯曲变形，因此已经不再是薄膜应力状态。通过引入弯曲应力，并采用几何非线性理论，他提出了完善圆柱壳轴压屈曲的非线性前屈曲一致理论。这一理论符合实验结果 $a/h \leqslant 400$，对于 $a/h > 400$ 的柱壳实验也比较符合(见图5.45)。

轴压圆柱壳屈曲分析的理论研究仍在不断发展与完善之中。实际工程设计时，人们往往使用半经验的方法，通过实验来修正式(5.4.1)中的屈曲系数[7,9]，使之可以考虑各种边界条件和材料塑性等因素。如果要直接采用式(5.4.1)进行粗略的估计，那么必须采用很大的安全系数。

5.4.2 圆柱薄壳在纯弯曲载荷作用下的屈曲

纯弯曲状态下，圆柱薄壳的一侧受拉伸，另一侧受压缩。由于壳壁很薄，可以近似认为轴向应力沿壁厚是均匀分布的。理论分析和实验结果表明[2]，圆柱薄壳在纯弯曲状态下的屈曲表现和受轴压时非常相似(屈曲后立即破坏)，其临界应力也可以近似地用式(5.4.1)计算，相应的临界弯矩为：

$$M^{cr} = p_x^{cr} \pi a^2 h \tag{5.4.4}$$

同样地，在实际计算时，可以通过查找设计手册来确定屈曲系数。

5.4.3 圆柱薄壳的扭转屈曲

图5.46所示的圆柱薄壳受到扭矩 M_T 的作用。在弹性范围内，随着扭矩逐渐增大，壳壁出现很小的侧向挠度；当扭矩接近临界值时，侧向挠度突然增加，但并不立即破坏，其后屈曲行为类似于欧拉压杆失稳。实验证明，用线性理论得到的圆柱薄壳扭转屈曲临界载荷已经比较准确。

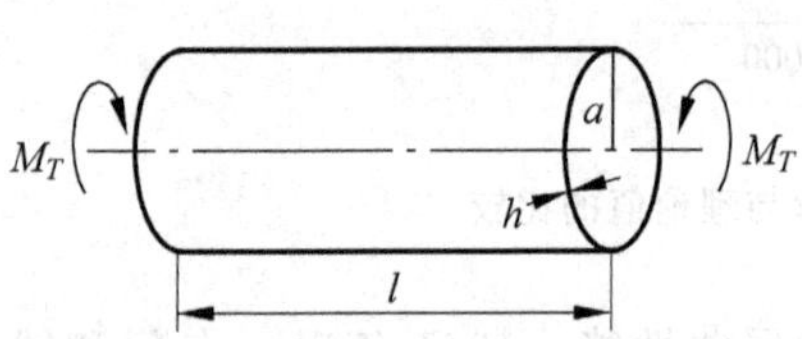

图5.46 受扭矩作用的圆柱薄壳

如果柱壳很长，则两端的边界条件对临界载荷的影响可以忽略不计，此时的临界扭矩和临界剪应力和柱壳的长度无关：

$$M_T^{cr} = \frac{\sqrt{2}\,\pi E}{3(1-\nu^2)^{3/4}}\sqrt{ah^5} \tag{5.4.5}$$

$$\tau^{cr} = \frac{E}{3\sqrt{2}(1-\nu^2)^{3/4}}\left(\frac{h}{a}\right)^{3/2} \tag{5.4.6}$$

如果柱壳较短，那么两端的边界条件对临界载荷的影响就不可忽略。此时，对两端简支的圆柱薄壳，其扭转临界剪应力可以用下面的公式进行估算[2]：

$$\tau^{cr}=\frac{4.39E}{1-\nu^2}\left(\frac{h}{l}\right)^2\sqrt{1+0.0257(1-\nu^2)^{3/4}\left(\frac{l}{\sqrt{ah}}\right)^3} \tag{5.4.7}$$

在工程设计时，可以用下式进行计算：

$$\tau^{cr}=\frac{k\pi^2E}{12(1-\nu^2)}\left(\frac{h}{l}\right)^2 \tag{5.4.8}$$

并通过实验数据修正其中的屈曲系数 k。

5.4.4 圆柱薄壳的外压屈曲

图 5.47 所示的圆柱薄壳受到均布侧向外压 p 的作用，在其周向会产生$\frac{pa}{h}$的压应力，当外压达到临界值时，圆柱壳就会发生屈曲。实验证明，初始缺陷对外压作用下圆柱薄壳的屈曲临界载荷的影响远不及轴压时显著，而且用线性理论得到的临界载荷公式已经比较准确。

如果柱壳很长，则两端的边界条件对临界载荷的影响可以忽略不计，此时的临界压力和柱壳的长度无关：

$$p^{cr}=\frac{E}{4(1-\nu^2)}\left(\frac{h}{a}\right)^3 \tag{5.4.9}$$

如果柱壳较短，那么两端的边界条件对临界载荷的影响就不可忽略。此时可采用如下的工程计算方法：

$$p^{cr}=\frac{k\pi^2E}{12(1-\nu^2)}\left(\frac{h}{l}\right)^2 \tag{5.4.10}$$

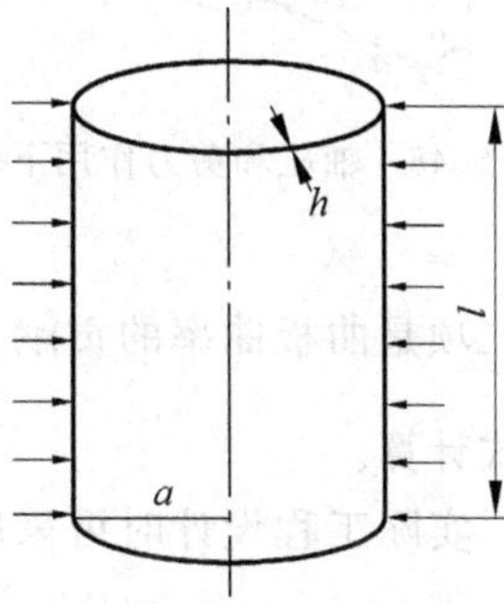

图 5.47　受均布侧向外压的圆柱薄壳

其中的屈曲系数 k 是参数$\frac{l^2}{ah}\sqrt{1-\nu^2}$的函数，可以从文献[7,9]中查到。

式(5.4.10)也可用于计算在外部流体静压(同时有侧向和轴向的均匀外压)作用下圆柱薄壳的屈曲临界压力，只不过相应的屈曲系数和只有侧向外压的情况不同。

5.4.5 圆柱薄壳在多组载荷下的屈曲

同 5.3.1 节中介绍的平板在多组载荷下屈曲的计算方法类似，工程上也常采用应力比公式(5.3.16)来判断圆柱薄壳的屈曲。表 5.4 列出了常见情况下的载荷情况指数。

表 5.4　圆柱薄壳屈曲的载荷情况指数

载荷 i	载荷 j	m	n
轴向压缩	纯弯曲	1	1
轴向压缩	扭转	1	2
轴向拉伸	扭转	$1\left(R_i=-\frac{\text{拉伸应力}}{\text{轴压临界应力}}\right)$	3
纯弯曲	扭转	1(或 1.5)	2
轴向压缩	外压	1	1

另外当圆柱壳受内压作用时，其周向会产生拉伸应力，使壳体的刚度增加，从而提高屈曲临界载荷。

5.4.6 圆柱曲板的轴压和剪切屈曲

图 5.48 所示的圆柱曲板在飞行器结构中被大量使用。如果曲板的曲率很大，就相当于一个圆柱薄壳；如果曲率很小，则相当于一块平板；一般情况下，曲板的屈曲表现介于圆柱薄壳和平板之间。

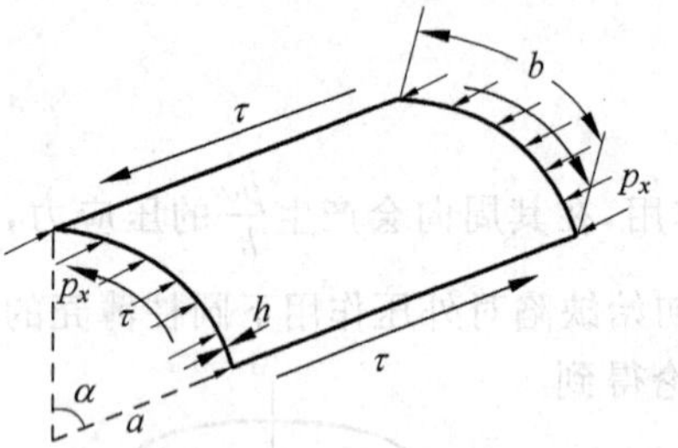

图 5.48 轴压和剪力作用下的圆柱曲板

对只受母线方向压应力作用的四边简支曲板，当曲率较小时$\left(\alpha<\frac{2\pi h}{\sqrt{12a^2(1-\nu^2)}}\right)$，其屈曲临界压应力为[14]：

$$p_x^{\text{cr}}=\frac{\pi^2 E}{3(1-\nu^2)}\left(\frac{h}{a\alpha}\right)^2+\frac{\alpha^2 E}{4\pi^2} \tag{5.4.11}$$

上式中等号右边第一项表示按平板计算的临界应力，第二项是曲板曲率的贡献。当曲率较大时$\left(\alpha\geqslant\frac{2\pi h}{\sqrt{12a^2(1-\nu^2)}}\right)$可按圆柱薄壳轴压临界应力公式计算。

实际工程设计时可采用半经验方法，相应的临界压力按下式计算：

$$p_x^{\text{cr}}=\frac{k_c\pi^2 E}{12(1-\nu^2)}\left(\frac{h}{a\alpha}\right)^2 \tag{5.4.12}$$

其中的屈曲系数 k_c 可涵盖各种边界条件，并考虑了材料塑性的影响。

类似于平板的屈曲临界载荷计算，纯剪切情况下曲板的临界剪应力也可以采用如下公式计算：

$$\tau^{\text{cr}}=\frac{k_s\pi^2 E}{12(1-\nu^2)}\left(\frac{h}{a\alpha}\right)^2 \tag{5.4.13}$$

同时存在轴压和剪切时，对较短的曲板可大致采用下面的应力比公式来判断是否屈曲：

$$\left(\frac{\tau}{\tau^{\text{cr}}}\right)^2+\frac{p_x}{p_x^{\text{cr}}}=1 \tag{5.4.14}$$

对狭长曲板使用式(5.4.14)时还需要对屈曲系数进行修正[7,9]。

5.4.7 球壳的外压失稳

中面半径为 a，厚度为 h 的球壳受到均布外压 p 的作用，在其周向会产生 $\sigma=-\frac{pa}{2h}$ 的压应力，当外压达到临界值时，球壳就会发生突跳失稳。用线性理论可以得到其临界压力为[2]：

$$p^{\text{cr}}=\frac{2E}{\sqrt{3(1-\nu^2)}}\left(\frac{h}{a}\right)^2 \tag{5.4.15}$$

考虑到$\sigma=-\dfrac{pa}{2h}$，可见式(5.4.15)和轴压圆柱壳的屈曲临界应力公式(5.4.2)相同。实际上外压球壳的屈曲和轴压圆柱壳的屈曲现象非常相似，实测的临界载荷比线性理论的预测值小很多，而且对初始缺陷也非常敏感(见图5.49)。

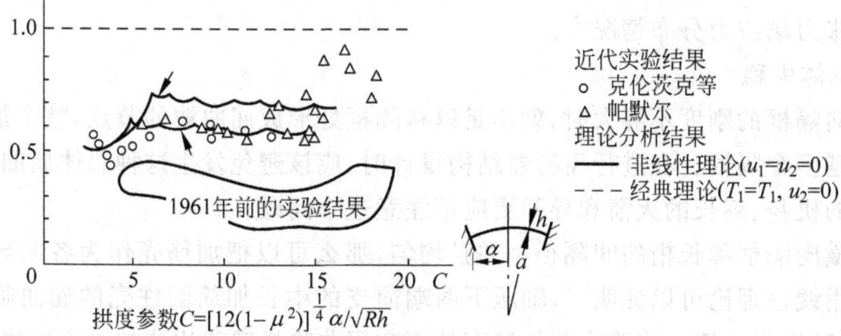

图5.49　球壳外压屈曲的理论和实验结果比较

为了便于工程计算，对图5.50所示的外压作用下的球面曲板，常采用下面的半经验公式：

$$p^{cr}=\frac{k\pi^2E}{6(1-\nu^2)}\frac{h^3}{ab^2} \tag{5.4.16}$$

其中b为球面曲板的底面直径，而屈曲系数k可由手册查出[7,9]。

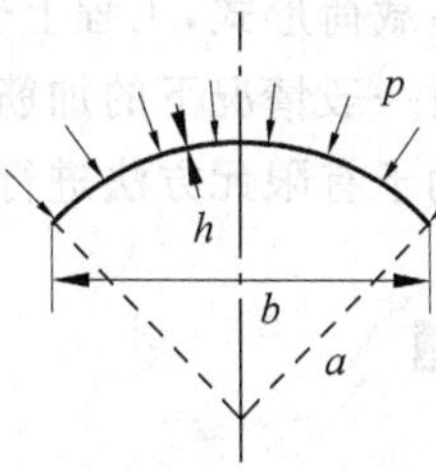

图5.50　外压作用下的球面曲板

5.4.8　加筋壳屈曲问题简介

飞行器结构中的壳体常通过布置加强筋来增强其稳定性，从而构成半硬壳式结构，其主要组成部分包括蒙皮、纵向长桁和横向隔框(见图5.51)。一般情况下，半硬壳式结构有下面三种屈曲形式：

(1) 蒙皮屈曲

横向隔框和纵向长桁之间的小格蒙皮在压应力作用下发生屈曲。可以用5.4.6节介绍的方法进行分析。

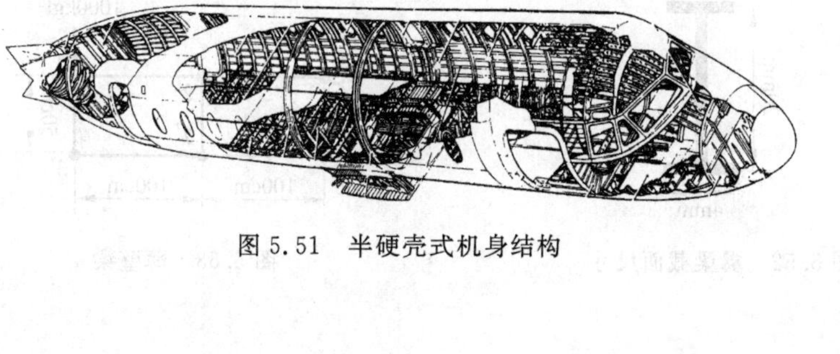

图5.51　半硬壳式机身结构

(2) 板屏屈曲

加筋壳中相邻两横向隔框之间的蒙皮和桁条组成的结构称为**板屏**。当横向隔框刚度很大时，就可能发生板屏屈曲，此时加强框截面仍然保持原来的形状，对板屏屈曲起支承作用。板屏的屈曲形式和5.3.2节中描述的加筋平板的屈曲形式相似。为了充分利用材料，工程上也用类似于5.3.3节和5.3.4节中介绍的方法来分别计算板屏受压屈曲后的承载能力和受剪时的张力场应力分布情况[7]。

(3) 总体失稳

当横向隔框的刚度不够大时，就不足以在隔框处形成屈曲波的节点，整个加筋壳的屈曲波长将跨越多个隔框。在进行飞行器结构设计时，应该避免发生这种总体屈曲现象，特别对大型飞机的机身、细长的火箭和导弹更应该注意这个问题。

如果横向隔框和长桁的间隔很小并且均匀，那么可以把加筋壳作为各向异性壳体进行分析。采用线性理论可以证明[2]，轴压下两端简支的中长加筋圆柱壳的屈曲临界载荷可以用式(5.4.2)进行计算。实验表明加筋壳的真实屈曲临界载荷比非加筋壳更接近式(5.4.2)的预测值，这是因为加强筋可以减小结构对初始缺陷的敏感度[13]。另外对弯曲、扭转和外压这些载荷形式，工程上也发展了一套半经验的分析方法[7,9]。

对一般情况下的加筋壳屈曲问题，要获得解析或半解析解都是非常困难的，此时人们往往借助于有限元方法进行分析。

习题

5.1 如图5.52所示，模型飞机翼梁截面为工字型，上、下翼板宽度相同，厚度均为2mm，腹板的厚度为2mm。整个翼梁由松木制成，其梁轴方向的弹性模量约为10GPa，梁截面内剪切模量为0.8GPa。规定机翼翼展长度为1m，机翼中部固定在机身上。若要使飞机至少能担负10kgf的载荷(忽略飞机自重)进行安全飞行，试估算两翼肋的最大间隔距离(安全系数取为1.5)。

5.2 如图5.53所示薄壁梁，其中腹板厚0.2cm，缘条和支柱的横截面积分别为1.5cm^2和0.8cm^2。整个薄壁梁由相同的材料制成，弹性模量$E=72\text{GPa}$，泊松比$\nu=0.3$。试求该薄壁梁在张力场梁状态下腹板的应力，以及缘条和支柱中的最大应力。

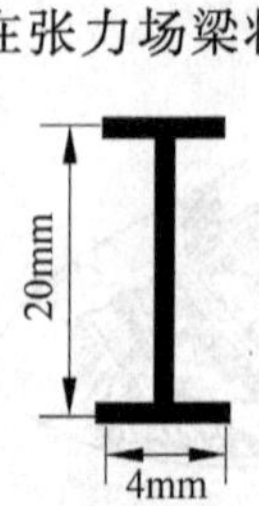

图5.52 翼梁截面尺寸

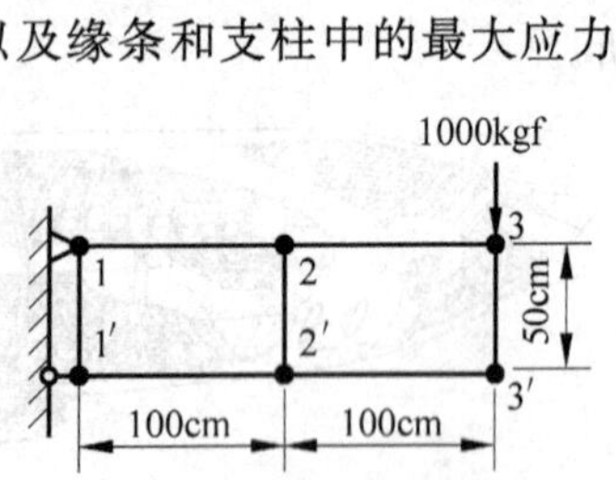

图5.53 薄壁梁

5.3 如图 5.54 所示，一四边简支加筋板受到对边压力的作用。其中板的厚度为 2mm，三根 Z 型桁条的壁厚均为 1mm。板和桁条都由硬铝制成，弹性模量为 68.6GPa，泊松比为 0.3。试求其最大受压载荷。

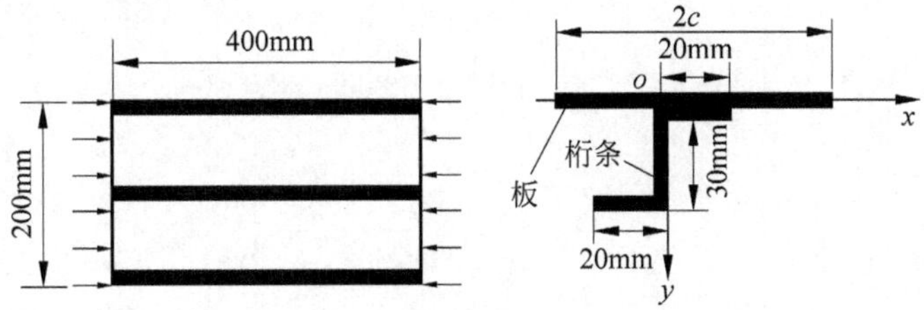

图 5.54 对边受压的加筋板

5.4 受轴压的薄壁杆件和圆柱壳、对边受压的平板，以及受外压的圆柱壳与半球壳这五种情况中，哪些情况的失稳临界载荷对结构的初始缺陷是敏感的？

5.5 导弹的冲压发动机燃烧室可以看做由耐高温钢材制成的圆柱壳，它受到内部的压力和轴向的推力作用。因为钢材的弹性模量会随着温度的升高而降低，所以当温度升到某一临界值时，燃烧室壁可能发生屈曲。请问提高燃烧室的内压后，临界温度是升高还是降低？为什么？

本章参考文献

[1] S P Timoshenko. History of Strength of Materials. New York: Dover Publishings Inc. ,1983.

[2] S P Timoshenko and J M Gere. Theory of Elastic Stability. New York: McGraw-Hill,1963.

[3] G 毕尔格麦斯特，H 斯托依普著. 稳定理论. 上卷. 北京：中国工业出版社，1964.

[4] H Ziegler 著. 任文敏，黎佑铭译. 结构稳定性原理. 北京：高等教育出版社，1992.

[5] 陈铁云，沈惠申编著. 结构的屈曲. 上海：上海科学技术文献出版社，1993.

[6] 武际可，苏先樾著. 弹性系统的稳定性. 北京：科学出版社，1994.

[7] 崔德刚主编. 结构稳定性设计手册. 北京：航空工业出版社，2006.

[8] G Gerard. Minimum Weight Analysis of Compression Structures. New York: New York University Press,1956.

[9] G Gerard and H Becker. Handbook of Structural Stability, Part Ⅰ — Part Ⅳ. NACA TN3781-TN3784,1957.

[10] 王勖成. 有限单元法. 北京：清华大学出版社，2003.

[11] P M Weaver, M P Nemeth. Improved Design Formulas for Buckling of Orthotropic Plates Under Combined Loading. AIAA Journal, Vol. 46(9),2008: 2391-2396.

[12] 黄克智等. 板壳理论. 北京：清华大学出版社，1987.

[13] 杜启端. 现代薄壳非线性稳定性理论的发展和应用. 强度与环境. 2002. 29(1): 41-58.

[14] 王生楠. 飞行器结构力学. 西安：西北工业大学出版社，1998.